# COMO PROTEGER QUANDO A REGRA É DESTRUIR

Dados Internacionais de Catalogação na Publicação (CIP)
(eDOC BRASIL, Belo Horizonte/MG)

C735 Como proteger quando a regra é destruir /
Organizadores Antonio F. P. Oviedo,
Nurit Bensusan;
ilustrações Sylvia Bahri. - Brasília, DF:

Editora Mil Folhas, 2022.

420p. : il. ; 17 x 20 cm

Inclui bibliografia

ISBN 978-65-87337-16-6

1. Meio ambiente – Conservação.
2. Políticas ambientais – Brasil.
3. Sustentabilidade.
I. Oviedo, Antonio F. P.
II. Bensusan, Nurit.
III. Bahri, Sylvia.

CDD 363.70981

(Elaborado por Maurício Amormino Júnior - CRB6/2422)

Organizado por
Antonio F. P. Oviedo e Nurit Bensusan

# COMO PROTEGER QUANDO A REGRA É DESTRUIR

Instituto Socioambiental

MIL FOLHAS

2022

Brasília

Brasil

# SUMÁRIO

# AGRADECIMENTOS

Este livro é uma investigação da política ambiental das unidades de conservação no Brasil. Nosso objetivo é elucidar a mudança de saberes, as pressões e ameaças, bem como as formas de governança das unidades de conservação que vêm acompanhando os processos institucionalizados por uma agenda colonial e seus gestores sucessores. Ele foi possível graças ao apoio substancial da Gordon and Betty Moore Foundation (GBMF), por meio de seu apoio ao Instituto Socioambiental (Contrato n. 7710). Agradecemos aos membros do Instituto Socioambiental: Fabio M. Endo, Adriano Bonfim, Kamila Sena, Marcos Ely Finotti, Sergio Marques e Francisco C. M de Sousa pelo apoio na gestão de contratos e pesquisa de fornecedores. Também nos beneficiamos muito das interações regulares com pesquisadores do Instituto Socioambiental, os quais possuem larga experiência na temática relativa a áreas protegidas e ciências socioambientais: Adriana Ramos, Rodrigo G. P. Junqueira, André Villas-Bôas, Jeferson Straatmann, Ciro C. de Sousa, Thais R. Mantovanelli, Natalia Pimenta, Biviany Rojas, Augusto Postigo, Roberto Rezende, Paulo Junqueira, Aloisio Cabalzar, Mauricio Guetta, Juliana Batista, Kenzo J. Ferreira, Milene Maia, Raquel Pasinato, Fernando G. V. Priosti, Frederico Viegas, Katia Y. Ono, Marcos Wesley, Estevão B. Senra, Ricardo Abad, Thaise Rodrigues, William P. Lima, Tiago M. dos Santos, Manuela Otero, Marcio Santili, Moreno S. Martins e Ivã G. Bocchini.

A inspiração para este livro veio de conversas com Fany Ricardo, pesquisadora que conduz um trabalho de monitoramento de áreas protegidas no Instituto Socioambiental e coordena a produção de uma importante série sobre povos indígenas no Brasil. A produção de um livro sobre as unidades de conservação no Brasil também é necessária para o avanço das novas áreas e campos emergentes da conservação da biodiversidade. Com isso em mente, procuramos fornecer aos leitores o que consideramos importantes conceitos fundamentais e literatura que ajudaria professores, alunos, jornalistas e gestores públicos a ter acesso ao campo da gestão das unidades de conservação, no escopo mais amplo de interações homem-ambiente em ecossistemas naturais.

O livro que está diante de você beneficiou-se da atenção cuidadosa na organização e edição oferecidos por Thiago de Barros e Maria José Gontijo, da Editora Mil Folhas. Agradecemos também a Laeticia J. Eble e Cristina Guimarães pelo apoio na revisão e no projeto gráfico, e Bruno Weis e Tainá Aragão pela ajuda na divulgação do livro.

Agradecemos imensamente a todos os colaboradores dos artigos, muitos deles pesquisadores independentes ou vinculados a instituições que realizam importantes trabalhos sobre as unidades de conservação, tais como Instituto de Pesquisa Ambiental da Amazônia (Ipam), Instituto do Homem e Meio Ambiente da Amazônia (Imazon), Instituto de Manejo e Certificação Florestal e Agrícola (Imaflora), Instituto Sociedade, População e Natureza (ISPN), GTZ, WWF-Brasil, e instituições de ensino e pesquisa como Universidade de Brasília (UnB), Universidade de São Paulo (USP), Universidade Federal Rural do Rio de Janeiro (UFRRJ), Universidade Federal do Rio de Janeiro (UFRJ), Universidade Federal do Estado do Rio de Janeiro (Unirio), Instituto Nacional de Pesquisas Espaciais (Inpe) e Universidade do Estado do Amazonas (UEA). As opiniões expressas neste livro são de responsabilidade exclusiva dos autores e não representam necessariamente as da agência que financiou o trabalho aqui relatado.

# COLABORADORES

***Adriana Ramos***, estudou comunicação social e atua no campo das políticas públicas socioambientais há mais de 25 anos. Coordena o Programa de Política e Direito Socioambiental do Instituto Socioambiental (ISA), faz parte da Coordenação do Observatório do Clima e integrou a Diretoria Executiva da Associação Brasileira de ONGs (Abong). adriana@socioambiental.org.

***Alexsander Araujo Azevedo***, doutor em ecologia, conservação e manejo da vida silvestre. É especialista em gestão de áreas protegidas, educação ambiental e desenvolvimento socioambiental e diretor-presidente do Instituto Biotrópicos, em Diamantina/MG. alex@biotropicos.org.br.

***Aline Aparecida Fransozi***, graduada em gestão ambiental e engenharia florestal, licenciada em ciências agrárias e doutora em recursos florestais. Já atuou no setor público e em projetos para o manejo eficiente dos recursos hídricos em empresas florestais. Atualmente trabalha como analista de geotecnologias no Instituto de Manejo e Certificação Florestal e Agrícola (Imaflora), atuando em pesquisas e estudos técnicos relacionados a questões ambientais e interações com cadeias agropecuárias brasileiras. aline.fransozi@imaflora.org.

***Ana Paula Prates***, doutora em ecologia pela Universidade de Brasília (UnB) e pós-doutora em psicossociologia de comunidades e ecologia social pela Universidade Federal do Rio de Janeiro (UFRJ). É analista ambiental do Ministério do Meio Ambiente (MMA), onde trabalha há mais de 28 anos com políticas públicas de áreas protegidas e conservação da biodiversidade costeira e marinha (atualmente em licença para interesse particular). É professora do Programa de Mestrado e Doutorado Profissional em Biodiversidade em Unidades de Conservação – Jardim Botânico do Rio de Janeiro, conselheira da Liga das Mulheres pelo Oceano e especialista sênior no projeto Política por Inteiro, do Instituto Talanoa. anaplprates@gmail.com.

***André Luis Lima***, mestre em impactos ambientais pela Universidade Estadual de Campinas (Unicamp), assessor técnico para a Deutsche Gesellschaft für Internationale Zusammenarbeit (GIZ) GmbH, em Brasília/DF. Possui experiência em gestão de áreas protegidas. andre.lima@giz.de.

***Ane Alencar***, doutora em conservação dos recursos naturais pela Universidade da Flórida e diretora de Ciência do Instituto de Pesquisa Ambiental da Amazônia (Ipam). Nos últimos 26 anos vem trabalhando com o corpo de pesquisadores do instituto em iniciativas relacionadas ao entendimento da dinâmica do fogo, do desmatamento e da degradação das florestas da Amazônia e do Cerrado, além do desenvolvimento de tecnologias sociais para uma melhor gestão socioambiental. É coordenadora do Bioma Cerrado e Fogo dentro da iniciativa Mapbiomas e do Setor de Mudança de Uso da Terra do Sistema de Estimativa de Emissões de Gases do Efeito Estufa (SEEG). ane@ipam.org.br.

***Ângela Cruz Guirao***, bióloga e doutora em ciências. Atua como diretora na Secretaria do Verde, Meio Ambiente e Desenvolvimento Sustentável (SVDS) da Prefeitura Municipal de Campinas, em Campinas/SP. Possui experiência em gestão pública focada em sistemas locais de áreas protegidas, conservadas e verdes. angelaguirao@gmail.com.

***Antonio F. P. Oviedo***, pós-doutor em política e gestão ambiental e doutor em desenvolvimento sustentável pelo Centro de Desenvolvimento Sustentável (CDS/UnB), com experiência profissional em sistemas socioecológicos, uso da terra, manejo comunitário de pesca, adaptação às mudanças climáticas e metodologias de integração (geoespacial, etnografia, avaliações ecológicas, análise institucional). Pesquisador associado em mudanças climáticas para a Rede Clima (INCT/UnB). Atua em projetos dedicados à pesquisa interdisciplinar sobre as interações homem-ambiente, analisando as transformações sociais, demográficas e ambientais das áreas rurais e populações tradicionais da Amazônia, particularmente resultante da influência dos mercados, políticas públicas e mudança climática. Atualmente, é pesquisador em monitoramento territorial no Instituto Socioambiental (ISA). antonio@socioambiental.org.

***Antonio Victor Galvão da Fonseca***, formado em engenharia pela Universidade do Estado do Pará (Uepa), possui especialização em estatística pela Universidade Federal do Pará (Ufpa). Atualmente é pesquisador do Programa de Monitoramento do Instituto do Homem e Meio Ambiente da Amazônia (Imazon), contribuindo com o monitoramento mensal do desmatamento e degradação florestal na Amazônia Legal e geração de séries históricas de mapas de uso e cobertura do solo para a PanAmazônia. antoniovictor@imazon.org.br.

***Augusto Postigo***, pós-doutor em antropologia social pela Universidade de Brasília (UnB) e doutor em antropologia social pela Universidade Estadual de Campinas (Unicamp). Trabalha no Instituto Socioambiental desde 2011, onde coordenou projetos de educação e desenvolvimento socioeconômico e publicações sobre cadeias de valor. Atualmente trabalha em pesquisa colaborativa com os beiradeiros da Terra do Meio. Tem experiência na área de antropologia, atuando nos seguintes temas: Amazônia, seringueiros, reservas extrativistas e povos tradicionais. augusto@socioambiental.org.

***Beatriz Barros Aydos***, bióloga, com mestrado profissional em espaços naturais protegidos. Analista regional de biodiversidade no ICLEI – Governos Locais pela Sustentabilidade América do Sul, em São Paulo/SP. Experiência com projetos de cooperação internacional para a conservação da biodiversidade, em temas como áreas protegidas locais e soluções baseadas na natureza. beatrizbarros.a@gmail.com.

***Beatriz Moraes Murer***, bacharela em ciências biológicas pela Universidade de São Paulo (USP) e analista de pesquisa socioambiental júnior no Instituto Socioambiental (ISA), em São Paulo/SP. Seu foco é no monitoramento de informações sobre os sistemas Nacional e Estadual de Unidades de Conservação. beatriz@socioambiental.org.

***Breno Herrera Coelho***, ecólogo, doutor em psicossociologia de comunidades e ecologia social pela Universidade Federal do Rio de Janeiro (UFRJ). É professor de desenvolvimento territorial da Universidade do Estado do Rio de Janeiro (UERJ) e analista ambiental do Instituto Chico Mendes de Conservação da Biodiversidade (ICMBio), em Teresópolis/RJ. breno.herrera@gmail.com.

***Camila Gonçalves de Oliveira Rodrigues***, doutora em política e gestão ambiental, pós-doutora em administração pública e governo. É professora associada da Universidade Federal Rural do Rio de Janeiro (UFRRJ) nas áreas de política e gestão de áreas protegidas, turismo e sustentabilidade, desenvolvimento territorial, meio ambiente e sociedade. camila.rodrigues.ufrrj@gmail.com.

***Carlos Souza Junior***, geólogo pela Universidade Federal do Pará (Ufpa), mestre em ciência dos solos pela Penn State University e PhD em geografia pela Universidade da Califórnia, Santa Bárbara. É pesquisador associado do Instituto do Homem e Meio Ambiente da Amazônia (Imazon), com estudos em monitoramento de florestas, dinâmica do uso e da cobertura do solo e mudanças climáticas. souzajr@imazon.org.br.

***Cláudio C. Maretti***, doutor em geografia pela Universidade de São Paulo (USP), com pós-doutorado sobre conservação colaborativa em áreas protegidas. Coordena estudos sobre conservação colaborativa e áreas protegidas e trabalha com áreas protegidas locais, equidade, saúde e natureza. Atuou na coordenação do III Congresso de Áreas Protegidas da Latino-América; e como dirigente e técnico no ICMBio, no WWF, no Fund. Florestal, na UICN entre outros. claudio.maretti.1958@gmail.com.

***Daniel Praia Portela de Aguiar***, mestre em biologia (ecologia) pelo Instituto Nacional de Pesquisas da Amazônia (Inpa). Agente técnico-engenheiro florestal do Ministério Público do Estado do Amazonas, em Manaus/AM. Realiza pesquisas em taxonomia e ecologia do gênero *Cecropia*. praia_d@yahoo.com.br.

***Daniela Malheiros Jerez***, bacharel em direito e em ciências biológicas, ambas pela Universidade de São Paulo (USP). É analista de políticas públicas no WWF-Brasil e atua nas áreas de direito ambiental e direitos humanos em São Paulo/SP. danielajerez@wwf.org.br.

***Décio Yokota***, economista pela Universidade de São Paulo (USP), com experiência na área de tecnologia da informação, agroecologia e comunidades tradicionais. Desde 2007 trabalha no Instituto de Pesquisa e Formação Indígena (Iepé), em São Paulo/SP, hoje como coordenador de gestão da informação e atuação nos temas de pesquisa de comunidades tradicionais na Amazônia e contaminação por mercúrio. decio@institutoiepe.org.br.

***Eloise Silveira Botelho***, doutora em gestão de iniciativas sociais. É professora adjunta da Universidade Federal do Estado do Rio de Janeiro (Unirio), atuando nas áreas de turismo em áreas protegidas, turismo de base comunitária, conflitos ambientais, educação ambiental e patrimônio. eloise.botelho@unirio.br.

***Gabriel Nogueira Fenerich***, engenheiro ambiental, pós-graduado em gestão e tecnologias ambientais pela Escola Politécnica da Universidade de São Paulo (Poli/USP). Participa do grupo de estudos sobre conservação colaborativa em áreas protegidas (USP), em São

Paulo/SP. Possui experiência em turismo de base comunitária, povos e comunidades tradicionais, educação ambiental, regularização fundiária, processos administrativos de áreas protegidas. gabrielnogueirafenerich@gmail.com.

***Gabriel Schwartzman***, doutor em geografia humana pela Universidade de Minnesota. Pesquisador na área de transições florestais e comunidades das florestas, incluindo questões de economia política, ecologia humana e mudança agrária. schw2217@umn.edu.

***Herbert Lincon R. A. dos Santos***, analista de geotecnologias, técnico em desenvolvimento de sistemas pela Escola Técnica Estadual de São Paulo (ETEC), tecnólogo em meio ambiente e recursos hídricos pela Faculdade de Tecnologia de São Paulo (Fatec), especialista em geoprocessamento ambiental pela Universidade Federal de São Carlos (UFSCar). Possui experiência com dados e análises geoespaciais e desenvolvimento e programação de sistemas. herbert.santos@imaflora.org.

***Iara Vasco Ferreira***, bacharel em ciências sociais e mestre em sociologia pela Universidade Federal do Rio de Janeiro (UFRJ), doutora em ciências humanas pela Universidade Federal de Santa Catarina (UFSC). Pesquisadora integrante do Núcleo Transdisciplinar de Meio Ambiente e Desenvolvimento (NMD/UFSC); da Rede Transdisciplinar em Cogestão Adaptativa para o Ecodesenvolvimento (Rede Transformar) e do Observatório de Áreas Protegidas da UFSC. Membro especialista da Comissão Mundial de Áreas Protegidas da União Internacional para Conservação da Natureza (UICN). Atua na gestão de políticas públicas, mediação de conflitos socioecológicos e na produção de conhecimento relacionado à conservação da diversidade biológica e sociocultural, áreas protegidas, gestão territorial e ambiental de terras indígenas e de comunidades tradicionais. Exerceu, até 2021, cargo efetivo de analista ambiental no Centro Nacional de Pesquisa e Conservação da Sociobiodiversidade, vinculado ao Instituto Chico Mendes de Conservação da Biodiversidade (ICMBio). ivascoferreira@gmail.com.

***Ítalo Rocha Freitas***, licenciado em ciências biológicas pela Universidade de São Paulo (USP). Prestou consultoria técnica para o Instituto Socioambiental (ISA), em São Paulo/SP, nas áreas de monitoramento, sistematização e análise de informações sobre os sistemas Nacional e Estadual de Unidades de Conservação. italo.freitas@usp.br.

***Jeferson Straatmann***, doutor em engenharia de produção pela Universidade de São Paulo (USP). Trabalha no Instituto Socioambiental (ISA) desde 2011 com arranjos, redes e cadeias de valor da sociobiodiversidade. Atualmente é responsável pela articulação institucional para a economia da sociobiodiversidade nos territórios do Xingu, Rio Negro e Vale do Ribeira, com comunidades indígenas, quilombolas, beiradeiros, incluindo agricultura familiar e processos de incidência política nacionais e internacionais. jeferson@socioambiental.org.

***Juan Doblas Prieto***, engenheiro geólogo, mestre em geofísica e doutor em sensoriamento remoto pelo Instituto Nacional de Pesquisas Espaciais (Inpe). Seus principais focos de interesse são a proteção territorial de áreas protegidas, o monitoramento por sensoriamento remoto de florestas tropicais e o mapeamento colaborativo junto com populações tradicionais. Atualmente é pesquisador visitante no Centro de Pesquisas da Biosfera (Cesbio), em Toulouse (França). juandb@gmail.com.

***Júlia Jacomini Costa***, geógrafa, mestre em integração da América Latina pela Universidade de São Paulo (USP). Trabalha com o tema de pressões e ameaças na Amazônia, com ênfase em mineração e garimpo.

***Juliana Echeverri, e***cóloga, assessora técnica da Deutsche Gesellschaft für Internationale Zusammenarbeit (GIZ) GmbH, Bogotá. Possui experiência em gestão abrangente da biodiversidade na Colômbia e América Latina, áreas protegidas e conservadas em contextos urbanos e rurais, capacitação e facilitação de processos participativos. juliana.echeverri@giz.de.

***Lana Cynthia Silva Magalhães***, licenciada em ciências biológicas e mestre em biotecnologia e recursos naturais pela Universidade do Estado do Amazonas (UEA), em Manaus/AM. Possui experiência em pesquisas sobre invasões biológicas. lmagalhaes@uea.edu.br.

***Larissa Sousa Villas Boas Amorim***, engenheira florestal e mestre em ciências florestais pela Universidade Federal Rural da Amazônia (Ufra). Atualmente é pesquisadora do Programa de Monitoramento do Instituto do Homem e Meio Ambiente da Amazônia (Imazon) e atua principalmente com o monitoramento mensal de desmatamento e degradação florestal da Amazônia Legal. larissa.amorim@imazon.org.br.

***Livia Carvalho Moura***, doutora em ecologia, assessora técnica no Instituto Sociedade, População e Natureza (ISPN), em Brasília/DF. Atua no acompanhamento socioambiental da implementação do Programa Piloto do Manejo Integrado do Fogo no Brasil. livia@ispn.org.br.

***Marcos Roberto Pinheiro***, mestre em ciência ambiental e especialista em gestão integrada e participativa entre áreas protegidas. É diretor da empresa Planejamento e Gestão Integrando Natureza e Sociedade (Pins) e compõe a coordenação-executiva da Rede de Mosaico de Áreas Protegidas. acariquara@gmail.com.

***Maria Clara Silva-Forsberg***, doutora em ciências ambientais pela Indiana University. É professora associada da Universidade do Estado do Amazonas (UEA) no Laboratório de Ecologia Aplicada, em Manaus/AM e tem como temas de pesquisa: gestão de recursos naturais e conservação da biodiversidade; educação indígena e ensino de ciências. cforsberg@uea.edu.br.

***Maria Heloísa Dias***, socióloga com especialização em desenvolvimento regional e urbano e gestão de áreas protegidas. É assessora técnica da Reserva da Biosfera da Mata Atlântica e integra a coordenação da Rede de Mosaicos de Áreas Protegidas. Atua em pesquisas em torno do tema de gestão integrada de áreas protegidas. helodias17@gmail.com.

***Mariana Napolitano e Ferreira***, doutora em ecologia pela Universidade de São Paulo (USP). É gerente de Ciências do WWF-Brasil e coordenadora da força-tarefa sobre covid-19 e áreas protegidas da Comissão Mundial de Áreas Protegidas (CMAP) da União Internacional para a Conservação da Natureza (UICN), em São Paulo/SP. Possui experiência em conservação da biodiversidade, gestão e monitoramento de áreas protegidas e planejamento da conservação. marianaferreira@wwf.org.br.

***Marta de Azevedo Irving***, PhD em ciências pela Universidade de São Paulo (USP). É professora titular da Universidade Federal do Rio de Janeiro (UFRJ), coordenadora da cátedra de meio ambiente e sustentabilidade no Colégio Brasileiro de Altos Estudos (Cbae) e pesquisadora sênior do INCT-PPED/CNPq. Possui experiência em sustentabilidade, gestão social da biodiversidade, turismo, desenvolvimento comunitário e políticas públicas. marta.irving@mls.com.br.

***Mauricio Guetta***, advogado e mestre em direito ambiental pela Pontifícia Universidade Católica de São Paulo (PUC-SP). Foi pesquisador em direito ambiental pela University of Cape Town, na África do Sul, e pesquisador do mestrado em direito ambiental da Université Paris 1 Panthéon-Sorbonne/Paris 2 Panthéon-Assas, na França. mauricioguetta@socioambiental.org.

***Nurit Bensusan***, é uma ex-humana que diante dos descalabros da nossa espécie desistiu da humanidade, mas continua bióloga e pesquisadora no Instituto Socioambiental. Enquanto isso, reflete sobre paisagens e culturas, formas de estar no mundo e as inspirações da natureza. Além disso, escreve livros, faz jogos e aposta sua vida em usar a imaginação como alavanca para suspender o céu. nurit@socioambiental.org.

***Rafael Giovanelli***, mestre em direito e desenvolvimento pela Escola de Direito da Fundação Getulio Vargas (FGV) de São Paulo, bacharel em direito pela Pontifícia Universidade Católica de São Paulo (PUC-SP), com formação em filosofia pela Universidade de São Paulo (USP). É advogado e especialista em políticas públicas pelo WWF, em Brasília/DF. rafaelgiovanelli@wwf.org.br.

***Rafaella A. Silvestrini***, doutora em ecologia e conservação dos recursos naturais, atua principalmente em análise e modelagem de dados voltada para previsões de impactos ambientais frente às mudanças no clima e na cobertura da terra. Dedicou grande parte de sua carreira ao estudo do fogo na Amazônia. Atualmente é pesquisadora no Instituto de Pesquisa Ambiental da Amazônia (Ipam), envolvendo os temas fogo e desmatamento. rafaella.silvestrini@ipam.org.br.

***Roberto Hoffmann Palmieri***, doutor em ambiente e sociedade pela Universidade Estadual de Campinas (Unicamp), mestre em ecologia aplicada e engenheiro agrônomo pela Universidade de São Paulo (USP). É gerente de portfólio de projetos no Instituto de Manejo e Certificação Florestal e Agrícola (Imaflora) e professor convidado nos cursos de especialização, mestrado e MBA da Fundação Getulio Vargas (FGV), Escola Superior de Conservação Ambiental e Sustentabilidade (Escas) do Instituto de Pesquisas Ecológicas (IPÊ) e Escola Superior de Agricultura "Luiz de Queiroz" (Esalq/USP). Integra a Comissão Mundial de Áreas Protegidas e é vice-presidente do Comitê Sul-Americano da União

Internacional para a Conservação da Natureza (UICN). Possui experiência profissional no governo, no terceiro setor e em empresas privadas, incluindo a criação e gestão de unidades de conservação. rhpalmieri2@gmail.com.

***Roberto Sanches Rezende***, pós-doutor pela Universidade Federal de São Carlos (UFSCar) e doutor em antropologia social pela Universidade Estadual de Campinas (Unicamp). Colabora com o Instituto Socioambiental (ISA) no desenvolvimento de pesquisas colaborativas com beiradeiros da Terra do Meio, visando à qualificação e ao reconhecimento das contribuições socioambientais associadas ao modo de vida tradicional. robertorezende@socioambiental.org.

***Rodrigo Martins dos Santos***, doutor em geografia pela Universidade de São Paulo (USP) e pesquisador no Grupo Cauim da Universidade de Brasília (UnB). É diretor de patrimônio ambiental na Secretaria Municipal do Verde e do Meio Ambiente (SVMA) de São Paulo. Possui experiência em gestão socioambiental, antropogeografia, sociobiodiversidade, diversidade biocultural, geoprocessamento e cartografia. http://popygua.blogspot.com/p/contato.html.

***Sueli Angelo Furlan***, pós-doutora pela Universidade de Cádiz (UCA) e doutora em geografia física pela Universidade de São Paulo (USP). É professora de geografia da USP, orientadora em geografia física e ciências ambientais do Programa de Pós-Graduação em Ciência Ambiental (Procam/USP) e coordenadora do Núcleo de Apoio à Pesquisa sobre Populações Humanas em Áreas Úmidas Brasileiras (Nupaub). Possui experiência em patrimônio natural, florestas culturais, áreas protegidas, biogeografia, educação socioambiental, entre outros. Foi membro do Conselho de Defesa do Patrimônio Histórico, Arqueológico, Artístico e Turístico (Condephaat). sucaangf@usp.br.

***Sueli Thomaziello,*** doutora em planejamento ambiental pela Universidade Estadual de Campinas (Unicamp), geógrafa/especialista em meio ambiente da Secretaria do Verde, Meio Ambiente e Desenvolvimento Sustentável (SVDS) da Prefeitura Municipal de Campinas, em Campinas/SP. Possui experiência em planejamento e gestão de unidades de conservação, ecologia de paisagem e serviços ecossistêmicos sueli.thomaziello@campinas.sp.gov.br.

***Urbano Lopes da Silva-Júnior***, graduado em ecologia pela Universidade Estadual Paulista Júlio de Mesquita Filho (Unesp), mestre e doutor em biologia de água doce e pesca de interior pelo Instituto Nacional de Pesquisas da Amazônia (Badpi/Inpa). Experiência em projetos de pesquisa e desenvolvimento na Região Amazônica, em organizações da sociedade civil e do governo federal. *In memoriam*.

***Verena Almeida***, ecóloga e mestre em geociências e meio ambiente. É diretora-executiva na Okearô Soluções Socioambientais, em Macapá/AP, e consultora e colaboradora de outras organizações para a implementação de políticas públicas em áreas protegidas e assentamentos, com foco no desenvolvimento sustentável. okearosocioambiental@gmail.com.

***Victor Biaggi Ferraz***, mestre em ecologia pela Schumacher College & Universidade de Plymouth, atua como consultor de biodiversidade e soluções baseadas na natureza, em São Paulo/SP. É pesquisador e consultor de conservação da biodiversidade e de soluções baseadas na natureza aplicadas no contexto urbano e sua inter-relação com as cidades. victor.biaggi.ferraz@gmail.com.

***Vinicius Guidotti***, engenheiro florestal, mestre em recursos florestais pela Escola Superior de Agricultura "Luiz de Queiroz" (Esalq/USP). Foi coordenador de geoprocessamento do Instituto de Manejo e Certificação Florestal e Agrícola (Imaflora) e atualmente é coordenador de ciência de dados na Kynetec. Atua nas áreas de desenvolvimento de análises espaciais e modelagens ambientais sobre os impactos e as oportunidades de desenvolvimento sustentável da produção agropecuária no Brasil. vinicius.guidotti@kynetec.com.

***Wallace Vieira da Silva***, graduado em geografia pela Universidade de Brasília (UnB), pesquisador em análise espacial nas ciências da terra e do sensoriamento remoto. Trabalha no Instituto de Pesquisa Ambiental da Amazônia (Ipam), onde integra a equipe de classificação do MapBiomas-Fogo, desenvolvendo aplicativos e rotinas de processamento, visualização e análise dos dados em larga escala. wallacevds22@gmail.com.

***William Pereira Lima***, geógrafo pela Universidade de São Paulo (USP). Atua nas áreas de geoprocessamento e bancos de dados no Instituto Socioambiental (ISA). william@socioambiental.org.

# APRESENTAÇÃO

O ano é 2022 e não é absurdo ou exagero dizer que o Brasil passa pelo pior momento no que se refere à proteção do meio ambiente desde a instituição do Sistema Nacional das Unidades de Conservação em 2000, ou até mesmo antes dele.

Datar dessa forma a apresentação de um livro cuja relevância ultrapassa um certo período pode ser limitante para a obra, mas, nesse caso, relacionar as análises aqui apresentadas ao período em que mais ameaças foram impostas às áreas protegidas, tanto do ponto de vista normativo quanto da realidade do que acontece no território, é também um esforço de aprendizagem e de esperança no futuro.

Nunca tivemos tantas invasões de áreas protegidas, tantas propostas de mudança nas normas e leis visando fragilizar o Sistema Nacional de Unidades de Conservação; nunca antes tantos tomadores de decisão se posicionaram de forma aviltosa contra a conservação da natureza; nunca se registraram tantos atentados contra bens públicos relacionados à conservação ambiental no Brasil. E, ainda assim, é nas áreas protegidas que residem as maiores esperanças do país quanto à proteção do patrimônio natural e ao cumprimento de compromissos e acordos internacionais visando à conservação da biodiversidade e o enfrentamento das mudanças climáticas.

Os esforços empreendidos pelas comunidades e gestores públicos comprometidos com as áreas protegidas, mesmo sem condições objetivas para isso, ainda são as melhores histórias que temos para contar e as que mais contribuem para estratégias de manutenção da floresta em pé. O papel dos povos e comunidades tradicionais na gestão de áreas protegidas e territórios ganhou destaque no trabalho do Painel Científico para a Amazônia (em inglês, Science Panel for the Amazon – SPA), que dedicou um capítulo a experiências que atestam a conexão direta entre os modos de vida e de gestão territorial dos povos indígenas e comunidades tradicionais com a conservação.

Situar o leitor acerca do ano de lançamento desse livro reforça o objetivo dos autores, que reúnem aqui os conhecimentos, experiências e análises que devem ser consideradas na (re) construção de um sólido Sistema Nacional de Unidades de Conservação para o Brasil. O conjunto dos artigos aqui reunidos é um mapa do caminho para a consolidação das áreas protegidas, partindo de um consistente e multifacetado diagnóstico do cenário atual das unidades de conservação e das políticas a elas referentes, e apontando perspectivas e oportunidades que podem contribuir para um futuro em que as unidades de conservação logrem cumprir seus objetivos de proteção da natureza.

Compreender os desafios e limitações das políticas de conservação baseadas nas áreas protegidas é fundamental para, como apontam os organizadores, rever o modelo e atualizar as estratégias, inovando na incorporação do conhecimento local e dos modos de vida das populações de forma integrada e efetiva, para frear a perda de biodiversidade e garantir a manutenção dos processos ecológicos e evolutivos, metas fundamentais para a continuação da vida no planeta.

*Adriana Ramos*

# O CENÁRIO ATUAL DAS

# UNIDADES DE CONSERVAÇÃO

# A DESCONSTRUÇÃO DAS POLÍTICAS DE PROTEÇÃO DAS UNIDADES DE CONSERVAÇÃO

*Mauricio Guetta, Antonio F. P. Oviedo e Nurit Bensusan*

Ao longo da história, a ação governamental do Brasil em matéria ambiental concentrou-se nas ações de comando e controle, com pouca ou nenhuma integração com outras políticas. Apesar da evolução da legislação e da implementação de políticas públicas ambientais de Estado percebidas nas últimas décadas, a relação da sociedade, do governo e do setor privado com a natureza ainda reflete, na atualidade, uma visão colonial utilitarista, imediatista e de uso insustentável dos recursos naturais.

O início da construção de políticas públicas para as UCs remonta à década de 1930. Em 1934, editou-se o Decreto nº 23.793, o primeiro Código Florestal brasileiro, no qual se encontravam disposições sobre parques nacionais, estaduais e municipais, a exemplo da proibição do exercício de qualquer atividade contra a flora e a fauna presentes nesses espaços. Em 1937, criou-se o primeiro parque nacional brasileiro, de Itatiaia, após o qual foram criados, em 1939, os Parques Nacional do Iguaçu e da Serra dos Órgãos.

Desde então, houve expressiva evolução da proteção estatal às UCs. Este artigo não pretende esmiuçar tal histórico, contudo, destacam-se os mais de quarenta anos de constante evolução da política ambiental brasileira desde a edição da Lei nº 6.938, de 31 de agosto de 1981, a qual, em seus arts. 2º, IV, e 9º, VI, dispõe sobre a proteção de espaços territoriais especialmente protegidos. Ao regulamentar a referida lei, o Decreto nº 99.274, de 6 de junho de 1990, disciplina a obrigação do poder público de "proteger as áreas representativas de ecossistemas mediante a implantação de Unidades de Conservação e preservação ecológica." No mesmo ano, o Decreto nº 98.897, de 30 de janeiro de 1990 passou a proteger as reservas extrativistas.

A Constituição Federal de 1988 (CF/88), a primeira a contar com um capítulo exclusivo para a proteção ambiental, pode ser considerada o marco mais relevante da evolução e da efetividade das políticas públicas ambientais brasileiras. Em seu art. 225, não apenas disciplinou o direito de toda a coletividade ao meio ambiente ecologicamente equilibrado, como também determinou uma série de deveres a serem obrigatoriamente cumpridos pelo poder público visando assegurar a efetividade desse direito fundamental.

Nesse sentido, prevê-se ao poder público e à coletividade o dever, de caráter geral, de defender e preservar o meio ambiente para as presentes e futuras gerações, do que decorre o princípio da solidariedade intergeracional. A partir disso, o § 1º do art. 225 prevê sete imposições específicas voltadas ao poder público, das quais quatro estão diretamente relacionadas à proteção das UCs. A primeira impõe o dever de "preservar e restaurar os processos ecológicos essenciais e prover o manejo ecológico das espécies e ecossistemas" (inciso I); a segunda visa "preservar a diversidade e a integridade do patrimônio genético do País" (inciso II); essas duas obrigações guardam relação direta com a terceira, pela qual deve o poder público não apenas "definir, em todas as unidades da Federação, espaços territoriais e seus componentes a serem especialmente protegidos", como também vedar "qualquer utilização que comprometa a integridade dos atributos que justifiquem sua proteção" (inciso III); e a quarta estatui o dever estatal de "proteger a fauna e a flora, vedadas, na forma da lei, as práticas que coloquem em risco sua função ecológica, provoquem a extinção de espécies ou submetam os animais a crueldade" (inciso VII). Menciona-se, por fim, que a defesa do meio ambiente foi elevada a princípio orientador da ordem econômica, como ressoa do art. 170, VI, da Carta Magna.

Como se observa, o objetivo do legislador constituinte foi garantir a efetividade da proteção do meio ambiente e, em específico, das UCs. Como enuncia o Superior Tribunal de Justiça (STJ, 2010): "a criação de Unidades de Conservação não é um fim em si mesmo, vinculada que se encontra a claros objetivos constitucionais e legais de proteção da Natureza. [...] A ser diferente, nada além de um sistema de áreas protegidas de papel ou de fachada existirá, espaços de ninguém, onde a omissão das autoridades é compreendida pelos degradadores de plantão como autorização implícita para o desmatamento, a exploração predatória e a ocupação ilícita."

Na esteira de regulamentar tais dispositivos constitucionais, sobreveio a Lei nº 9.985, de 18 de julho de 2000, que institui o Sistema Nacional de Unidades de Conservação (SNUC), principal marco jurídico sobre o tema, cujo conteúdo prevê os conceitos, os objetivos e as diretrizes aplicáveis, bem como os critérios e as normas para a criação, implantação e gestão das UCs, além de regras específicas para cada uma de suas doze categorias. Ainda, publicou-se o Decreto nº 5.758, de 13 de abril de 2006, que prevê o Plano Estratégico Nacional de Áreas Protegidas (PNAP). Na sequência, a Lei nº 11.516, de 28 de agosto de 2007, criou o Instituto Chico Mendes de Conservação da Biodiversidade (ICMBio), que passou a exercer, entre outras, a competência de "executar ações da política nacional de UCs, referentes às atribuições federais relativas à proposição, implantação, gestão, proteção, fiscalização e monitoramento das unidades de conservação instituídas pela União" (art. 1º, I).

Após quase um século de evolução, segundo o Cadastro Nacional de Unidades de Conservação (CNUC), o Brasil possui, atualmente, 334 UCs federais, além de 1.076 UCs estaduais e muitas outras municipais. Juntos, os sistemas federal e estadual protegem pouco mais de quatro milhões de $km^2$ em importantes ecossistemas terrestres e marinhos.

As UCs têm extrema importância na manutenção da sociobiodiversidade e na contenção do avanço do desmatamento (SCHWARTZMAN; NEPSTAD; MOREIRA, 2000; NEPSTAD *et al.*, 2006; GORENFLO *et al.*, 2012). No Brasil, a relação das florestas e sua proteção com o equilíbrio climático local, regional e planetário tem sido objeto de diversos estudos científicos (MARENGO, 2004; BOOKHAGEN; STRECKER, 2015; SORRIBAS *et al.*, 2016; WENG *et al.*, 2018), cujas conclusões reiteram a imprescindibilidade dos serviços ecossistêmicos prestados gratuitamente pelos sistemas ecológicos protegidos para o desenvolvimento das mais diversas atividades econômicas, além da dignidade da pessoa humana, da saúde, da vida e da qualidade de vida.

Não se descuida que, ao longo da história, há episódios com retrocessos à proteção das UCs, a exemplo das pressões exercidas por atividades de significativo impacto, como aquelas de infraestrutura, mineração, energia e agropecuária. Mas, inequivocamente, a situação observada no Brasil desde 2019, quando Jair Bolsonaro assumiu a Presidência da República, é sem precedentes quanto à gravidade e à intensidade da desconstrução da Política Nacional do Meio Ambiente e do Sistema Nacional de Unidades de Conservação.

Se o novo chefe do Executivo federal já afirmava, quando da campanha eleitoral de 2018, que não iria "mais admitir o Ibama sair multando a torto e a direito por aí, bem como o ICMBio" (GILLY, 2018), após assumir a cadeira presidencial desvendou o que pretendia para o país: "o Brasil não é um terreno aberto onde nós pretendemos construir coisas para o nosso povo. Nós temos é que desconstruir muita coisa, desfazer muita coisa", afirmou em março de 2019.

A partir daí, começa o período de desconstrução contínua e intensiva das políticas ambientais brasileiras, inclusive com ofensiva inédita sobre as UCs. Tanto que, em maio de 2019, o então ministro do Meio Ambiente, Ricardo Salles, explicitou seu plano de rever todas as 334 UCs federais do país, o que somente não foi possível em razão de decisão vinculante do Supremo Tribunal Federal (STF), obtida em 2018 no âmbito da Ação Direta de Inconstitucionalidade (ADI) nº 4.717, após intensa mobilização de organizações da sociedade civil (ACABOU..., 2018), segundo a qual qualquer desafetação ou redução dessas áreas deve ser realizada por lei específica – a cargo do Congresso Nacional, portanto –, sendo inconstitucionais quaisquer atos do Poder Executivo com essa finalidade, inclusive medidas provisórias.

Fato é que, na contramão das evidências científicas e dos esforços globais para conter a emergência climática e a perda de biodiversidade, temos presenciado, desde 2019, a implementação de uma estratégia orquestrada para a desconstrução das políticas públicas destinadas à proteção do meio ambiente e, em específico, das UCs, colocando em risco toda a evolução histórica conquistada pelo Brasil ao longo do tempo.

Nesse contexto, o presente artigo organiza o roteiro da desconstrução das políticas voltadas à proteção das UCs. Para tanto, entre outras classificações possíveis, propõe-se os seguintes tópicos de análise: *i*) enfraquecimento das instituições; *ii*) omissão generalizada na implementação de deveres estatais; *iii*) estímulo à ilegalidade ambiental; e *iv*) edição de retrocessos normativos destinados ao esvaziamento e à inefetividade das políticas públicas.

## Enfraquecimento das instituições

No primeiro dia de 2019, após ameaças de extinção do Ministério do Meio Ambiente (MMA) e declarações públicas do presidente da República sobre o fim da "festa" das multas ambientais, foi recebida com extrema preocupação a alteração organizacional da pasta ambiental realizada pela Medida Provisória nº 870, consolidada em seguida pela Lei nº 13.844, de 18 de junho de 2019, e regulamentada pelo Decreto nº 9.672, de 2 de janeiro de 2019. Simplesmente foram extintas, da noite para o dia, diversas estruturas essenciais. A Agência Nacional de Águas (ANA) foi transferida para o Ministério do Desenvolvimento Regional (MDR), inviabilizando a "integração da gestão de recursos hídricos com a gestão ambiental", como preconiza a Lei nº 9.433, de 8 de janeiro de 1997, que estabelece a Política Nacional de Recursos Hídricos; o Serviço Florestal Brasileiro (SFB) foi transferido para o Ministério da Agricultura, Pecuária e Abastecimento (Mapa), que substituiu o MMA na função de gerenciar o Cadastro Ambiental Rural (CAR), que monitora a regularidade ambiental de propriedades e posses rurais, em evidente caso de conflito de interesses sobre a aplicação da Lei nº 12.651, de 25 de maio de 2012 (Lei de Proteção da Vegetação Nativa). Entre tantas mudanças, chocou a sociedade brasileira a eliminação de todas as instâncias de combate ao desmatamento e às mudanças do clima no MMA. Nesse sentido, a expressão "desmatamento", que aparecia catorze vezes no regulamento anterior, simplesmente desapareceu da nova estrutura normativa.

A reestruturação do ICMBio foi mais um capítulo do enfraquecimento da gestão das UCs e de importantes centros de pesquisas. Além da extinção das onze coordenações regionais – agora existe apenas uma gerência para cada região do país –, o instituto oficializou a criação de dezenas de núcleos de gestão integrados, que reduziram as equipes que atuam diretamente nas UCs. Essa centralização da gestão em núcleos foi justificada pela fragilidade orçamentária e de pessoal. Entretanto, ainda assim, o orçamento do órgão seguiu com cortes significativos efetivados pelo próprio governo federal. Tal reestruturação é feita a toque de caixa, sem transparência e sem qualquer base técnica. O órgão passou a realizar trabalhos mais burocráticos, desprestigiando justamente a presença das equipes de campo, cujas funções se voltam ao combate a irregularidades, ao atendimento de visitantes e ao apoio às populações tradicionais. Ainda, a publicação da Portaria nº 524, de 1º de outubro de 2020, torna pública a intenção política de extinção do ICMBio, sob a forma de uma fusão com o Instituto Brasileiro do Meio Ambiente e dos Recursos Naturais Renováveis (Ibama).

O Planejamento Estratégico do MMA 2014-2022, regido pela Portaria nº 310, de 4 de agosto de 2017, simplesmente foi abandonado, sem substituição. Além disso, a Controladoria-Geral da União (CGU) apontou em um relatório de auditoria (CGU, 2019) que as metas referentes aos objetivos dos Programas Temáticos do PPA 2016-2019 não haviam sido desdobradas para o exercício de 2019, assim como o Relatório de Gestão não vinculava os resultados apresentados a objetivos, indicadores e metas de desempenho.

De 2019 para 2020, a redução do orçamento das despesas discricionárias foi de R$ 112 milhões (30,4%) no Ibama; de R$ 97 milhões no ICMBio (32,7%); e de R$ 33 milhões

(32,7%) na administração direta do MMA (CARDOSO, 2020). Considerando os valores autorizados em 2017, o ICMBio teve cortes orçamentários de 50 % nas despesas obrigatórias e discricionárias. A drástica redução dos valores disponíveis não é compatível com o expressivo aumento nos índices de desmatamento no Brasil verificado nos últimos três anos, especialmente nas áreas protegidas, como será explicitado adiante, evidenciando um orçamento absolutamente insuficiente para a implementação de políticas de combate ao desmatamento e outras ilegalidades.

Em 2021, o orçamento total para o meio ambiente caiu 9% em relação ao PLOA 2020 e 15% em relação ao orçamento autorizado para 2020. Todos os programas finalísticos do MMA e seus órgãos vinculados tiveram queda. O principal programa orçamentário, "Conservação e Uso Sustentável da Biodiversidade e dos Recursos Naturais", perdeu R$ 18,5 milhões. Dentro desse programa está a principal ação orçamentária do ICMBio, 20WM – Apoio à Criação, Gestão e Implementação das Unidades de Conservação Federais. O programa Mudança do Clima (parte executada pelo MMA) perdeu R$ 1,3 milhão. O orçamento para o ICMBio em 2020 representou 44% do orçamento (PLOA) do órgão para 2017. Entre o PLOA 2020 e o PLOA 2021, a perda prevista para o órgão foi de R$ 89,5 milhões.

Na perspectiva comparativa com os orçamentos previstos em 2020 e 2021, o orçamento para o meio ambiente em 2022 aponta para uma pequena melhora, fruto do desgaste político do governo Bolsonaro na condução irresponsável da gestão ambiental. No entanto, o desmonte segue em curso, devido aos baixos orçamentos e à baixa execução, com impactos sobre a fiscalização e o controle, o licenciamento ambiental e a gestão de áreas protegidas. A principal ação finalística do ICMBio, de "Apoio à Criação, Gestão e Implementação das Unidades de Conservação Federais", conta, em média, com meros R$ 0,73 por hectare de UC federal.

O Plano Plurianual (PPA) 2020-2023 reflete claramente a decisão de estrangular e paralisar a política ambiental. Na proposta do Executivo encaminhada ao Congresso Nacional, o eixo ambiental reunia 2,1% dos recursos previstos, correspondendo a quase R$ 140 bilhões em quatro anos. Contudo, quase a totalidade dos recursos é destinada ao Mapa. Os programas do MMA e suas autarquias (Ibama e ICMBio) computavam ínfimos 1,6% dos recursos desse eixo ambiental. Se considerado o total dos recursos governamentais previstos na proposta do PPA (R$6,8 trilhões), os programas do MMA correspondiam ao inaceitável percentual de 0,03% do total, muito abaixo do que historicamente foi praticado no Brasil (ARAÚJO; FELDMANN, 2019).

Desconstituiu-se, ainda, grande parte dos órgãos colegiados ambientais. Tal se deu, de início, com o Decreto no 9.759, de 11 de abril de 2019, que objetivava a extinção de praticamente todos os órgãos colegiados federais, incluindo aqueles relacionados a temas socioambientais. Decretos subsequentes recriaram parte dos conselhos extintos, porém mediante reestruturação com redução de vagas destinadas à sociedade civil e a outros entes federativos ou até mesmo a exclusão total dessas representações. Cite-se como exemplos o Comitê Gestor do Fundo Nacional sobre Mudança do Clima e o Conselho Consultivo do Fundo Nacional de Desenvolvimento Florestal, que tiveram a participação da sociedade reduzida ao serem recriados pelo Decreto no 10.143 de 28 de novembro de 2019, e pelo Decreto no 10.062, de 14 de outubro de 2019, respectivamente. Ou, ainda, o exemplo mais emblemático, do Conselho Nacional do Meio Ambiente (Conama), episódio em que o Decreto nº 9.806, de 28 de maio de 2019, concentrou poderes no governo federal, retirando a influência de estados federados e da sociedade civil. Já no Conselho Deliberativo do Fundo Nacional de Meio Ambiente, a representação da sociedade foi sumariamente excluída com o Decreto no 10.224, de 5 de fevereiro de 2020.

Por sua vez, entre os órgãos colegiados eliminados, pode-se mencionar o Comitê Técnico e o Comitê Orientador do Fundo Amazônia (respectivamente, CTFA e Cofa), fato que gerou a paralisação completa do Fundo Amazônia. Estabelecido pelo Decreto nº 6.527, de 1º de agosto de 2008, o Fundo constituía importante fonte de recursos para ações de prevenção, monitoramento e combate ao desmatamento e de promoção da conservação e do uso sustentável da Amazônia Legal e parte do Cerrado onde suas bacias hidrográficas correm para o rio Amazonas. Essas linhas de ação são todas importantes para assegurar a implementação efetiva de UCs. Em 2018, a maior fatia dos recursos do Fundo Amazônia (46%) era destinada aos órgãos de monitoramento e fiscalização federal (CALIXTO, 2017). O desmantelamento do Fundo Amazônia, a partir de 2019, prejudica frontalmente as ações de proteção de UCs.

O número de servidores do Ibama vem continuamente sofrendo quedas nos últimos anos. Em 2020, o déficit era de 2.311 cargos, a maioria da Carreira de Especialista em Meio Ambiente. Enquanto em 2010 havia 1.311 fiscais, em 2020 esse número ficou em 591. Em 2021, um concurso abriu 568 vagas. Para o ICMBio, em 2020, o número de vagas sem preenchimento era de 1.317 (SILVA, 2021). Ademais, há diversos episódios de intimidação e perseguição a servidores dos órgãos ambientais federais por cumprirem sua missão legal, inclusive mediante exonerações e instauração de processos disciplinares, como no caso do oceanógrafo e um dos maiores especialistas em golfinhos do Brasil, José Martins da Silva, que foi transferido do ICMBio de Fernando de Noronha para o Sertão de Pernambuco. Outro exemplo é a chamada "lei da mordaça" do Ibama, a qual, segundo a Nota Técnica nº 1/2020 da Comissão de Ética do órgão, tem por objetivo coibir servidores de se manifestar publicamente de maneira contrária ao governo federal.

Entre tantas outras medidas utilizadas pelo governo federal desde 2019 para enfraquecer as instituições ambientais, pode-se mencionar ainda a deslegitimação dos dados oficiais, o desprezo às considerações da comunidade científica e a desestruturação dos órgãos oficiais de monitoramento ambiental. Em 2019, após infundadas críticas aos dados do Instituto Nacional de Pesquisas Espaciais (Inpe) – que apenas informa sobre a realidade do desmatamento, sem análises de cunho subjetivo –, inclusive com insinuações de que o órgão estaria divulgando informações falsas e "agindo a serviço de alguma ONG" ("APAGÃO"..., 2019; EXONERAÇÃO..., 2019; BRANT; WATANABE, 2019; EM RESPOSTA..., 2019), exonerou-se o então diretor-presidente, Ricardo Galvão, prestigiado cientista que atuava no instituto desde a década de 1970.[1] O episódio chegou a alimentar a possibilidade de censura aos dados, que poderiam passar a se submeter ao escrutínio de autoridades políticas antes de serem publicados. O atual orçamento do Inpe é o menor desde 2006. Os R$ 118,2 milhões no orçamento de 2020 representaram uma queda de 42% em 10 anos e 17% de redução no governo Bolsonaro. Em 2021, houve nova redução de 13% do seu orçamento em relação ao ano anterior. Ainda, a atribuição de divulgar os dados sobre alertas de in-

---

1 Detalhes sobre a trajetória de Ricardo Galvão e sua indicação ao prêmio de cientista do ano pela revista especializada Nature podem ser consultadas em Oliveto (2019).

cêndios e queimadas no país sofreu mudanças, passando a ser feita pelo Instituto Nacional de Meteorologia (Inmet), vinculado à pasta da Agricultura. Por fim, o monitoramento do desmatamento no Cerrado está ameaçado de extinção e não foi confirmado pelo governo federal até o fechamento deste texto.

## Omissão generalizada na implementação de deveres estatais

Como mencionado, a Constituição Federal prevê uma série de deveres a serem necessariamente cumpridos pelo poder público para assegurar a efetividade do direito fundamental de toda a coletividade ao meio ambiente ecologicamente equilibrado. A omissão na consecução dessas obrigações estatais configura situação de inconstitucionalidade, uma vez que, segundo o STF, a omissão "qualifica-se como comportamento revestido da maior gravidade político-jurídica, eis que, mediante inércia, o Poder Público também desrespeita a Constituição, também ofende direitos que nela se fundam e também impede, por ausência de medidas concretizadoras, a própria aplicabilidade dos postulados e princípios da Lei Fundamental" (STF, 2003, p. 796).

O período iniciado em 2019 é marcado por amplo e geral descumprimento de deveres constitucionais socioambientais por parte do governo federal, configurando o que se denomina "estado de coisas inconstitucional". Diversas dessas situações de omissão foram questionadas no STF, por iniciativa de organizações da sociedade civil, e aguardam julgamento.[2]

Nesse sentido, menciona-se, inicialmente, o abandono do Plano de Ação para Prevenção e Controle do Desmatamento na Amazônia Legal (PPCDAm), principal e mais bem-sucedida política pública de combate ao desmatamento de nossa história, responsável pela redução de 83% nos índices entre 2004 e 2012. Como constatou a Comissão de Meio Ambiente do Senado Federal, em Relatório divulgado no início de dezembro de 2019: "foi extinta a partir de 2019 a unidade do MMA que era encarregada da coordenação das políticas brasileiras de prevenção e controle do desmatamento, assim como foram extintas todas as competências

2 Entre elas: Arguição de Descumprimento de Preceito Fundamental (ADPF) nº 760, ADPF nº 708, Ação Direta de Inconstitucionalidade por Omissão (ADO) nº 59, ADPF nº 857 e ADPF nº 755.

do Ministério relacionadas ao combate ao desmatamento. Com isso, paralisaram-se todas as ações de implementação do PPCDAm" (SENADO FEDERAL, 2019, p. 112-114).

O PPCDAm foi substituído por ações ineficientes do Conselho Nacional da Amazônia Legal, que passou a assumir a responsabilidade pela coordenação do combate aos ilícitos ambientais na Amazônia. O Ibama e o ICMBio, que sempre coordenaram as ações envolvendo outras entidades públicas – como o Exército e a Polícia Federal –, são citados apenas uma vez no plano liderado pelo vice-presidente Hamilton Mourão, num trecho que menciona a "reestruturação" e eventual "revisão doutrinária" dos órgãos. Também se fala em "revisar" UCs e terras indígenas (TIs).

Tal plano, na realidade, trata-se de simulacro de política pública. É que, ao contrário do PPCDAm, o novo suposto plano não possui: diretrizes estratégicas, metas, ações definidaspara cada meta, linhas de ação, cronograma, distribuição de competências, articulações comoutros atores além do governo federal (em especial, com os governos estaduais), fontes de recursos, resultados esperados e indicadores para monitoramento dos resultados esperados. Tanto que o Tribunal de Contas da União (TCU) determinou a sua reelaboração em 120 (cento e vinte) dias, justamente em razão dos inúmeros vícios nele contidos, que refletem sua inoperância.

Como resultado, o governo de Jair Bolsonaro consolidou um novo patamar de destruição das áreas protegidas da Amazônia, ainda maior do que o expressivo aumento do desmatamento geral no bioma. Segundo estudo do Instituto Socioambiental (ISA), com base nos dados oficiais do Inpe: *i*) "comparando o desmatamento agregado dos três anos do atual governo (2019 a 2021) com os três anos anteriores (2016 a 2018), o desmatamento das áreas protegidas sofreu um aumento de 79%"; *ii*) "comparando o desmatamento agregado dos três anos do atual governo de Jair Bolsonaro (2019 a 2021) com os três anos anteriores (2016 a 2018), o desmatamento das UCs federais sofreu um aumento de 130%"; *iii*) "as UCs de proteção integral sofreram um aumento de 221,6% no desmatamento. Este é um resultado preocupante para uma categoria de manejo onde o desmatamento é proibido"; e *iv*) "comparando o desmatamento agregado dos três anos do atual governo de Jair Bolsonaro (2019 a 2021) com os três anos anteriores (2016 a 2018), o desmatamento das TIs sofreu um aumento de 138%" (OVIEDO *et al.*, 2021)

Adotando o período em que é calculada a taxa Prodes[3] (1º de agosto do ano anterior a 31 de julho do ano vigente), observam-se reduções contínuas nos autos de infração durante os três anos do atual governo, ou seja, queda de 13,8% em 2019, 28,3% em 2020 e 3,6% em 2021 (OC, 2022). O ano de 2021 coincide com o menor número de autos de infração por crimes contra a flora aplicados pelo Ibama nas últimas duas décadas na Amazônia. Foram 2.534 autos, uma queda de 40% em relação ao período de agosto de 2017 a julho de 2018, último período Prodes pré-Bolsonaro. Se considerados os dados de janeiro a dezembro, o recorde negativo se repete – a média nos três anos do governo de Jair Bolsonaro foi de 2.963 autos por crimes contra a flora nos nove estados que compõem a Amazônia Legal, número 39% menor que a média na década anterior ao atual governo (4.864).

Os embargos e apreensões realizados por fiscais ambientais na Amazônia também despencaram sob Bolsonaro. Em 2021, os embargos de propriedades rurais caíram 70% em relação a 2018, último ano do governo Temer: foram registrados 722 na Amazônia, contra 2.368 em 2018 (OC, 2022). O embargo é uma das medidas mais eficazes de combate ao desmatamento, por causar restrição econômica imediata ao infrator. No caso das apreensões, houve queda de 81% no mesmo período – foram 452 na Amazônia em 2021, contra 2.391 em 2018.

Soma-se a isso uma redução substancial no julgamento dos processos de infração, cuja letargia aumenta o risco da prescrição da pretensão punitiva estatal e amplia a sensação geral de impunidade. Em 11 de abril de 2019, Bolsonaro editou o Decreto nº 9.760, que incluiu no processo administrativo uma nova "fase" de conciliação ambiental com o infrator. Segundo a norma, todo o processo sancionatório fica suspenso até a realização dessa nova etapa. Conforme estudo publicado em 2021 (RAJÃO *et al.*, 2021), após dois anos de criação do núcleo de conciliação, o Ibama havia realizado menos de 2% das audiências necessárias. Tal situação, questionada no STF, levou o número de julgamentos no órgão a cair de uma média de 5,3 mil anuais, entre 2014 e 2018, para somente 113, em 2019, e meros 17, em 2020.

---

3 Taxa consolidada de desmatamento para os nove estados da Amazônia Legal Brasileira (ALB) calculada anualmente com base nos dados gerados pelo Projeto de Monitoramento do Desmatamento na Amazônia Legal por Satélite (Prodes) do Inpe.

Os dados sobre a dotação orçamentária confirmam a omissão generalizada na execução de deveres constitucionais. Entre 2019 a 2021, a ação de prevenção e controle dos incêndios florestais (ação 214M) sofreu reduções anuais consecutivas de 15%, 15% e 23%, respectivamente. A ação orçamentária relativa à fiscalização ambiental do Ibama (ação 214N) sofreu queda de 7% e 25% nos anos de 2019 e 2020, respectivamente, e manteve-se no patamar em 2021 quando comparado com o período anterior (2018). E a principal ação finalística do ICMBio (ação 20WM), referente à criação, gestão e implementação das UCs, sofreu entre 2019 e 2021 cortes sucessivos de 17%, 36% e 34%, respectivamente. Isso demonstra a intenção de extinguir o órgão da biodiversidade por inanição ou inviabilizar por completo sua atuação. Tal situação expõe as UCs federais à criminalidade, ao desmatamento ilegal, às queimadas e aos incêndios, à grilagem de terras, à exploração ilegal de madeira e minério, entre outras mazelas ambientais a que estão submetidas essas áreas protegidas. A execução do orçamento também se mostrou bastante desalinhada com os períodos de maior incidência de desmatamento e incêndios criminosos. Segundo dados públicos sistematizados pelo Instituto de Estudos Socioeconômicos (Inesc), desde o início do atual governo até o mês de setembro de 2021, Ibama e ICMBio haviam executado apenas 22% do montante disponível para ações contra o desmatamento e os incêndios florestais.

Sob pressão internacional após ter ampliado a devastação na Amazônia, no Cerrado e no Pantanal em 2020, o presidente Jair Bolsonaro prometeu, durante a cúpula sobre clima, dobrar os recursos para a fiscalização ambiental. Entretanto, no dia seguinte, o governo anunciou um corte de R$ 240 milhões no orçamento geral do MMA, atingindo as áreas de fiscalização e de controle de incêndios do Ibama. Em maio de 2020, após a promessa de aumento e o corte, o governo enviou um projeto de lei destinando R$ 270 milhões para o Ibama e o ICMBio. No Ibama, o orçamento autorizado para a fiscalização aumentou de R$ 64,6 milhões em 2020 para R$ 219,4 milhões em 2021, em valores nominais. No entanto, até 31 de dezembro o instituto havia executado apenas 41% desse orçamento (OC, 2022). Isso indica que o planejamento feito pelo Ibama para realizar operações em todo o país não foi cumprido integralmente. Nos três anos anteriores à gestão Bolsonaro, a execução do orçamento destinado à fiscalização variou de 86% a 92%.

No caso da prevenção e do controle de incêndios florestais, até 31 de dezembro foram executados R$ 40,3 milhões, ou 70% dos recursos. No ICMBio, a execução foi de 73% (R$ 63,7 milhões) do orçamento autorizado para fiscalização e controle de incêndios (OC, 2022).

Uma análise do orçamento geral do MMA, incluindo a administração direta da pasta, o Jardim Botânico do Rio de Janeiro e os fundos nacionais do Meio Ambiente e sobre Mudança do Clima, além do Ibama e do ICMBio, mostra que os valores executados até 31 de dezembro de 2021 (R$ 2,52 bilhões) foram os mais baixos desde 2000, considerando a atualização monetária pelo índice nacional de preços ao consumidor amplo (IPCA).

A análise da proposta do governo federal para o orçamento do meio ambiente em 2022 confirma o progressivo desmonte da política ambiental no Brasil (CARDOSO, 2021). Ao sancionar o orçamento para 2022, Bolsonaro vetou R$ 17,2 milhões para ações de prevenção e combate a incêndios do Ibama, que correspondem a um quarto do valor que havia sido aprovado pelo Congresso (R$ 67,2 milhões) para essa atividade. O corte total no orçamento ambiental foi de R$ 35 milhões, incluindo recursos para biodiversidade e recuperação ambiental. Ela expressa uma mudança significativa nas prioridades do governo, na direção da privatização das UCs e na priorização do uso dos recursos para a política voltada ao meio urbano. Além disso, ainda que possa ser observada uma melhora relativa na alocação de recursos para a fiscalização ambiental, o que se observa é a contínua fragilização do Ibama e o engessamento ainda maior de sua capacidade de execução.

## Estímulo à ilegalidade ambiental

Rompendo drasticamente com um longo processo de evolução, o atual governo simplesmente destruiu a política ambiental brasileira e, mais, passou a incentivar a ilegalidade ambiental em todo o país, inclusive e especialmente em áreas protegidas, como UCs e TIs. Desde a campanha eleitoral até hoje, o discurso antiambiental passou a estimular a ilegalidade e a devastação da natureza. São ataques diretos aos órgãos de monitoramento (Inpe), às entidades de fiscalização e controle ambiental (Ibama e ICMBio) e a seus servidores, às organizações da sociedade civil de defesa dos direitos socioambientais, aos países parceiros na cooperação internacional e tantos outros. Os índices de desmatamento na Amazônia aumentaram já durante a campanha eleitoral de 2018, com um acréscimo de 13% em relação ao período anterior. O aumento foi maior em TIs (21%) e ainda mais intenso em UCs (102%), áreas nas quais o desmatamento é essencialmente ilegal.

Houve, desde então, diversos episódios de incentivo à ilegalidade ambiental com discursos de autoridades do governo federal. Entre os exemplos emblemáticos, pode-se mencionar que, em abril de 2019, agentes do Ibama atuaram de forma eficaz e coibiram o roubo de árvores da Floresta Nacional do Jamari (RO). Após isso, ao lado do senador Marcos Rogério (DEM-RO), o presidente da República afirmou, em vídeo para as redes sociais, que o então ministro do Meio Ambiente, Ricardo Salles: "já mandou abrir um processo administrativo para apurar o responsável disso aí. Não é pra queimar nada, maquinário, trator, seja o que for, não é esse procedimento, não é essa a nossa orientação" (SHALDERS, 2019). A declaração tenta proteger infratores que extraíam madeira de forma ilegal, enquanto na mesma UC há empresa habilitada pelo próprio governo federal para realizar legalmente o manejo sustentável da vegetação. O resultado foi instantâneo. Logo após desautorizar o Ibama, a região apresentou um aumento nos alertas de desmatamento do sistema Deter (Inpe).

O presidente Jair Bolsonaro também externou nos meios de comunicação seu interesse em revisar UCs no país, defendendo a extinção da Estação Ecológica de Tamoios, em Angra dos Reis, local onde foi multado em 2012 por pesca ilegal. Mesmo ciente de que a Constituição Federal não permite extinguir UCs por decreto ou por medida provisória – conforme a já mencionada decisão do STF na ADI nº 4.717 –, Bolsonaro faz discursos públicos contra o que chama de "aparelhamento" da legislação ambiental: "estamos conversando com vários outros governadores no sentido de nós nos unirmos e desmarcar muita coisa por decreto no passado para poder fazer com que o estado possa prosseguir", disse (MAZUI, 2019). O ex-ministro do Meio Ambiente, Ricardo Salles, disse em entrevista que revisaria todas as 334 UCs federais, alegando que: "parte dessas unidades foi criada sem nenhum tipo de critério técnico. Vamos criar um grupo de trabalho para analisar o processo de criação e categorização de todas as unidades de conservação federais" (BORGES, 2019).

O ex-ministro também ameaçou servidores do ICMBio em eventos com ruralistas, anunciando a abertura de processo disciplinar a servidores que não estiveram presentes em evento político no Rio Grande do Sul: "Determino a abertura de processo administrativo disciplinar contra todos os funcionários. É um desrespeito com a figura do ministro e do presidente do ICMBio e com o povo do Rio Grande do Sul. O momento de perseguição de pessoas de bem desse país acabou. Foi com a eleição do nosso presidente Jair Bolsonaro" (ÉBOLI, 2019).

Sobre a redução da fiscalização nas áreas protegidas, o presidente Jair Bolsonaro, em 2019, comemorou: "No primeiro bimestre deste ano, tivemos um menor percentual de multas no campo, e vão continuar diminuindo" e complementou elogiando o ministro Salles: "Ele é o homem que está no lugar certo" (BASSO, 2019).

Outro exemplo foi o evento em que o ex-ministro Ricardo Salles se reuniu com infratores ambientais e suspendeu a fiscalização na Reserva Extrativista Chico Mendes. O ex-ministro se reuniu com um indivíduo que ameaçou de morte um servidor público ambiental para discutir o futuro da reserva extrativista e reclamar de suposta truculência de agentes do ICMBio. Durante os três anos do governo de Jair Bolsonaro, o desmatamento nesta UC aumentou em 280%. Essa medida se expandiu para todas as UCs federais, quando o ex-ministro Ricardo Salles anunciou, em agosto de 2020, a paralisação de todas as operações de fiscalização e combate a desmatamentos e a incêndios. Ainda, para piorar a capacidade de fiscalização das UCs, o suporte de governos estaduais alinhados com o governo federal vulnerabiliza ainda mais as UCs. Como exemplo, o comandante-geral da Polícia Militar (PM) de Rondônia suspendeu a participação da PM em operações de fiscalização ambiental realizadas pelo ICMBio, afirmando que: "a participação dos policiais leva a uma exposição das guarnições policiais militares a riscos desnecessários".

Todos esses e outros estímulos à ilegalidade contribuíram diretamente para o aumento do desmatamento das UCs.

## Retrocessos normativos destinados ao esvaziamento e à inefetividade das políticas públicas

Ao longo da história brasileira, as autoridades ambientais envidaram esforços para aperfeiçoar a legislação ambiental infralegal e, com isso, garantir ambiente normativo apto a efetivar a proteção do meio ambiente. A partir de 2019, contudo, fato inédito passou a ocorrer: normas infralegais ambientais passaram a sofrer constantes ofensivas rumo a seu enfraquecimento. Em 22 de abril de 2020, o então ministro do Meio Ambiente confessou: "a oportunidade que nós temos, que a imprensa não tá... tá nos dando um pouco de alívio nos outros temas, é passar as reformas infralegais de desregulamentação, simplificação, todas as reformas. [...] Tudo o que a gente faz é pau no judiciário, no dia seguinte, então para isso precisa ter um esforço nosso aqui enquanto estamos nesse momento de tranquilidade no aspecto de cobertura de imprensa porque só se fala de covid e ir passando a boiada, e mudando todo o regramento e simplificando normas de Iphan, de Ministério da Agricultura, de Ministério de Meio Ambiente, de Ministério disso, de Ministério daquilo. [...] Não precisamos de Congresso [...]. Agora tem um monte de coisa que é 'parecer-caneta, parecer-caneta', sem parecer também não tem caneta, porque dar uma canetada sem parecer é cana" (PF, 2020).

Um estudo do projeto Política por Inteiro (AINBINDER; STEC 2021) levantou que, nos dois primeiros anos do governo Bolsonaro, houve 144 atos infralegais da administração pública federal com impactos relevantes na Amazônia. Os atos envolveram, entre outras questões, alterações significativas em secretarias e departamentos, a militarização do MMA e a flexibilização e desregulação da mineração, com o intuito de autorizar a atividade em UCs, TIs, além de outras áreas de vulnerabilidade socioambiental. Em 2021, outros 25 atos seguiram os retrocessos normativos, especialmente na reestruturação do MMA e seus órgãos executores, redução na transparência de dados, processos de apuração das infrações ambientais, uso e regulamentação de agrotóxicos, licenciamento ambiental e implementação de um Programa de Parcerias de Investimentos.

Desde o início da pandemia da covid-19 no país, o número de atos publicados em Diário Oficial relacionados a regras ambientais aumentou 12 vezes em relação ao mesmo período do ano passado (IMAFLORA, 2020). Tais mudanças, durante uma pandemia, diminuíram a capacidade de acompanhamento e monitoramento da sociedade civil, infelizmente, na linha do que havia expressado Ricardo Salles. Apesar disso, muitos desses atos foram questionados judicialmente pela sociedade civil organizada e pelo Ministério Público (mas não pela Procuradoria-Geral da República), em processos que se encontram pendentes de decisão final.

Desse quadro de desregulamentação geral, pode-se destacar o Decreto nº 10.084, de 5 de novembro de 2019, que, ao revogar o Decreto nº 6.961, de 17 de setembro de 2009, passou a permitir o cultivo da cana-de-açúcar nos biomas Amazônia e Pantanal, aumentando ainda mais as pressões sobre a floresta. No caso, a norma teve seus efeitos suspensos por decisão de tutela de urgência na Ação Civil Pública nº 1016202-09.2019.4.01.3200, na qual constou: "liberar os biomas Amazônia, Pantanal e Bacia do Alto Paraguai, TIs e áreas de proteção ambiental sem qualquer estudo científico de viabilidade é apostar na certeza de novos desastres e pragas ambientais, sujeitando povos a genocídios e massacres imprevisíveis".

Outro exemplo é o Despacho Interpretativo nº 7036900/2020, emitido pelo presidente do Ibama, que extinguiu a possibilidade de se realizar fiscalização *in loco* sobre a exportação de madeira nativa. O despacho foi emitido em fevereiro de 2020, em tempo recorde após pedido formal de associações de madeireiros, tendo a deliberação atentado inclusive contra Nota Técnica do próprio Ibama. Pela nova interpretação, foi dispensada e, na prática, inviabilizada a fiscalização *in loco* nos portos brasileiros sobre a exportação da madeira nativa, restringindo tal atividade à mera avaliação remota de informações autodeclaratórias de madeireiras, posteriormente à efetivação da exportação. O tema é objeto de ação judicial pendente de julgamento.

Por fim, a política de concessões de serviços e também das áreas de visitação de UCs à iniciativa privada (MMA, 2017; BRASIL, 2021) representa uma medida que atenta contra o SNUC e desvirtua o instrumento da concessão, refletindo mais uma proposta desarticulada do governo federal, que surge repentinamente sem debate ou participação da sociedade civil, dos servidores dos órgãos envolvidos ou das comunidades diretamente impactadas. Tal política surge sem metas claras nem mecanismos de monitoramento, apresentando mais dúvidas e receios de retrocessos do que garantias de sucesso ou impacto positivo. O maior motivo é que a iniciativa privada não poderá contar com apoio do poder público na garantia da integridade dos parques, especialmente em políticas públicas de combate ao desmatamento e incêndios florestais. Assim, se as áreas se degradam, por falta de gestão e de fiscalização derivada do desmonte dos órgãos ambientais, qual é o sentido de promover a visitação? Outro aspecto preocupante é a sobreposição de UCs selecionadas nesta política com TIs, incluindo territórios com a presença de grupos isolados, onde a extensão total de sobreposição é de 66.410 km², mais de 43 vezes a extensão do município de São Paulo. Considerar a concessão de TIs, ou porções deste território, para a iniciativa privada é inconstitucional, e fere o art.231 da Constituição, segundo o qual as TIs são terras da União de usufruto exclusivo dos indígenas, sendo vedada qualquer apropriação ou ingerência pelo setor privado.

## Consequências

Há inúmeras consequências decorrentes do quadro de desconstrução das políticas de proteção de UCs, desde a presença e a intensificação do crime organizado em garimpos da Amazônia até o aumento das emissões de gases causadores das mudanças do clima.

Entre elas, pode-se mencionar graves violações aos direitos fundamentais de informação e participação, mediante o desmonte das estruturas de transparência ativa[4] e passiva[5] e dos espaços de interação com a sociedade, detentora do direito fundamental ao meio ambiente ecologicamente equilibrado. Exemplos de retrocessos verificados desde 2019 na transparência e participação nas políticas sobre UCs incluem alterações nos protocolos de comunicação dos órgãos ambientais, elevação do sigilo de documentos públicos e apagões em bases de dados ambientais. Dentre os dez órgãos federais que gerenciam bases de dados relevantes para as políticas ambientais, apenas três cumprem atualmente o requisito legal de possuir Planos de Dados Abertos (PDAs) vigentes em 2020 (IMAFLORA, 2020). Trata-se de uma diminuição de 70% em relação ao número de órgãos com PDAs vigentes em 2019. O ICMBio, por exemplo, aprovou seu PDA somente em maio de 2021. Os pedidos de informação via Lei de Acesso à Informação também acusam uma redução de 78% no número de respostas satisfatórias em 2019, em comparação com o período 2017-2018.

---

4 A transparência ativa consiste na divulgação de informações por iniciativa do próprio órgão público, sem que tenha sido solicitada pelo cidadão.

5 A transparência passiva consiste na disponibilização de informações púbicas em atendimento a demandas específicas de uma pessoa física ou jurídica.

De todo modo, entre os diversos danos produzidos pela estratégia de desconstrução adotada pelo governo federal, o mais evidente certamente consiste nas taxas de desmatamento, em constante ascensão desde 2019. O desmatamento de florestas na Amazônia alcançou um novo e alarmante patamar nos últimos três anos. A perda acumulada de floresta entre 2019 e 2021 ultrapassou os 34 mil km. Em 2021, no período de medição entre 1º agosto de 2020 e 31 julho de 2021, o desmatamento alcançou 13.235 $km^2$, que representa um aumento de 21,7% em relação à taxa de desmatamento apurada pelo Prodes 2020, que foi de 10.851 $km^2$ para os nove estados da Amazônia legal.

As UCs também estão queimando mais nos últimos três anos. Segundo dados do sensor Moderate Resolution Imaging Spectroradiometer (Modis) da Nasa, o número de detecções de fogo nas UCs federais entre 2019 e 2021 foi, em média, 23% maior em relação ao triênio anterior (2016 a 2018). Mesmo com as queimadas aumentando no interior das UCs, o governo Bolsonaro vem cortando drasticamente a verba para contratação de profissionais para prevenção e controle de incêndios florestais nessas áreas federais.

Além de todo esse desastroso cenário, nunca é demais lembrar que as UCs não são ilhas que podem ser protegidas a despeito das ameaças à integridade do território onde estão inseridas. Processos ecológicos e evolutivos, geradores e mantenedores da biodiversidade, acontecem em uma escala que transcende os limites das UCs. Sua integridade é fundamental para que a biodiversidade das áreas protegidas permaneça. Ou seja, o agravamento do desmatamento e de um conjunto de ações destrutivas para o meio ambiente, que tem sido a regra no país, tem enormes consequências sobre as UCs e, como resultado, ao direito de toda a sociedade ao meio ambiente ecologicamente equilibrado.

## Propostas legislativas que ameaçam diretamente as unidades de conservação

A agenda legislativa do governo federal para 2022 está centrada em pautas que violam direitos constitucionais de natureza socioambiental e ameaçam diretamente as UCs. Destacam-se a seguir as principais propostas legislativas nesse sentido.

Ao contrário do previsto pela legislação que atualmente regulamenta o licenciamento ambiental, de exigir a avaliação prévia dos impactos ambientais dos empreendimentos sobre as áreas protegidas, o Projeto de Lei (PL) nº 3.729/2004 rebaixa sua proteção em relação aos impactos e danos causados por empreendimentos. Primeiramente, destaca-se a ausência da participação das autoridades envolvidas na análise de impactos sobre UCs afetadas, tanto no que se refere aos impactos causados na área de influência indireta como na área de influência direta. Os impactos sobre as UCs serão analisados somente quando estiverem em sobreposição com a área diretamente afetada (ADA), que representa uma parcela ínfima do impacto ambiental potencial. Ainda, o impacto sobre a categoria área de proteção ambiental (APA) é desconsiderado em todas as condições. Diante disso, verifica-se que um total de 334 UCs federais e 818 UCs estaduais tornam-se completamente desprotegidas de medidas de mitigação de impactos ambientais ou de controle do desmatamento. Há, ainda, uma série de vedações à atuação dos órgãos ambientais licenciadores na imposição de condicionantes ambientais, o que pode trazer alto potencial de impacto em UCs.

O PL nº 2.633/2020, conhecido como o PL da grilagem, estimula e reforça um modelo de ocupação predatório sobre as áreas protegidas (TIs e UCs) e florestas públicas não destinadas. A conexão entre a invasão de terras públicas e o desmatamento revela uma triste realidade, em que o responsável pelo desmatamento acaba dono da terra e é beneficiado por políticas públicas com regras para legitimação e proliferação do latifúndio estabelecido ilegalmente. Atualmente, existem mais de 29 milhões de hectares de imóveis de terceiros registrados no CAR em sobreposição com áreas protegidas. Em 2020, foi detectado um aumento de 63% nos valores absolutos do desmatamento ilegal no interior desses imóveis registrados no CAR. As UCs federais são as mais impactadas com o aumento da área em sobreposição com registros de terceiros no CAR. Foram detectadas 137 UCs federais com registros de propriedades de terceiros no CAR em seu interior. As UCs federais de uso sustentável e de proteção integral apresentam aumentos de 274% e 54%, respectivamente, na área de registros do CAR em sobreposição entre 2018 e 2020. As APA federais também apresentaram aumento de 46%. No total, 11.625.452 hectares em registros de terceiros no CAR foram detectados em sobreposição com as UCs federais, demonstrando uma intensa escalada de grilagem nesses territórios. O aumento do desmatamento detectado no interior dos registros do CAR em sobreposição, entre 2018 e 2020, é de 225%.

O PL nº 3.682, proposto em 2012, de autoria do deputado Vinícius Gurgel (PR-AP), visa alterar o SNUC para permitir a exploração mineral em 10% das UCs de proteção integral. Essa proposta legislativa contraria totalmente o princípio que justifica a criação dessas UCs, além de sobrepor interesses particulares em detrimento dos interesses coletivos por um meio ambiente equilibrado.

O PL nº 5.822/2019 acrescenta redação à Lei nº 9.985, de 18 de julho de 2000, para viabilizar o licenciamento ambiental de lavras garimpeiras de pequeno porte em UCs de uso sustentável do tipo floresta nacional.

O PL nº 2.001/2019 dispõe sobre a desapropriação e indenização de propriedades privadas em UCs de domínio público. Inicialmente, chama atenção o fato de que o referido PL pretende violar frontalmente o estabelecido pela Constituição, isto é, a regra de que um espaço territorial especialmente protegido apenas pode ser alterado ou suprimido por lei (art. 225, § 1º, III). Essa proposta dificultaria a criação de UCs, ao condicioná-la a fatores externos estranhos à Lei Federal nº 9.985/2000, bem como facilitaria a desafetação dessas áreas protegidas, inconstitucionalmente. O mesmo se dá com o PL nº 717/2021, de conteúdo similar.

O PL nº 1.205/2019, que dispõe sobre a zona de amortecimento das UCs, altera a Lei nº 9.985/2000 e pode regulamentar, de forma maquiada, medidas que inviabilizam a criação de novas UCs, bem como flexibilizam o estabelecimento e a proteção das zonas de amortecimento já regulamentadas. Adicionalmente, expõem porções do território das UCs à função de tamponamento de impactos ambientais. Para as UCs já regulamentadas, esse substitutivo pode ampliar os impactos ambientais negativos no interior das UCs.

O PL nº 984/2019 propõe alterar a Lei nº 9.985/2000 para criar a categoria de UC denominada Estrada-Parque e instituir a Estrada-Parque Caminho do Colono no Parque Nacional do Iguaçu. Essa proposta fragiliza o SNUC, pois facilitaria a abertura de estradas em todos os parques nacionais, reduzindo a proteção desses espaços protegidos. A enquete sobre o PL, disponível no *site* da Câmara dos Deputados, indica uma discordância de 95% da população sobre sua aprovação.

O PL nº 6.024/2019 altera os limites da Reserva Extrativista (Resex) Chico Mendes, localizada nos municípios de Assis Brasil, Brasiléia, Capixaba, Epitaciolândia, Rio Branco e Sena Madureira, no estado do Acre, e modifica a categoria do Parque Nacional da Serra do Divisor. A proposta foi apresentada sem consulta e envolvimento das comunidades que vivem na região e dos povos indígenas localizados no entorno do Parque Nacional, bem como representa grave ameaça à sobrevivência de comunidades locais, à biodiversidade e aos recursos hídricos que abastecem áreas rurais e urbanas. O PL é também irregular por propor revisão e extinção de UCs sem apresentar estudos e pareceres técnicos que embasem a proposta. A redução da área da Resex Chico Mendes por projeto de lei, sem consulta prévia, pode abrir precedente que coloca em risco centenas de UCs e de comunidades em todo o Brasil, que dependem do extrativismo para sobreviver e contribuem para a conservação das florestas e zonas costeiras vulneráveis. A recategorização do Parque Nacional da Serra do Divisor em área de proteção ambiental reduziria drasticamente seu grau de proteção e abriria a possibilidade de exploração madeireira e outras atividades predatórias, ameaçando a floresta e colocando em risco a segurança hídrica e alimentar de milhares de famílias.

## Considerações finais

As UCs estão mais ameaçadas do que nunca. Sua integridade está em xeque pela falta de fiscalização e pela narrativa governamental de que desmatar, garimpar, invadir e grilar essas áreas é aceitável. Conforme os fatos narrados, tanto Ibama quanto ICMBio têm sua atuação impossibilitada, visto que não possuem dotação orçamentária suficiente para o cumprimento de suas missões; a execução do orçamento disponível está muito abaixo do que os órgãos praticam historicamente, especialmente no que tange às ações voltadas à fiscalização e controle de ilícitos; há enorme déficit de servidores nos dois órgãos, e os que estão efetivados sofrem coação e perseguição por cumprirem sua missão legal. Omissão generalizada do poder público e retrocessos normativos se somam ao quadro de degradação das políticas de proteção de UCs.

O SNUC é nossa melhor tentativa de proteger a sociobiodiversidade no Brasil. É um jeito de pensar lugares e territórios onde a relação entre os humanos e a natureza é a mola propulsora de inspiração para soluções de problemas de formas diversas de gestão, de produção e de uso da terra.

Cabe lembrar, ainda, que nosso enorme patrimônio natural e os modos de vida dos povos e comunidades tradicionais protegidos em parte pelas UCs estão ameaçados também pela destruição ambiental que acontece fora dos limites dessas áreas. O uso racional da terra e da biodiversidade em todo o território nacional é elemento-chave para a conservação da natureza dentro das UCs.

Espera-se que as ações e omissões em curso, que desconstroem todo o SNUC, retrocedam e possam dar lugar a novas sementes para restabelecer a caminhada em direção à proteção das UCs. Para além da torcida, cabe lembrar: é fundamental que assumamos nossas responsabilidades e transformemos a destruição do meio ambiente no Brasil em algo inaceitável, começando por exigir a manutenção da integridade das UCs, a fiscalização ambiental e o combate ao desmatamento, aos incêndios florestais e a outras ações criminosas. Se pudermos sonhar, esperamos que a caminhada do país, de uma vez por todas, rume no sentido de compreender que a proteção ambiental, a conservação da biodiversidade e o respeito aos direitos difusos da sociedade e aos direitos coletivos dos povos e comunidades tradicionais devem constituir a essência de país economicamente próspero, socialmente justo e ambientalmente responsável.

## Referências

"APAGÃO" de dados é risco para toda a sociedade: queremos mais transparência e respeito à ciência. Abaixo-assinado. *Artigo 19*, São Paulo, 5 ago. 2019. Disponível em: https://artigo19.org/blog/2019/08/05/apagao-de-dados-e-risco-para-toda-a-sociedade.queremos-mais-transparencia-e-respeito-a-ciencia/. Acesso em: 27 out. 2020.

ACABOU a farra das Medidas Provisórias contra parques e reservas ambientais. *Blog do ISA*, 10 abr. 2018. Disponível em: https://www.socioambiental.org/blog/blog-do-isa/acabou.a-farra-das-medidas-provisorias-contra-parques-e-reservas-ambientais. Acesso em: 1º nov. 2021.

AINBINDER, O.; STEC, T. *Amazônia por inteiro*: histórico, panorama e análise das políticas públicas federais. Rio de Janeiro: Instituto Talanoa, 2021.

ARAÚJO, S.; FELDMANN, F. Onde está o meio ambiente no Plano Plurianual? *Valor Econômico, 3* out. 2019. Disponível em: https://valor.globo.com/opiniao/coluna/onde-esta.o-meio-ambiente-no-plano-plurianual.ghtml. Acesso em: 1º nov. 2021.

BASSO, G. Bolsonaro comemora queda de fiscalização pelo Ibama; especialista vê "pulverização do Estado brasileiro". *Fórum, 13* jun. 2019. Disponível em: https://revistaforum.com.br/politica/2019/6/13/bolsonaro-comemora-queda-de-fiscalizao.pelo-ibama-especialista-v-pulverizao--do-estado-brasileiro-57028.html. Acesso em: 1º nov. 2021.

BOOKHAGEN, B.; STRECKER, M. R. *Amazonia, landscape and species evolution*: a look into the past. New Jersey: Wiley-Blackwell, 2015.

BORGES, A. Governo fará revisão geral das 334 áreas de proteção ambiental no país. *O Estado de S. Paulo*, São Paulo, 10 maio 2019. Disponível em: https://sustentabilidade.estadao.com.br/noticias/geral,governo-fara-revisao-geral-das-334.areas-de-protecao-ambiental-no-pais,70002822999. Acesso em: 1º nov. 2021.

BRANT, D.; WATANABE, P. Diretor do Inpe será exonerado após críticas do governo a dados de desmate. *Folha de S. Paulo*, São Paulo, 2 ago. 2019. Disponível em: https://www1.folha.uol.com.br/ambiente/2019/08/diretor-do-inpe-sera-exonerado-apos.criticas-do-governo-a-dados-de--desmate.shtml. Acesso em: 27 out. 2020.

BRASIL. Ministério do Meio Ambiente. *Instrução Normativa nº 2, de 30 de janeiro de 2017*. Brasília: MMA, 2017.

BRASIL. Presidência da República. *Decreto Federal nº 10.623, 9 de fevereiro de 2021*. Brasília: PR, 2021.

CALIXTO, B. O dinheiro da Noruega está pagando a fiscalização da Amazônia? *Revista Época*, 10 ago. 2017. Disponível em: http://epoca.globo.com/ciencia-e-meio-ambiente/blog.do-planeta/noticia/2017/08/o-dinheiro-da-noruega-esta-pagando-fiscalizacao-da.amazonia.html. Acesso em: 1º nov. 2021.

CARDOSO, A. *Meio ambiente e o PLOA 2021*: mais uma peça do desmonte da política ambiental brasileira. Nota Técnica. Brasília: Inesc, 2020.

CARDOSO, A. *Meio ambiente no PLOA 2022.* Nota Técnica. Brasília: Inesc, 2021.

CONTROLADORIA-GERAL DA UNIÃO. Relatório de Auditoria Anual de Contas do MMA do exercício de 2019. Brasília: CGU, Disponível em: https://eaud.cgu.gov.br/relatorios/875381. Acesso em: 1º nov. 2021.

ÉBOLI, E. Ministro ameaça servidores do ICMBio em evento com ruralistas. *Veja*, 15 abr. 2019. Disponível em: https://veja.abril.com.br/coluna/radar/ministro-ameaca-servidores-do.icmbio--em-evento-com-ruralistas/. Acesso em: 1º nov. 2021.

EM RESPOSTA a Bolsonaro, Inpe diz prezar por honestidade científica. *Folha de S. Paulo*, São Paulo, 1º ago. 2019. Disponível em: https://www1.folha.uol.com.br/ambiente/2019/08/em-resposta-a-bolsonaro-inpe-diz-prezar.por-honestidade-cientifica.shtml. Acesso em: 27 out. 2020.

EXONERAÇÃO de diretor do Inpe é publicada no "Diário Oficial". *G1*, 7 ago. 2019. Disponível em: https://g1.globo.com/natureza/noticia/2019/08/07/exoneracao-de-diretor-do.inpe-e-publicada-no-diario-oficial.ghtml. Acesso em: 27 out. 2020.

GILLY, Lara. Bolsonaro diz que quer acabar com "festa" de multas do Ibama. *G1*, Brasília, 1º dez. 2018. Disponível em: https://g1.globo.com/rj/sul-do-rio-costa.verde/noticia/2018/12/01/bolsonaro-participa-de-formatura-de-cadetes-na-academia-militar.das-agulhas-negras.ghtml. Acesso em: 1º nov. 2021.

GORENFLO, L. *et al.* Co-occurrence of linguistic and biological diversity in biodiversity hotspots and high biodiversity wilderness areas. *Proc. Nat. Acad. Sci.*, v. 109, n. 21, p. 8032.8037, 2012.

IMAFLORA. Mapeamento dos retrocessos de transparência e participação social na política ambiental brasileira: 2019 e 2020. Relatório. Piracicaba: Imaflora, 2020.

MARENGO, J. A. Interdecadal variability and trends of rainfall across the Amazon basin. *Theoretical and Applied Climatology*, n. 78, p. 79-96, 2004.

MAZUI, G. Bolsonaro diz que discute com governadores revisão de áreas de proteção ambiental. G1, Brasília, 11 jul. 2019. Disponível em: https://g1.globo.com/politica/noticia/2019/07/11/bolsonaro-diz-que-fala-com-governadores.sobre-rever-areas-de-protecao-ambiental.ghtml. Acesso em: 1º nov. 2021.

NEPSTAD, D. *et al.* Inhibition of Amazon deforestation and fire by parks and indigenous lands. *Conserv. Biol.*, v. 20, n. 1, p. 65-73, 2006.

OC – OBSERVATÓRIO DO CLIMA. *A conta chegou*: o terceiro ano de destruição ambiental sob Jair Bolsonaro. Relatório. Brasília: OC, 2022.

OLIVETO, P. Exonerado por Bolsonaro, Ricardo Galvão está entre os 10 cientistas do ano. *Correio Braziliense*, Brasília, 14 dez. 2019. Disponível em: https://www.correiobraziliense.com.br/app/noticia/ciencia-e.saude/2019/12/14/interna_ciencia_saude,814003/exonerado-por-bolsonaro--ricardo-galvao.esta-entre-os-10-cientistas-do.shtml. Acesso em: 27 out. 2020.

OVIEDO, A. F. P. *et al.* Desmatamento sem controle na Amazônia legal: A estimativa da taxa de desmatamento Prodes em 2021 e o impacto nas áreas protegidas. Nota Técnica. São Paulo: Instituto Socioambiental, 2021.

PF – POLÍCIA FEDERAL. *Laudo nº 1242/2020* – INC/DITEC/PF. Brasília: PF, 2020. Disponível em: https://d37iydjzbdkvr9.cloudfront.net/arquivos/2020/05/22/laudo_digitalizado.pdf

RAJÃO, R. *et al.* Dicotomia da impunidade do desmatamento ilegal. *Policy Brief*, Belo Horizonte, p. 1-12, jun. 2021.

SCHWARTZMAN, S.; NEPSTAD, D.; MOREIRA, A. Arguing tropical forest conservation: people versus parks. *Conserv. Biol.*, v. 14, n. 5, p. 1370-1374, 2000.

SENADO FEDERAL. *Avaliação da Política Nacional sobre Mudança do Clima*. Relatório consolidado. Brasília: Senado Federal, 2019. Disponível em: http://legis.senado.leg.br/sdleg.getter/documento/download/be24ff00-0608-4f8b-9d57-804c33097882. Acesso em: 1º nov. 2021.

SHALDERS, S. Queimadas disparam, mas multas do Ibama despencam sob Bolsonaro. *Folha de S. Paulo*, São Paulo, 24 ago. 2019. Disponível em: https://www1.folha.uol.com.br/ambiente/2019/08/queimadas-disparam-mas-multas-do.ibama-despencam-sob-bolsonaro.shtml. Acesso em: 1º nov. 2021.

SILVA, A. Concurso ICMBio: edital continua previsto; déficit é de mais de 1.300 servidores. *Concursos no Brasil,* Goiânia, 11 maio 2021. Disponível em: https://concursosnobrasil.com.br/concursos/br/2021/05/11/concurso-icmbio/. Acesso em: 1º nov. 2021.

SORRIBAS, M. V. *et al.* Projections of climate change effects on discharge and inundation in the Amazon basin. *Climatic Change*, v. 136, p. 555-570, 2016.

STF – SUPREMO TRIBUNAL FEDERAL. Pleno. *Revista Trimestral de Jurisprudência* (RTJ), v. 185, n. 3, p. 794-796, jul./set. 2003. Relator: Ministro Celso de Mello. Disponível em: https://www.stf.jus.br/arquivo/cms/publicacaoRTJ/anexo/185_3.pdf. Acesso em: 1º nov. 2021.

STJ – SUPERIOR TRIBUNAL DE JUSTIÇA. 2.ª Turma. *Recurso Especial n.º 1071.741/SP* (Processo n.º 2008/0146043-5). Relator: Ministro Herman Benjamin. *Diário da Justiça Eletrônico*, 16 dez. 2010.

WENG, W. *et al.* Aerial and surface rivers: downwind impacts on water availability from land use changes in Amazonia. *Hydrology and Earth System Sciences Discussions*, v. 22, p. 911-927, 2018.

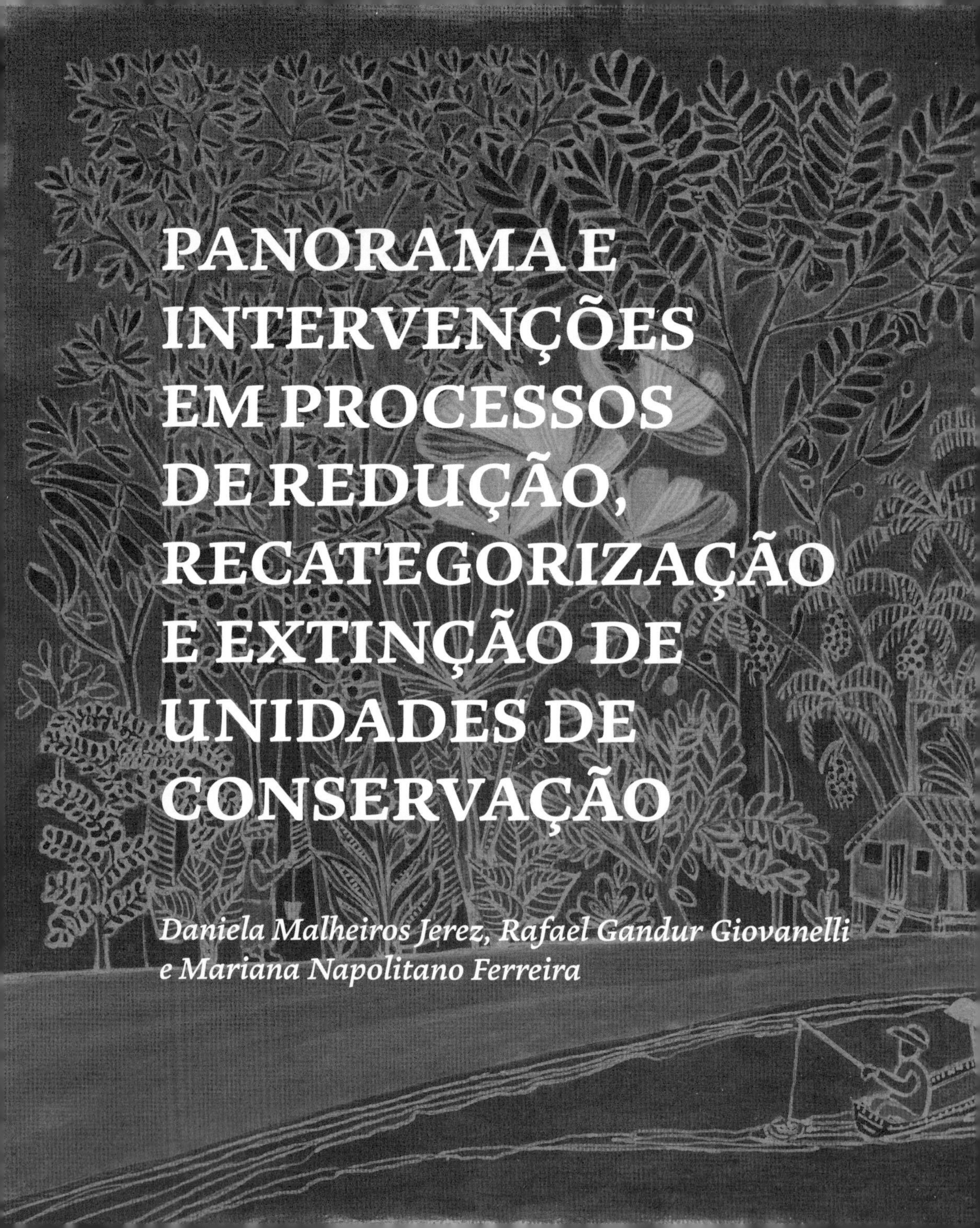

# PANORAMA E INTERVENÇÕES EM PROCESSOS DE REDUÇÃO, RECATEGORIZAÇÃO E EXTINÇÃO DE UNIDADES DE CONSERVAÇÃO

*Daniela Malheiros Jerez, Rafael Gandur Giovanelli e Mariana Napolitano Ferreira*

A definição de espaços territoriais especialmente protegidos, tal como conhecemos hoje, é uma estratégia de conservação adotada desde o século XIX, quando os primeiros parques foram criados nos Estados Unidos. O Parque de Yosemite, instituído em 1864, e o Parque Nacional de Yellowstone, em 1872, inspiraram a criação de outros tantos ao redor do mundo. Até hoje, essa estratégia é reconhecida como uma das principais formas de conservação da natureza, tendo se consolidado ao longo desses anos por meio de arranjos político-institucionais próprios, como a Convenção sobre Diversidade Biológica (CDB) e a União Internacional para Conservação da Natureza e dos Recursos Naturais (UICN, em inglês, International Union for Conservation of Nature – IUCN), no campo internacional, e a criação de instituições nacionais, em diversos países, dotadas do objetivo de gerir áreas protegidas.

No Brasil, as primeiras unidades de conservação (UCs) datam da década de 1930, com a criação da Floresta Nacional de Lorena (1934), em São Paulo, o Parque Nacional de Itatiaia (1937), no Rio de Janeiro, e o Parque Nacional do Iguaçu (1939), no Paraná. Desde então, diversas áreas protegidas foram criadas, mas foi a partir de 1980 que houve uma efetiva expansão da criação de UCs no país (BRASIL, 2021). Posteriormente, por meio da Lei nº 9.985, de 18 de julho de 2000, foi instituído o Sistema Nacional de Unidades de Conservação (SNUC), que passou a definir o arcabouço jurídico-institucional e as diretrizes de implementação e gestão desses espaços.

No entanto, a partir de 2010, observa-se uma tendência relevante de queda no número de UCs criadas (BRASIL, 2021). Observa-se também o aumento dos processos de alteração de unidades de conservação já instituídas, seja pela redução de seus limites geográficos, pela mudança de categorias mais restritivas para categorias menos restritivas ou, ainda, pela extinção completa de UCs. Esse fenômeno, conhecido pela sigla em inglês PADDD (*protected areas downsizing, downgrading and degazetting*), vem se tornando cada vez mais frequente ao redor do mundo, incluindo o Brasil, e tem ameaçado o grau de proteção ambiental atingido nas décadas anteriores.

Diante desse contexto, compreender como ocorrem os eventos de PADDD, quais são suas motivações e suas consequências é o primeiro passo para fazer frente a essa grave ameaça. Abordaremos o conceito e o panorama do PADDD no Brasil, o processo deliberativo para alteração de UCs, bem como as estratégias de atuação possíveis. Esperamos, com isso, contribuir para a defesa do meio ambiente ecologicamente equilibrado e dos direitos humanos, para o bem das gerações presentes e futuras.

## Conceito e panorama do PADDD no Brasil

PADDD é a sigla, em inglês, para designar processos de alteração normativa que visam a extinção, redução de limites territoriais ou recategorização - de uma mais protetiva para uma menos protetiva - de unidades de conservação (*protected areas downgrading, downsizing and degazettement*).[1]

### Figura 1 – Tipologia dos eventos de PADDD

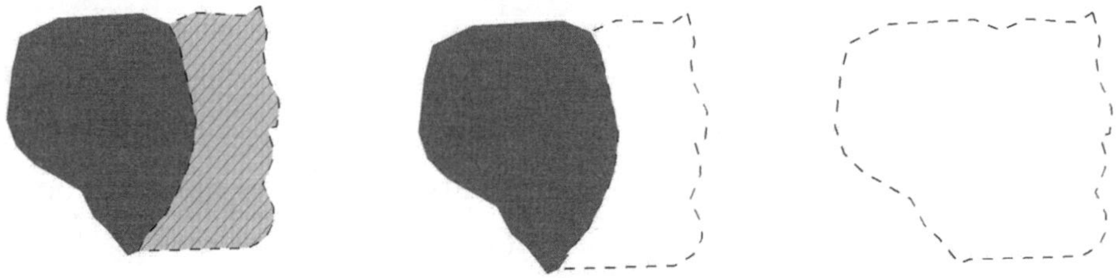

| **Recategorização (Downgrading)** | **Redução (Downsizing)** | **Extinção (Degazettement)** |
|---|---|---|
| Determinação legal para diminuição das restrições às atividades humanas na área protegida. | Determinação legal para diminuição dos limites de uma área protegida. | Determinação para exclusão da proteção legal para todo o território de uma área protegida. |

Fonte: WWF-Brasil.[2]

1 Neste artigo, sempre que os processos tiverem sido concluídos, com a aprovação de normas que extinguem, reduzem ou recategorizam UCs previamente instituídas, diremos que o PADDD foi *aprovado, concluído, concretizado* ou *efetivado*. Propostas que ainda estejam em deliberação serão tratadas como *projetos de PADDD ou propostas de PADDD. Já as expressões casos de PADDD, processos de PADDD ou eventos de PADDD* envolvem as duas situações anteriores.

2 Disponível em: https://www.padddbrasil.org.br/

Nem todas as propostas de alteração de UCs são ruins ou necessariamente prejudiciais. Existem circunstâncias em que a revisão de limites ou o ajuste de categoria podem contribuir para uma gestão mais adequada da área protegida ou para a correção de injustiças históricas cometidas contra povos e comunidades tradicionais. Essas propostas de PADDD, que são a minoria se comparado ao grande número de iniciativas deletérias, em geral, são de iniciativa das instituições responsáveis pela gestão das UCs, estão fundamentadas em estudos técnicos e consultas públicas e preveem a inclusão de outras áreas para compensar aquela que foi afetada (WWF-BRASIL, 2020).

A grande maioria dos casos, no entanto, tem o potencial de provocar graves retrocessos, tais como os projetos de lei[3] que visam abrir a Estrada do Colono no Parque Nacional do Iguaçu, reconhecido como Patrimônio Natural da Humanidade pela Unesco. Sabe-se que a abertura da estrada, que é proibida em parques nacionais, impulsiona o desmatamento e ameaça a conservação da última grande reserva da Mata Atlântica do interior do país. A recente redução da Reserva Extrativista (Resex) Jací-Paraná e do Parque Estadual Guajará Mirim, em Rondônia, também é ilustrativa.

A Resex foi criada em 1996, considerando que "as grandes pressões de atividades predatórias sobre áreas ocupadas por populações tradicionais da Floresta Amazônica estão causando perdas irreversíveis dos recursos florísticos, faunísticos e acirrando conflitos sociais" (RONDÔNIA, 1996). Tinha o objetivo de conservar a floresta e proporcionar meios de vida digna para comunidades extrativistas. Paulatinamente, no entanto, foi irregularmente ocupada e ilicitamente desmatada. Famílias foram expulsas (WENZEL; SÁ, 2018). Em 2020, já se estimava mais de 100 mil cabeças de gado na área, o que é proibido em reservas extrativistas. A estrutura fundiária de agricultores familiares e seringueiros deu lugar a grandes proprietários e processos de concentração de terra. O Ministério Público e a Procuradoria-Geral do Estado ingressaram com 98 ações judiciais para tentar retirar os invasores, mas tiveram pouco êxito. Em 2021, a Assembleia Legislativa do Estado de Ron-

3 O Parque Nacional do Iguaçu é alvo frequente de projetos de lei que visam reabrir a Estrada do Colono por meio da criação de uma nova categoria de unidade de conservação, a "Estrada-Parque", como é o caso do Projeto de Lei nº 7.123/2010 e do Projeto de Lei nº 984/2019.

dônia desafetou cerca de 90% da área: uma redução de 170 mil hectares, aproximadamente (TJRO, 2021).

Já a redução de 50 mil hectares do Parque Estadual Guajará-Mirim, que também enfrentava pressões pelo uso do solo, facilita o desmatamento de áreas bem preservadas da Amazônia e aumenta a pressão sobre terras indígenas vizinhas à UC, como as terras indígenas Karipuna, Igarapé Lage e Uru Eu Au Au. Além de danos ambientais, a medida impacta e ameaça diretamente os povos e as comunidades que habitam essas terras, inclusive povos em isolamento voluntário. A redução dessas duas UCs foi judicializada pelo Ministério Público do estado, por meio de ação direta de inconstitucionalidade, em trâmite no Tribunal de Justiça de Rondônia (TJRO, 2021).

De acordo com a plataforma PADDDtracker, que monitora os casos ao redor do mundo, entre 1982 e 2020, 74 países aprovaram mais de 4.400 PADDD, afetando uma área de tamanho equivalente ao da Índia. Ademais, os dados demonstram que 77% desses eventos ocorreram a partir dos anos 2000 (WWF; CI, 2021).

O Brasil, assim como os Estados Unidos, é considerado um *hotspot* de PADDD, ainda que outros países, como Austrália e República Democrática do Congo, também apresentem grande número de casos, conforme ilustra o mapa da Figura 2. Nos Estados Unidos, entre 1944 e 2017, o governo propôs ao menos 737 projetos de PADDD para alterar 426 áreas protegidas, os quais, se aprovados, poderiam afetar 402,414 $km^2$. Os PADDD aprovados já afetaram 20% das áreas protegidas terrestres na Austrália e 43% no Congo (KRONER *et al.*, 2019).

**Figura 2 – Distribuição espacial de eventos de PADDD no mundo por tipo**

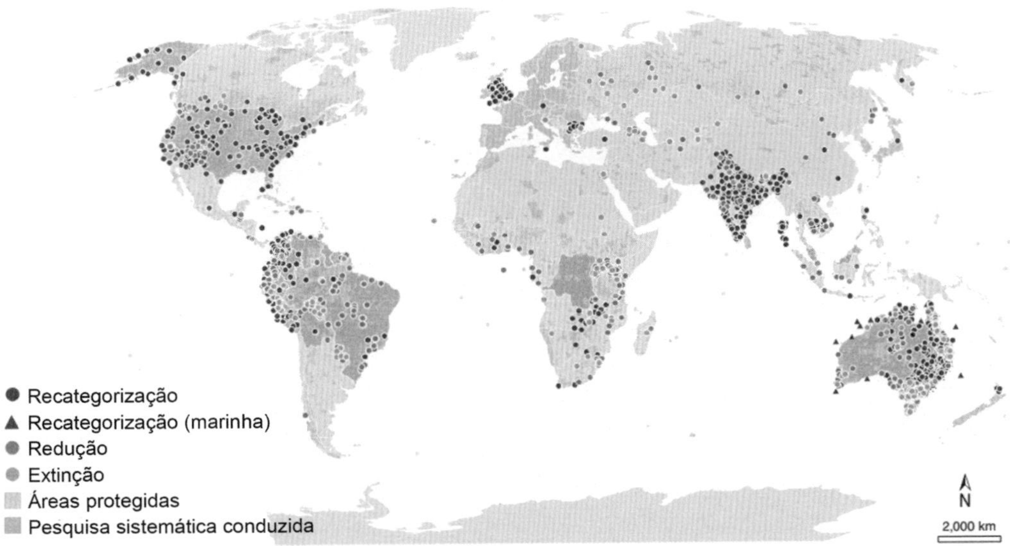


Fonte: Kroner *et al.* (2019).

No Brasil, cerca de duas centenas de propostas de PADDD foram identificadas. Em sua última atualização, a plataforma PADDDtracker identificou 187 casos. Aproximadamente metade deles se voltam para a redução dos limites geográficos de UCs, 30% para a extinção total das áreas protegidas e 20% para a alteração de categorias mais protetivas para menos protetivas. Desse universo, a plataforma aponta que 86 propostas se concretizaram. Entre essas, 57 reduziram os limites de UCs (66%), 16 extinguiram UCs (19%) e 13 promoveram a recategorização (15%). Esses dados indicam a prevalência de casos de redução, em comparação aos casos de extinção e recategorização.

Já um estudo inédito do WWF-Brasil mapeou 252 casos de PADDD em âmbito federal, estadual e municipal, dos quais 90 foram efetivados. Seguindo a tendência mundial, 80% dos processos se iniciaram após 2008 (WWF-BRASIL, 2021). Também por este mapeamento, foi possível identificar a prevalência de propostas com objetivos de redução dos limites geográficos de UCs, seguido pela extinção e recategorização. Até o presente, as alterações aprovadas resultaram na redução de 11,6 milhões de hectares em áreas protegidas, o que equivale a uma área maior que o estado de Pernambuco (WWF-BRASIL, 2021).

**Figura 3 – Propostas de PADDD por tipo de evento**

Fonte: WWF-Brasil (2020).

A Amazônia é a região mais impactada, tanto em número de PADDD aprovados (55% dos casos) quanto em área afetada (80%). No entanto, outros biomas, como o Cerrado, também vêm sendo atingidos por esse fenômeno, conforme Tabela 1 a seguir.

**Tabela 1 – Total de área impactada por PADDD no Brasil, por bioma**

| PADDD | Bioma | Km² |
|---|---|---|
| Aprovado | Amazônia | 90.880 |
| | Caatinga | 34 |
| | Cerrado | 24.492 |
| | Mata Atlântica | 1.047 |
| | **Total** | **116.453** |
| Proposto | Amazônia | 258.235 |
| | Caatinga | 0 |
| | Cerrado | 13.449 |
| | Mata Atlântica | 7.168 |
| | Pampa | 475 |
| | **Total** | **259.327** |

Fonte: WWF-Brasil (2021).

De modo geral, é possível verificar os fatores que motivam os processos de PADDD. A implementação de obras de infraestrutura (como desenvolvimento logístico e geração de energia) e as demandas de uso do solo (que incluem produção agropecuária e mineração) dentro da área delimitada das UCs são os mais recorrentes.

De acordo com WWF-Brasil (2019), 110 áreas protegidas na Amazônia estavam potencialmente ameaçadas por projetos de PADDD cuja motivação relacionava-se com obras de infraestrutura de energia elétrica e logística de transportes, somando cerca de 30 mil km². Pará e Amazonas eram os estados que possuíam as UCs mais ameaçadas por esses fatores que favorecem processos de PADDD, por combinarem projetos de infraestrutura com incidência relevante de desmatamento e sobreposição de Cadastro Ambiental Rural (CAR)[4] no interior das UCs.

---

4 Criado pela Lei nº 12.651, de 25 de maio de 2012 (Código Florestal), o Cadastro Ambiental Rural (CAR) é um registro público eletrônico de âmbito nacional, obrigatório para todos os imóveis rurais. O registro é feito por autodeclaração e contém, entre outras informações, os dados sobre propriedade e ou posse do imóvel e informações georreferenciadas do seu perímetro.

No Cerrado, por sua vez, as principais motivações das propostas de PADDD estavam, até 2020, relacionadas ao uso da terra, como a existência de assentamentos rurais, a demanda por terra e a degradação ambiental. Nesse bioma, com base nos dados do CAR, foram identificadas 3.344 propriedades rurais com sobreposição a UCs de proteção integral (WWF-BRASIL, 2020).

Sob a ótica das UCs, também é possível traçar recorrências entre as mais ameaçadas por projetos de PADDD. De acordo com Keles *et al.* (2020), em estudo conduzido na Amazônia brasileira, áreas protegidas mais extensas e com maior desmatamento interno são mais propensas a sofrer reduções. A proximidade das cidades é igualmente um fator relevante. As UCs mais próximas dos centros urbanos estão mais propensas a serem reduzidas.

Dados demonstram, ademais, que existe uma correlação entre as mudanças no uso e na cobertura do solo relacionadas à falta de efetividade das áreas protegidas e os processos de PADDD: UCs consideradas mais eficazes têm maior probabilidade de ter seu nível de proteção mantido ou, em alguns casos, reforçado, enquanto UCs mais ineficazes são mais facilmente barganhadas politicamente em processos de PADDD (TESFAW *et al.*, 2018). Desse modo, a capacidade de gestão pode ser determinante para a manutenção dos espaços territoriais especialmente protegidos. Quanto melhor o desempenho no cumprimento dos objetivos de conservação, maior a probabilidade de perpetuação; desempenhos fracos, pelo contrário, aumentam as chances de redução, recategorização ou extinção.

Diante dessas informações, pode-se notar que o contexto que envolve a proposição e a aprovação de projetos de PADDD é complexo, influenciado por fatores de ordem econômica, política, social e ambiental. Mapear e acompanhar as tendências desses fatores, portanto, é fundamental para compreensão e enfrentamento dos processos de PADDD.

## Processo deliberativo para alteração de unidades de conservação

No Brasil, a Constituição Federal de 1988 (CF/88) e a Lei nº 9.985/2000,[5] que instituiu o SNUC, estabeleceram que as UCs são criadas por ato do poder público (*grosso modo*, leis ou decretos, editadas pelo Poder Legislativo ou pelo Poder Executivo) e que alterações

---

5 Ver art. 225, § 1º, III da CF/88 e art. 22, *caput* e § 7º da Lei nº 9.985/2000.

dessas áreas só poderão ocorrer mediante lei específica (editadas pelo Poder Legislativo, apenas). Dessa forma, o processo de criação de UCs, que aumenta a proteção ambiental, é politicamente mais simples do que o processo formal para a efetivação de um PADDD, que potencialmente reduz o grau de proteção ambiental.

Ao eleger o Poder Legislativo como único fórum válido para a tomada de decisão, a CF/88 e o SNUC aumentaram os custos políticos para reduções, desafetações e recategorizações. Diferentemente da criação de UCs, que dependem exclusivamente da vontade dos chefes do Poder Executivo, as alterações demandam a formação de maiorias parlamentares nas Casas Legislativas,[6] o que costuma depender de articulações partidárias complexas. Ao mesmo tempo, a regra proporciona importante abertura democrática, possibilitando que a sociedade participe dos processos deliberativos, diretamente ou por meio de seus representantes eleitos.

Esse entendimento jurídico foi confirmado pelo Supremo Tribunal Federal (STF). Na Ação Direta de Inconstitucionalidade (ADI) nº 4.717,[7] a Corte firmou a tese de que apenas lei em sentido formal[8] pode alterar ou suprimir unidades de conservação. Além disso, conforme o voto da ministra relatora Cármen Lúcia, o processo deve ocorrer "com

---

6 Câmaras de vereadores (no caso de UCs municipais), assembleias legislativas (para UCs estaduais) ou no Congresso Nacional (para UCs federais).

7 A ADI nº 4.717, proposta pelo procurador-geral da República Roberto Gurgel, tinha como objeto a Medida Provisória nº 558/2012, convertida, posteriormente, na Lei nº 12.678/2012. Essa norma alterava os limites de sete unidades de conservação: os Parques Nacionais da Amazônia, dos Campos Amazônicos e Mapinguari; as Florestas Nacionais de Itaituba I, Itaituba II e do Crepori; e a Área de Proteção Ambiental do Tapajós. A justificativa da alteração via medida provisória foi a necessidade de instalação de empreendimentos de aproveitamento hidroelétrico na região: AHE Tabajara, no rio Machado, previsto no Plano Decenal de Expansão de Energia e no Programa de Aceleração do Crescimento do Governo Federal; UHE Jirau, no rio Madeira; UHE Santo Antônio, no rio Madeira; UHE São Luiz do Tapajós e UHE Jatobá, ambas na bacia do rio Tapajós. A urgência também foi justificada para a resolução de conflitos relacionados à regularização fundiária na região (WWF-Brasil; FGV, 2020, p. 13-14).

8 Lei em sentido formal é a lei resultante do processo legislativo de aprovação de uma lei ordinária, iniciado por meio de um projeto de lei e cuja tramitação se dá no Poder Legislativo. O conceito de lei em sentido formal exclui as leis oriundas de medidas provisórias, assim como os atos exclusivos do Poder Executivo, como decretos.

amplo debate parlamentar e participação da sociedade civil e dos órgãos e instituições de proteção ao meio ambiente, em observância à finalidade do dispositivo constitucional, que é assegurar o direito de todos ao meio ambiente ecologicamente equilibrado" (STF, 2019).

De acordo com estudo publicado por WWF-Brasil e FGV (2020), essa tese traz maior segurança jurídica às unidades de conservação já instituídas, impedindo que medidas provisórias ou atos normativos infralegais, que têm eficácia imediata e que podem ser editados pela vontade exclusiva do Poder Executivo, diminuam o grau de proteção ambiental alcançado com a criação da UCs.

No entanto, apenas o aspecto formal – proposição de PADDD via projeto de lei ordinária – não garante que projetos prejudiciais ao meio ambiente e aos povos tradicionais sejam rejeitados. Nesse sentido, para qualificar o debate e permitir uma análise efetiva do que está em jogo, é fundamental que as propostas de PADDD sejam acompanhadas de estudos técnicos que demonstrem os impactos positivos e negativos da alteração almejada. Esses elementos são subsídios fundamentais para um processo deliberativo transparente e informado. São, ainda, exigências dos princípios jurídicos da precaução e da prevenção (WWF-BRASIL; FGV, 2020).

Também se mostra necessário que todas as partes interessadas nos projetos de PADDD sejam efetivamente ouvidas e tenham a possibilidade de participar da tomada de decisão, especialmente os povos e comunidades que vivem ou dependem da UC. Isso é um pressuposto democrático e uma decorrência lógica dos direitos constitucionais de terceira geração, especialmente o direito de todos ao meio ambiente ecologicamente equilibrado e o princípio da gestão participativa para o desenvolvimento sustentável (WWF-BRASIL; FGV, 2020).[9]

9 Cabe ressaltar que a Lei nº 9.885/2000 determina que a criação de unidades de conservação deve se dar com base em estudos técnicos e ser precedida de consulta pública. Esse entendimento, portanto, é estendido a projetos de alteração de UC pelo princípio do paralelismo das formas, que torna necessária a realização prévia de estudos técnicos e consulta nesses projetos. De acordo com esse princípio, também denominado princípio da simetria, os mesmos requisitos usados na elaboração de um ato jurídico também devem ser cumpridos para o seu desaparecimento.

Ocorre, no entanto, que os projetos de PADDD atualmente apresentados ao Congresso Nacional ou assembleias legislativas estaduais são acompanhados de justificativa demasiadamente simples, com pouco ou nenhum fundamento técnico-científico. Tampouco são apresentados mapas das UCs ou análises dos potenciais impactos negativos das propostas. Limitam-se, no mais das vezes, a apontar, por exemplo, necessidades econômicas genéricas, possíveis falhas na gestão da UC, usos irregulares do solo dentro dos limites da UC, entre outros, como se essas fossem razões suficientes para aprovar o PADDD. Como dito, a falta de informações nas justificativas compromete o debate público e prejudica a tomada de decisão.

Merece destaque, ademais, que muitas motivações de PADDD consistem na legalização de crimes ambientais, tais como usos e ocupações não permitidos dentro de seus limites, iniciados após a criação da UC.[10] Não seria exagerado dizer que a redução da Resex Jaci-Paraná, mencionada anteriormente, é um dos mais graves exemplos atuais desse tipo de caso. Os proponentes desses projetos de PADDD, em geral, argumentam que a existência desses usos e ocupações implica o descumprimento dos objetivos da existência da UC e, portanto, deveriam fundamentar a sua redução, recategorização ou extinção.

Projetos que se valem dessa justificativa são um verdadeiro contrassenso e consubstanciam uma espécie de antipolítica ambiental. Se invasões e usos públicos posteriores à criação das UCs violam os regimes de especial proteção por ela instituídos, cabe ao poder público estabelecer medidas para cessar as práticas ilícitas e não as tornar lícitas (WWF-BRASIL; FGV, 2020). Caso contrário, as UCs se tornarão uma mera ficção jurídica, que sucumbe aos mínimos anseios de grupos criminosos organizados.

Outra situação recorrente nos PADDD – e vedada pelo art. 225, III, da Constituição – consiste na apresentação de propostas que comprometem direta ou indiretamente os próprios atributos que justificaram a criação da unidade de conservação, tais como a proteção de determinada espécie ou de um ecossistema de grande beleza cênica. Se a criação das unidades de conservação é motivada pela necessidade da proteção de determinados atribu-

10 Uma vez estabelecida a unidade de conservação, qualquer uso e/ou ocupação posterior em desacordo com seu ato de criação, plano de manejo e regulamentos será considerado irregular.

tos e precedida de estudos técnicos e de consulta pública que validam esse entendimento, comprometer tais atributos pode descaracterizar a existência da área protegida.

Uma possibilidade, nesses casos, consiste na proposição de compensações que garantam a proteção desses atributos, quando isso for possível. Na realidade, a compensação do projeto de PADDD com a proteção de outras áreas deve ser, sempre, realizada de modo a proporcionar no mínimo o mesmo *status* de proteção ambiental existente, sob risco de violar o princípio da vedação do retrocesso ambiental. Para uma efetiva compensação ambiental, devem ser considerados critérios técnicos relacionados aos atributos que justificaram a proteção daquele espaço e outros, como o bioma, a extensão da área alterada, as características ecológicas, a bacia hidrográfica e a microbacia hidrográfica entre outros. (WWF-BRASIL; FGV, 2020).

A Constituição Federal e o SNUC não proíbem o PADDD, mas estabelecem um rito formal, com critérios rígidos, que abre espaço para a participação social e para o debate técnico no processo deliberativo. Nessas brechas, a sociedade civil pode desenvolver estratégias de enfrentamento para evitar a desafetação dos espaços territoriais especialmente protegidos.

## Estratégias de atuação

Conforme abordado, os processos de PADDD são influenciados por fatores de ordem econômica, política, social e ambiental. UCs mal geridas, invadidas e ilicitamente desmatadas têm mais chances de serem extintas, reduzidas ou recategorizadas. Por outro lado, UCs bem geridas e que cumprem seus objetivos, tendem a ser valorizadas e mantidas. Além disso, ações que visam aproximar e dar visibilidade às UCs para a sociedade civil são relevantes para resiliência das unidades de conservação diante das pressões políticas e econômicas. Em geral, UCs que tiveram PADDD promulgados possuem níveis menores de visibilidade na internet do que UCs que nunca tiveram uma proposta de PADDD ou cujas proposta não foram promulgadas (CORREIA *et al.*, 2017), o que pode indicar que estratégias de comunicação e aproximação entre sociedade e UCs contribuem para sua manutenção.

Assim, para prevenir a ocorrência de PADDD, é necessário atuar de forma coordenada e sistemática, mapeando tendências e antecipando estratégias, entre as quais fortalecer a capacidade de gestão das UCs, compreender e comunicar os serviços ecossistêmicos prestados por elas e fortalecer o monitoramento e fiscalização.

Também é necessário o aprofundamento em conhecimentos técnico-científicos sobre PADDD. Mais estudos sobre o histórico dos usos da terra, as condições, os impactos socioambientais e as relações de causas e consequências do PADDD permitirão avaliações de quais UCs estão mais em risco, ao passo que considerar a existência de PADDD propostos ou aprovados nas avaliações de efetividade das UC fornecerá estimativas mais precisas de seu desempenho (KRONER *et al.*, 2019).

No entanto, nem sempre será possível evitar a proposição de PADDD. Para evitar os efeitos socioambientais deletérios decorrentes de sua aprovação, vislumbramos dois caminhos possíveis: o *advocacy* e a litigância estratégica, ambos baseados em articulação política, embasamento técnico-científico, argumentação jurídica, capacidade de comunicação e mobilização de atores sociais.

Atualmente, a sociedade civil tem se organizado para reagir às propostas de PADDD cada vez mais comuns em âmbito federal, estadual e municipal. Compreender o rito legislativo no qual essas propostas tramitam, os fundamentos jurídicos que devem ser observados na tramitação e a dinâmica dos fatores que levam ao PADDD são fundamentais para incidir nas propostas em curso, seja por meio do *advocacy*, evitando que sejam aprovadas pelo Poder Legislativo, seja recorrendo à litigância estratégica no Poder Judiciário para questionar a constitucionalidade da norma aprovada que efetivou o PADDD.

Nesse sentido, com o objetivo de evitar a aprovação de PADDD no Poder Legislativo, uma primeira análise a ser feita é se a proposta cumpre os critérios mínimos para que esteja apta a ser discutida de maneira qualificada durante a tramitação. Tais critérios, já mencionados, são, em síntese: *i)* apresentação por meio de lei em sentido formal; *ii)* fundamentação em estudos técnicos, disponibilizados às partes interessadas; *iii)* realização de consulta pública com as partes interessadas; *iv)* não proporcionar a legalização de ilicitudes; *v)* não comprometer os atributos que justificaram a conservação daquele espaço; e *vi)* previsão de compensação dos impactos negativos da proposta, por meio da proteção de outros espaços equivalentes (WWF-BRASIL; FGV, 2020). Descumprido um ou mais critérios mínimos, entende-se que a proposta não está apta a ser discutida pelo Poder Legislativo, por apresentar vícios formais ou materiais.

Organizações ambientalistas e associações de povos e comunidades tradicionais podem se articular com parlamentares sensíveis à causa socioambiental para atuação no processo legislativo. Argumentos baseados nos seis pontos expostos acima podem servir de fundamento para bloquear o avanço de projetos de lei deletérios, assim como demonstrar os prejuízos ambientais e sociais advindos da proposta. Alianças com formadores de opinião e influenciadores podem contribuir para dar visibilidade ao problema e constranger os proponentes do PADDD, o que também pode resultar na rejeição das propostas.

Outro possível caminho é a litigância. O Ministério Público (MP) pode ser um aliado importante para avaliar a constitucionalidade e a legalidade de PADDD aprovados, bem como para atuar em situações prévias à formalização de projetos de PADDD, com invasões irregulares ou desmatamentos ilícitos. O MP pode ajuizar ações de inconstitucionalidade na tentativa de reverter os PADDD aprovados – como ocorreu na ADI 4.717, de autoria da Procuradoria-Geral da República – ou ajuizar ações visando à desintrusão ou a recuperação de áreas ilegalmente desmatadas, como aconteceu no caso da Resex Jací-Paraná. Partidos políticos também detêm legitimidade para levar leis aprovadas para a revisão do Poder Judiciário.[11]

Caso seja proposta uma ação judicial pelo Ministério Público ou por partidos políticos, existe a possibilidade de pessoas físicas ou jurídicas, órgão ou entidade especializada, com representatividade adequada para discutir o objeto da ação (por exemplo: instituições que atuam na defesa do meio ambiente ou representem comunidades que dependem dos recursos da UC), ingressarem no processo como *amicus curiae*.[12] Essa figura desempenha o papel

---

11 O instrumento jurídico que viabiliza a discussão judicial das leis que concretizam o PADDD é a ação direta de inconstitucionalidade, que é julgada pelos tribunais de justiça, no caso de UCs estaduais, ou pelo Supremo Tribunal Federal, no caso de UCs federais.

12 Conforme disposto no art. 138 do Código de Processo Civil.

de "amigo da corte" e tem a finalidade de fornecer subsídios às decisões do Poder Judiciário, levando conhecimento técnico que possa contribuir para a elucidação do caso, tais como documentos que demonstrem a importância da manutenção da UC e os riscos à biodiversidade e às comunidades decorrentes da proposta em discussão (WWF-BRASIL, 2021).

Cidadãos e associações que tenham entre seus objetivos a defesa do meio ambiente também podem litigar para evitar fragilizações em UCs que resultam em PADDD. Os cidadãos podem propor *ação popular*[13] destinada à prevenção ou anulação de atos lesivos ao patrimônio público, à moralidade administrativa, ao meio ambiente e ao patrimônio histórico e cultural. Associações voltadas à defesa do meio ambiente, por sua vez, podem ajuizar *ação civil pública*,[14] que tem por objetivo assegurar a proteção de interesses difusos e coletivos, por meio da responsabilização de quem causar danos à coletividade, entre os quais estão incluídos os danos ao meio ambiente. Atos lesivos aos atributos protegidos pelas UCs ou à própria gestão de UCs – que são etapas prévias à formalização de desafetações ou recategorizações – podem ser questionadas pela sociedade por meio desses instrumentos jurídicos.

Nota-se que existem vários caminhos para o enfrentamento dos PADDD. A definição de qual a melhor estratégia para se seguir dependerá de circunstâncias concretas do PADDD e da capacidade de atuação das instituições e entidades ligadas ao caso.

## A reversão de PADDD pelo Judiciário: o caso das onze unidades de conservação de Rondônia[15]

No dia 20 de março de 2018, após cinco anos de estudos, levantamentos e consultas, o Governo do Estado de Rondônia criou 9 unidades de conservação e regulamentou outras 2, que já haviam sido criadas, mas careciam de definições mais precisas de seus limites

13 Disciplinada pela Lei nº 4.717, de 29 de junho de 1965.

14 Disciplinada pela Lei nº 7.347, de 24 de julho de 1985.

15 Esta seção foi elaborada a partir de informações disponíveis nos autos das ações diretas de inconstitucionalidade nº 0800922-58.2019.8.22.0000 e nº 0800913-33.2018.8.22.0000.

territoriais e atividades econômicas permitidas.[16] As medidas foram tomadas por meio de decretos publicados no Diário Oficial do estado. Eram 7 unidades de uso sustentável e 4 de proteção integral: Área de Proteção Ambiental do Rio Pardo, Floresta Estadual do Rio Pardo, Estação Ecológica Umirizal, Estação Ecológica Soldado da Borracha, Reserva de Fauna Pau D'Óleo, Parque Estadual Abaitará, Parque Estadual Ilha das Flores, Reserva de Desenvolvimento Sustentável Serra Grande, Reserva de Desenvolvimento Sustentável Rio Machado, Reserva de Desenvolvimento Sustentável Bom Jardim e Reserva de Desenvolvimento Sustentável Limoeiro. Somadas, as áreas protegiam cerca de 600 mil hectares de Floresta Amazônica.

Quatro dessas unidades receberam apoio do Programa Áreas Protegidas da Amazônia (ARPA), do governo federal. De acordo com dados oficiais, foram investidos R$ 657.000,00 do Fundo de Transição do Programa ARPA no estado de Rondônia para a condução de estudos biológicos, socioeconômicos, oficinas com as comunidades beneficiadas e consulta pública com os vários setores da sociedade que fizeram parte do processo de criação das unidades de conservação.

Uma semana depois da criação e regulamentação dessas UCs, no dia 27 de março de 2018, a Assembleia Legislativa de Rondônia editou 11 decretos legislativos para sustar os efeitos dos decretos do governo. Decretos legislativos possuem rito deliberativo distinto do rito de aprovação de projetos de lei, não passando pela sanção do Poder Executivo antes da promulgação. Isso implicou a extinção imediata das 11 UCs. Em resposta, o governador do Estado ajuizou ação direta de inconstitucionalidade, requerendo ao Tribunal de Justiça (TJ) a anulação dos decretos legislativos editados pela Assembleia, com o consequente restabelecimento das mencionadas UCs.

No dia 9 de julho de 2018, o TJ de Rondônia julgou a medida cautelar da ação, suspendendo os decretos legislativos editados pela Assembleia. O acórdão foi relatado pelo desembargador Miguel Monico Neto. Na prática, a Corte estadual restituiu as áreas protegidas que haviam sido criadas pelo governador.

---

16 APA Rio Pardo e FEs Rio Pardo. Essa regulamentação ocorreu por determinação judicial.

Pouco tempo depois, e a despeito dessa decisão judicial, a Assembleia Legislativa, em nova iniciativa, aprovou uma lei complementar, por meio da qual, novamente, extinguiu as 11 unidades de conservação. O Ministério Público de Rondônia, então, por meio do procurador-geral de Justiça, ajuizou nova ação direta de inconstitucionalidade, requerendo que o Tribunal de Justiça, mais uma vez, anulasse a norma editada pelo Poder Legislativo estadual.

Em 7 de junho de 2021, o Tribunal julgou definitivamente a primeira ação direta de inconstitucionalidade, confirmando a anulação dos 11 decretos legislativos que extinguiam as UCs. Em seguida, no dia 20 de setembro de 2021, julgou definitivamente o mérito da segunda ação direta de inconstitucionalidade, anulando a lei que extinguiu, pela segunda vez, as 11 UCs. Ambos os acórdãos foram relatados pelo desembargador Miguel Monico Neto. Em votos magistrais, o Desembargador relacionou a dignidade humana com os deveres do poder público e da coletividade de defender e preservar o meio ambiente ecologicamente equilibrado, e citou os direitos procedimentais de participação política em processos decisório e os princípios da precaução, da prevenção e da vedação ao retrocesso socioambiental para julgar inconstitucional a decisão da Assembleia Legislativa de acabar com as áreas protegidas estaduais. A ementa do acórdão tem a seguinte redação:

> Ação Direta de Inconstitucionalidade. Direito Constitucional e Ambiental. Desafetação de Unidades de Conservação no Bioma Amazônico. Lei Complementar Estadual que dispõe sobre a extinção de 11 Unidades de Conservação Ambiental (LC n. 999/2018). Direito ao Meio Ambiente ecologicamente equilibrado. Direito fundamental de terceira geração (ou de novíssima dimensão). Dignidade da pessoa humana em sua dimensão ecológica. Princípio da ubiquidade. Dever bifronte do Poder Público e da coletividade – proteger e recuperar o meio ambiente. Vinculação dos poderes públicos (Estado-Legislador, Estado-Administrador/Executivo e Estado-Juiz) à proteção ecológica e à função de "guardião" do direito fundamental ao meio ambiente. Pacto Federativo Ecológico. Estado Socioambiental. Princípio da máxima efetividade. Grave afronta aos princípios da prevenção e precaução. Exigência de estudos técnicos e consulta livre, prévia e infor-

> mada das populações tradicionais direta e indiretamente afetadas. Ausência. Valor das indenizações de supostas posses e propriedades. Único motivo para não implantação da Estação Ecológica Soldado da Borracha. Existência de especulação e pressão no sentido de converter florestas para uso agropecuário. Local com espécies ameaçadas de extinção e necessidade de ações para combate de exploração ilegal. Garantia de não comprometer a integridade dos atributos que justificaram a criação das unidades. Unidades essenciais ao patrimônio nacional que se constitui o bioma amazônico. Princípio da vedação do retrocesso ambiental. Zoneamento ambiental. Direito à propriedade que não é absoluto. Determinações do Tribunal de Contas. Órgão auxiliar do Poder Legislativo. Força vinculante. Inconstitucionalidade formal e material. Ação julgada procedente.

Esses acórdãos representam importantes vitórias para o meio ambiente e para a sociedade. Indicam que o direito ambiental é capaz de dar respostas firmes às ameaças contemporâneas, ao mesmo tempo que apontou para o potencial das estratégias de litigância para a reversão de PADDD. A situação no estado de Rondônia, no entanto, não se resume a esse caso, e o Tribunal de Justiça ainda tem desafios importantes à frente, como o julgamento da ação direta de inconstitucionalidade que visa à anulação da lei que reduziu a Resex Jací-Paraná e o PEs Guajará-Mirim, também ajuizada pelo procurador-geral de Justiça.

## Conclusões

Os processos de redução, recategorização e extinção de unidades de conservação tornaram-se mais frequentes no Brasil na última década, constituindo importante ameaça à integridade e à efetividade desses espaços protegidos. Os levantamentos e estudos já realizados demonstram que, atualmente, a Amazônia é o bioma mais ameaçado por PADDD. No entanto, não se pode olvidar que outros biomas, como o Cerrado e a Mata Atlântica, já tiveram PADDD aprovados e têm propostas em andamento. As principais motivações que impulsionam os processos estão relacionadas às obras de infraestrutura (como desenvolvimento logístico e geração de energia) e as demandas de uso do solo.

Unidades de conservação com baixa efetividade de gestão ou degradadas estão mais propensas a sofrerem processos de PADDD. Assim, aprimorar a gestão e a valorização desses espaços protegidos – evitando invasões e desmatamentos ilícitos, por um lado, e comunicando os serviços ecossistêmicos por elas prestados, por outro – são medidas importantes para evitar a desafetação dos espaços protegidos. Nesse contexto, o atual cenário brasileiro, com o desmonte da política ambiental, contribui para tornar as UCs ainda mais vulneráveis, inclusive aos processos de PADDD. Fatores como a falta de fiscalização e de medidas que impeçam usos e ocupações irregulares, a escassez de recursos orçamentários para garantir uma gestão efetiva das UC e a pressão de diversos setores econômicos para a expansão de atividades dentro de áreas protegidas contribuem diretamente para o fenômeno.

Em que pese esse cenário, a aprovação de PADDD ainda depende de certos ritos formais. Isso se deve à previsão da Constituição e do SNUC de que alterações de UCs só poderão ocorrer mediante lei específica, editadas pelo Poder Legislativo, o que demanda a formação de maiorias parlamentares nas Casas Legislativas para a aprovação da proposta. Essa previsão, além de trazer maior segurança jurídica, também proporciona importante abertura democrática, possibilitando que a sociedade participe dos processos deliberativos, diretamente ou por meio de seus representantes eleitos.

Além disso, processos deliberativos dos PADDD que visam à proteção do meio ambiente e ao respeito aos direitos humanos devem, além de ser propostos por lei específica, ser fundamentados em estudos técnicos de amplo acesso e precedidos de consulta pública com as partes interessadas e afetadas. Ademais, para que não sejam processos deletérios, não devem proporcionar a legalização de ilicitudes ou comprometer os atributos que justificaram a conservação daquele espaço. Devem, ainda, prever a compensação dos impactos negativos por ele causados, por meio da proteção de outros espaços equivalentes.

Compreender e incidir no processo deliberativo dos PADDD é uma das possíveis estratégias de enfrentamento dessa ameaça às unidades de conservação. A sociedade civil pode desempenhar papel fundamental nessa e em outras estratégias de enfrentamento de processos de PADDD, valendo-se dos espaços de participação democrática no Poder Legislativo e de ações judiciais com o objetivo de evitar ou reverter casos de PADDD.

Como exposto neste artigo, já existe um acúmulo de conhecimento sobre PADDD e algumas estratégias de enfrentamento foram traçadas. Contudo, ainda há espaço e demanda para aprofundamento na compreensão dos fatores que contribuem para a proposição e aprovação de PADDD no Brasil e para a identificação das UCs estão mais ameaçadas, bem como estudo de formas mais efetivas para evitar a extinção, redução e recategorização dos espaços territoriais especialmente protegidos.

## Referências


BRASIL. Ministério do Meio Ambiente. *Painel Unidades de Conservação Brasileiras*. Brasília: MMA, 2021. Disponível em: https://bit.ly/painel_UCs. Acesso em: 28 out. 2021.

CORREIA, R. A. *et al.* Culturomic assessment of Brazilian protected areas: exploring a novel index of protected area visibility. *Ecological Indicators*, v. 85, p. 165-171, 2018. Disponível em: https://www.sciencedirect.com/science/article/abs/pii/S1470160X17306702?via%3Dihub. Acesso em: 14 out. 2021.

KELES, D. *et al.* What Drives the Erasure of Protected Areas? Evidence from across the Brazilian Amazon. *Ecological Economics*, v. 176, 106733, 2020. Disponível em: https://www.sciencedirect.com/science/article/abs/pii/S0921800919305282?via%3Dihub. Acesso em: 14 out. 2021.

KRONER, R. E. G. *et al.* The uncertain future of protected lands and waters. *Science*, v. 364, n. 6443, p. 881-886, 2019. Disponível em: https://www.science.org/doi/10.1126/science.aau5525. Acesso em: 14 out. 2021.

RONDÔNIA. *Decreto nº 7335, de 17 de janeiro de 1996*. Cria nos Municípios de Porto Velho, Campo Novo de Rondônia e Nova Mamoré, Estado de Rondônia, a Reserva Extrativista do Rio Jaci-Paraná, e dá outras providências. Porto Velho: Governo do Estado, 1996. Disponível em: http://cuc.sedam.ro.gov.br/reserva-extrativista-do-rio-jaci-parana/. Acesso em: 14 out. 2021.

STF – SUPREMO TRIBUNAL FEDERAL. Ação Direta de Inconstitucionalidade nº 4.717, rel. min. Cármen Lúcia, julgada em 5 de abril de 2018, *Diário da Justiça Eletrônico*, Brasília, n. 31, p. 37, 15 fev. 2019.

TESFAW, A. T. *et al.* Land-use and land-cover change shape the sustainability and impacts of protected areas. *Proceedings of the National Academy of Sciences*, v. 115, p. 2084-2089, 2018. Disponível em: https://www.pnas.org/doi/full/10.1073/pnas.1716462115. Acesso em: 14 out. 2021.

TRIBUNAL DE JUSTIÇA DO ESTADO DE RONDÔNIA. *Ação Direta de Inconstitucionalidade nº 0804739-62.2021.8.22.0000*. Porto Velho: TJRO, 2021.

WENZEL, F.; SÁ, M. I.. Sai extrativista, entra boi: a lei do mais forte em uma reserva extrativista de Rondônia. *O Eco*, Rio de Janeiro, 4 dez, 2018. Disponível em: https://oeco.org.br/reportagens/sai-extrativista-entra-boi-a-lei-do-mais-forte-em-uma-reserva-extrativista-de-rondonia/. Acesso em: 31 out. 2021.

WWF – WORLD WIDE FUND FOR NATURE; CI – CONSERVATION INTERNATIONAL. *PADDDtracker.* [S.l.]: WWF; CI, 2021. Disponível em: https://www.padddtracker.org/. Acesso em: 14 out. 2021.

WWF-BRASIL. *PADDD em unidades de conservação na Amazônia*: mapeamento e análise das tendências de redução, recategorização e extinção de unidades de conservação no bioma. São Paulo: WWF-Brasil, 2019. Disponível em: https://wwfbr.awsassets.panda.org/downloads/padddunidadesconservacaoamazonia_final.pdf. Acesso em: 14 out. 2021.

WWF-BRASIL. 2021. *Redução, recategorização e extinção de áreas protegidas no Cerrado*: como atuar em processos de PADDD. Brasília: WWF-Brasil, 2021. Não publicado.

WWF-BRASIL. *Redução, recategorização e extinção de unidades de conservação no Cerrado.* Brasília: WWF-Brasil, 2020. Disponível em: https://wwfbr.awsassets.panda.org/downloads/publicacao_padddcerrado_site_1.pdf. Acesso em: 14 out. 2021.

WWF-BRASIL; FGV – FUNDAÇÃO GETULIO VARGAS. *Recategorização, redução e extinção de unidades de conservação*: critérios para a tomada de decisão legislativa para proteção do meio ambiente. Brasília: WWF-Brasil; São Paulo: FGV, 2020. Disponível em: https://wwfbr.awsassets.panda.org/downloads/paddd_jur_a5_site.pdf. Acesso em: 14 out. 2021.

# ÁREAS PROTEGIDAS DA AMAZÔNIA: O QUE OS SISTEMAS DE MONITORAMENTO REVELAM?

*Larissa Sousa Villas Boas Amorim, Antonio Victor Galvão da Fonseca e Carlos Souza Jr.*

As áreas protegidas (APs) são instituídas e administradas por meios legais e possuem como objetivo garantir a conservação da natureza, dos serviços ecossistêmicos e dos valores culturais associados a esses territórios (DUDLEY; STOLTON, 2008). A criação de APs contribui para a manutenção de florestas e seus serviços ambientais, para abrigar a biodiversidade e as espécies ameaçadas de extinção e para garantir que povos e comunidades tradicionais tenham acesso aos recursos naturais e às terras. Além disso, serve também como barreira para o desmatamento, mantendo estoques de carbono e a produção de chuva. Assegurar a integridade das florestas deve ser prioridade, uma vez que são de extrema importância para retardar os efeitos das mudanças climáticas e conservar a biodiversidade (WATSON *et al.*, 2018). No Brasil, as APs de maior abrangência são as unidades de conservação (UCs) e as terras indígenas (TIs), que representam 30% do território nacional (BRASIL, 2021).

As UCs são espaços territoriais criados pelo poder público e destinados à conservação e à proteção dos recursos ambientais. Esses territórios são submetidos a um regime especial de administração e são selecionados de acordo com suas características naturais em relação à biodiversidade (BRASIL, 2000). As APs são divididas em duas categorias: unidade de conservação de proteção integral (UCPI) e unidade de conservação de uso sustentável (UCUS). As UCPIs são destinadas à preservação da natureza e, exceto pelos casos previstos em lei, é permitido somente o uso indireto de seus recursos naturais. Já as UCUSs têm o objetivo de associar a conservação da natureza com o uso sustentável de parte de seus recursos naturais (BRASIL, 2000).

As TIs são áreas ocupadas tradicionalmente por povos indígenas, aos quais é conferida a posse permanente dessas áreas. Além de ser destinada à preservação dos recursos naturais, a demarcação desses territórios também garante a manutenção das atividades produtivas, das tradições e dos costumes dos povos tradicionais locais (BRASIL, 1988).

A criação das APs garante a conservação e a preservação dos recursos naturais e do *habitat* original dos povos tradicionais. Delimitar e proteger essas áreas gera benefícios para a humanidade voltados à conservação ambiental, à manutenção dos estoques de carbono e à geração de serviços ambientais (NOGUEIRA *et al.*, 2018).

Infelizmente, esses territórios protegidos estão sob constante risco em relação às ações antrópicas. A ocorrência de extração madeireira e de desmatamento para especulação imobiliária, agropecuária ou garimpo, a construção de estradas e a existência de imóveis rurais cadastrados constituem ameaças e pressões que tornam essas áreas altamente vulneráveis.

Os objetivos deste texto são: *i)* apresentar os sistemas de monitoramento que geram informações sobre ameaças e pressões às APs; *ii)* apontar as APs com maior risco de desmatamento; e *iii)* indicar como as informações dos sistemas de monitoramento podem ser usadas para combater e reduzir ameaças e pressões nas APs da Amazônia Legal.

## Base legal

No Brasil, a primeira referência relacionada à responsabilidade do poder público sobre a proteção do meio ambiente é encontrada no capítulo VI, art. 255, da Constituição Federal de 1988 (CF/88), que estabelece: "Todos têm direito ao meio ambiente ecologicamente equilibrado, bem de uso comum do povo e essencial à sadia qualidade de vida, impondo-se ao Poder Público e à coletividade o dever de defendê-lo e preservá-lo para as presentes e futuras gerações" (BRASIL, 1988). A CF/88 define ainda que as TIs são territórios destinados à ocupação tradicional dos povos originários, e o Decreto nº 1.775, de 8 de janeiro de 1996, determina que a demarcação desses territórios deve ser realizada pelo Poder Executivo (BRASIL, 1998; 1996).

Vários passos importantes foram dados para a consolidação das APs no Brasil. Em 1992, durante a Conferência das Nações Unidas sobre o Meio Ambiente e Desenvolvimento (ECO-92), o país assinou o texto da Convenção sobre Diversidade Biológica, que foi aprovado pelo Congresso Nacional por meio do Decreto Legislativo nº 2, de 4 de fevereiro de 1994 (BRASIL, 1994). Posteriormente, a Convenção foi promulgada pelo Decreto Federal nº 2.519, de 16 de março de 1998, determinando a necessidade de estabelecer um Sistema de Áreas Protegidas (BRASIL, 1998). Em 2000, o Sistema Nacional de Unidades de Conservação (SNUC) foi criado por meio da Lei nº 9.985, que definiu os critérios referentes à criação e gestão para os diferentes tipos de unidades de conservação (BRASIL, 2000).

Conforme estabelecido pelo SNUC, a criação das UCs tem como objetivo garantir a manutenção dos recursos genéticos e da diversidade ecológica; proteger paisagens naturais de admirável beleza cênica; proteger espécies ameaçadas de extinção; promover o desenvolvimento sustentável e garantir os recursos naturais necessários para a subsistência de populações tradicionais; proporcionar incentivos à pesquisa científica e à educação ambiental; além de proteger e/ou recuperar ecossistemas degradados e recursos hídricos.

Em 2004, como estratégia para conter as altas taxas de desmatamento na região amazônica, foi criado o Plano de Ação para Prevenção e Controle do Desmatamento na Amazônia Legal (PPCDAm). Um de seus principais objetivos foi ampliar e consolidar as APs na Amazônia e migrar para um modelo de uso sustentável dos recursos naturais (BRASIL, 2004). O combate ao desmatamento em APs foi priorizado para garantir a manutenção dessas áreas, que representam um valioso patrimônio nacional. Para isso, vários sistemas de monitoramento foram desenvolvidos e operacionalizados pelos governos federal e estaduais e organizações da sociedade civil.

## Sistemas de monitoramento de áreas protegidas do Imazon

Os dados de monitoramento são fundamentais para entender a dinâmica do uso e da cobertura da terra, principalmente da vegetação florestal nativa. Também auxiliam na identificação da ocorrência dos principais vetores de desmatamento nas APs.

Entre as ferramentas que o Instituto do Homem e Meio Ambiente da Amazônia (Imazon)[1] utiliza para o monitoramento das APs têm-se: o Sistema de Alerta de Desmatamento (SAD), o Sistema de Monitoramento da Exploração Madeireira (Simex), o Mapeamento de Estradas Oficiais e Não Oficiais e o Sistema de Previsão de Desmatamento por Inteligência Artificial (PrevisIA). A descrição de funcionamento de cada um e aplicação dos dados obtidos no monitoramento estão resumidos no Quadro 1 e serão detalhados nas seções seguintes.

1 O Imazon é uma instituição brasileira de pesquisa que tem como missão promover conservação e desenvolvimento sustentável na Amazônia, buscando soluções para os problemas de uso e conservação dos recursos naturais da Amazônia. Para saber mais, ver: https://imazon.org.br/

**Quadro 1 – Sistemas de monitoramento para as áreas protegidas da Amazônia Legal**

| Sistema de monitoramento | Descrição | Aplicações |
|---|---|---|
| SAD | Alertas mensais de desmatamento e degradação florestal para a Amazônia Legal, acima de 1 ha baseado em imagens Landsat, Sentinel 1 (radar) e 2 (óptico). | Boletim mensal de desmatamento; análise de ameaça e pressão em APs; boletins municipais enviados para os ministérios públicos estaduais e federal; base de dados para os projetos Mapbiomas Alerta e Amazônia Protege. |
| Simex | Mapeamento e avaliação anual do grau de legalidade da exploração madeireira com base em imagens Landsat. | Boletim Simex; avaliação de planos de manejo florestal por estados; avaliação do grau de legalidade da exploração madeireira. |
| Estradas | Mapeamento de estradas oficiais e não oficiais na Amazônia Legal com imagens Landsat. | Avaliação do risco de desmatamento e queimadas na Amazônia Legal; ameaça e pressão em APs. |
| PrevisIA | Previsão de risco anual de desmatamento através de Inteligência Artificial para identificação de estradas e modelagem geoestatística. | Identificação de áreas de risco e planejamento de ações de prevenção de desmatamento. |

Fonte: Imazon. Elaboração própria.

## Sistema de Alerta de Desmatamento

Desenvolvido pelo Imazon em 2008, o Sistema de Alerta de Desmatamento (SAD) é um sistema de monitoramento mensal de desmatamento e de degradação florestal na Amazônia Legal. A detecção dos alertas é feita a partir do uso das imagens de satélite Landsat 7 e 8 e imagens Sentinel 1A, 1B, 2A, 2B e Sentinel 1. O índice *normalized difference fraction index* (NDFI) é utilizado no SAD para detectar, na escala de sub-píxel, diferentes níveis de alteração do dossel florestal, tais como cicatrizes de fogo, exploração madeireira e retirada completa da cobertura florestal (SOUZA JR *et al.*, 2005).

A partir dos dados mensais obtidos por meio do SAD, o Imazon gera estudos trimestrais de ameaça e pressão de desmatamento em APs na Amazônia. São consideradas uma grade de células de 10 km x 10 km em toda a Amazônia Legal, e as ocorrências de desmatamento dentro e ao redor das APs são contabilizadas para cada célula. As células com ocorrências de desmatamento no interior das APs são classificadas como áreas com pressão, enquanto as ocorrências ao redor (num raio de 10 quilômetros) são classificadas como ameaça. Essas células de pressão e de ameaça de desmatamento permitem identificar rapidamente as áreas mais críticas das APs que necessitam de ações de controle e de prevenção.

Seguindo o calendário oficial de monitoramento de desmatamento, entre agosto de 2020 e julho de 2021, o SAD detectou o desmatamento de 10.476 km$^2$ na Amazônia Legal. A análise de ameaça e pressão nas APs revelou que 10.570 células apresentaram ocorrência de desmatamento, 7.005 (66%) indicaram ameaça e 3.565 (34%) indicaram pressão.[2] As TIs lideram nos tipos de APs mais ameaçadas, com 3.117 ocorrências (45%); seguidas pelas UCUSs, com 3.091 ocorrências (44%); e pelas UCPIs, com 797 ocorrências (11%). Entre todas as APs da Amazônia Legal, dez se destacaram como as mais ameaçadas durante o período do estudo (Figura 1a).

Apesar de as TIs serem a categoria mais ameaçada de APs, predominam individualmente UCUSs no *ranking* das dez APs mais ameaçadas na Amazônia Legal. Todas as APs que figuram nesse *ranking* em 2021 também estavam entre as dez primeiras em 2020. Nos gráficos da Figura 1, as APs são classificadas em UCs de uso sustentável (US), de proteção integral (PI) e TIs.

2 O Imazon adota as seguintes definições: *ameaça* é a medida do risco iminente de ocorrer desmatamento no interior de uma AP; *pressão* ocorre quando o desmatamento se manifesta no interior da AP, levando a perdas de serviços ambientais e até mesmo à redução ou redefinição de limites da AP.

Figura 1 – *Ranking* das dez áreas de proteção mais ameaçadas e mais pressionadas em relação à ocorrência de desmatamento no calendário de 2021

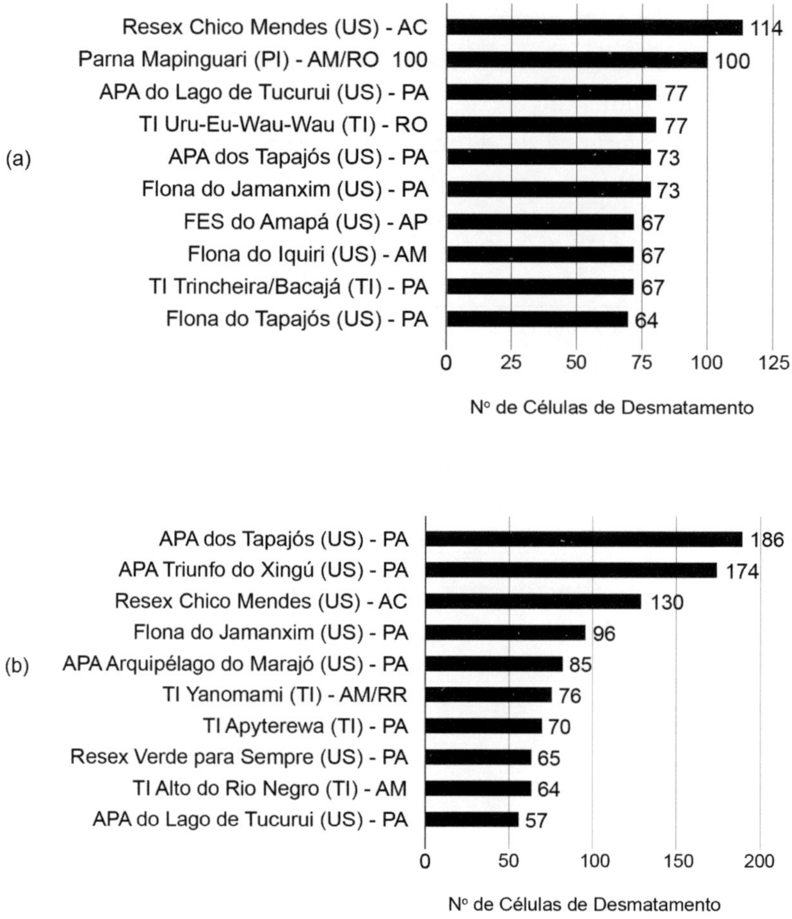


Fonte: Imazon.

Legenda: (a) áreas de proteção mais ameaçadas; (b) áreas de proteção mais pressionadas.

Para as APs sob pressão, foram identificadas 3.565 células com ocorrência de desmatamento dentro de seus territórios. As UCUSs foram as mais pressionadas, com 1.891 ocorrências (53%). Em segundo lugar ficaram as TIs, com 1.432 ocorrências (40%). Já as UCPIs apresentaram 242 ocorrências em seu interior (7%). As UCUSs, além de terem sido as mais pressionadas, também foram a maioria entre as dez APs mais pressionadas na Amazônia Legal (Figura 1b). Um ponto de atenção é o fato de que oito das dez APs mais pressionadas no calendário de desmatamento de 2021 também estavam no *ranking* de 2020. Na Figura 2a, é possível identificar as dez APs mais ameaçadas e pressionadas considerando os dados do SAD do calendário de 2021.

**Figura 2 – Mapa das APs mais ameaçadas e pressionadas em relação ao desmatamento de acordo com o SAD (2021) e o Simex (2020)**

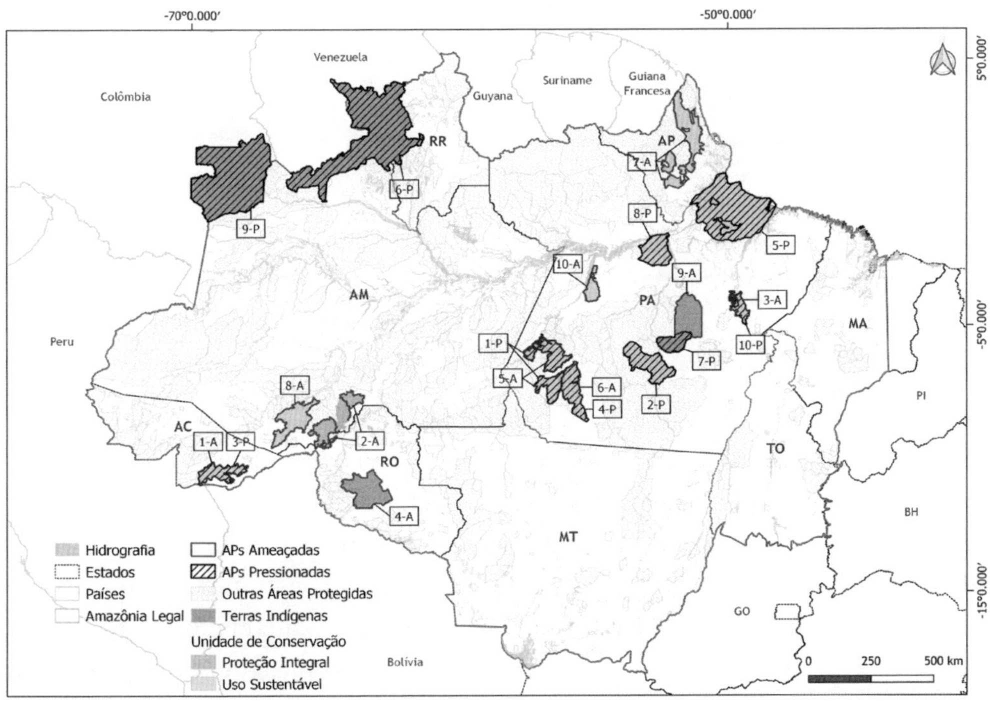

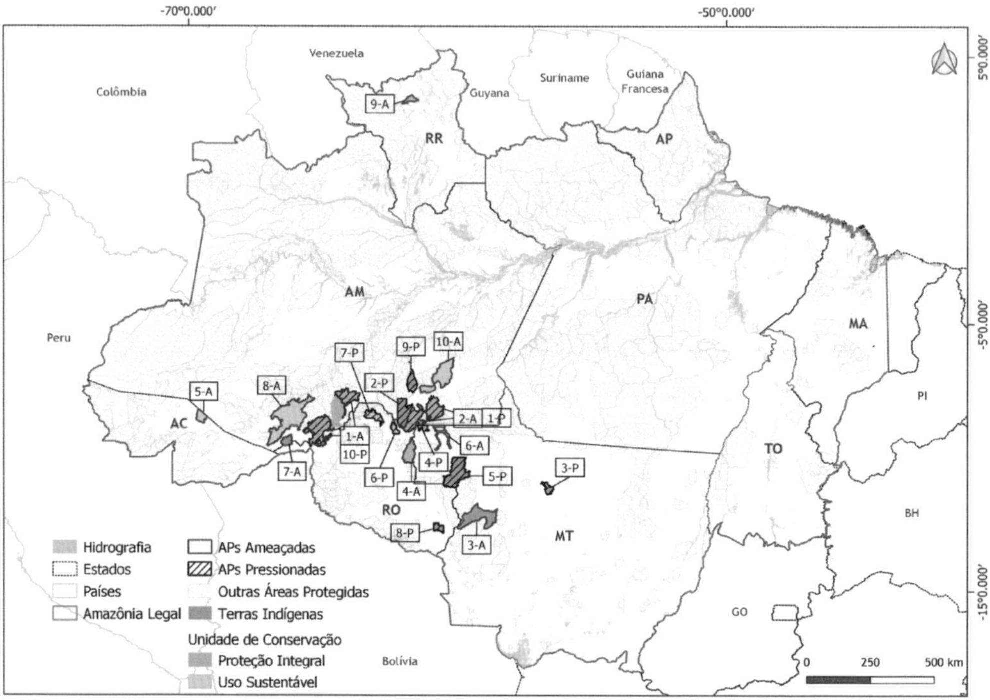


Fonte: Imazon.

Legenda: (a) APs mais ameaçadas e pressionadas em relação ao desmatamento do SAD no calendário de 2021; (b) APs mais ameaçadas e pressionadas em relação à exploração madeireira do Simex no calendário de 2020.

## Sistema de monitoramento da exploração madeireira

O Sistema de Monitoramento da Exploração Madeireira (Simex) foi desenvolvido pelo Imazon no ano de 2008 com o objetivo de mapear as áreas de exploração madeireira nos estados do Pará e de Mato Grosso. Em 2020, o Simex expandiu sua atuação para os outros estados que concentram a atividade de exploração madeireira na Amazônia Legal (exceto Maranhão e Tocantins). A rede Simex é constituída, além do Imazon, pelo Instituto de Manejo e Certificação Florestal e Agrícola (Imaflora), pelo Instituto de Conservação e Desenvolvimento Sustentável da Amazônia (Idesam) e pelo Instituto Centro de Vida (ICV).

A última atualização dos dados de monitoramento do Simex foi para o período de agosto de 2019 a julho de 2020 (calendário oficial de desmatamento de 2020). Durante esse período, o Simex detectou 1.813 km² de exploração madeireira, considerando o entorno (1.180 km², 65%) e o interior (633 km², 35%) das APs. As áreas exploradas no entorno das APs (i.e., num raio de 10 km) representam ameaças às APs, das quais as TIs são as mais ameaçadas, concentrando 546 km² de extração (46%). As TIs são seguidas pelas UCUSs, com 340 km² (29%), e em último lugar ficaram as UCPIs, com 294 km² de exploração madeireira (25%).

Observou-se um mesmo padrão de ameaça e pressão do desmatamento para a extração de madeira. As TIs apresentaram a maior área de exploração madeireira ao seu redor, mas, individualmente, as UCUSs e as UCPIs foram as que apareceram em maior número, considerando as dez APs mais ameaçadas pela extração de madeira (Figura 3a).

**Figura 3 – *Ranking* das dez APs mais ameaçadas e mais pressionadas em relação à área de exploração madeireira no calendário do desmatamento de 2020**

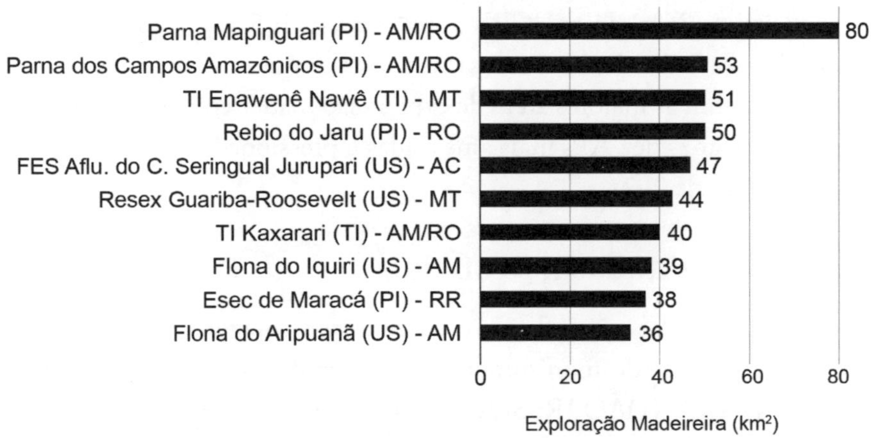

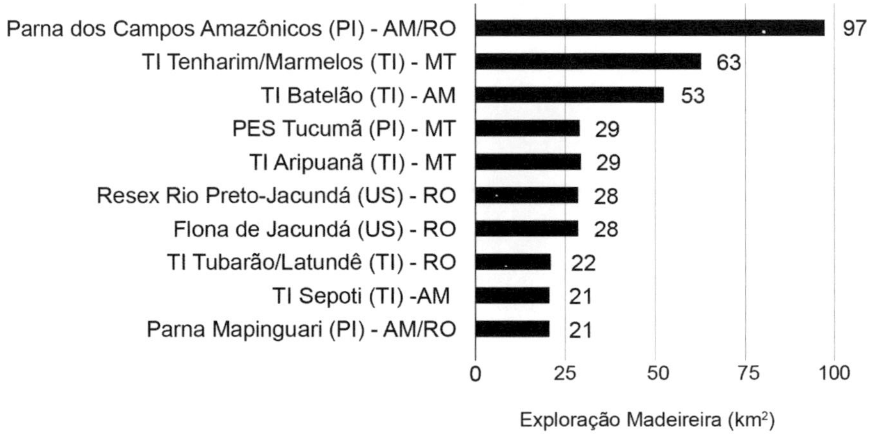


Fonte: Imazon.

Legenda: (a) APs mais ameaçadas; (b) APs mais pressionadas.

Quanto à pressão da atividade madeireira, 633 km$^2$ foram explorados no interior das APs. As TIs foram as mais pressionadas, concentrando 39% das explorações madeireiras dentro de territórios protegidos (248 km$^2$). Em segundo lugar ficaram as UCUSs, com 220 km$^2$ de extração madeireira (35%). Já as UCPIs apresentaram 165 km$^2$ explorados (26%) dentro de sua delimitação. Individualmente, as TIs foram as que tiveram mais ocorrências no *ranking* das dez APs com as maiores áreas de exploração madeireira (Figura 3b). Na Figura 2a, é possível identificar as dez APs mais ameaçadas e pressionadas considerando os dados do SAD do calendário de 2021.

## Mapeamento de estradas não oficiais

O mapeamento de estradas não oficiais é baseado em imagens de satélite Landsat e Sentinel 2. A primeira fase do monitoramento de estradas foi baseada na interpretação visual das imagens (BRANDÃO JR; SOUZA JR, 2006) e, recentemente, evoluiu com o uso de inteligência artificial para detectá-las e mapeá-las (SOUZA JR *et al.*, 2020). Os mapas de estradas são utilizados para entender o processo de ocupação não planejada que ocorre na Amazônia Legal e a consequência disso em relação às ameaças e às pressões sobre as APs.

Um estudo desenvolvido pelo Imazon em 2018 indicou a abertura de 47.734 km de estradas dentro das APs do bioma Amazônia até 2012. Na maioria dos casos, a criação dessas estradas ocorreu sem o planejamento e a autorização legal, estando associadas à exploração de madeira, aos garimpos e à apropriação de terras públicas (IMAZON, 2018).

As estradas ao redor das APs também geram ameaças. Considerando a última atualização do mapeamento, em 2016 (IMAZON, 2018), 10.709 km de estradas não oficiais foram mapeadas em torno das APs da Amazônia, num raio de 10 km. Desse total, 5.424 km estão ao redor de UCUSs (51%); 3.656 km, de TIs (34%); e 1.629 km, de UCPIs (15%).

Quanto à pressão, o mapeamento realizado em 2016 aponta que 14.987 km de estradas não oficiais estão localizadas no interior das APs da Amazônia. Foram identificadas 13.026 km dentro de UCUSs (87%), 1.329 km no interior de TIs (9%) e 632 km em UCPIs (4%). Ou seja: considerando o mapeamento de estradas não oficiais em APs, as UCUSs estão sob maior ameaça e pressão (Figura 4).

O Imazon já vem realizando o mapeamento de estradas com inteligência artificial (IA), mas ainda não concluiu a categorização dos tipos de estradas. Nesse novo mapeamento, o algoritmo de IA detectou e mapeou uma rede mais extensa e densa de estradas na Amazônia. Portanto, os resultados de ameaças e pressões de estradas reportados com base nos dados de 2016 são conservadores. As informações obtidas com o uso da inteligência artificial estão sendo usadas para estimar o risco de desmatamento, tópico coberto na próxima seção.

**Figura 4 – Tipos de APs mais ameaçadas e pressionadas no mapeamento de estradas não oficiais (2016)**

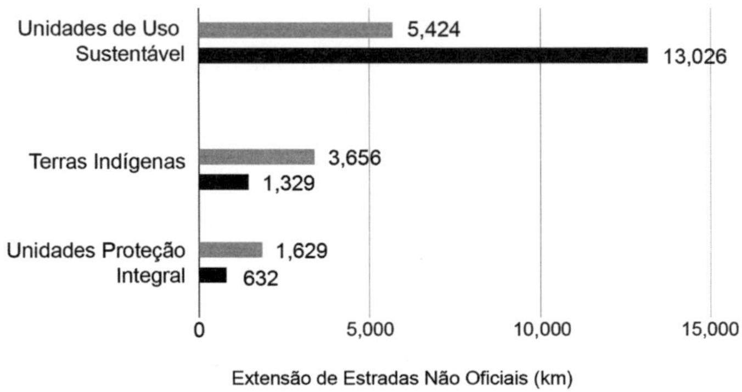


Fonte: Imazon.

## Sistema de Previsão de Desmatamento por Inteligência Artificial

Lançado em 2021 pelo Imazon, em parceria com a Microsoft e o Fundo Vale, o Sistema de Previsão de Desmatamento por Inteligência Artificial (PrevisIA)[3] é uma plataforma que utiliza inteligência artificial para detectar estradas e ciência de predição (SALES *et al.*, 2017) para indicar as áreas que estão sob risco de desmatamento na Amazônia Legal num período de um ano, ou seja, risco de desmatamento no curto prazo. O modelo de risco da PrevisIA também utiliza variáveis auxiliares como topografia, rios, distância de áreas protegidas e dados socioeconômicos para auxiliar na previsão.

Uma característica inovadora desse modelo é o fato de ser capaz de prever o risco de desmatamento considerando sua influência nos domínios do espaço e do tempo. Isso permite separar as influências das fronteiras ativas de ocupação do território daquelas que já foram consolidadas anteriormente. Sendo assim, os mapas e as estatísticas da PrevisIA têm potencial para prevenir desmatamentos, complementando os sistemas de monitoramento. A

3 Para mais informações, ver: https://previsia.org/

vantagem da prevenção é evitar o desmatamento, garantindo a manutenção dos serviços ambientais e a sociobiodiversidade das APs.

A previsão do PrevisIA para o período do calendário de 2022 (i.e., agosto de 2021 a julho de 2022) apontou o *ranking* das dez APs que estão sob maior risco de desmatamento (Figura 5). A maioria delas está no estado do Pará e seis são UCUSs. Um ponto preocupante sobre a previsão de desmatamento para o calendário de 2022 é que quatro das dez APs mais desmatadas são TIs, territórios que não permitem nenhuma atividade além da preservação dos recursos naturais e da manutenção dos modos de vida e da cultura dos povos originários, que estão sob intenso risco.

**Figura 5 – *Ranking* das dez APs que estão sob maior risco de desmatamento no calendário de 2022**

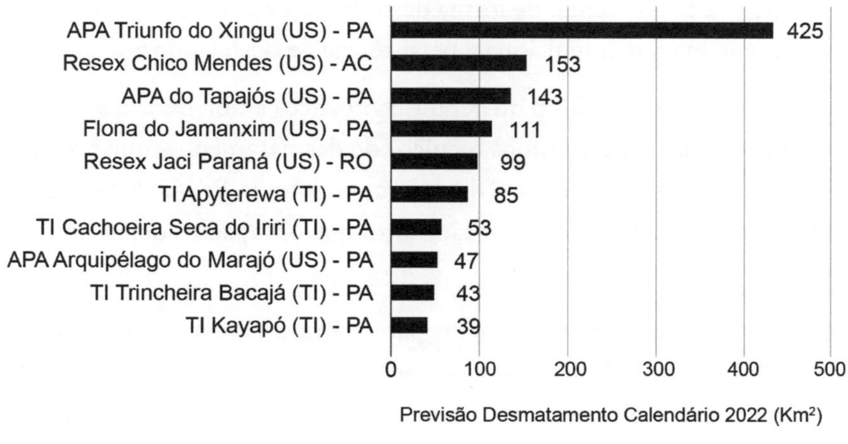


Fonte: Imazon.

## Considerações finais

Os sistemas de monitoramento da Amazônia fornecem diagnósticos precisos sobre ameaças e pressões em APs e são importantes fontes de informação para uso rápido e estratégico em ações de controle e de prevenção de desmatamentos, extração madeireira, abertura de estradas, queimadas e outros vetores antrópicos. Além disso, são dados essenciais que podem subsidiar a elaboração de políticas públicas para evitar a perda dos recursos naturais e garantir a segurança dos povos e comunidades tradicionais que vivem nos territórios protegidos da Amazônia Legal.

Todos os sistemas de monitoramento apresentados neste trabalho apontam algum nível de ameaça e pressão em todas as categorias de APs. Isso indica que as leis ambientais não estão sendo devidamente cumpridas e que o processo de ocupação e de uso dos recursos nas APs da Amazônia Legal está ocorrendo de forma desordenada e à margem da lei, o que cria uma sensação de impunidade que impulsiona a persistência de desmatadores ilegais nessas áreas.

Outros sistemas podem ser usados para gerar diagnósticos ambientais das APs, incluindo o MapBiomas Alerta, que fornece laudos técnicos de desmatamentos que podem ser usados para penalizar. As informações de risco de desmatamento da PrevisIA também podem ser úteis para planejar campanhas de prevenção, antes que o impacto socioambiental negativo se materialize.

A proteção desses territórios traz benefícios para o Brasil e para a humanidade relacionados à conservação ambiental, geração de serviços ambientais e manutenção dos estoques de carbono, entre outros. Infelizmente, as ameaças e pressões aqui reportadas demonstram que as APs da Amazônia estão sob alto risco.

## Referências

BRANDÃO JÚNIOR, A. O.; SOUZA JÚNIOR, C. M. Mapping unofficial roads with Landsat images: a new tool to improve the monitoring of the Brazilian Amazon rainforest. *International Journal of Remote Sensing*, v 27, n. 1, p. 177-189, 2006.

BRASIL. [Constituição (1988)]. *Constituição da República Federativa do Brasil.* Brasília, DF: Presidência da República, 1988. Disponível em: http://www.planalto.gov.br/ccivil_03/constituicao/constituicao.htm. Acesso em: 8 fev. 2021.

BRASIL. *Decreto nº 2, de 4 de fevereiro de 1994.* Aprova o texto da Convenção sobre Diversidade Biológica. Brasília, DF: Poder Legislativo, 1994. Disponível em: https://legis.senado.leg.br/norma/535086/publicacao/15769030. Acesso em: 8 fev. 2021.

BRASIL. *Decreto nº 2.519, de 16 de março de 1998.* Promulga a Convenção sobre Diversidade Biológica, assinada no Rio de Janeiro, em 5 de junho de 1992. Brasília, DF: Poder Legislativo, 1998. Disponível em: https://www.planalto.gov.br/ccivil_03/decreto/d2519.htm. Acesso em: 8 fev. 2021.

BRASIL. *Decreto nº 1.775, de 8 de janeiro de 1996.* Dispõe sobre o procedimento administrativo de demarcação das terras indígenas e dá outras providências. Brasília, DF: Presidência da República, 1996. Disponível em: https://bit.ly/3pZrbhn . Acesso em: 8 fev. 2021.

BRASIL. *Lei nº 9.985, de 18 de julho de 2000.* Institui o Sistema Nacional de Unidades de Conservação da Natureza e dá outras providências. Brasília, DF: Presidência da República, 2000. Disponível em: http://www.planalto.gov.br/ccivil_03/leis/l9985.htm. Acesso em: 8 fev. 2021.

BRASIL. *Medida Provisória nº 756, de 19 de dezembro de 2016.* Altera os limites do Parque Nacional do Rio Novo, da Floresta Nacional do Jamanxim e cria a Área de Proteção Ambiental do Jamanxim. Brasília, DF: Presidência da República, 2016. Disponível em: https://bit.ly/3KA80lZ. Acesso em: 21 fev. 2021.

BRASIL. Ministério do Meio Ambiente. *Download de dados Geográficos.* Brasília: MMA, 2021. Disponível em: http://mapas.mma.gov.br/i3geo/datadownload.htm. Acesso em: 10 mar. 2021.

BRASIL. *Plano de Ação para a Prevenção e Controle do Desmatamento na Amazônia Legal.* Brasília, DF: Presidência da República, 2004. Disponível em: http://redd.mma.gov.br/images/publicacoes/PPCDAM_fase1.pdf Acesso em: 24 fev. 2021.

DUDLEY, N.; STOLTON, S. (Ed.). *Defining protect areas*: an international conference in Almeria, Spain. Gland, Switzerland: IUCN, 2008. Disponível em: https://bit.ly/3CB8qG3. Acesso em: 5 fev. 2021.

IMAZON – INSTITUTO DO HOMEM E MEIO AMBIENTE DA AMAZÔNIA. *O estado das áreas protegidas*: estradas não oficiais em áreas protegidas. Belém: Imazon, 2018. Disponível em: https://bit.ly/3tJXNg2. Acesso em: 10 fev. 2021.

NOGUEIRA, E. M. *et al.* Carbon stocks and losses to deforestation in protected areas in Brazilian Amazonia. *Regional Environmental Change*, v. 18, p. 261-270, 2018.

SALES, M. *et al.* A spatiotemporal geostatistical hurdle model approach for short-term deforestation prediction. *Spatial Statistics*, v. 21, p. 304-318, 2017.

SOUZA JUNIOR, C. *et al.* Advances on Earth Observation and Artificial Intelligence to Map Unofficial Roads in the Brazilian Amazon Biome. *In:* AMERICAN GEOPHYSICAL UNION FALL MEETING, 1-17 dez. 2020, On-line. Apresentação oral.

SOUZA JÚNIOR, C. *et al.* Combining spectral and spatial information to map canopy damage from selective logging and forest fires. *Remote Sensing of Environment*, v. 98, p. 329-343, 2005.

WATSON, J. E. M. *et al.* The exceptional value of intact forest ecosystems. *Nature Ecology & Evolution*, v. 2, n. 4, p. 599-610, 2018.

# PANORAMA DAS ÁREAS MARINHAS PROTEGIDAS: COPO MEIO CHEIO OU MEIO VAZIO?

*Ana Paula Prates*

Diante do aquecimento global e considerando os avanços do conhecimento sobre seus impactos para os humanos e suas consequências para a biodiversidade, a necessidade de proteção do oceano levou a uma série de novos acordos, metas e diretrizes por meio de tratados multilaterais. Entre eles, dentro do escopo da Convenção sobre a Diversidade Biológica (CDB), como é do conhecimento comum, a 10ª Conferência das Partes COP 10, realizada em Nagoia, na província de Aichi no Japão, em 2010, que resultou na aprovação de vinte metas a serem cumpridas até 2020 pelos países signatários visando conter a perda da biodiversidade.

Como resposta a esses compromissos, registrou-se um aumento significativo na extensão das áreas marinhas protegidas nos últimos 10 anos (PROTECTED PLANET, 2021). Os dados ainda não mostram que a Meta 11 de Aichi, que consiste numa cobertura de 10%, tenha sido atingida globalmente. O mesmo vale para a Meta de Desenvolvimento Sustentável 14.5, que compartilhava o mesmo valor de 10%. O oceano pode ser subdividido em águas nacionais (pertencentes aos países) e águas internacionais – áreas além das jurisdições nacionais (ABNJ), configurando um quadro bem mais complexo do que as áreas terrestres continentais. Dessa forma, embora tenha sido observada uma expansão significativa na cobertura de áreas marinhas protegidas dentro das jurisdições nacionais, que cobrem hoje 18,01%, já nas águas internacionais, que correspondem a mais de 61% do oceano, apenas 1,2% das áreas marinhas encontra-se protegido (Tabela 1).

**Tabela 1 – Comparativo do percentual de áreas protegidas global e no Brasil**

| Referencial | Global | Brasil |
|---|---|---|
| Continental | 15% | 18,6% |
| Oceanos | 7,9% | - |
| Mar Territorial (12 milhas) | - | 23,4% |
| Zona Econômica Exclusiva (ZEE) | 18,5% | 26,5% |
| Águas Internacionais | 1,2% | - |

Fonte: Protected Planet (2021) e Brasil (2021). Elaboração própria.

Depois de 2010, outros tantos compromissos foram firmados no sentido de reconhecer a importância e a necessidade de se proteger e restaurar a saúde, a produtividade e a resiliência do oceano e dos ecossistemas marinhos, bem como de manter sua biodiversidade, para viabilizar a conservação e o uso sustentável para as presentes e futuras gerações. Destacam-se os diversos grupos formados no âmbito das Nações Unidas, como: o "Processo regular de avaliação dos oceanos e biodiversidade marinha além das jurisdições nacionais"; o capítulo sobre mares e oceano na Declaração Final da Rio+20; a iniciativa lançada pessoalmente pelo secretário-geral das Nações Unidas, intitulada *The oceans compact: healthy oceans for prosperity* (UN, 2012), além da negociação em curso para adoção de instrumento internacional que trate da conservação e do uso da biodiversidade marinha em áreas além das jurisdições nacionais, da realização das Conferências da ONU para o Oceano (2017 e 2020, esta última adiada devido à pandemia) e, mais recentemente, da COP 26 da Convenção sobre Mudanças Climáticas, em que finalmente o oceano obteve papel de destaque no acordo final.

No Brasil, a zona costeira e marinha estende-se por aproximadamente 3,5 milhões de $km^2$ de águas jurisdicionais brasileiras, ao longo de uma linha de costa de aproximadamente 10.800 km, além de mais de 1 milhão de $km^2$ de extensão da plataforma continental, já aprovada pelo comitê de limites da ONU no âmbito da Convenção das Nações Unidas sobre os Direitos do Mar – CNUDM (PRATES; GONÇALVES; ROSA, 2012), e das novas áreas solicitadas recentemente pelo governo brasileiro, que totalizaram 2,1 milhões de $km^2$ (CIRM, 2021). O Brasil, como signatário da CNUDM, tem o direito de considerar seu território marinho como a área que compreende o mar territorial (até 12 milhas), suas ilhas e toda a extensão da Zona Econômica Exclusiva (de 12 a 200 milhas náuticas), além da Plataforma Continental Estendida (Figura 1). Ou seja, com isso, o país possui um enorme território marinho, que representa o equivalente a 67% de nosso território terrestre (CIRM, 2021).

**Figura 1 – Zonas marinhas no Brasil com as diferentes formas de soberania dos países costeiros***

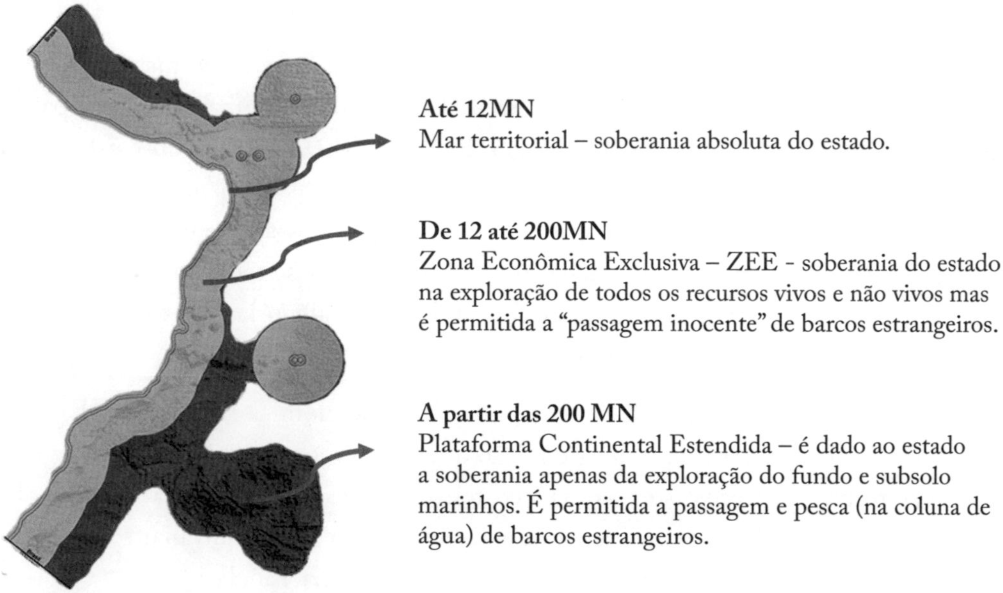


Fonte: CIRM (2021), com adaptações.

Nota: * De acordo com a Convenção das Nações Unidas sobre os Direitos do Mar (CNUDM). Contando com a Plataforma Continental Estendida, a área total de área marítima sob jurisdição brasileira é de 5,7 milhões de km$^2$.

As atividades econômicas desenvolvidas ao longo dos municípios costeiros são responsáveis por cerca de 24% PIB brasileiro (IBGE, 2018). Por isso a zona costeira é a principal área geográfica de crescimento econômico para muitas indústrias, incluindo a indústria de petróleo e gás, que de forma crescente, ocupa essa área com perfurações *offshore*.[1] Por esses

1 *Offshore* é um termo em inglês cujo significado literal é "afastado da costa". O significado de *offshore* está também relacionado às atividades de empresas de exploração petrolífera que operam ao largo da costa (prospecção, perfuração e exploração).

e outros motivos, a zona costeira pode ser considerada uma das regiões ambientalmente mais ameaçadas no país.

## Panorama das áreas marinhas protegidas no Brasil

A primeira unidade de conservação (UC) marinha foi criada em 1979, mas apenas nas últimas décadas é que essa ferramenta de conservação passou a ser mais utilizada para o ambiente marinho (PRATES; GONÇALVES; ROSA, 2012). Entre 2000 e 2011, para atender a necessidades regionais ou por serem consideradas áreas de maior relevância biológica, um número crescente de UCs tem sido estabelecido nos ambientes costeiros, estando distribuídas por todo o litoral brasileiro e abrangendo quase todas as ilhas oceânicas do país. Esse sistema apresenta-se disperso, com diferentes categorias de manejo nos três níveis de governo: federal, estadual e municipal.

Até 2017 o país possuía apenas 1,5% de toda a sua Zona Econômica Exclusiva (ZEE) sob alguma categoria de área marinha protegida. Não que tivéssemos poucas áreas, mas a grande maioria se restringia a ecossistemas mais costeiros, avançando pouco mar adentro. Tal cenário fica explícito quando se considera que essas áreas protegidas equivaliam a 23,4% do mar territorial (até 12 milhas náuticas), conforme se observa na Tabela 1.

A única avaliação sobre a representatividade das UCs costeiras e marinhas, realizada em 2010 (PRATES; GONÇALVES; ROSA, 2012), confirmou que a porção terrestre estava mais bem coberta por áreas protegidas do que os espaços marítimos, com exceção das ilhas oceânicas. Considerando a representatividade dos ecossistemas costeiros sob alguma forma de área protegida ou UC, o mapeamento de ecossistemas, como manguezais, estuários, lagoas costeiras, costões rochosos, dunas e restingas, concluiu que 40% desses ambientes já se encontram dentro de alguma categoria de UC. No entanto, a situação de maior criticidade identificada referia-se a alguns ecossistemas costeiros, como as marismas e lagunas, bem como porção marinha propriamente dita (Tabela 2).

**Tabela 2 – Ecossistemas costeiros por unidades de conservação de proteção integral e de uso sustentável (federal e estadual) em hectares**

| | Banhados e áreas alagadas | Costões | Dunas | Estuários | Lagunas | Mangues | Maris-mas | Praias | Restin-gas |
|---|---|---|---|---|---|---|---|---|---|
| Área do ecossistema | 4.849.671 | 144.475 | 318.312 | 6.696.787 | 1.518.426 | 1.225.444 | 12.149 | 82.778 | 469.183 |
| UC Proteção Integral | 252.590 | 45.895 | 117.998 | 12.436 | 33.834 | 160.648 | 77 | 2.200 | 95.783 |
| UC Uso Sustentável | 2.614.665 | 68.274 | 18.119 | 1.375.758 | 8.295 | 759.049 | 0 | 17.811 | 228.298 |
| Total PI + US | 2.867.255 | 114.170 | 136.117 | 1.388.194 | 42.129 | 919.697 | 77 | 20.011 | 324.081 |
| Total protegido | 59,1% | 79% | 42,8% | 20,7% | 2,8% | 75,1% | 0,63% | 24,2% | 69,0% |

Fonte: Prates, Gonçalves e Rosa (2012).

Em relação aos ambientes marinhos, é importante destacar que os recifes de coral estão sob forte impacto da ação antrópica e são considerados o primeiro ecossistema a sofrer os efeitos das mudanças climáticas. Por isso, os países signatários da CDB concordaram que a Meta 10 de Aichi, que se referia à necessidade de proteção desses ambientes, poderia ser atingida até 2015, no entanto isso não ocorreu (CBD, 2020). No Brasil, segundo dados de mapeamento desses ambientes, 80% dos topos recifais rasos já se encontravam sobre alguma categoria de unidade de conservação (PRATES, 2006).

Em 2018, foram criados dois grandes mosaicos de unidades de conservação no arquipélago de São Paulo e São Pedro e nas ilhas de Trindade e Martim Vaz, fazendo com que o espaço protegido na ZEE saltasse de 1,5% para 26,4%. Esses mosaicos compreendem as fronteiras marinhas do país, e a criação dessas áreas representou pela primeira vez a soma de esforços de conservação da biodiversidade com as questões de soberania nacional.

Para a implementação dessas novas áreas protegidas, no final de 2018, diante da expectativa da entrada do governo antiambiental de Bolsonaro, foi também comprometido um montante de recursos financeiros significante, com a alocação de R$ 60 milhões de reais a mais no Projeto Áreas Marinhas e Costeiras Protegidas – GEF Mar, e a aprovação de sua continuidade, com um GEF-Mar 2, com a doação de mais US$ 20 milhões e, ainda, o comprometimento de uma vasta quantia de compensação ambiental a ser destinada especificamente a essas áreas.

Além disso, outras ações realizadas ao final de 2018 tiveram como foco as áreas marinhas protegidas, tais como a criação de duas reservas extrativistas marinhas no litoral das reentrâncias maranhenses (Arapiranga-Tromai, com 186.908 hectares, e Baía do Tubarão, com 223.917 hectares); a ampliação da Reserva Extrativista (Resex) Itapetinga em mais 16.924 hectares; a designação do maior sítio de manguezais contínuos do planeta, entre o Amapá e o Maranhão; e, ainda, a conclusão da segunda atualização das áreas prioritárias para conservação e uso sustentável da biodiversidade brasileira, com a publicação da Portaria no 463, de 18 de dezembro de 2018, e dos mapas atualizados para todos os biomas e zona costeira e marinha.[2]

Para a criação desses mosaicos, houve uma significativa mobilização da sociedade, que, além de cartas e pressão junto ao governo, lançou uma campanha que ficou conhecida como #ÉAHoraDoMar. Após longas negociações, os mosaicos foram criados com um desenho de seus limites levemente modificados. Tal situação, somada à impressão de que essa iniciativa era apenas uma tentativa do governo de cumprir a meta de 10% da área marinha protegida em UCs, fez surgir críticas ao estabelecimento dos mosaicos. Em que pese, porém, a existência de outras áreas mais ameaçadas e que devem ser protegidas, diante da pouca atividade de criação de unidades de conservação daqueles anos, a implantação desses mosaicos pode ser considerada uma vitória.

Com dados atualizados até 2020, a Tabela 3 mostra uma predominância da categoria de parques, do grupo de UCs de proteção integral, sendo esses, no entanto, muito pequenos e em sua maioria estaduais e municipais; e das categorias de áreas de proteção ambiental (APAs) e Resex marinhas, ambas do grupo de uso sustentável.

---

2 Incluir essa nota de rodapé ao final da terceira linha desta página: "... costeira e marinha."

Tabela 3 – Área e percentual do bioma marinho* protegido por UCs, por grupo e categorias

| Grupo/Categoria | Totais | | |
|---|---|---|---|
| **Proteção Integral** | **N°** | **Área (Km$^2$)** | **%** |
| Estação Ecológica | 8 | 168 | 0,0% |
| Monumento Natural | 9 | 114.870 | 3,2% |
| Parque Nacional / Estadual / Municipal | 46 | 4.666 | 0,1% |
| Refúgio de Vida Silvestre | 8 | 859 | 0,0% |
| Reserva Biológica | 8 | 546 | 0,0% |
| **Total Proteção Integral** | **79** | **121.108** | **3.3%** |
| **Uso Sustentável** | **N°** | **Área (Km$^2$)** | **%** |
| Floresta Nacional / Estadual / Municipal | 0 | 0 | 0,0% |
| Reserva Extrativista | 24 | 7.679 | 0,2% |
| Reserva de Desenvolvimento Sustentável | 4 | 52 | 0,0% |
| Reserva de Fauna | 0 | 0 | 0,0% |
| Área de Proteção Ambiental | 73 | 834.854 | 22,9% |
| Área de Relevante Interesse Ecológico | 6 | 5 | 0,0% |
| RPPN | 1 | 0 | |
| **Total Uso Sustentável** | **108** | **842.591** | **23,1%** |
| **Área Total do Bioma (km$^2$)** | | **3.641.441** | |
| **Total Geral** | **187** | **963.699** | **26,5%** |

Fonte: Brasil (2020).

Nota: * Compreende a linha de costa até o limite da ZEE.

A predominância de APAs e Resex se deve a várias situações. Segundo Prates (2014), com o colapso pesqueiro, a grande especulação imobiliária na zona costeira e o crescimento das atividades de carcinicultura, os pescadores tradicionais têm sido, com certeza, os mais diretamente prejudicados. Esse segmento é hoje responsável por mais de 50% da produção pesqueira no país. Aqueles que, de alguma forma, garantiram seus direitos dentro de uma área protegida estão cientes de que um dos instrumentos disponíveis para conter essa pressão é a criação de novas áreas marinhas protegidas. Esse fato não significa necessariamente uma efetividade de gestão das áreas, mas, sim, a possibilidade de assegurar a manutenção dessas populações tradicionais em suas áreas originais. Além disso, a criação dessas áreas vem somar esforços aos demais instrumentos tradicionalmente usados – por vezes sem êxito – no ordenamento pesqueiro, bem como insere a visão ecossistêmica na pesca brasileira (PRATES, 2014).

No atual cenário político do país, a depender de como se analisa o panorama de áreas marinhas protegidas no Brasil que existe, é possível enxergar, por um lado, um copo meio vazio, em relação ao desmonte e aos ataques, ou, por outro, um copo meio cheio, considerando a resistência dessas áreas, o potencial de uso e a resiliência dos ambientes marinhos.

## O rastro do desmonte: olhando o copo meio vazio

Antes mesmo da posse do governo de Bolsonaro, em janeiro de 2019, a agenda ambiental foi eleita como a inimiga número um. A promessa era extinguir o Ministério do Meio Ambiente (MMA) e "acabar com a fiscalização xiita por parte do ICMBio e do Ibama" (SCHMITT, 2019). Após vários movimentos e protestos, o MMA não foi extinto, mas o Brasil amanheceu em janeiro de 2019 com o novo governo e atos legais que já demonstravam o desmonte que vem se observando e ao qual estamos resistindo até agora. Em 2 de janeiro de 2019, foram publicados a Medida Provisória nº 870 e o Decreto nº 9.679, que extinguiu ministérios, reduziu competências, distribuiu cargos em novas estruturas ministeriais e por meio dos quais foi retirada do MMA a competência de gestão compartilhada da pesca e enfraquecido seu escopo de atuação.

Segundo Takeshi e Prates (2021), "a implicância com a área ambiental parecia vir de uma multa aplicada ao presidente, quando ainda era deputado federal, em 2012, por pescar em área proibida dentro de uma unidade de conservação de proteção integral – a Estação Ecológica de Tamoios, na região de Angra dos Reis, no Rio de Janeiro", justo uma área marinha protegida. O foco presidencial também se traduziu na questão pesqueira. Mesmo durante a pandemia, um levantamento da *Folha de S. Paulo* denunciou que as *lives* do presidente priorizavam a pesca mesmo em meio à pandemia do coronavírus (GARCIA; YUKARI; TAKAHASHI, 2020).

Tal obsessão fez com que um dos primeiros atos do governo fosse acabar com a gestão compartilhada da pesca, a exoneração do fiscal que aplicou a multa e a apresentação de um Projeto de Lei (PL 6.479/2019), de autoria de um dos filhos do presidente, que extinguia a Estação Ecológica de Tamoios, prometendo assim transformar a região na "Cancún brasileira". Vale lembrar que a apresentação do PL só aconteceu quando o presidente descobriu que não poderia acabar com unidades de conservação apenas com uma canetada sua.

O desmonte também se revelou na troca de analistas ambientais concursados e experientes das chefias e cargos de direção dos órgãos ambientais para a alocação de policiais militares, na paralisação dos projetos de doação internacional (por exemplo, o GF-Mar 2 nunca foi implementado), na ausência de dados atualizados e na dificuldade do acesso às áreas prioritárias e ao Cadastro Nacional de Unidades de Conservação (CNUC). Atualmente esse cadastro está acessível apenas em um endereço antigo do *site* do MMA e com dados atualizados apenas até janeiro de 2020, conforme a Tabela 3.

Nos últimos três anos, o governo federal editou mais de 12 mil atos normativos na área ambiental, sendo pouco mais de 10% de impacto relevante, segundo o monitoramento do Projeto Política Por Inteiro.[3] Aqui trataremos do desmonte apenas em relação às áreas marinhas protegidas. Como para revogar uma UC é preciso um ato superior ao decreto de criação, ou seja, é necessária uma lei, a estratégia do governo foi aprovar diversos atos infralegais que de alguma forma fragilizaram a proteção à essas áreas (TAKESHI; PRATES, 2021), entre os quais destacam-se:

- Decreto nº 9.759 de 11 de abril de 2019: extingue e estabelece diretrizes, regras e limitações para colegiados da administração pública federal. A extinção desses colegiados teve impacto direto no Plano Nacional de Contingência por óleo, nos comitês da Comissão Interministerial sobre os Recursos do Mar (CIRM), no Comitê Nacional de Zonas Úmidas (CNZU), na Comissão Nacional da Biodiversidade (Conabio) entre outros;

3 Disponível em: https://www.politicaporinteiro.org/

- Decreto nº 10.576, de 14 de dezembro de 2020: dispõe sobre a cessão de uso de espaços físicos em corpos d'água de domínio da União para a prática da aquicultura. A possibilidade de introdução de espécies exóticas pode colocar toda a biodiversidade aquática em perigo. Esse ato deflagrou ainda conflito de competência dos espaços marinhos entre a União e os estados, no caso de áreas marinhas estaduais protegidas;
- Portaria ICMBio nº 91, de 4 de fevereiro de 2020: autoriza a atividade de pesca esportiva em unidades de conservação federais;
- Redução dos assentos no Conselho Nacional do Meio Ambiente (Conama) e a revogação da Resolução Conama nº 303/2002, que oferecia proteção especial às restingas e manguezais, locais sabidamente importantes para a conservação da biodiversidade marinha, principalmente por representarem local de refúgio e reprodução das espécies. Uma liminar apresentada pela ministra Rosa Weber do Supremo Tribunal Federal (STF) suspendeu essa revogação;
- Liberação da pesca de sardinha dentro do Parque Nacional de Fernando de Noronha. Em 30 de outubro de 2020, o ministro do Meio Ambiente, Ricardo Salles, assinou protocolarmente a autorização para a pesca de sardinha, a ser usada como isca viva, no Parque Nacional Marinho Fernando de Noronha; e
- Instrução Normativa Ibama nº 28, de 24 de dezembro de 2020: estabelece procedimentos a serem observados no licenciamento ambiental para instalação de recifes artificiais, no âmbito das competências atribuídas à União. Essa norma trouxe potencial de danos significativos para a biodiversidade marinha, inclusive com o anúncio de um "Programa Nacional de Ecoturismo: Planejamento para elaboração do Plano Nacional de Recifes Artificiais" (plano que até hoje não foi oficializado), com a indicação de 128 pontos onde seriam feitos naufrágios de sucatas militares, incluindo de "viatura blindada especial lança míssil" a "canhões antiaéreos", a serem jogados em diversos pontos do país, inclusive dentro de unidades de conservação como Fernando de Noronha e a APA Costa dos Corais.

Como se já não fosse suficiente, em 30 de agosto de 2019, começaram a aparecer manchas de óleo no litoral do Nordeste brasileiro que se estenderam por mais de 4.000 km da zona costeira entre o Maranhão e o norte do Estado do Rio de Janeiro, atingindo 11 estados, 130 municípios, 1.009 localidades e mais de 40 UC até o fevereiro de 2020 (ICMBio, 2019). O óleo cobriu praias, estuários e manguezais, conduzindo a uma enorme mobilização das populações locais, que sofreram imediatamente com a queda do turismo e da venda de frutos do mar. De acordo com dados da Marinha do Brasil e do Instituto Brasileiro do Meio Ambiente e dos Recursos Naturais Renováveis (Ibama), foram recolhidas mais de 5 mil toneladas de óleo. Estudos realizados pelas diversas universidades do país demonstram que os impactos foram agudos, mas também crônicos, podendo perdurar por décadas (LESSA *et al.*, 2021; CAMPELO *et al.*, 2021).

De acordo com informações apuradas pela Comissão Parlamentar de Inquérito (CPI) do Óleo (relatório não publicado), nas regiões onde a sociedade civil estava mais organizada, como nas Resex mencionadas e em outras UCs, a contenção dos danos foi mais rápida e articulada do que em outras localidades. O governo federal não estava preparado para esse desastre nem tampouco demonstrou ter capacidade de coordenação na contenção dos danos.

Algumas áreas marinhas protegidas que já haviam sido atingidas pelos rejeitos do crime da Samarco sobre a região de Mariana/MG em 2015, como a Reserva Biológica (Rebio) de Comboios, a APA Costa das Algas e a Reserva de Vida Silvestre de Santa Cruz, no Espírito Santo, e o Parque Nacional de Abrolhos, no sul da Bahia, foram assim novamente impactadas pelo óleo, além das demais áreas marinhas protegidas.

Os pescadores artesanais foram o grupo mais frontalmente atingido e o governo federal, ainda hoje, não os indenizou por suas perdas e danos. O evento marcou ainda a enorme omissão do governo federal com o não acionamento do Plano Nacional de Contingência (PNC) para Incidentes de Poluição por Óleo em Águas sob Jurisdição Nacional, estabelecido por decreto desde 2013. Seus comitês tinham sido extintos desde abril de 2019 e até esse momento (fevereiro de 2022) não foram recriados.

Além disso, nenhum programa nacional de prevenção a acidentes, tampouco de monitoramento, foi implantado na zona costeira e marinha. Vale mencionar, no entanto, que em

25 de março de 2020, por meio do Decreto no 10.293, foi ampliada a área de atuação do Centro Gestor e Operacional do Sistema de Proteção da Amazônia (Censipam) do Ministério da Defesa, para incluir o mar territorial, a zona econômica exclusiva e outras áreas consideradas de interesse. E, apenas em abril de 2021, foi anunciada a assinatura de um acordo entre a Marinha e Censipam para a implementação do Sistema de Gerenciamento da Amazônia Azul (SisGAAz), ainda sem mostrar resultados.

Mais recentemente, em 2 dezembro de 2021, a Polícia Federal anunciou a conclusão das investigações quanto às causas do derramamento de óleo no litoral nordestino com o indiciamento da empresa Delta Tankers, do comandante e do chefe de máquinas do navio de bandeira grega NM Bouboulina (ZANINI, 2021). O dano mínimo calculado foi de R$ 188 milhões. Segundo a notícia, ainda está sendo finalizado um laudo acerca do valor total envolvido, inclusive considerando as comunidades pesqueiras e o turismo. Desde 2019 já havia a suspeita de que o navio grego pudesse ser o responsável pelo maior desastre ambiental da história da costa brasileira, quando uma empresa apresentou um laudo com base em imagens de satélites sobre a origem do óleo. Entretanto, à época, tal documento foi contestado pelo Ibama, permanecendo dúvidas quanto aos fatos novos que teriam levado a Polícia Federal a chegar a tais conclusões (DERRAMAMENTO..., 2019). É necessária maior divulgação das provas colhidas para que seja possível o pagamento das indenizações devidas e as penalizações. E ainda não há previsão de quando e como as populações mais atingidas, as UCs, os estados e municípios serão ressarcidos.

Ainda em meio a todo o desastre do óleo no litoral brasileiro, em outubro de 2019, o governo anunciou a 16ª rodada de leilão de petróleo, incluindo a oferta de blocos na Bacia Camamu-Almada, nas proximidades do Banco dos Abrolhos (BA). Tal oferta contrariava inclusive um parecer técnico do Ibama, desprezado pelo ministro do Meio Ambiente e pelo presidente do Ibama. Houve então uma grande mobilização da sociedade civil, com cartas e campanha apoiada por celebridades, audiências públicas e ações civis públicas que tentavam impedir a oferta desse bloco, porém, sem sucesso. Entretanto, talvez prevendo a grande confusão em que iriam se envolver, nenhuma empresa se interessou pelo bloco.

Em 2020, novamente na 17ª rodada, foram disponibilizados blocos em áreas marinhas altamente sensíveis, como o bloco na Bacia Potiguar, situado sobre um dos montes submarinos da Cadeia de Fernando de Noronha, que colocaria em risco a Rebio do Atol das Rocas e as UCs do Arquipélago de Fernando de Noronha (APA e Parque), com o agravante de que, desta vez, os blocos sequer tiveram pareceres dos órgãos ambientais. Apenas uma nota conjunta do MMA com o Ministério de Minas e Energia (MME) alegava que todos os blocos estariam aptos a serem ofertados e que somente depois passariam por um processo de licenciamento ambiental. Mais uma vez, a sociedade civil se mobilizou com diversas ações civis públicas, mandados coletivos de segurança, incluindo um da parte do próprio Governo do Estado de Pernambuco, e campanhas como #MarSemPetróleo, #LeilãofóssilNão, #SalveNoronha e #SOSLitoralSC, até notificação à International Seabed Authority (ISA) da Organização das Nações Unidas (ONU). E, mais uma vez, nada disso foi suficiente para que o governo retirasse os blocos sensíveis do leilão. O leilão aconteceu em 7 de outubro de 2020 e, no entanto, foi considerado o maior fracasso, visto que apenas cinco dos 92 blocos ofertados foram arrematados.

Contudo, a ameaça continua, pois todos esses blocos não arrematados continuam disponíveis em "oferta permanente" na ANP,[4] com uma próxima rodada prevista para maio de 2022, com blocos também disponíveis em áreas marinhas extremamente sensíveis.[5] A sociedade civil espera para um verdadeiro "saldão" dos blocos. Será preciso muita mobilização e litigância para evitar esses desastres.

No âmbito do Congresso Nacional, pode-se destacar ainda a aprovação recente no Senado do Projeto de Lei "BR do Mar", assim chamado por fazer alusão a uma nova rodovia, só que dessa vez, no mar, para estimular a navegação de cabotagem. O projeto, que é iniciativa do Poder Executivo e tramitou em regime de urgência no Congresso, tem como objetivo aumentar a oferta da cabotagem, incentivar a concorrência, criar novas rotas e ampliar o volume de

---

4 Ver os blocos em oferta permanente em: https://www.gov.br/anp/pt-br/rodadas-anp/oferta-permanente/oferta-permanente

5 Ver os blocos disponíveis em: https://www.gov.br/anp/pt-br/rodadas-anp/rodadas-planejamento/18a-rodada-licitacoes-blocos/18a-rodada-licitacoes-blocos

contêineres transportados por ano, além de ampliar em 40% a capacidade da frota marítima dedicada à cabotagem nos próximos três anos, isso sem contar as embarcações dedicadas ao transporte de petróleo e derivados. No entanto, o referido projeto de lei não traz nenhuma vez sequer a palavra "meio ambiente", não diz como serão ampliados ou construídos novos portos, nem a infraestrutura de descarga, não menciona os tratados internacionais de que o país é signatário, como a Marpol,[6] por exemplo, tampouco trata da necessidade de planos de contingência para minimizar os potenciais acidentes que podem ocorrer no ambiente marinho.

Para finalizar, vale ressaltar que estão tramitando para votação no Congresso Nacional diversos projetos de lei que, apesar de não incidirem diretamente sobre o ambiente marinho, desmontam o arcabouço legal ambiental do país e trarão consequências nefastas para todo o território nacional, incluindo os ambientes costeiros e o oceano. Destacam-se os projetos de lei que compõem o chamado "combo da morte" (MODELLI, 2021):

- PL nº 490/2007: restringe a demarcação de terras indígenas;
- PL nº 191/2020: libera a mineração em terras indígenas;
- PL nº 3.729/2004: flexibiliza e/ou extingue o licenciamento ambiental de obras e empreendimentos;
- PL nº 510/2021: permite a legalização de terras públicas invadidas até 2014 e a titulação de áreas consideradas latifúndios; e
- PL nº 4843/2019: permite que o setor privado se aproprie de terras destinadas à reforma agrária e a titulação de áreas consideradas latifúndios.

Destaque para a Proposta de Emenda à Constituição (PEC) nº 39/2011, aprovada na Câmara dos Deputados em 23 de fevereiro de 2022, que propõe a extinção do "instituto jurídico do terreno de marinha e seus acrescidos" e sobre a propriedade desses imóveis, transferindo a propriedade de parte desses imóveis para os estados, municípios e atuais ocupantes. Ou seja, trata-se de todas as áreas situadas em zona costeira, margens de rios e lagoas, até onde se faça sentir a influência das marés – manguezais, apicuns, além daqueles que contornam ilhas

6 O Brasil é signatário da Convenção Internacional para Prevenção da Poluição por Navios de 1973, e de seu Protocolo de 1978 – a Marpol 73/78 – Decreto Legislativo nº 4/1987.

costeiras e oceânicas. Trata-se de uma verdadeira grilagem marinha e não à toa sua aprovação foi coadunada com a aprovação do também polêmico PL nº 442/91, que regulariza jogos de azar no Brasil, levando a uma verdadeira corrida pela a construção de grandes áreas à beira mar, inclusive de clubes e *resorts* para hospedar cassinos (VARELA, 2022).

## Como proteger quando a regra é destruir? O copo meio cheio

O oceano é a casa das máquinas do sistema climático. Absorvendo cerca de 90% do excesso de calor e cerca de 25% do $CO^2$ que produzimos em terra, o oceano tem sido nosso melhor aliado na proteção contra as mudanças climáticas. No entanto, estamos emitindo uma quantidade tão grande de gases de efeito estufa que os pontos de inflexão estão sendo alcançados e assim, o risco de o oceano virar o vilão da crise climática se aproxima rapidamente (UM OCEANO..., 2021).

Por muitos anos, em meio ao debate sobre como reverter a degradação do oceano, as redes de áreas marinhas protegidas emergiram como uma das ferramentas mais importantes para a promoção da saúde e recuperação do ambiente marinho. A eficácia dessas áreas na redução do declínio dos sistemas marinhos, permitindo a adaptação às mudanças climáticas e a resiliência socioecológica tem sido constantemente relatada em experiências práticas e científicas (HASTINGS *et al.*, 2012).

Segundo Prates (2014), como uma espécie de "tábua de salvação", o estabelecimento de áreas protegidas marinhas ajuda a fortalecer a resistência e adaptabilidade (resiliência) dos ecossistemas a impactos naturais ou antrópicos, como o aquecimento global e os acidentes. Dessa forma, com benefícios ecológicos e econômicos, seria possível ter uma solução quase "completa" para o oceano apenas criando essas áreas. Essas áreas não são, no entanto, a única estratégia de gestão do espaço marítimo disponível para controlar os impactos humanos, e devem idealmente ser consideradas dentro de uma abordagem mais ampla de gestão ecossistêmica.

A biodiversidade costeira e marinha é nosso melhor sistema de defesa natural na luta contra as mudanças climáticas, armazenando até cinco vezes mais carbono por hectare do que as florestas tropicais (KAUFFMAN *et al.*, 2018). Uma baleia viva, por exemplo, é capaz de retirar uma quantidade de $CO_2$ da atmosfera equivalente ao serviço ambiental de mais de 35 mil árvores (CHAMI *et al.*, 2019).

Vários estudos destacam atualmente o potencial das áreas marinhas protegidas como ferramentas para contribuir para os esforços de mitigação e adaptação contra a mudança climática. Assim, torna-se urgente fazer mudanças nas políticas públicas para reconhecer e fortalecer esse vínculo, especialmente para lutar contra efeitos como o aumento da concentração de dióxido de carbono na atmosfera, as tempestades crescentes e outros eventos climáticos extremos, a redução da produtividade oceânica, as mudanças nas condições ambientais no sistema marinho e na distribuição das espécies costeiras e marinhas, além da acidificação e desoxigenação do oceano, entre outros (ROBERTS *et al.*, 2017; SIMARD; LAFFOLEY; BAXTER, 2016; LUBCHENCO; GRORUD-COLVERT, 2015; BROCK; KENCHINGTON; MARTÍNEZ-ARROYO, 2012).

Mais recentemente[7] foi formado o Painel de Alto Nível para uma Economia Sustentável do Oceano, integrado por 14 chefes de Estados, que apresentou compromissos para o oceano a serem cumpridos nos próximos dez anos e levados pelo grupo à 26ª Conferência das Partes da Convenção sobre Mudanças Climáticas (COP 26). O compromisso abrange cinco áreas e pretende proteger o oceano (e o planeta) e, ao mesmo tempo, aproveitar suas potencialidades para lidar com desafios globais tais como as alterações climáticas, a segurança alimentar e a manutenção da biodiversidade. Como soluções urgentes são apontadas:

- investir em energia renovável baseada no oceano;
- proteger e restaurar ecossistemas de carbono azul (manguezais e apicuns);
- incentivar a transição para a navegação descarbonizada;
- mudança na dieta global para fontes marinhas de baixo carbono (moluscos e algas); e
- apoiar uma meta global de proteger 30% do oceano (em áreas *no-take*) até 2030.

---

7 O Painel foi formado por ocasião do UN Climate Change Dialogues 2020 (https://unfccc.int/cd2020). Mais informações em: https://oceanpanel.org/

O Painel lançou também a publicação chamada de "Uma nova narrativa para o oceano" (STUCHTEY, 2020), que ilustra como uma economia oceânica sustentável pode permitir que o oceano saudável seja o principal aliado para resolver os desafios globais das mudanças climáticas e segurança alimentar (AZEVEDO, 2020; ARAÚJO; PRATES, 2021). O relatório concluiu que a ação climática baseada no oceano pode desempenhar um papel muito maior na redução da pegada de carbono mundial do que se pensava anteriormente: ela poderia fornecer até um quinto (21%, ou 11 $GtCO_2$) dos cortes anuais de emissão de gases de efeito estufa necessários para limitar o aumento da temperatura global a 1,5 °C até 2050. Na COP25, o Brasil foi responsável por barrar o tema "oceano" no documento final (UNTERSTELL; PRATES, 2019), mas pelo menos na COP26 não cometeu a mesma gafe.

Dessa forma, finalmente, durante a COP26, realizada em Glasgow, na Escócia, em novembro de 2021 – seis anos após o Acordo de Paris –, a importância do oceano ancorou de vez no regime multilateral de mudanças climáticas (UM OCEANO..., 2021), empurrando os países para ações mais concretas em relação à conservação dos ambientes costeiros e marinhos.

Talvez esses fatos e constatações possam demonstrar um "copo meio cheio" se considerarmos que o país avançou consideravelmente na criação de áreas marinhas protegidas e não foi possível, pelo menos até agora, revogá-las apenas com uma canetada. Como implementá-las e torná-las eficientes em meio ao atual cenário de desmonte parece ser o maior desafio. Tão importante quanto criar é implementar, desenvolver, manter e fortalecer ações e políticas públicas de conservação da biodiversidade costeira e marinha. Será preciso muita resiliência para uma reconstrução futura. Oxalá Iemanjá nos ajude a conseguir reverter tudo isso antes que seja tarde demais.

## Referências

ARAÚJO, S.; PRATES, A. P. Década do Oceano e a corrida contra o tempo. *O Eco*, 8 jun. 2021. Disponível em: https://www.oeco.org.br/analises/decada-do-oceano-e-a-corrida-contra-o-tempo/. Acesso em: 20 nov. 2021.

AZEVEDO, T. *et al. Bases para proposta de 2ª NDC para o Brasil.* Nota Técnica. Brasília: Observatório do Clima, 2020. Disponível em: https://www.oc.eco.br/wp-content/uploads/2020/12/NDC_OC_2030_NOTA_TECNICA_V2-1.pdf. Acesso em: 30 nov. 2021.

BRASIL. *Decreto nº 9.679, de 2 de janeiro de 2019.* Brasília: Presidência da República, 2019. Disponível em: http://www.planalto.gov.br/ccivil_03/_ato2019-2022/2019/decreto/D9679.htm. Acesso em: 30 nov. 2021.

BRASIL. Medida *Provisória nº 870, de 1º de janeiro de 2019.* Brasília: Presidência da República, 2019. Disponível em: https://www.planalto.gov.br/ccivil_03/_ato2019-2022/2019/mpv/mpv870.htm. Acesso em: 30 nov. 2021.

BRASIL. Ministério do Meio Ambiente. *Portaria nº 463, de 18 de dezembro de 2018.* Áreas Prioritárias para a Conservação, Utilização Sustentável e Repartição de Benefícios da Biodiversidade Brasileira ou Áreas Prioritárias para a Biodiversidade. Brasília: MMA, 19 dez. 2018. Disponível em: https://www.in.gov.br/materia/-/asset_publisher/Kujrw0TZC2Mb/content/id/55881195/Imprns_Nacional. Acesso em: 30 nov. 2021.

BRASIL. Ministério do Meio Ambiente. Cadastro Nacional de Unidades de Conservação – CNUC. *Unidades de conservação por bioma.* Brasília: MMA, 2020. Disponível em: https://antigo.mma.gov.br/images/arquivo/80229/CNUC_FEV20%20-%20C_Bio.pdf. Acesso em: 20 nov. 2021.

BROCK, R. J.; KENCHINGTON, E.; MARTÍNEZ-ARROYO, A. (eds). *Scientific guidelines for designing resilient marine protected area networks in a changing climate.* Montreal, Canada; CEC, 2012.

CAMPELO, R. P. S. *et al.* Oil spills: the invisible impact on the base of tropical marine food webs. *Marine Pollution Bulletin*, v. 167, 112281, jun. 2021. Disponível em: https://doi.org/10.1016/j.marpolbul.2021.112281. Acesso em: 20 nov. 2021

CHAMI, R. *et al.* Nature's solution to climate change: a strategy to protect whales can limit greenhouse gases and global warming. *Finance & Development*, v. 56, n. 4, p. 34-38, dec. 2019. Disponível em: https://www.imf.org/external/pubs/ft/fandd/2019/12/natures-solution-to-climate-change-chami.htm. Acesso em: 20 nov. 2021

CIRM – COMISSÃO INTERMINISTERIAL SOBRE OS RECURSOS DO MAR. *Amazônia Azul.* Brasília: CIRM, 2021. Disponível em: https://www.mar.mil.br/hotsites/amazonia_azul/. Acesso em: 30 nov. 2021.

CBD – CONVENTION ON BIOLOGICAL DIVERSITY. Secretariat. Global Biodiversity Outlook 5. Montreal: Secretariat of the CBD, 2020.

DERRAMAMENTO de óleo não foi feito por navio grego, diz Ibama. *Veja*, 18 dez. 2019. Disponível em: https://veja.abril.com.br/brasil/derramamento-de-oleo-nao-foi-feito-por-navio-grego-diz-ibama/. Acesso em: 20 nov. 2021

GARCIA, G.; YUKARI, D.; TAKAHASHI, F. Lives de Bolsonaro priorizaram pesca mesmo em meio à pandemia do coronavírus. *Folha de S. Paulo*, São Paulo, 23 abr. 2020. Disponível em: https://www1.folha.uol.com.br/poder/2020/04/lives-de-bolsonaro-priorizavam-pesca-mesmo--em-meio-a-epidemia-do-coronavirus.shtml. Acesso em: 20 nov. 2021

HASTINGS, J. Safeguarding the blue planet: six strategies for accelerating ocean protection. *Parks*, v. 18, n. 1, p. 9-21, 2012. Disponível em: https://parksjournal.com/wp-content/uploads/2012/09/PARKS-18.1-Hastings-10.2305IUCN.CH_.2012.PARKS-18-1.JH_.en_.pdf. Acesso em: 30 nov. 2021.

IBGE. *Produto Interno Bruto dos Municípios*. Rio de Janeiro: IBGE, 2018. Disponível em: https://sidra.ibge.gov.br/pesquisa/pib-munic/tabelas. Acesso em: 15 nov. 2021.

IBAMA – INSTITUTO BRASILEIRO DO MEIO AMBIENTE E DOS RECURSOS NATURAIS RENOVÁVEIS. *Manchas de óleo*: litoral brasileiro. Brasília: Ibama, 2020. Disponível em: http://www.ibama.gov.br/manchasdeoleo. Acesso em: 30 nov. 2021.

ICMBIO – INSTITUTO CHICO MENDES DE CONSERVAÇÃO DA BIODIVERSIDADE. *Brasil cria quatro novas unidades marinhas*. Brasília, DF: ICMBio, 2018. Disponível em: https://www.icmbio.gov.br/portal/ultimas-noticias/20-geral/9509-brasil-cria-quatro-novas-unidades-marinhas. Acesso em: 30 nov. 2021.

KAUFFMAN, J. B. *et al.* Carbon stocks of mangroves and salt marshes of the Amazon region, Brazil. *Biology Letters*, v. 14, 20180208, p. 1-4, set. 2018.

LESSA, G. C. *et al.* The 2019 Brazilian oil spill: insights on the physics behind the drift. *Journal of Marine Systems*, v. 222, 103586, out. 2021. Disponível em: https://www.sciencedirect.com/science/article/pii/S0924796321000841. Acesso em: 15 nov. 2021.

LUBCHENCO, J., GRORUD-COLVERT, K. Making waves: the science and politics of ocean protection. *Science*, v. 350, n. 6259, 15 out. 2015.

MODELLI, L. "Combo da morte": entenda por que 5 projetos de lei no Congresso são apontados como ameaças ao meio ambiente, quilombolas e indígenas. *G1*, Rio de Janeiro, 25 ago. 2021. Disponível em: https://g1.globo.com/natureza/noticia/2021/08/25/combo-da-morte-entenda-por-que-5-projetos-de-lei-no-congresso-sao-apontados-como-ameacas-ao-meio-ambiente-quilombolas-e-indigenas.ghtml. Acesso em: 30 nov. 2021.

PRATES, A. P. (ed.). *Atlas dos recifes de coral nas unidades de conservação brasileiras*. 2. ed. amp. Brasília: MMA, 2006.

PRATES, A. P. Oceanos: a nova fronteira de conservação no Brasil? O papel das áreas marinhas protegidas. *In*: BENSUSAN, N.; PRATES, A. P. (eds.). *A diversidade cabe na unidade?* Áreas protegidas do Brasil. Brasília: Editora Mil Folhas, 2014.

PRATES, A. P.; GONÇALVES, M. A.; ROSA, M. R. *Panorama da conservação dos ecossistemas costeiros e marinhos do Brasil*. 2. ed. amp. Brasília: MMA, 2012.

PROTECTED PLANET. *Marine protected areas*. Cambridge: IUCN; UNEP-WCMC, 2021. Disponível em: https://www.protectedplanet.net/en/thematic-areas/marine-protected-areas. Acesso em: 15 nov. 2021.

ROBERTS, C. M. *et al.* Marine reserves and climate change. *Proceedings of the National Academy of Sciences*, v. 114, n. 24, p. 6167-6175, 2017.

SCHMITT, G. Bolsonaro diz que combinou "limpa" no Ibama e no ICMBio com ministro do Meio Ambiente. *O Globo*, Rio de Janeiro, 29 abr. 2019. Disponível em: https://oglobo.globo.com/brasil/bolsonaro-diz-que-combinou-limpa-no-ibama-no-icmbio-com-ministro-do-meio-ambiente-23629753. Acesso em: 15 nov. 2021.

SIMARD, F., D. LAFFOLEY, J. M. BAXTER (ed.). *Marine protected areas and climate change*: adaptation and mitigation synergies, opportunities and challenges. Full report. Gland: IUCN, 2016. Disponível em: https://portals.iucn.org/library/node/46398. Acesso em: 15 nov. 2021.

STUCHTEY, M. R. *et al. Ocean solutions that benefit people, nature and the economy*. Washington: High Level Panel for a Sustainable Ocean Economy, 2020. Disponível em: https://oceanpanel.org/ocean-action/people-nature-economy-report.html. Acesso em: 15 nov. 2021.

TAKESHI, F.; PRATES A. P. *Pesca por inteiro*: histórico, panorama e análise das políticas públicas federais. Rio de Janeiro: Instituto Talanoa, 2021. Disponível em: https://www.politicaporinteiro.org/wp-content/uploads/2021/06/Pesca-Por-Inteiro_VF12.pdf. Acesso em: 30 nov. 2021.

UM OCEANO de esperanças. *Política por Inteiro*, Rio de Janeiro, 19 nov. 2021. Disponível em: https://www.politicaporinteiro.org/2021/11/19/um-oceano-de-esperancas-cop-26/. Acesso em: 30 nov. 2021.

UN – UNITED NATION. *The oceans compact*: healthy oceans for prosperity. New York: UN, 2012. Disponível em: https://www.un.org/depts/los/ocean_compact/SGs%20OCEAN%20COMPACT%202012-EN-low%20res.pdf. Acesso em: 30 nov. 2021.

UNTERSTELL, N.; PRATES, A. P. O futuro do verão está nas mãos da diplomacia brasileira. *Folha de S. Paulo*, São Paulo, 31 dez. 2019. Disponível em: https://www1.folha.uol.com.br/ambiente/2019/12/o-futuro-do-verao-esta-nas-maos-da-diplomacia-brasileira.shtml. Acesso em: 15 nov. 2021.

VARELA, G. PEC que acaba com terrenos de marinha pode gerar corrida imobiliária para futuros cassinos. *CNN Brasil*, 22 fev. 2022. Disponível em: https://www.cnnbrasil.com.br/politica/pec-que-acaba-com-terrenos-de-marinha-pode-gerar-corrida-imobiliaria-para-futuros-cassinos/. Acesso em: 10 mar. 2021.

ZANINI, F. PF calcula dano mínimo de R$ 188 milhões por vazamento de óleo e indicia gregos. *Folha de S. Paulo*, São Paulo, 2 dez. 2021. Disponível em: https://www1.folha.uol.com.br/colunas/painel/2021/12/pf-calcula-dano-minimo-de-r-188-milhoes-por-vazamento-de-oleo-e-indicia-gregos.shtml. Acesso em: 30 nov. 2021.

# PANORAMA DO FOGO EM UNIDADES DE CONSERVAÇÃO NO BRASIL ENTRE 1985 E 2020

*Rafaella A. Silvestrini, Ane Alencar e Wallace Silva*

Os incêndios florestais ocorridos em 2019 e 2020 estão entre os mais extensos da história do Brasil (ANDERSON *et al.*, 2020). Em 2020, o Pantanal teve um dos maiores registros de área queimada de sua história, aproximadamente 30% do bioma foi atingido pelo fogo e duas unidades de conservação foram quase totalmente queimadas, entre elas o maior abrigo de onças pintadas da América do Sul (LIBONATI *et al.*, 2020; MAPBIOMAS, 2021). Na Amazônia, a área afetada pelas chamas nesses anos foi a maior desde 2004/2005, quando ocorreu o recorde histórico absoluto no bioma (SILVA JUNIOR *et al.*, 2021). Além do Pantanal e da Amazônia, a porção mais ao norte do Cerrado, onde se concentra o maior remanescente florestal desse bioma, também vem sofrendo com aumento da presença de queimadas (SILVA *et al.*, 2020).

A ocorrência de fogo em áreas de vegetação nativa acontece naturalmente de forma esparsa no tempo, especialmente nos biomas mais úmidos (PIVELLO, 2011). Nas florestas úmidas da Amazônia e da Mata Atlântica, eventos de fogo são extremamente raros e ocorrem em intervalos de mais de centenas de anos (MEGGERS,1994); recentemente, porém, tem-se observado recorrência em intervalos entre 5-15 anos nos fragmentos florestais próximos a áreas desmatadas (ALENCAR; NEPSTAD; DIAZ, 2006). Na Caatinga, eventos naturais de fogo também são raros devido à estrutura da vegetação, que não permite material combustível suficiente para grandes queimas (PIVELLO *et al.*, 2021). No Cerrado e Pantanal, onde há o predomínio de savanas e campos, estima-se que o fogo natural ocorra em intervalos entre 3 e 6 anos, entretanto, atualmente, tem se observado recorrências em intervalos de 2 a 3 anos (PIVELLO *et al.*, 2021). No Pampa, pouco se sabe sobre o intervalo médio histórico entre dois incêndios naturais (PIVELLO *et al.*, 2021).

O aumento da frequência dos eventos de fogo está ligado não apenas às mudanças climáticas, mas, principalmente, às atividades humanas (ALENCAR *et al.*, 2015; SILVA JUNIOR *et al.*, 2021; BRANDO *et al.*, 2020). Em todo o Brasil, o fogo ainda é uma das principais formas de manejo da terra, representando, portanto, fontes de ignição para áreas adjacentes (NEPSTAD *et al.*, 2001; PIVELLO *et al.*, 2021). Na Amazônia, o fogo também se relaciona em grande parte com o desmatamento, pois é utilizado na etapa final do desmate, consumindo a biomassa e transformando-a em nutrientes para o solo (ALENCAR; RODRIGUES; CASTRO, 2020). Por fim, a fragmentação do ambiente natural promovida pelo desmatamento e impulsionada pelas estradas, seja floresta, savana ou campo, é, por si só, um fator de risco para os incêndios. As estradas e demais infraestruturas urbanas, se não forem bem planejadas, favorecem a ocupação desordenada do território e o estabelecimento de atividades econômicas (por exemplo, pecuária extensiva manejada com fogo), que acabam por aumentar as fontes de ignição para os incêndios. A fragmentação resultante da expansão do desmatamento também impacta o ciclo hidrológico, diminuindo a umidade e a capacidade de retenção de água no solo, propiciando vegetação mais seca e, portanto, aumento de combustível para as próximas queimas (BRANDO *et al.*, 2020).

Recentemente, o avanço da extensão territorial da agropecuária e do desmatamento (SILVA *et al.*, 2020; SALOMÃO *et al.*, 2021) tem colocado as UCs cada vez mais próximas aos fatores de risco e, portanto, mais vulneráveis ao fogo. Uma pesquisa recente mostrou que 56 UCs no Brasil estavam sob risco de alerta em relação aos incêndios em 2021 (ANDERSON *et al.*, 2020).

Este estudo busca entender como o fogo vem ocupando as UCs do Brasil desde 1985 até 2020, abordando as particularidades de cada bioma. O objetivo é colaborar no processo de tomada de decisão para prevenção e combate aos incêndios nessas áreas. Mais especificamente, o estudo tem os seguintes objetivos: *i)* entender o quanto queima nas UCs do Brasil, comparando a distribuição e a tendência do fogo de acordo com os dois grupos de UCs (uso sustentável e proteção integral) por bioma; *ii)* identificar o que queima dentro das UCs, mostrando os tipos de cobertura do solo mais atingidos; e *iii)* indicar as UCs mais afetadas pelo fogo dentro de cada bioma e suas principais características. Essas análises possibilitam apontar quais os limites em que o fogo começa a ser um problema nas UCs do Brasil e traçar recomendações para reduzir seu impacto.

## Materiais e métodos

Para este estudo foram consideradas as mais de 1.680 UCs localizadas nas porções terrestres dos 6 biomas brasileiros. No total, essas unidades ocupam uma área de 1,5 milhões de km$^2$ (18% do território nacional), sendo que 35% compõem o grupo de unidades de conservação de proteção integral e 65% pertencem ao grupo de uso sustentável (Figura 1). A delimitação dessas áreas foi extraída da base de dados do Instituto Chico Mendes de Conservação da Biodiversidade (ICMBio). Entre as mais de 1.700 UCs disponibilizados pelo ICMBio (MMA, 2020), este estudo considerou apenas 1.680, por serem as localizadas nas porções terrestres do país.

**Figura 1 – Área das unidades de conservação, por grupo e área queimada**

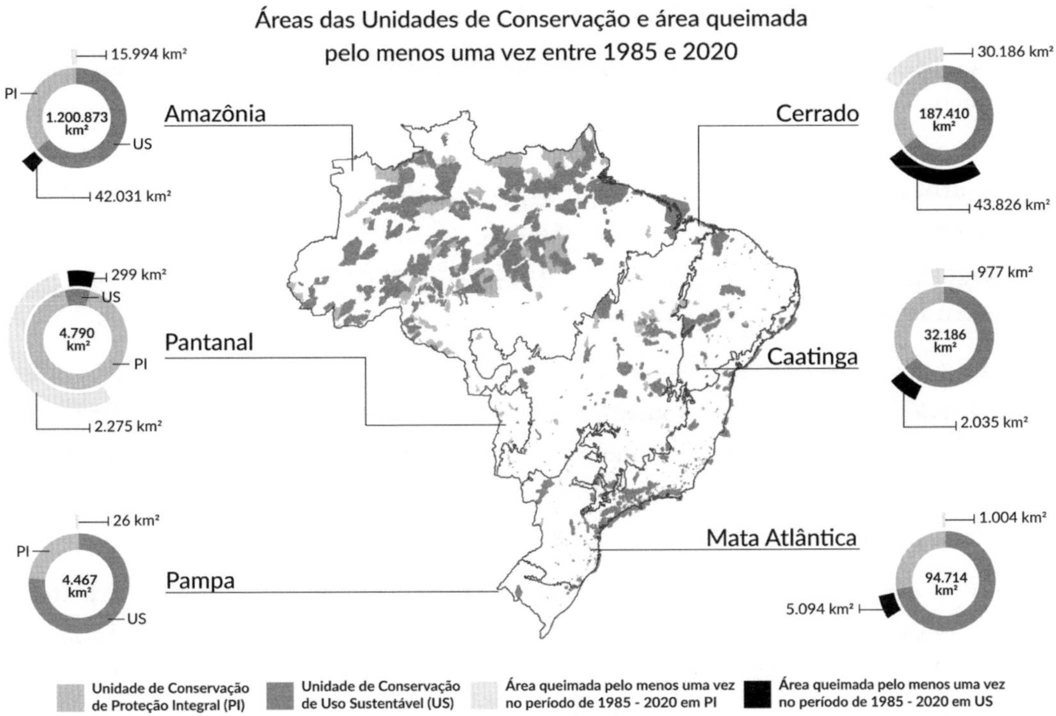


Fonte: ICMBio (2020).

Os dados de área queimada foram provenientes do projeto MapBiomas Fogo (MAPBIOMAS, 2021) e referem-se a cicatrizes de fogo mapeadas em todo o território brasileiro entre 1985 e 2020 com 30 m de resolução. A área queimada aqui não difere as áreas afetadas por incêndios provocados ou acidentais daquelas afetadas por queimadas intencionais ou acidentais. Como incêndios, consideramos todas as áreas de vegetação nativa afetadas pelo fogo, e como queimadas consideramos todas as áreas de uso antrópico onde foram mapeadas cicatrizes de fogo.

A cobertura do solo foi extraída dos dados da coleção 6 do Mapbiomas (https://plataforma.brasil.mapbiomas.org/) e sintetizadas nas classes: formação florestal, formação savânica, formação campestre, agropecuária e outros.

Todas as análises consideraram como limites as UCs, ou seja, mesmo uma análise da década de 1990 contou com os limites recentes das UCs. A imensa maioria das UCS eram áreas preservadas com vegetação nativa nos anos anteriores à sua criação, assim, o uso desses limites fornece uma base comum de comparação para todos os anos, permitindo verificar a evolução do fogo nessas paisagens ao longo do tempo. Essas UCs foram agregadas em dois grandes grupos: um que inclui as UCs de uso sustentável e outro que indica como o fogo ocorre dentro de UCS de proteção integral.

As análises desenvolvidas aqui foram divididas em duas etapas. A primeira delas consiste em uma visão geral, mostrando o quanto queimou nas UCs ao longo do período 1985-2020. Em seguida, o estudo mostra o que queimou nesse período, indicando a ocorrência do fogo por tipo de cobertura e uso do solo. Finalmente, o estudo aponta as UCs que têm sido mais impactadas pelo fogo no Brasil. A seguir, serão detalhadas cada uma dessas fases.

- ***O quanto queima nas UCs:*** o primeiro passo constituiu-se em extrair a série histórica da área queimada no interior das UCs do país, considerando os dados do MapBiomas Fogo (MAPBIOMAS, 2021). Foram extraídos dois tipos de dados: área queimada anual por UC entre 1985 e 2020; e área queimada total, representando a área queimada pelo menos uma vez ao longo de todo o período para cada UC. Esse procedimento foi realizado por meio de código implementado no Google Earth Engine (https://earthengine.google.com/). Em seguida, os dados foram compilados por bioma e por grupo de UC (proteção integral – PI e uso sustentável – US) para que a distribuição absoluta e a relativa pudessem ser analisadas ao longo do tempo. A partir desses dados, foi avaliada a tendência de aumento ou redução do fogo por bioma e grupo de UC.

- *O que queima dentro das UCs*: com a finalidade de separar as queimadas e os incêndios dentro das UCs, avaliar sua variação ao longo do tempo e, ainda, o que tem queimado dentro desses territórios, foram extraídos dados de área queimada por tipo de uso e cobertura da terra. Como uso da terra foi considerada a classe agropecuária (agricultura, pastagem e silvicultura) e, como cobertura, as principais classes de vegetação nativa (floresta, savana e campo). Além do valor absoluto de área queimada por uso e cobertura, foram calculados os percentuais anuais, entre 1985 e 2020, da área queimada que atingem cada uma das classes de uso e cobertura do solo dentro das UCs de cada bioma.
- *UCs mais afetadas pelo fogo*: essa etapa consiste em ranquear as UCs do Brasil que concentraram a maior parte do fogo nos anos recentes, entre 2015-2020. Após o ordenamento das UCs de acordo com o tamanho médio da área queimada entre 2015 e 2020, foi identificada a lista das UCs que, juntas, somam 80% da área queimada total em UCs no país. Destas, extraiu-se um segundo grupo, composto pelas 10 primeiras UCs com maior área queimada. Esse *ranking* foi feito para dois bancos de dados de UCs: o primeiro deles contemplando todas as UCs, e o segundo excluindo as áreas de proteção ambiental (APAs). As APAs são uma categoria mais susceptível ao fogo, pois permitem propriedades privadas em seu interior, onde queimadas intencionais podem ocorrer com maior frequência. Então, a exclusão das APAs proporciona um enfoque nas unidades que têm uma gestão mais governamental do que privada. Esse *ranking* também foi calculado por bioma, dessa vez excluindo as APAs.

# Resultados

## O quanto queima nas UCs

As UCs concentram 9% da área queimada no Brasil pelo menos uma vez nos últimos 36 anos (1985-2020). Nesse período, 11% (144.02 km$^2$) da área protegida pelas UCs no território nacional queimou pelo menos uma vez, uma média de 13.373 km$^2$ por ano (Tabela 1). As UCs da Amazônia e do Cerrado respondem por 91% do fogo ocorrido dentro das

UCs no país no período da análise, sendo que 58.025 km² foram registrados dentro das UCs da Amazônia e 74.013 km² nas UCs do Cerrado, com médias anuais queimadas de 5.701 km² e 6.852 km² nesses biomas, respectivamente. Em termos relativos, as UCs dos biomas Pantanal e Cerrado foram as mais afetadas, com, respectivamente, 54% e 39% da área ocupada por UCs queimadas pelo menos uma vez entre 1985 e 2020 (Tabela 1). Os outros biomas – Amazônia, Mata Atlântica, Caatinga e Pampa – tiveram menos de 10% da área ocupada por UCs afetada pelo fogo em 36 anos.

**Tabela 1 – Área queimada no Brasil e em UCs por bioma**

| Bioma | Área | Área queimada pelo menos uma vez | | Área de UC | | Área queimada pelo menos uma vez em UCs entre 1985 e 2020 | | Média anual queimada em UC | Contribuição do bioma no total queimado em UCs do país | Área queimada total em UCs |
|---|---|---|---|---|---|---|---|---|---|---|
| | (km²) | (km²) | (%) | (km²) | (%) | (km²) | (%) | (km²) | (%) | (%) |
| **Amazônia** | 4.196.943 | 690.028 | 16% | 1200.873 | 29% | 58.025 | 5% | 5.701 | 40% | 8% |
| **Cerrado** | 2.036.448 | 733.851 | 36% | 187.411 | 9% | 74.013 | 39% | 6.852 | 51% | 10% |
| **Mata Atlântica** | 1.110.182 | 71.674 | 6% | 94.705 | 9% | 6.099 | 6% | 525 | 4% | 9% |
| **Caatinga** | 844.453 | 88.550 | 10% | 32.186 | 4% | 3.283 | 10% | 121 | 2% | 4% |
| **Pantanal** | 150.355 | 86.403 | 57% | 4.790 | 3% | 2.573 | 54% | 171 | 2% | 3% |
| **Pampa** | 176.496 | 2.636 | 1.5% | 4.467 | 3% | 27 | 1% | 1 | 0,02% | 1% |
| **Brasil** | **8.514.877** | **1.672.142** | **20%** | **1.524.443** | **18%** | **144.020** | **11%** | **13.373** | **100%** | **9%** |

Fonte: dados da pesquisa. Elaboração própria.

Ao longo do tempo, nota-se tendência clara de aumento da área queimada anual do país no interior das UCs. Entre 1985 e 1994, a média anual queimada no interior das UCs correspondeu a 10.988 km², enquanto, entre 2011 e 2020, esse valor saltou para 16.219 km², mostrando aumento de mais de 50% nos últimos 36 anos. Considerando a evolução da área queimada por bioma, Mata Atlântica e Caatinga foram os únicos beneficiados por reduções significativas na área queimada ao longo do tempo (Tabela 2). Por outro lado, Amazônia e

Pantanal foram os que apresentaram maiores aumentos percentuais, superiores até que os apresentados pelo Cerrado (Tabela 2), cuja vegetação depende do fogo (PIVELLO, 2011). O Pampa é o bioma com menor área queimada, tanto em valores absolutos quanto proporcionais à área. Em geral, menos de 1 $km^2$/ano é queimado em UCs nesse bioma.

**Tabela 2 – Área queimada em UCs para cada bioma brasileiro e comparação da extensão queimada em relação ao período inicial de análise (1985-1994)**

| Área média anual atingida pelo fogo, por período e bioma (em $km^2$) | | | | | | |
|---|---|---|---|---|---|---|
| **Período** | **Cerrado** | **Amazônia** | **Mata Atlântica** | **Caatinga** | **Pantanal** | **Pampa** |
| 1985-1989 | 8.795 | 3.676 | 537 | 447 | 87 | 0,85 |
| 1990-1994 | 5.275 | 2.277 | 451 | 350 | 76 | 0,48 |
| 1995-1999 | 8.551 | 4.166 | 479 | 285 | 104 | 1,61 |
| 2000-2004 | 7.002 | 6.030 | 450 | 301 | 173 | 2,39 |
| 2005-2009 | 6.300 | 6.886 | 490 | 352 | 231 | 0,41 |
| 2010-2014 | 10.042 | 5.068 | 424 | 150 | 150 | 0,34 |
| 2015-2020 | 9.974 | 6.900 | 292 | 254 | 353 | 0,79 |
| **Diferença em relação à primeira década analisada (1985-1994) (em %)** | | | | | | |
| **Período** | **Cerrado** | **Amazônia** | **Mata Atlântica** | **Caatinga** | **Pantanal** | **Pampa** |
| 1995-1999 | 21,5% | 39,9% | -2,9% | -28,6% | 27,8% | 143,1% |
| 2000-2004 | -0,5% | 102,6% | -8,9% | -24,4% | 111,8% | 260,3% |
| 2005-2009 | -10,4% | 131,3% | -0,7% | -11,8% | 182,1% | -38,6% |
| 2010-2014 | 42,7% | 70,2% | -14,1% | -62,2% | 83,9% | -48,3% |
| 2015-2020 | 41,8% | 131,8% | -40,9% | -36,1% | 330,4% | 19,7% |

Fonte: dados da pesquisa. Elaboração própria.

Entre os dois grupos de UCs, as UCs de uso sustentável (996.496 $km^2$) foram as que tiveram maior área queimada em termos absolutos, chegando a 93.581 $km^2$, em contraponto aos 50.439 $km^2$ queimados em UCs de proteção integral (527.946 $km^2$). Em termos relativos, os dois grupos de UCs foram igualmente afetadas, com 9% de suas extensões territoriais atingidas pelo fogo pelo menos uma vez nos últimos 36 anos.

Contudo, dentro de cada um dos biomas, essa distribuição ocorre de forma bastante particular (Figura 1) e Pantanal e Cerrado são, proporcionalmente, os mais afetados pelo fogo. No Pantanal, 299 $km^2$ (77%) das UCs de US e 2.574 $km^2$ (57%) das UCs de PI foram queimados pelo menos uma vez nos últimos 36 anos. No Cerrado, as UCs de PI foram as mais queimadas em termos relativos, com 30.186 $km^2$ (51%) de sua extensão territorial atingidos pelo fogo pelo menos uma vez entre 1985-2020. As UCs de uso sustentável desse bioma tiveram 43.827 $km^2$ (34%) de sua área queimados nos últimos 36 anos.

A distribuição anual do fogo em UCs por grupo de proteção (PI e US) e bioma pode ser visualizada na Figura 2. Na Amazônia, o aumento da área queimada verificado ao longo dos anos (Tabela 2) ocorreu, em grande parte, nas UCs de uso sustentável (Figura 2). Enquanto as UCs de proteção integral tiveram área queimada variando em torno de 2.000 $km^2$/ano ao longo de todo o período, o fogo em UCs de uso sustentável aumentou mais de 103%, passando de 2.900 $km^2$/ano entre 1985-1994 para mais de 6.000 $km^2$/ano na última década (Figura 2). Apesar de a extensão territorial atingida pelo fogo ser o dobro em unidades de US em relação às de PI, ambas apresentam percentuais queimados similares, indicando níveis de vulnerabilidade semelhante nos dois grupos.

No Cerrado, a área queimada em UCs de US é superior àquela nas UCs de PI ao longo de todo período, contudo as unidades de PI apresentaram maior acréscimo percentual na área queimada anualmente ao longo do tempo (Figura 2). A média queimada em UCs de PI passou de 2.697 $km^2$/ano entre 1985-1994 para 5.418 $km^2$/ano entre 2011-2020, aumento percentual de 100%. Em unidades US, essas mesmas médias corresponderam a 7.035 $km^2$/ano, período 1985-1994, e a 9.403 $km^2$/ano, entre 2011-2020, aumento de 33% (Figura 2).

Grande parte da diminuição observada ao longo do tempo na Mata Atlântica (Tabela 2) originou-se de quedas na área queimada em US (Figura 2). Enquanto em torno de 65 $km^2$/ano foram queimados ao longo de todo o período em unidades de PI, a área atingida pelo fogo em unidades de US caiu de 494 $km^2$/ano entre 1985-1994 para aproximadamente 330 $km^2$/ano, em média, entre 2011-2020.

Assim como na Mata Atlântica, na Caatinga, grande parte da redução da área queimada observada ao longo do tempo (Tabela 2) originou-se da diminuição do fogo em unidades de US. Em unidades de PI, a área queimada passou de 90 km²/ano entre 1985-1994 para 68 km²/ano, em média, entre 2011-2020; por outro lado, a área queimada em US passou de 340 km²/ano entre 1985-1994 para 207 km²/ano em média, entre 2011 a 2020.

No Pantanal, excluindo-se os anos mais extremos, como 2005, 2019 e 2020, a área queimada anual no bioma oscilou bastante, variando entre 14 km²/ano, a mais de 500 km²/ano. Em geral, aproximadamente 40% do fogo ocorre em unidades de PI e 60% em US. Em 2019, as áreas queimadas aumentaram mais de quatro vezes, chegando a queimar 219 km² em unidades de proteção integral e 258 km² em unidades de uso sustentável. Em 2020, esses valores chegaram a 1.296 km² e 380 km² em áreas de proteção integral e uso sustentável, respectivamente (Figura 2).

O percentual afetado pelo fogo no Pampa é maior em unidades de uso sustentável, porém os valores são em geral muito baixos (Figura 2). A área queimada média em UCs do Pampa foi inferior a 0.1 km²/ano em unidades de proteção integral e menos de 0,3 km²/ano em uso sustentável entre 2015 e 2019. Em 2020, porém, a área queimada em unidades de uso sustentável aumentou para mais de 3 km².

**Figura 2 – Área queimada anual, por grupo de UC e bioma**

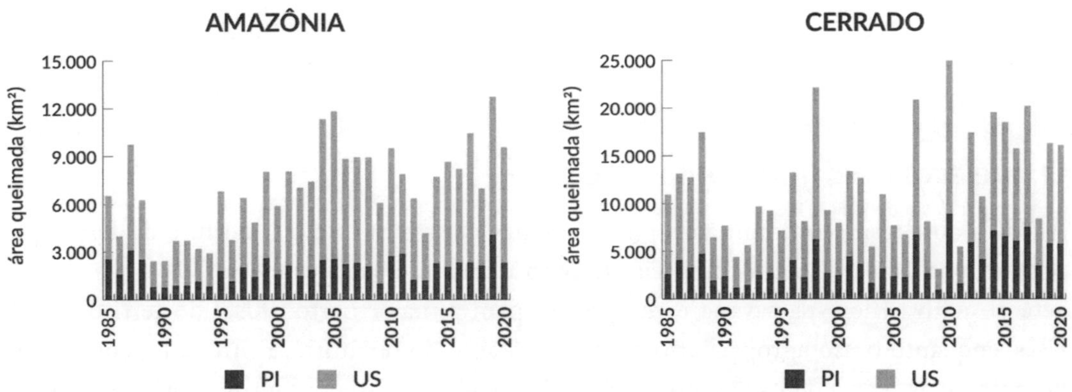

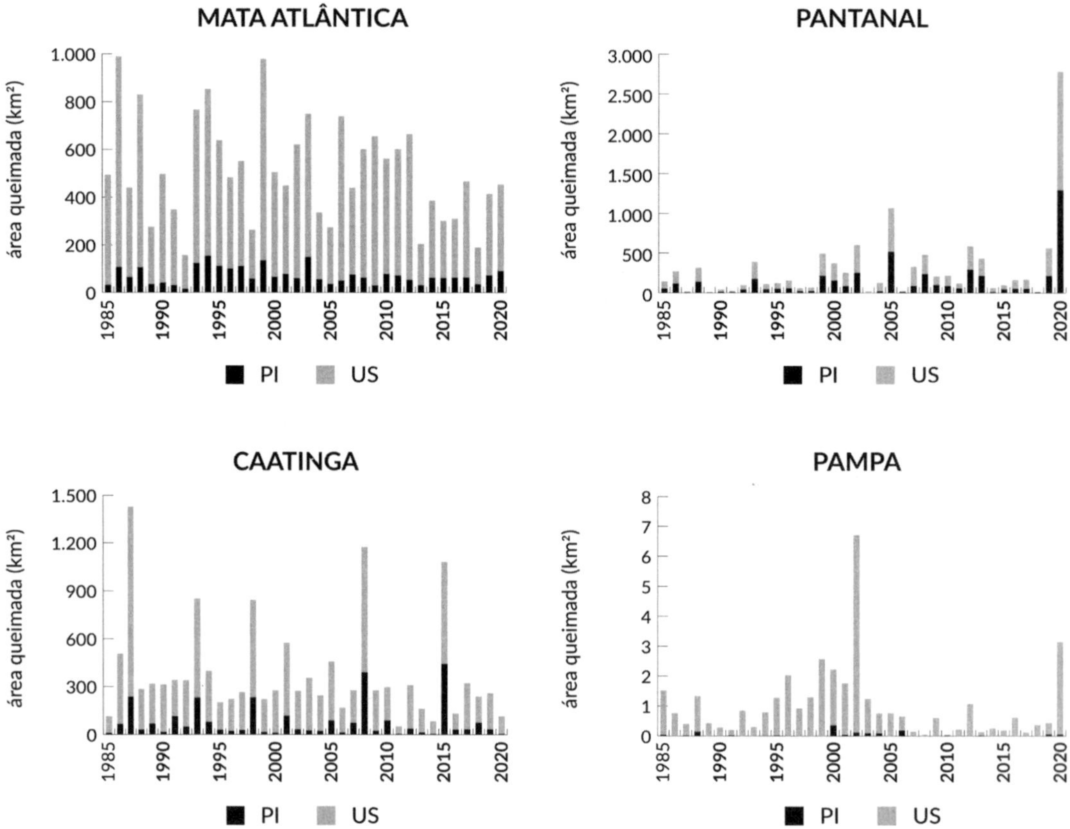


Fonte: MapBiomas (2021).

## O que está queimando nas UCs

As UCs do Brasil são dominadas por diferentes classes de uso e cobertura da terra, que acabam por influenciar a ocorrência de fogo dentro de seu perímetro. Os tipos de vegetação nativa (floresta, savana e campo) ocupam a maior parte (90%) do território das UCs, enquanto o uso agropecuário ocupa o restante do território. Entretanto, em termos proporcionais, a área de uso agropecuário foi a mais queimada nas últimas quatro décadas, tendo 33% do seu território afetado pelo menos uma vez pelas chamas nesse período. Já as áreas de vegetação nativa dentro das UCs registraram incêndios em 8% de seu território no mesmo período. Entre os tipos de vegetação nativa, a que mais queimou compreende os campos naturais (52.841 $km^2$), seguido pela vegetação savânica (39.157 $km^2$) e florestal (16.185 $km^2$). Essa área queimada pelo menos uma vez nos últimos 36 anos representa 51% da área de campo, 39% da área de savana e 1,4% da área de floresta encontrada nas UCs em 2020.

Os tipos de uso e cobertura da terra afetados pelo fogo nas UCs também variam ao longo do tempo entre os biomas (Figura 3). Na Amazônia é notável o aumento da proporção do fogo em coberturas interpretadas como agropecuária e diminuição do fogo em formações campestres no interior das unidades de conservação ao longo dos anos. Enquanto, no período inicial da análise, 65% do fogo ocorria em formações campestres, entre 2015 e 2020, 48% do fogo ocorreu nessa formação. Por outro lado, enquanto, entre 1985-1989, 9% das cicatrizes ocorreram em locais interpretados como atividades agropecuárias, entre 2015-2020, esse valor subiu para quase 30%. O fogo em formação florestal variou entre 9% e 16%, não apresentando uma tendência clara ao longo do período.

No Cerrado, ao longo dos anos analisados, observa-se aumento da proporção do fogo em vegetação campestre e diminuição dos incêndios nas savanas (Figura 3). Entre 1985 e 1989, cerca de 47% dos incêndios ocorriam e vegetação campestre e 45% em savanas. Ao longo dos anos, a porcentagem de fogo em formação campestre foi aumentando, enquanto a proporção afetada em savanas foi diminuindo. No fim do período em análise, 58% do fogo localizou-se em campos e 34% em savanas. O percentual do fogo localizado em agropecuária permaneceu constante, cerca de 5%.

Já no interior das UCs da Mata Atlântica, o fogo afetou predominantemente as formações campestres, visto que entre 43% e 65% dos casos ocorreram nessa formação (Figura 3). Entre 20% e 30% do fogo abrangeram áreas interpretadas como agropecuária e 9%-16% ocorreram em outros tipos de cobertura. Durante o período analisado, a soma dessas duas classes foi de 35% entre 1985 e 1989, e 45% em 2015-2020. O fogo em formação florestal representou 12% do total em todo o período analisado.

## Figura 3 – Percentual queimado em UCs segundo uso e cobertura do solo, por bioma

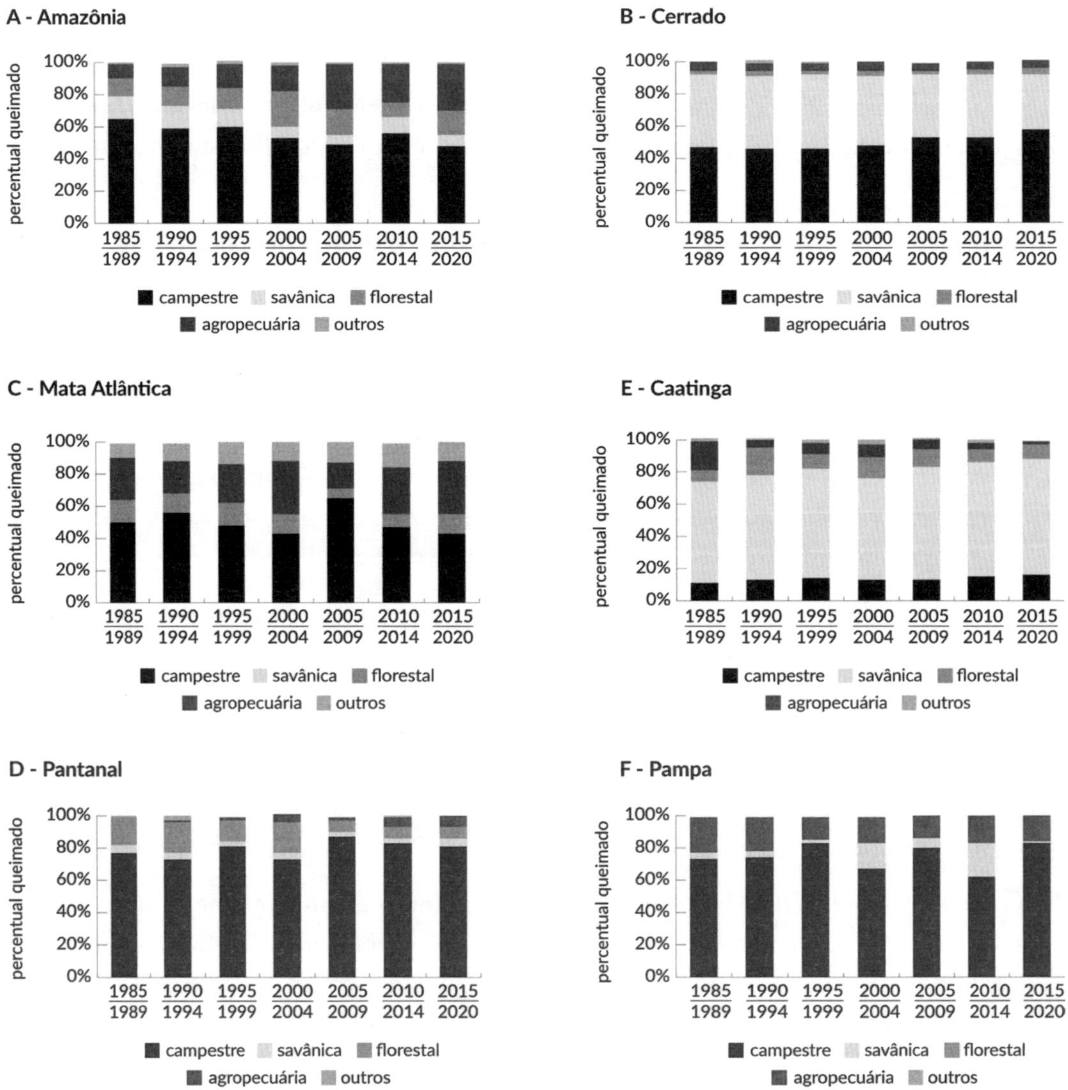


Fonte: MapBiomas (2021).

No Pantanal, entre 73% e 87% das ocorrências de fogo aconteceram em formações campestres, o tipo de cobertura vegetal nativa mais dominante no bioma (Figura 3). Ao longo do tempo, nota-se aumento da participação da agropecuária e diminuição do fogo em savanas. A área queimada em locais de agropecuária dentro de UCs passou de menos de 1 km$^2$ entre 1985 e 1989 para mais de 8 km$^2$ entre 2015 a 2020, representando, então, 7% do total do fogo em UCs no bioma. Em savanas, o percentual saiu de 17% no início do período analisado, para menos de 7% nos anos recentes.

As UCs da Caatinga apresentaram uma grande redução na área queimada, provavelmente devido à diminuição da agropecuária dentro das UCs no bioma (Figura 3). Entre 1985 e 1999, em média 54 km$^2$ (18%) foram queimados em áreas de agropecuária no interior de UCs; já entre 2015 a 2020, esse valor reduziu para 3,8 km$^2$ (menos de 2%). Durante todo o período, as áreas mais afetadas pelo fogo foram as savanas, as quais concentram entre 63% e 72% do fogo.

No Pampa, mais de 60% do fogo tem ocorrido em vegetação campestre, e cerca de 14% a 22%, em agropecuária (Figura 3). Entre 2015 e 2020, 83% do fogo ocorreu em vegetação campestre, 16%, em agropecuária, e em torno de 1%, em savanas.

## UCs mais afetadas pelo fogo

A análise dos dados recentes, entre 2015 e 2020, mostrou que o fogo se distribui de forma bastante desigual entre as 1.680 UCs terrestres do país: 37 unidades concentraram 80% do fogo, sendo que as 10 UCs com maior área queimada respondem por 51% do total (Figura 4a). As três UCs com maior área queimada no *ranking* são o Parque Nacional do Araguaia, no Cerrado, e as APAs Arquipélago do Marajó e Triunfo do Xingu (Figura 4b), na Amazônia. É importante destacar que o Parque Nacional do Araguaia é o de menor extensão territorial entre esses três e, no entanto, apresenta a maior área queimada, correspondente a 2.307 km$^2$/ano em média entre 2015 e 2020 (quase 50% do seu território). Entre as 37 UCs, 17 estavam no Cerrado, 16 estavam na Amazônia, 2 no Pantanal e 2 na Caatinga (Figura 4a). Já entre as 10 UCs mais afetadas, 3 estavam na Amazônia e 7 no Cerrado (Figura 4a).

Tanto na Amazônia quanto no Cerrado, essas unidades se encontram em regiões de intenso desmatamento. Na Amazônia, tais unidades concentram-se nas fronteiras de desmatamento, tanto na mais antiga, conhecida como o arco do desmatamento, como na mais nova, conhecida como Amacro (fronteiras entre Amazonas, Acre e Rondônia). Nas UCs dessas regiões, o fogo está relacionado ao desmatamento, tanto pelo escape acidental do fogo, proveniente de regiões externas à UC, quanto pelo próprio desmatamento ilegal dentro dessas unidades, fato já reconhecido por alguns estudos (ALENCAR; RODRIGUES; CASTRO, 2020; MARTINS; RIBEIRO; SOUZA JR., 2017). No Cerrado, com exceção do Parque Nacional da Chapada dos Veadeiros, as demais UCs se encontram na região denominada Matopiba (Maranhão, Tocantins, Piauí e Bahia), a atual fronteira de desmatamento do Cerrado que vem sendo ocupada por grandes extensões de monoculturas (SILVA JUNIOR *et al.*, 2021).

Ao desconsiderar as APAs da análise, nota-se que a concentração do fogo em poucas UCs é ainda mais forte, sendo que 27 unidades concentraram 80% da área de cicatrizes e as 10 UCs com maior área queimada passam a somar 60% do total (Figura 4c). Entre as 10 UCs com maior área queimada no país, 6 estavam no Cerrado, na região do Matopiba, 4 na Amazônia, 3 na região da Amacro e 1 no Pará. Entre as 27 unidades, 13 encontram-se na Amazônia, 10 no Cerrado, 1 na Caatinga e 2 no Pantanal. Considerando-se as unidades do Cerrado, nota-se que algumas UCs com níveis severos de acometimento pelo fogo estão externas à região do Matopiba, como o Parque Nacional da Chapada dos Veadeiros (10ª posição do *ranking* do Brasil, localizado em Goiás), o Parque Nacional da Canastra (15ª posição, localizado em Minas Gerais) e o Parque Nacional das Emas (18ª posição, localizado em Goiás).

# Figura 4 – Fogo nas unidades de conservação

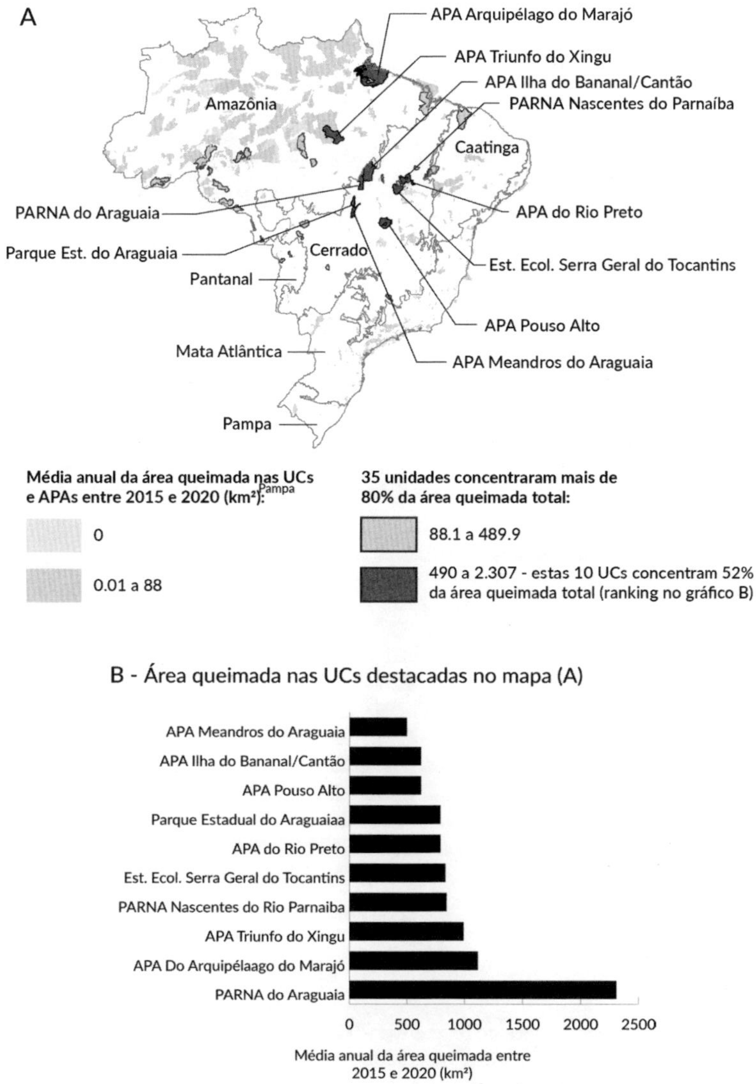

C

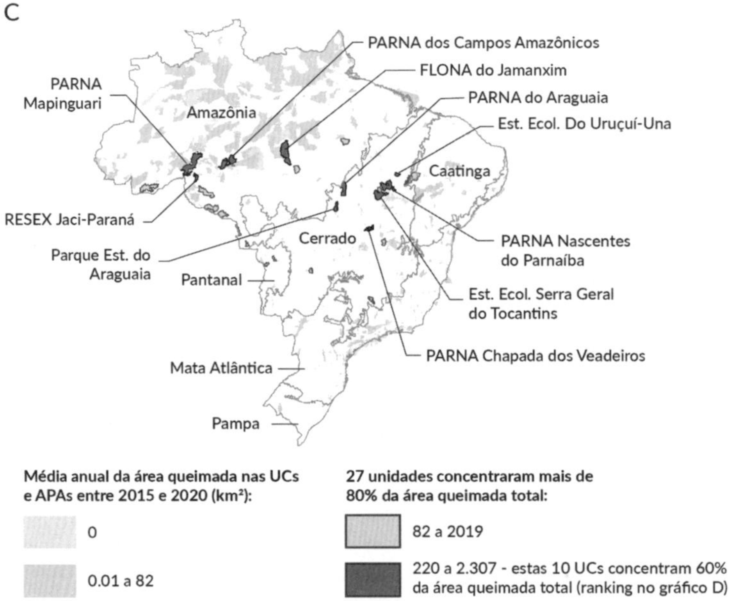


D - Área queimada nas UCs (sem APAs) destacadas no mapa (C)

Fonte: MapBiomas (2021). Elaboração própria.

Legenda: A) Área média anual de cicatrizes de fogo entre 2015-2020 por UC, destacando aquelas que concentram 80% da área queimada total e as 10 unidades com maior área queimada; B) Área média queimada anualmente entre 2015-2020 nas 10 UCs com maior área desmatada do país; C) Área média anual de cicatrizes de fogo entre 2015-2020 por UC (excluindo APAs), destacando aquelas que concentram 80% da área queimada total e as 10 unidades com maior área queimada; D) Área média queimada anualmente entre 2015-2020 nas 10 UCs (excluindo APAs) com maior área desmatada do país.

Considerando o *ranking* por bioma, na Amazônia a distribuição do fogo entre as mais de 250 unidades de conservação (excluindo APAs) é bastante desigual, e 80% da área queimada anual média entre 2015 e 2020 concentrou-se em apenas 23 UCs. As 3 UCs com maior área queimada no bioma – Reserva Extrativista Jaci-Paraná, Parque Nacional dos Campos Amazônicos e Floresta Nacional do Jamanxim – estão entre as 10 UCs mais afetadas pelo fogo no país.

No Cerrado, 81% da área queimada nas UCs do bioma (excluindo as APAs) concentraram-se em apenas 6 unidades de conservação, sendo que as 3 primeiras do *ranking* de maior área queimada responderam por 62% do total. Essas unidades estão também no *ranking* das 10 unidades mais afetadas no Brasil e são as seguintes: Parque Nacional do Araguaia, Parque Nacional Nascentes do Rio Parnaíba e Estação Ecológica da Serra Geral do Tocantins.

Na Mata Atlântica, entre as mais de 700 UCs (excluindo APAs), 17 concentraram 80% do fogo, sendo que as três primeiras concentram 35%. São elas: Parque Nacional de Ilha Grande, Parque Nacional da Serra da Gandarela e Parque Estadual das Várzeas do Rio Ivinhema.

Na Caatinga, entre as mais de 100 UCs (excluindo APAs), apenas 2 unidades de conservação concentraram mais de 80% da área queimada média no período 2015 a 2020: o Parque Nacional da Serra das Confusões (95 $km^2$/ano) e o Parque Nacional da Chapada Diamantina (35 $km^2$/ano).

No Pantanal, mais de 86% da área queimada entre 2015 e 2020 concentraram-se em apenas 4 unidades de conservação (excluindo APAs): Parque Estadual Encontro das Águas, Parque Nacional do Pantanal Matogrossense, Reserva Particular do Patrimônio Natural Poleiro Grande e Parque Estadual do Guirá.

No Pampa, apenas 7 unidades de conservação foram responsáveis pela área total queimada dentro de UCs no bioma nesse período, sendo 3 APAs e quatro UCs de proteção integral. Entre as UCs de proteção integral, o Parque Natural Municipal Banhado da Imperatriz foi a unidade com maior área queimada média entre 2015 e 2020, correspondendo a 0,2 $km^2$, mais de 90% da área queimada anual média do período 2015-2020.

## Discussão

Entre 2011 e 2020, mais de 16 mil $km^2$/ano foram queimados em unidades de conservação, sendo 90% na Amazônia e no Cerrado. As 35 UCs que concentraram 80% da área total queimada entre 2015 e 2020 localizam-se nas áreas de maiores anomalias climáticas no país, além de estarem em regiões de intenso desmatamento e avanço da agropecuária. Estes resultados levantam três pontos importantes para discussão: *i)* o efeito das mudanças climáticas no regime de fogo; *ii)* as consequências das atividades humanas nas proximidades das UCs; e *iii)* a necessidade de fiscalização e cumprimento das leis, bem como a criação de programas de monitoramento e controle do fogo.

As mudanças no clima tornaram-se mais evidentes nos últimos dez anos, com aumento das temperaturas e prolongamento das estações secas (MARENGO *et al.*, 2021). Dados monitorados pelo Instituto Nacional de Meteorologia (Inmet) no mês de agosto, quando ocorre o pico das queimadas no país, mostram que as maiores anomalias climáticas de temperatura em 2015 e 2020 localizaram-se na região que vai do Pantanal ao norte do Cerrado, passando pelo sudeste da Amazônia (INMET, 2021). Tal padrão espacial coincide com a localização das 35 UCs mais atingidas pelo fogo destacadas neste artigo (Figuras 4a e 4c). A seca extrema que atingiu o Pantanal em 2020 e permitiu que o fogo se alastrasse rapidamente foi, em parte, causada pela redução no transporte de ar úmido vindo da Amazônia (MARENGO *et al.*, 2021).

Além de estarem em regiões severamente afetadas pelas mudanças climáticas, as 10 UCs mais atingidas pelo fogo encontram-se também em regiões de crescente desmatamento e atividade agropecuária: na Amazônia, localizam-se em Rondônia, sul do Amazonas e no Pará; e no Cerrado situam-se na região do Matopiba. Nessas regiões, sabe-se que o fogo vem sendo usado tanto na fase final do desmatamento quanto como manejo agropecuário (ALENCAR; RODRIGUES; CASTRO, 2020; SILVA JUNIOR *et al.*, 2021). Assim, as ocorrências de fogo em UCs tal como mostradas nesse estudo pode tanto ser intencionais quanto acidentais, resultantes do escape de fontes de ignição provenientes de áreas adjacentes. Em ambos os casos, seriam evitáveis sob a presença de controle e fiscalização por parte dos órgãos ambientais.

Um crescente número de estudos vem mostrando a intrusão de desmatamento e atividades agropecuárias dentro de terras públicas, inclusive UCs (MARTINS; RIBEIRO; SOUZA JR., 2017; SALOMÃO *et al.*, 2021). Na região da Amacro e no Pará, o desmatamento em terras públicas aumentou mais de 400% em 2021 (ALENCAR *et al.*, 2022), e grande parte dessas áreas serão posteriormente ocupadas com pastagens, uma tendência na região (SALOMÃO *et al.*, 2021). Entre as 10 UCs com maior área queimada no país, três estavam sob ameaça e pressão de desmatamento, segundo o último boletim do Instituto do Homem e Meio Ambiente da Amazônia (Imazon) sobre UCs (FONSECA *et al.*, 2021): Parna Mapinguari, Flona Jamanxim e APA Triunfo do Xingu. Além disso, a Flona do Jamanxim apresentava mais de 300 registros no Cadastro Ambiental Rural (CAR) em 2016 (MARTINS; RIBEIRO; SOUZA JR., 2017).

Outra evidência da invasão da agropecuária em UCs da Amazônia foi o aumento do fogo em áreas interpretadas como agropecuária no interior dessas unidades. Na Amazônia, 30% dos episódios de fogo em UCs ocorreram em áreas interpretadas como agropecuária. Em valores absolutos, isso implica mais de 1.800 $km^2$/ano de agropecuária queimada no interior das UCs entre 2015 e 2020. Esses quase 2.000 $km^2$ queimados ao ano em agropecuária no interior das UCs são fortes indícios grilagem de terras públicas (ALENCAR; RODRIGUES; CASTRO, 2020), que, no caso da Flona do Jamanxim, foi comprovado pelo grande número de registros de CAR (MARTINS; RIBEIRO; SOUZA JR., 2017). A Reserva Extrativista Jaci Paraná, citada neste estudo como uma das três primeiras UCs com maior área queimada no bioma Amazônia, teve seu território reduzido em 90% em 2021, resultado da vitória da invasão agropecuária sobre a conservação.

O combate a atividades ilegais nas UCs é, portanto, o ponto chave a ser modificado no contexto atual. Além disso, especificamente no caso do fogo, um estudo recente (RAMALHO *et al.*, 2021) mostrou que as UCs brasileiras apresentam baixa eficiência de combate aos incêndios florestais. Essa fraqueza foi um dos principais fatores que contribuíram para que os incêndios e as queimadas no Pantanal em 2020 fossem tão catastróficos (LIBONATI *et al.*, 2020). Segundo especialistas, o fogo atingiu o bioma em situação extrema de *stress* hídrico (MARENGO *et al.*, 2021) e a demora de ação ao combate às chamas fez com o fogo tomasse proporções difíceis de serem controladas (LIBONATI *et al.*, 2020). Mais de 1.500 km$^2$ foram queimados em UCs no Pantanal, atingindo quase a totalidade de duas UCs, entre elas a que abrigava maior população de onças pintadas do mundo (LIBONATI *et al.*, 2020). Ainda segundo especialistas, é provável que a causa básica desses incêndios seja o manejo inadequado do fogo em propriedades rurais, o qual comumente ocorre de forma ilegal, sem autorização e acompanhamento dos órgãos competentes.

Um avanço nesse sentido é a tentativa de implementação da política nacional de manejo integrado do fogo (MIF), por meio do Projeto de Lei (PL) nº 11.276/2018, aprovado pela Câmara dos Deputados em novembro de 2021. Em geral, o principal benefício para as UCs será evitar que o fogo chegue nessas unidades. No Cerrado e no Pantanal, a permissão das queimas prescritas no interior das UCs terá o papel de controlar o acúmulo de material combustível e, assim, evitar os megaincêndios. Apesar de ainda existir discordâncias a respeito da aceitação dessa técnica, é interessante ressaltar que o Cerrado evoluiu com os incêndios esporádicos e, assim, tornou-se a savana mais diversa do mundo (PIVELLO *et al.*, 2021). Ainda, um estudo sobre o tema mostrou que a supressão do fogo traz consequências negativas para o Cerrado, dentre elas a perda de diversidade (DURIGAN, 2020).

É importante notar que esse é um marco teórico e que, infelizmente, a política ambiental do país tem andado na contramão das tendências mundiais. Países desenvolvidos estão em busca de soluções baseadas na natureza para reverter o processo de degradação ambiental e, assim, garantir os serviços ecossistêmicos essenciais. O Brasil tem amplas áreas preservadas para manter tais recursos e, portanto, a utilização da abundância de sua natureza e da vasta extensão territorial de maneira sustentável, seguindo os padrões ambientais recomendados pela Organização das Nações Unidas (ONU), seria um dos pilares para se destacar no cenário futuro. Para tanto, é preciso reverter o rumo da política ambiental envolvendo uma série de ações, principalmente fortalecimento dos órgãos responsáveis pela fiscalização e controle (PIVELLO *et al.*, 2021; RAMALHO *et al.*, 2021) e programas de capacitação e financiamento para agricultura sustentável (BRASIL, 2017). A proteção das UCs depende de mudanças estratégicas não apenas na política ambiental mas também na agrícola.

## Conclusões

A área queimada em UCs no Brasil aumentou mais de 50% nos últimos 40 anos e, entre 2011 e 2020, mais de 16 mil km$^2$ vêm sendo queimados anualmente no interior dessas unidades. Mata Atlântica e Caatinga foram os únicos biomas em que as UCs foram beneficiadas por reduções significativas na área queimada ao longo do período 1985-2020, enquanto Amazônia e Pantanal foram os biomas que apresentaram maiores aumentos percentuais, correspondentes a mais de 100% em média. O Pampa é o bioma com menor percentual de UCs atingidas pelo fogo: menos de 1%.

Entre 2015 e 2020, entre as mais de 1.680 UCs terrestres do país, apenas 35 concentraram 80% da área queimada total, sendo que as 10 primeiras UCs com maior área queimada estavam em zonas de intenso desmatamento na Amazônia e Cerrado.

O aumento do número de incêndios em UCs é um resultado conjunto das alterações climáticas, das ações humanas e do enfraquecimento dos órgãos ambientais. Considerando que o clima futuro será cada vez mais quente e seco, o combate ao fogo em UCs no país depende de mudanças estratégicas na política ambiental e de agricultura, focando principalmente em esforços para diminuir o desmatamento e o uso de fogo em manejo agropecuário.

## Referências


ALENCAR, A. A. *et al.* Landscape fragmentation, severe drought, and the new Amazon forest fire regime. *Ecological Applications*, v. 25, n. 6, p. 1493–1505, 2015.

ALENCAR, A. *et al. Amazônia em chamas*: o novo e alarmante patamar do desmatamento na Amazônia. Brasília: IPAM, fev. 2022. (Nota técnica, n. 9)

ALENCAR, A.; NEPSTAD, D. C.; Vera Diaz, M. D. C. Forest understory fire in the Brazilian Amazon in ENSO and non ENSO years: area burned and committed carbon emissions. *Earth Interactions*, v. 10, n. 6, p. 1-16, 2006.

ALENCAR, A.; RODRIGUES, L.; CASTRO, I. *Amazônia em chamas*: o que queima e onde. Brasília: IPAM, ago. 2020. (Nota técnica, n. 5)

ANDERSON, L. O. *et al. Fire probability in South American protected areas Brazilian settlements and rural properties in the Brazilian Amazon*: december 2020 to february 2021. São José dos Campos: Newton Fund, 2020.

BRANDO, P. *et al.* Amazon wildfires: scenes from a foreseeable disaster. *Flora*, v. 268, 151609, 2020.

BRASIL. Ministério da Agricultura, Pecuária e Abastecimento. *Adoção e mitigação de gases de efeitos estufa pelas tecnologias do Plano Setorial de Mitigação e Adaptação às Mudanças Climáticas* (Plano ABC). Brasília: MMA, 2018.

BRASIL. Ministério da Ciência, Tecnologia, Inovações e Comunicações. Estimativas anuais de emissões de gases de efeito estufa no Brasil, 4th edition. Brasília: MCTIC, 2017. Disponível em: https://acervo.socioambiental.org/acervo/livros/estimativas-anuais-de-emissoes-de-gases-de-efeito-estufa-no-brasil-4a-ed-2017. Acesso em: 30 set. 2021.

BRASIL. Ministério do Meio Ambiente. *Unidades de conservação*. Brasília: MMA, 2018. Disponível em: http://mapas.mma.gov.br/i3geo/datadownload.htm

DURIGAN, G. Zero-fire: not possible nor desirable in the Cerrado of Brazil. *Flora*, v. 268, 151612, 2020.

FONSECA, A. *et al. Sistema de alerta de desmatamento*. Boletim do desmatamento da Amazônia Legal. Belém: Imazon, out. 2021.

INMET – INSTITUTO NACIONAL DE METEOROLOGIA. Mapas das anomalias climáticas de temperatura. Brasília: Inmet, 2021. Disponível em: https://clima.inmet.gov.br/GraficosClimatologicos/DF/83377

LIBONATI, R. *et al.* Rescue Brazil's burning Pantanal. *Nature*, n. 588, p. 217-219, 2020.

MANZATTO, C. V. *et al.* As tecnologias do plano ABC na mitigação de gases de efeito estufa. *Agroanalysis*, v. 39, n. 11, p. 30-31, nov. 2019.

MAPBIOMAS. *Mapas de uso e cobertura da terra do Brasil*. Coleção 6. [S.l.]: MapBiomas, 2021. Disponível em: https://plataforma.brasil.mapbiomas.org/. Acesso em: 30 set. 2021.

MAPBIOMAS. *Mapeamento das áreas queimadas no Brasil.* Coleção 1. [S.l.]: MapBiomas, 2016. Disponível em: https://code.earthengine.google.com/?scriptPath=users%2Fmapbiomas%2Fuser-toolkit%3Amapbiomas-user-toolkit-fire.js. Acesso em: 30 set. 2021.

MARENGO, J. A. *et al.* Extreme droughtin the Brazilian Pantanal in 2019-2020: characterization, causes and impacts. *Frontiers in Water*, v. 3, 639204, p. 1-20, 2021.

MARTINS, H.; RIBEIRO, J.; SOUZA JÚNIOR, C. *Evolução da pressão Jamanxim* (2006 a 2017). Belém: Imazon, 2017. Disponível em: https://imazon.org.br/publicacoes/reducao-da-flona-do--jamanxim-vitoria-da-especulacao-fundiaria/

MEGGERS, B. J. Archeological evidence for the impact of mega-Niño events on Amazonia during the past two millennia. *Climate Change*, v. 28, p. 321-338, 1994.

NEPSTAD, D. *et al.* Road paving, fire regime feedbacks, and the future of Amazon forests. *Forest Ecology and Management*, v. 154, n. 3, p. 395-407, 2001.

PIVELLO, V. R. *et al.* Understanding Brazil's catastrophic fires: causes, consequences and policy needed to prevent future tragedies. *Perspectives in Ecology and Conservation*, v. 19, n. 3, p. 233-255, 2021.

PIVELLO, V. R. The use of fire in the Cerrado and Amazonian rainforests of Brazil: past and present. *Fire Ecology*, São Paulo, v. 7, n. 1, p. 24-39, abr. 2011.

RAMALHO, A. H. C. *et al.* Eficiência de combate aos incêndios florestais em unidades de conservação brasileiras. *Nativa*, Sinop, v. 9, n. 4, p. 393-400, 2021.

SALOMÃO, C. *et al. Amazônia em chamas*: desmatamento, fogo e pecuária em terras públicas. Brasília: Ipam, out. 2021. (Nota Técnica, n. 8)

SILVA JUNIOR, C. H. L. *et al.* The Brazilian Amazon deforestation rate in 2020 is the greatest of the decade. *Nat. Ecol. Evol.*, n. 5, p. 144-145, 2021.

SILVA, P. S. *et al.* 2020. Drivers of burned area patterns in Cerrado: the case of Matopiba Region. *IEEE Latin American GRSS & ISPRS Remote Sensing Conference* (LAGIRS), p. 542-547, 2020.

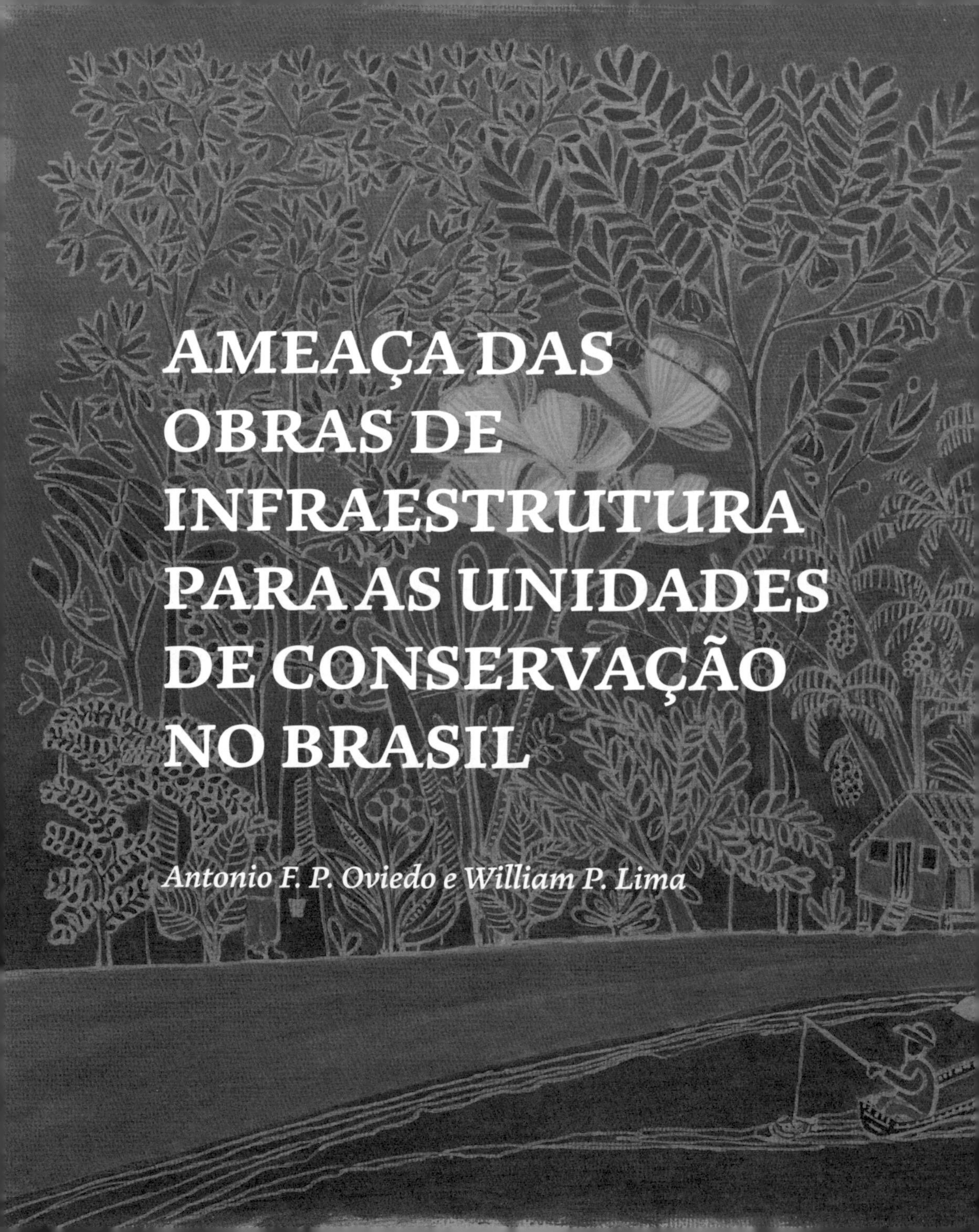

# AMEAÇA DAS OBRAS DE INFRAESTRUTURA PARA AS UNIDADES DE CONSERVAÇÃO NO BRASIL

*Antonio F. P. Oviedo e William P. Lima*

Um diagnóstico do Centro de Estudos em Sustentabilidade da Fundação Getúlio Vargas (FGV, 2015) avaliou o que ocorre na Amazônia em relação aos megaprojetos de infraestrutura. Invariavelmente, tais projetos são planejados, implementados e medidos conforme expectativas setoriais e segundo metas macroeconômicas, mas desconectados das reais demandas sociais locais. O resultado tende a provocar violações de direitos, perda de oportunidades socioeconômicas e estrangulamento de modos de vida e usos dos recursos naturais. O relatório também alerta que essa dinâmica ocorre em grandes projetos agropecuários, de mineração, de energia e de transportes.

As obras de infraestrutura lineares, projetadas para conduzirem o país ao desenvolvimento, acabam abrindo caminho para mais degradação ambiental e impactos sociais de todo tipo. As rodovias, por exemplo, causam grandes impactos sociais e ambientais, dificultando tentativas de controle o desmatamento (FEARNSIDE; GRAÇA, 2006; CARRERO; FEARNSIDE, 2011). A BR-230, conhecida como a Transamazônica, iniciada na década de 1970 com o objetivo de promover a ocupação e colonização da Amazônia, é o retrato do abandono.

As hidrelétricas implantadas durante a última década – sob o argumento de manter o abastecimento de energia para mover a economia brasileira – são outro exemplo de obras planejadas conforme o interesse setorial em detrimento das necessidades locais. Assim foi com o complexo hidrelétrico do Rio Madeira, em Rondônia, composto pelas usinas de grande porte Jirau e Santo Antônio e, no Pará, com a construção da usina hidrelétrica de Belo Monte. Essas hidrelétricas colecionaram inúmeras falhas em seu processo de licenciamento (*i.e.* estudos limitados e não cumprimento da consulta prévia com as populações indígenas e tradicionais), bem como deixam impactos socioambientais que não foram mitigados (FEARNSIDE, 2014; VILLAS-BÔAS *et al.*, 2015).

O atual plano de obras do governo federal contempla uma agência para infraestrutura e um pacote de políticas públicas para regulação de linhas de transmissão, instalações portuárias, estradas e ferrovias, com leilões e concessões previstos para 2019. Uma vez que os empreendimentos planejados forem qualificados no Programa de Parcerias de Investimentos (PPI), eles serão tratados como prioridade nacional. Os desafios em relação a realizar obras de infraestrutura de forma sustentável continuam os mesmos. O setor de transporte, por exemplo, tem sido incapaz de internalizar impactos ambientais e sociais de forma mais efetiva (FEARNSIDE; GRAÇA, 2006).

A criação de UCs têm sido uma das estratégias mais eficazes para proteger os recursos naturais e ecossistemas sensíveis (SCHWARTZMAN; NEPSTAD; MOREIRA, 2000; RICKETTS *et al.*, 2010; SOARES-FILHO *et al.*, 2010; NELSON; CHOMITZ, 2011; JOPPA; LOARIE; PIMM, 2008; SOARES-FILHO, 2016). Atualmente, existem no Brasil 3.489 UCs gerenciadas pelo poder público federal e estadual (1.200 UCs federais, 2.289 UCs estaduais).[1] Esse conjunto de áreas protegidas contempla uma diversidade biológica e de populações tradicionais, tais como pescadores, extrativistas e agricultores.

## O licenciamento ambiental e a ameaça às unidades de conservação

A consolidação das UCs sofre com a interferência de propostas legislativas de revisão dos marcos do licenciamento ambiental, processos judiciais e pressão política de setores econômicos. Um estudo recente mostra que 146 UCs brasileiras foram modificadas (redução de área, *status* de proteção rebaixado ou eliminadas). Os projetos de infraestrutura foram um dos principais fatores de pressão que levaram à revisão dessas UCs, respondendo por 23,3% dos casos (KRONER *et al.*, 2019).

O Projeto de Lei (PL) nº 3.729/2004 (no Senado, PL nº 2.159/2021), aprovado em 12 de maio de 2021 pela Câmara dos Deputados, cuja finalidade é estabelecer uma "Lei Geral do Licenciamento Ambiental", é uma grave ameaça às áreas protegidas. As novas regras, se aprovadas, deixarão as UCs mais vulneráveis. Ao contrário do previsto pela legislação atual, de exigir a aplicação do licenciamento ambiental para todo e qualquer empreendimento que cause impactos socioambientais, o PL nº 3.729/2004 torna esse instrumento uma exceção. Primeiramente, destaca-se o extenso rol de treze dispensas de licenciamento para atividades impactantes, previstas pelos arts. 8º e 9º do PL, entre as quais se sobressai a não exigência de licenciamento para todas as atividades agrossilvopastoris (ressalvadas as

---

1 De acordo com dados do Ministério do Meio Ambiente (MMA). Disponível em: https://antigo.mma.gov.br/areas-protegidas/cadastro-nacional-de-ucs.html. Acesso em: 19 ago. 2021.

pecuárias intensivas de médio ou grande porte), com relevantes impactos sobre o desmatamento, além da possibilidade de estados e municípios incluírem outras atividades nessa lista federal.

Além das dispensas, a grande maioria dos empreendimentos hoje licenciáveis no país passarão a ser objeto de uma modalidade de licença que, na realidade, sequer deveria ser assim considerada. Segundo o art. 21, todas as atividades não qualificadas como de significativo impacto ambiental passarão a ser objeto de licença por adesão e compromisso (LAC), de natureza autodeclaratória e automática. Em tal modalidade, não há qualquer avaliação prévia por parte do órgão ambiental, sendo a "licença" emitida automaticamente pelo sistema eletrônico mediante a inserção de informações autodeclaradas pelo próprio empreendedor. O art. 11 da proposição ainda propõe a aplicação da LAC para a ampliação da capacidade e a pavimentação de instalações preexistentes, termo altamente vago e que pode ter aplicação sobre alguns dos empreendimentos de maior impacto sobre o desmatamento, a exemplo da pavimentação ou a ampliação de estradas.

Diante disso, verifica-se que, da redação do PL nº 3.729/2004, objeto de apreciação pelo Senado Federal, nenhum empreendimento do país deverá mais adotar quaisquer medidas para o controle do desmatamento, uma vez que: *i)* empreendimentos dispensados de licenciamento não serão avaliados; *ii)* a maioria dos empreendimentos a ser objeto de LAC não terá qualquer avaliação prévia de impactos pelos órgãos licenciadores, bastando sua autodeclaração para a obtenção de uma "licença" automática; e *iii)* mesmo nos empreendimentos de significativo impacto, sobre os quais haveria licenciamento ordinário provido de análise prévia do órgão ambiental, veda-se a adoção de medidas de combate ao desmatamento ilegal na Amazônia e em outros biomas.

## Metodologia

O presente estudo considerou as obras de infraestrutura planejadas para a avaliação de cenários de ameaças para as UCs no Brasil. Entende-se por ameaça a medida do risco iminente de ocorrer impacto ambiental no interior de uma UC decorrente da implementação de uma obra de infraestrutura. O levantamento considerou um conjunto de

1.052 UCs: 338 UCs federais (152 de proteção integral e 186 de uso sustentável) e 714 UCs estaduais (379 de proteção integral e 335 de uso sustentável).

O levantamento utilizou dados sobre áreas protegidas (ISA, 2019); dados públicos sobre usinas hidrelétricas (UHE), pequenas centrais hidrelétricas (PCH) e linhas de transmissão (ANEEL, 2019); ferrovias (DNIT, 2019; EPL, 2018); rodovias (DNIT, 2019); portos (ANTAQ, 2013); e pedidos via lei de acesso à informação sobre dutos (EPE, 2015).

As obras de infraestrutura planejadas foram selecionadas conforme as seguintes classes indicadas na tabela de atributo dos dados públicos:

- UHE e PCH. Classes: construção não iniciada, PB aceito, PB planejado, PB em elaboração, revogado, DRS, DRI, eixo inventariado, EVTE aceito, EVTE Aprovado e EVTE em elaboração;
- Dutos. Classes: em construção e em planejamento;
- Ferrovias. Classes do campo "situação física" em projeto, em construção, planejada, vazio. Classes do campo "em operação?": não e vazio;
- Linhas de transmissão. Classe: futura;
- Portos. Classes: em obras, obras paralisadas, planejado, sem informações e vazio;
- Rodovias. Classes: leito natural, planejada e travessia.

Para a avaliação da incidência das obras de infraestrutura planejadas sobre as UCs, adotou-se o conceito de área de influência direta (AID) do empreendimento (conforme Portaria Interministerial nº 60/2015), a qual foi delimitada conforme diretrizes dos órgãos responsáveis pelos setores estudados (Tabela 1). O impacto potencial das obras de infraestrutura considerou a ocorrência de sobreposição entre as UCs e as obras planejadas.

**Tabela 1 – Métricas para a delimitação do *buffer* (AID) das obras de infraestrutura**

| Variáveis | Referência | Buffer |
|---|---|---|
| Dutos | MME/EPE, 2012 | 5 km |
| Linha de transmissão | PNLT, 2010 | 8 km |
| Portos | ANTAQ, 2013 | 10 km |
| Ferrovias | DNIT, 2015 | 10 km |
| Rodovias | DNIT, 2015 | 40 km |
| PCH | ANEEL, 2016 | 40 km |
| UHE | ANEEL, 2016 | 40 km |

Fonte: dados da pesquisa. Elaboração própria.

## Resultados

A análise da incidência de obras de infraestrutura planejadas mostra que 86,4% das UCs federais e estaduais estão ameaçadas por obras de infraestrutura planejadas. Esse alto grau de incidência afeta 82% das UCs federais e 88,5% das UCs estaduais (Figura 1).

**Figura 1 – Unidades de conservação ameaçadas por obras de infraestrutura planejadas**

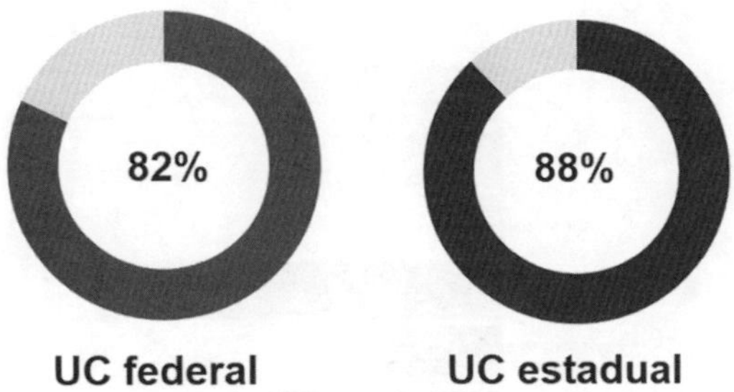


Fonte: dados da pesquisa. Elaboração própria.

Um total de 909 UCs estão ameaçadas por 1.245 obras de infraestrutura planejadas (Figuras 2a e 2b). São 277 UCs federais (127 de proteção integral e 150 de uso sustentável) e 632 UCs estaduais (344 de proteção integral e 288 de uso sustentável) que podem sofrer os impactos de

18 dutos, 778 PCHs, 122 UHEs, 166 portos, 127 trechos de rodovias, 21 ferrovias e 13 trechos de linhas de transmissão (Figuras 3 e 4). As linhas de transmissão não apresentam nomes nas bases da Aneel, o que impede indicar com precisão o número de trechos.

**Figura 2a. Unidades de Conservação federais e estaduais ameaçadas por obras de infraestrutura planejadas.**

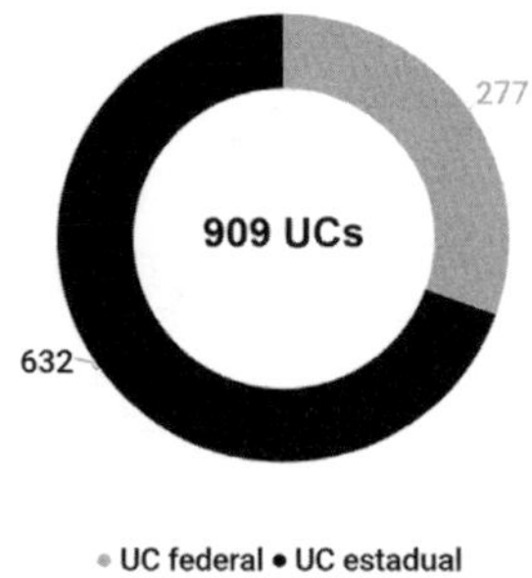


A

Fonte: dados da pesquisa. Elaboração própria.

**Figura 2b. Categorias de manejo Unidades de Conservação ameaçadas por obras de infraestrutura planejadas.**

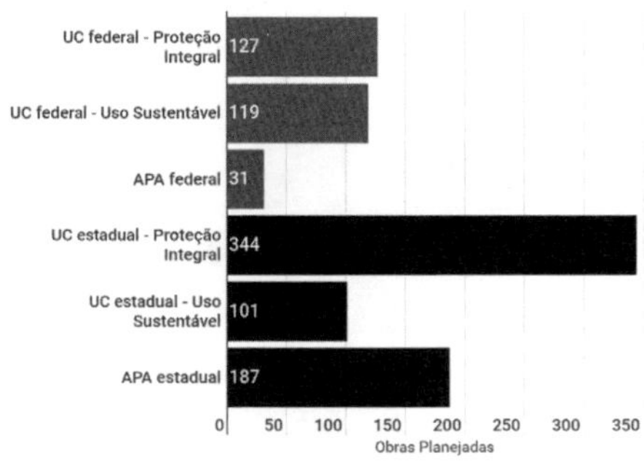


B

Fonte: dados da pesquisa. Elaboração própria.

**Figura 3 – Obras de infraestrutura planejadas que ameaçam as UCs federais e estaduais**

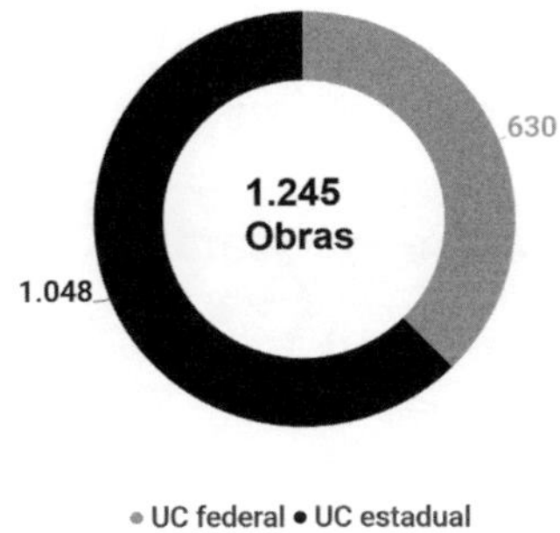


Fonte: dados da pesquisa. Elaboração própria.

Observação: o valor central de 1.245 obras representa o total de obras que incide nas UCs das duas esferas, descontando-se as sobreposições.

**Figura 4 – Tipologia das obras de infraestrutura planejadas que ameaçam as UCs federais e estaduais**

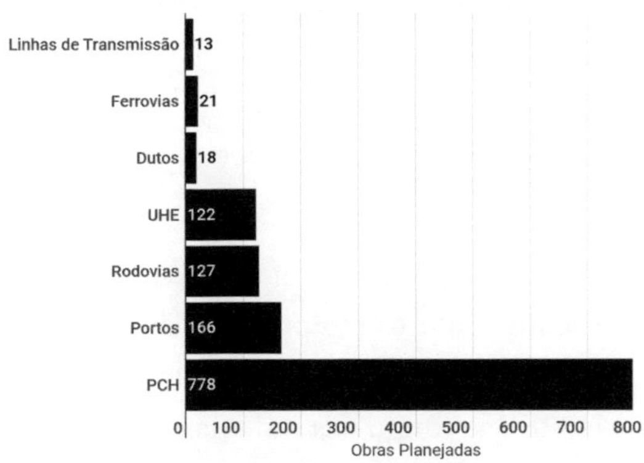


Fonte: dados da pesquisa. Elaboração própria.

As 277 UCs federais estão ameaçadas por 630 obras: 7 dutos, 97 rodovias, 16 ferrovias, 60 portos, 375 PCHs, 66 UHEs e 9 trechos de linhas de transmissão. Dessas UCs federais,

54,8% podem sofrer impactos de três obras ou mais (média de sete obras por UC). Por sua vez, as 632 UCs estaduais estão ameaçadas por 1.048 obras: 7 dutos, 121 rodovias, 19 ferrovias, 135 portos, 653 PCHs, 92 UHEs e 11 trechos de linhas de transmissão. Das UCs estaduais 62% estão ameaçadas por três obras ou mais (média de sete obras por UC) (Figura 5).

**Figura 5 – Obras de infraestrutura que ameaçam as áreas protegidas**

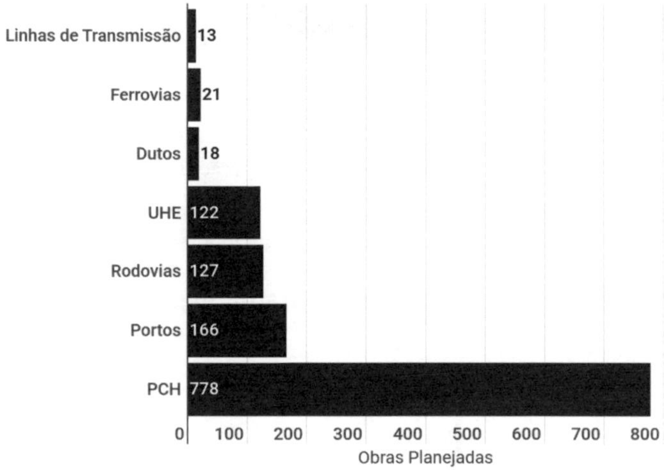


Fonte: dados da pesquisa. Elaboração própria.

Diversos estudos já comprovaram o efeito da implantação de estradas no aumento do desmatamento. O desmatamento é muito maior perto de estradas. Nepstad *et al.* (2001) demonstraram que três quartos dos desmatamentos entre 1978 e 1994 ocorreram dentro de uma faixa de 100 km de largura ao longo das rodovias BR 010 (Belém-Brasília), BR 364 (Cuiabá-Porto Velho) e PA 150. Barber *et al.* (2014) mostraram que 95% do desmatamento acumulado da Amazônia concentram-se em uma distância de até 5,5 km de estradas na Amazônia. Esse impacto também é acompanhado de incêndios florestais, tendo sido observado que 85% das queimadas concentram-se em até 5 km de estradas na Amazônia (KUMAR *et al.*, 2014).

A Tabela 2 mostra as 20 UCs federais de proteção integral e uso sustentável, respectivamente, mais ameaçadas por obras de infraestrutura planejadas. A Tabela 3 mostra as 20 UCs estaduais de proteção integral e uso sustentável, respectivamente, mais ameaçadas por obras de infraestrutura planejadas.

**Tabela 2 – UCs federais mais ameaçadas por obras planejadas, por grupo**

| UCs federais de proteção integral | Incidência de obras | UCs federais de uso sustentável | Incidência de obras |
|---|---|---|---|
| Esec da Mata Preta | 28 | APA Mananciais da Bacia do Rio Paraíba do Sul | 36 |
| Parna das Araucárias | 26 | APA da Serra da Mantiqueira | 26 |
| Parna do Iguaçu | 23 | Flona do Tapajós | 23 |
| Parna do Serra do Itajaí | 22 | Flona do Trairão | 18 |
| Parna da Serra da Canastra | 18 | APA do Planalto Central | 16 |
| Parna da Chapada dos Veadeiros | 16 | APA Morro da Pedreira | 15 |
| Esec de Aracuri-Esmeralda | 15 | Flona de Assungui | 15 |
| Parna de São Joaquim | 14 | APA das Ilhas e Várzeas do Rio Paraná | 14 |
| Parna de Serra do Gandarela | 14 | Flona Chapecó | 14 |
| Parna dos Campos Gerais | 14 | Flona de Ibirama | 14 |
| Parna Grande Sertão Veredas | 14 | Resex Riozinho do Anfrísio | 14 |
| Parna da Serra do Cipó | 13 | APA Petrópolis | 13 |
| Rebio das Perobas | 13 | APA da Bacia do Rio São João/Mico--Leão-Dourado | 11 |
| Esec Serra Geral do Tocantins | 12 | Flona Caçador | 11 |
| Parna da Serra da Bocaina | 12 | Flona de Ipanema | 10 |
| Rebio do Tinguá | 12 | Flona de Lorena | 10 |
| RVS das Veredas do Oeste Baiano | 12 | Flona de Pacotuba | 10 |
| Parna de Brasília | 11 | Flona de Canela | 9 |
| Parna Guaricana | 10 | Flona de Itaituba II | 9 |
| RVS dos Campos de Palmas | 10 | APA Cairuçu | 8 |

Fonte: dados da pesquisa. Elaboração própria.

**Tabela 3 – UCs estaduais mais ameaçadas por obras de infraestrutura planejadas, por grupo**

| UCs estaduais de proteção integral | Incidência de obras | UCs estaduais de uso sustentável | Incidência de obras |
|---|---|---|---|
| PES Vitório Piassa | 18 | APA Estadual da Escarpa Devoniana | 45 |
| PES da Fonte Grande | 17 | APA Estadual da Serra da Esperança | 40 |
| PES Pau Furado | 17 | APA dos Rios Piracicaba e Juqueri-Mirim | 28 |
| PES Rio Guarani | 17 | APA Cochá e Gibão | 23 |
| ARIE do Buriti | 16 | APA Corumbataí, Botucatu e Tejupá | 22 |
| PES da Serra da Esperança | 16 | APA Pouso Alto | 22 |
| PES do Rio Corrente | 15 | APA Baixada Maranhense | 19 |
| PES do Vale do Codó | 15 | APA Arquipélago do Marajó | 18 |
| PES Ibitipoca | 15 | APA Bacia Hidrográfica do Rio Machado | 18 |
| Esec Mar de Espanha | 14 | APA Margem Direita do Rio Negro | 18 |
| PES da Serra do Tabuleiro | 14 | FES do Amapá | 18 |
| PES do Cerrado | 14 | FES do Paru | 17 |
| PES do Desengano | 14 | APA do Rio Guandu | 16 |
| PES Serra da Candonga | 14 | APA Sul RMBH | 16 |
| Rebio de Duas Bocas | 14 | APA da Várzea do Rio Tietê | 15 |
| Esec do Rio dos Touros | 13 | APA Jundiaí | 15 |
| Monat Estadual Serra das Torres | 13 | APA Sistema Cantareira | 15 |
| PES da Serra de Caldas Novas | 13 | APA Fernão Dias | 14 |
| PES da Serra do Brigadeiro | 13 | APA Rio Cênico Rotas Monçoeiras | 14 |
| PES do Lago Azul | 13 | APA Cabreúva | 13 |

Fonte: dados da pesquisa. Elaboração própria.

Algumas obras de infraestrutura apresentam um alto grau de ameaça sobre as áreas protegidas. Alguns exemplos:

1. Gasodutos Cabiúnas-Guararema (SP-RJ) e Meio-Norte (PI-MA-CE), incidem sobre 15 UCs (6 UCs estaduais e 9 UCs federais) e 18 UCs (7 UCs federais e 11 UCs estaduais), respectivamente;
2. Ferrovias Transnordestina Logística (FTL) e Transcontinental (RJ-AC) incidem em 58 UCs (6 UCs federais e 52 UCs estaduais) e 39 UCs (10 UCs federais e 19 UCs estaduais), respectivamente;
3. As UHEs Paca Grande I (RJ/SP) e Tabajara (RO) incidem em 12 UCs (4 UCs federais e 8 UCs estaduais) e 7 UCs (2 UCs federais e 5 UCs estaduais), respectivamente;
4. A BR-319, que liga Manaus (AM) a Porto Velho (RO), incide sobre 14 UCs (5 UCs federais e 9 UCs estaduais) e pode abrir uma nova fronteira para o desmatamento.

Os órgãos ambientais responsáveis pelo licenciamento ambiental devem considerar a necessidade de se avaliar não só os impactos gerados por um único empreendimento, mas também como se comportam esses impactos quando se considera o conjunto de obras previstas para uma mesma região. Os impactos cumulativos raramente estão alinhados com as políticas públicas de licenciamento ambiental ou descritos nos projetos/medidas mitigadoras do empreendimento.

A construção de uma rodovia, por exemplo, pode ter seu impacto social e ambiental ampliado se houver a construção, na mesma área de influência, de uma usina hidrelétrica ou de um porto destinado à exportação de grãos. Os resultados deste estudo mostram que 544 UCs (152 UCs federais e 392 UCs estaduais), ou 51,7% das UCs (45% das UCs federais e 55% das UCs estaduais) consideradas neste estudo, são ameaçadas por três ou mais obras. Na média, as UCs são ameaçadas simultaneamente por quatro obras de infraestrutura planejadas (Tabela 4).

**Tabela 4 – Incidência média de obras de infraestrutura planejadas sobre as UCs, por categoria de manejo**

| Categoria de manejo | Incidência média de obras |
|---|---|
| Área de Proteção Ambiental – APA federal | 8 |
| Área de Proteção Ambiental – APA estadual | 6 |
| Área de Relevante Interesse Ecológico – Arie federal | 2 |
| Área de Relevante Interesse Ecológico – Arie estadual | 4 |
| Estação Ecológica – Esec federal | 4 |
| Estação Ecológica – Esec estadual | 4 |
| Monumento Natural – Monat federal | 2 |
| Monumento Natural – Monat estadual | 4 |
| Parque Nacional – Parna | 6 |
| Parque Estadual – PES | 6 |
| Reserva Biológica – Rebio federal | 4 |
| Reserva Biológica – Rebio estadual | 4 |
| Refúgio de Vida Silvestre – RVS federal | 4 |
| Refúgio de Vida Silvestre – RVS estadual | 2 |
| Floresta Estadual – FES | 4 |
| Floresta Nacional – Flona | 4 |
| Floresta Extrativista – Florex | 7 |
| Floresta Estadual de Rendimento Sustentado – Florsu estadual | 2 |
| Reserva de Desenvolvimento Sustentável – RDS federal | 2 |
| Reserva de Desenvolvimento Sustentável – RDS estadual | 2 |
| Reserva Ecológica – Resec federal | 13 |
| Reserva Ecológica – Resec estadual | 3 |
| Reserva Extrativista – Resex federal | 2 |
| Reserva Extrativista – Resex estadual | 1 |

Fonte: dados da pesquisa. Elaboração própria.

## Considerações finais

As experiências de megaprojetos de infraestrutura do passado mostram que pouca ou nenhuma conexão ocorre com as reais demandas sociais e de proteção ambiental (VILLAS-BÔAS *et al.*, 2015). Inexiste uma visão de futuro compartilhada. Os esforços a serem empreendidos na proteção das UCs e o licenciamento ambiental de obras de infraestrutura devem dedicar-se, em linhas gerais, a reduzir o espaço que há entre essas diferentes rotas de planejamento.

Ao desmontar as políticas de gestão das UCs e os procedimentos do licenciamento ambiental, o governo favorece atividades oportunistas e de alto risco ambiental. Reduzir os mecanismos de avaliação dos impactos das obras de infraestrutura e flexibilizar as regras do licenciamento representa uma visão atrasada de desenvolvimento e ocupação do território nacional, que gera pouco desenvolvimento econômico e deixa rastros de desigualdades e problemas ambientais.

No atual contexto de mudanças climáticas e do esgotamento dos ativos ambientais, como as florestas e os recursos hídricos, é preciso que o Congresso Nacional avalie adequadamente, com base no melhor conhecimento científico, propostas legislativas com potenciais impactos sobre o meio ambiente ecologicamente equilibrado. No caso do PL nº 3.729/2004, que pretende desconfigurar o licenciamento ambiental, o mais consolidado instrumento da Política Nacional do Meio Ambiente, houve até o momento 14 notas contrárias à proposição, emitidas por entidades públicas e privadas especialistas na temática socioambiental, todas unânimes em classificar a proposta aprovada pela Câmara dos Deputados como a mais grave de todas já apresentadas na história, com impactos irreversíveis sobre o desmatamento, as mudanças climáticas, os desastres ambientais, os recursos hídricos, o sistemas de UCs, os povos indígenas, as comunidades quilombolas e demais povos e comunidades tradicionais, entre outros.

O PL nº 3.729/2004 subverte a lógica constitucional ao tornar o licenciamento ambiental exceção. Em todas as hipóteses, é vedado ao órgão ambiental exigir a adoção de condicionantes ambientais (medidas de prevenção, mitigação e compensação) ao empreendedor relacionadas à proteção ambiental e ao combate do desmatamento decorrente de sua instalação e operação.

Com base nessas considerações, conclui-se que, ao tornar o licenciamento ambiental exceção e inviabilizar a adoção de condicionantes ambientais para a proteção do sistema de UCs no Brasil, a proposta legislativa de regulamentação do licenciamento de obras de infraestrutura resultará no aumento da degradação ambiental nas UCs em níveis que impedirão o Brasil de cumprir suas metas de proteção ambiental e resiliência climática assumidas em acordos internacionais.

## Referências


ANTAQ – AGÊNCIA NACIONAL DE TRANSPORTES AQUAVIÁRIOS. *Plano Nacional de Integração Hidroviária*. Brasília: Antaq, 2013.

ANEEL – AGÊNCIA NACIONAL DE ENERGIA ELÉTRICA. *Sistema de Informações Geográficas do Setor Elétrico* – SIGEL. Brasília: Aneel, 2019.

BARBER, C. P. *et al.* Roads, deforestation, and the mitigating effect of protected areas in the Amazon. *Biological Conservation*, v. 177, p. 203-209, 2014.

CARRERO, G. C.; FERANSIDE, P. Forest clearing dynamics and the expansion of landholdings in Apuí, a deforestation hotspot on Brazil's Transamazon Highway. *Ecology and Society*, v. 16, n. 2, art. 26, 2011.

DNIT – DEPARTAMENTO NACIONAL DE INFRAESTRUTURA DE TRANSPORTES. *DNITGeo*: Geotecnologias aplicadas. Brasília: Dnit, 2019.

EPE – EMPRESA DE PESQUISA ENERGÉTICA. *Arquivos SHP de dutos*. Brasília: EPE, 2015. Informação obtida por meio da Lei de Acesso à Informação, Pedido nº 99938000094201506.

EPL – EMPRESA DE PLANEJAMENTO E LOGÍSTICA. *Geologística da EPL*. Observatório Nacional de Transporte e Logística (ONTL). Brasília: EPL, 2018.

FEARNSIDE, P. Impacts of Brazil's Madeira River dams: unlearned lessons for hydroelectric development in Amazonia. *Environmental Science & Policy*, v. 38, p. 164-172, 2014.

FEARNSIDE, P.; GRAÇA, P. M. L. A. BR-319: Brazil's Manaus-Porto Velho Highway and the potential impact of linking the arc of deforestation to Central Amazonia. *Environmental Management*, v. 38, n. 5, p. 705-716, 2006.

FGV – FUNDAÇÃO GETÚLIO VARGAS. *Grandes obras na Amazônia*. São Paulo: FGV--EAESP; IFC, 2015.

ISA – INSTITUTO SOCIOAMBIENTAL. *Rede Amazônica de Informação Socioambiental Georreferenciada*. São Paulo: ISA, 2019.

JOPPA, L.; LOARIE, S.; PIMM, S. S. On the protection of "protected areas." *Proceedings of the National Academy of Sciences*, v. 105, n. 18, p. 6673-6678, 2008.

KRONER, R. E. G. *et al.* The uncertain future of protected lands and waters. *Science*, v. 364, n. 6443, p. 881-886, 31 maio 2019.

KUMAR, S. S. *et al.* A quantitative study of the proximity of satellite detected active fires to roads and rivers in the Brazilian tropical moist forest biome. *International Journal of Wildland Fire*, v. 23, n. 4, p. 532-543, 2014.

NELSON, A.; CHOMITZ, K. M. Effectiveness of strict vs. multiple use protected areas in reducing tropical forest fires: a global analysis using matching methods. *PLoS One*, v. 6, n. 8, e22722, 2011.

NEPSTAD, D. *et al.* Road paving, fire regime feedbacks, and the future of Amazon forests. *Forest Ecology and Management*, v. 154, n. 3, p. 395-407, 2001.

RICKETTS, T. H. *et al.* Indigenous lands, protected areas, and slowing climate change. *PLoS Biology*, v. 8, n. 3, e1000331, 2010.

SCHWARTZMAN, S.; NEPSTAD, D.; MOREIRA, A. Arguing tropical forest conservation: people *versus* parks. *Conserv. Biol.*, v. 14, n. 5, p. 1370-1374, 2000.

SOARES-FILHO, B. S. *O papel das áreas protegidas da Amazônia, em especial as com apoio do Arpa, na redução do desmatamento*. Rio de Janeiro: Funbio, 2016.

SOARES-FILHO, B. S. *et al.* Role of Brazilian Amazon protected areas in climate change mitigation. *Proceedings of the National Academy of Sciences*, v. 107, n. 24, p. 10821-10826, 2010.

VILLAS-BÔAS, A. *et al.* *O Dossiê Belo Monte*: não há condições para a licença de operação. São Paulo: ISA, 2015.

# OS PROCESSOS MINERÁRIOS QUE AMEAÇAM AS UNIDADES DE CONSERVAÇÃO NO BRASIL

*Júlia J. Costa*

A mineração industrial ocupa um espaço de relevância na economia brasileira. De acordo com dados do Instituto Brasileiro de Mineração (Ibram), em 2020 o Brasil exportou 370 milhões de toneladas de minério, alcançando o saldo de US$ 32,5 bilhões, que equivale a 63,8% do saldo da balança comercial brasileira no período. O faturamento do setor mineral alcançou R$ 208,9 milhões (excluindo-se petróleo e gás), uma alta de 36,2% em relação a 2019 (IBRAM, 2021a). No primeiro semestre de 2021, ainda segundo dados do Ibram, o setor registrou crescimento de 98% em relação ao mesmo período do ano anterior, alcançando o faturamento de R$ 149 milhões (novamente excluindo-se petróleo e gás), e as exportações atingiram US$ 27,6 bilhões (IBRAM, 2021b).

Embora a expansão do setor mineral tenha sido impulsionada pelo aumento do preço das *commodities*, dados publicados pelo Projeto MapBiomas (2021) também indicam crescimento da área explorada. Entre 1985 e 2020, a área ocupada pela mineração industrial cresceu 473%, tendo um incremento médio de 2.185 hectares por ano entre 2018 e 2020.

Quais as implicações da expansão do setor mineral no país? A mineração é frequentemente apresentada como capaz de alavancar a economia nacional a partir de uma perspectiva de desenvolvimento que, por vezes, desconsidera os impactos locais. À medida que a área explorada se expande, aumentam os impactos socioambientais decorrentes. E, quanto maior for a relevância econômica da atividade para a economia nacional, maiores são as dificuldades para conter sua expansão.

A maior parte da atividade minerária industrial no Brasil é realizada em cavas a céu aberto. Desse modo, tem-se os impactos associados à abertura da cava (retirada da cobertura vegetal natural, movimentação de grandes porções de terra e transformação da paisagem), ao uso de explosivos para abertura da rocha, ao transporte e beneficiamento do minério, assim como ao acondicionamento dos rejeitos da mineração. Segundo Fearnside (2019), a mineração é uma atividade que vem ganhando cada vez mais espaço como agente de destruição ambiental, sobretudo na Amazônia. Segundo o autor, os impactos podem ser diretos ou indiretos. Os impactos diretos estariam associados à atividade extrativa em si, aos resíduos gerados e à construção de estradas de acesso, que impulsionam o desmatamento. Os efeitos indiretos, contudo, seriam os mais preocupantes, como aqueles provocados pelo beneficiamento dos minerais (FEARNSIDE, 2019).

Milanez (2019) aponta que prevalece na sociedade o entendimento de que os danos associados à mineração estariam restritos à área de lavra. Nesse sentido, o autor afirma que eventos que provocam danos ambientais são entendidos como exceção, decorrente de práticas inadequadas, e não costumam ser compreendidos como parte inerente da extração mineral. A história recente do país, no entanto, apresenta narrativas dissonantes. Em novembro de 2015 ocorreu o rompimento da barragem no município de Mariana (MG), sob responsabilidade da mineradora Samarco, despejando rejeitos da exploração de minério de ferro por longas extensões e provocando irreversíveis impactos no rio Doce e nas comunidades do entorno (MINAS GERAIS, 2016). Cerca de três anos depois, em janeiro de 2019, rompeu a barragem da mina do Córrego do Feijão, da mineradora Vale S. A., em Brumadinho (MG), que matou 270 pessoas e cuja extensão dos danos não pôde ser completamente mensurada (NÓBREGA, 2021).

Os impactos da mineração também estão associados à infraestrutura criada para atender à atividade de extração, beneficiamento e escoamento da produção, como a abertura de estradas, construção de minerodutos, e até mesmo a construção de usinas hidrelétricas. Segundo Milanez (2019), as atividades de extração mineral e peletização consumiram, em 2015, uma quantidade de energia elétrica equivalente a 13% do consumo residencial de todo o país. Em virtude da alta demanda energética, é comum que empresas mineradoras tenham participação em usinas hidrelétricas e estimulem a construção de novas barragens, amplificando os impactos socioambientais (MILANEZ, 2019).

A criação de UCs é uma das principais estratégias de conservação dos recursos naturais e de garantia da manutenção do modo de vida das populações tradicionais que as habitam (FUTADA *et al.*, 2019). Apesar do importante papel das UCs para a proteção dos recursos naturais e dos serviços ecossistêmicos, essas áreas estão submetidas a diversas pressões e ameaças (FUTADA; SOUZA JR; ALENCAR, 2019), entre elas a mineração industrial, objeto desta análise.

O Sistema Nacional de Unidades de Conservação (SNUC) agrupa as diversas categorias de UCs em áreas de proteção integral e áreas de uso sustentável. As UCs de proteção integral têm como objetivo preservar a natureza, sendo admitido apenas o uso indireto de seus recursos naturais, sendo assim vedada a atividade de exploração mineral (LIMA, 2006), com exceção dos casos previstos na própria lei. As unidades de uso sustentável têm como objetivo compatibilizar a conservação da natureza com o uso sustentável dos recursos, fazendo com que as atividades extrativas dependam essencialmente do plano de manejo da unidade, podendo ser autorizadas ou não. No caso das Reservas Extrativistas (Resex), por exemplo, a mineração é vedada pelo § 6º do art. 18 da Lei nº 9.985, de 18 de julho de 2000, que instituiu o SNUC. Há também casos como o da Floresta Nacional (Flona) dos Carajás, criada em 1998 como uma estratégia para impedir que a área, ocupada até então pelo Projeto Ferro Carajás, conduzido pela Companhia Vale do Rio Doce, fosse destinada a particulares em virtude da privatização da estatal. A lei que criou a Flona de Carajás especificava que atividades de mineração registradas no Departamento Nacional de Produção Mineral (DNPM) deveriam ser integralmente consideradas no plano de manejo, caracterizando um ponto fora da curva em relação à criação das unidades de conservação (ROLLA; RICARDO, 2006).

Considerando o crescimento da mineração no país e os significativos impactos decorrentes da atividade, o objetivo deste estudo é analisar a incidência dos processos minerários sobre as UCs no Brasil. Para esta análise foram utilizados os dados de UCs federais e estaduais compiladas pelo Instituto Socioambiental até agosto de 2021 (ISA, 2021). Os dados dos processos minerários foram obtidos da Agência Nacional de Mineração (ANM, 2021) em 26 de agosto de 2021. A integração espacial dos processos minerários registados da ANM com as UCs utilizou a projeção sinusoidal, com meridiano central 54° W. Foram considerados na análise os processos cuja porcentagem de incidência em UCs fosse superior a 5%. Títulos com menos de 5% de incidência, mas em UC com mais de 10% de sua área sobre o título também foram considerados na análise.

A primeira seção dedica-se a traçar os contornos gerais do conceito de neoextrativismo, constituindo a base teórica para a análise da expansão territorial da mineração nos últimos anos. Em seguida, são apresentados os resultados da análise da incidência dos processos minerários nas UCs no Brasil, trazendo informações sobre as fases dos processos minerários, as substâncias requeridas e as UCs mais impactadas pela sobreposição. A terceira seção discute os caminhos e limites da expansão da mineração sobre as UCs. Por fim, são apresentadas as conclusões e recomendações, apontando para a necessidade de se repensar o modelo de desenvolvimento e exploração mineral em curso.

## O neoextrativismo no Brasil

Os modelos de desenvolvimento na América Latina tradicionalmente se apoiaram em uma perspectiva primário-exportadora, mas também alimentaram imaginários sociais ligados à abundância de recursos naturais, à visão do continente como um Eldorado. Svampa (2019) ressalta que o extrativismo perpassa a memória do continente e de suas lutas, define um modo de apropriação da natureza e um padrão de acumulação colonial associado ao nascimento do capitalismo moderno. O extrativismo, segundo Gudynas (2019), corresponde à apropriação de recursos naturais em grandes volumes ou alta intensidade, para sua exportação como matérias-primas, o que o configura como um dos principais fatores de pressão e degradação sobre o meio ambiente (GUDYNAS, 2019).

As transformações econômicas, políticas e sociais que se desenrolaram na passagem do século XX para o século XXI na América Latina impulsionaram uma "atualização" do extrativismo, dando origem ao conceito de neoextrativismo. Gudynas (2012) define o neoextrativismo como uma versão contemporânea do desenvolvimentismo, que constituiu a racionalidade predominante na América Latina no século XX ao apresentar o crescimento econômico como forma de superação da desigualdade social. No modelo proposto pelo autor, o Estado tem um papel ativo e busca sua legitimação por meio da apropriação e redistribuição de parte da renda gerada, apresentando afinidades com a emergência de governos autodefinidos como progressistas (GUDYNAS, 2012).

Coadunando com Gudynas, Svampa (2019, p. 33) caracteriza o neoextrativismo como "um modelo de desenvolvimento baseado na superexploração de bens naturais, cada vez mais escassos, em grande parte não renováveis, assim como na expansão das fronteiras de exploração para territórios antes considerados improdutivos do ponto de vista do capital". A autora complementa afirmando que o neoextrativismo ultrapassa as atividades tradicionalmente consideradas extrativistas, pois além da exportação de bens primários em larga escala, inclui a megamineração, a expansão da fronteira energética e de hidrocarbonetos, a construção de grandes obras de infraestrutura, a expansão do modelo de agronegócios, a superexploração pesqueira, além de monoculturas florestais. Na América Latina, o neoextrativismo se expandiu em um contexto em que economias eram favorecidas pelos altos preços internacionais das *commodities*, os quais se refletiam nas balanças comerciais e no superávit fiscal e impulsionavam uma tendência à reprimarização da economia. Esse efeito de reprimarização foi intensificado pelo crescimento da China, potência que rapidamente se estabeleceu como sócio desigual da América Latina (SVAMPA, 2019).

No Brasil, o debate sobre neoextrativismo não se encontra tão avançado quanto em outros países latino-americanos. Segundo Milanez e Santos (2013a), como o país possui uma estrutura produtiva mais complexa e um perfil comercial distinto do restante da América Latina, os estudos sobre o desenvolvimento econômico brasileiro no século XXI costumam fazer referência ao modelo neodesenvolvimentista. Os autores apontam que tanto o neodesenvolvimentismo quanto o neoextrativismo desenvolvem-se como uma resposta ao momento neoliberal pelo qual Brasil e América Latina passaram entre meados da década de 1980 e início dos anos 2000 (MILANEZ; SANTOS, 2013b). Explorando as conexões entre os dois modelos, os autores assinalam que políticas voltadas para a implementação do neodesenvolvimentismo (fortalecimento do Estado, criação de infraestrutura, incentivo às exportações) estariam gerando consequências neoextrativistas.

Em uma análise que busca compreender os contornos e as transformações do modelo neoextrativista no Brasil, Milanez *et al.* (2017) apontam que, durante os governos Lula (2003-2010) e Dilma (2011-2016), foi priorizada a expansão de setores primário-exportadores, aproveitando-se da alta dos preços das *commodities* no mercado internacional (MILANEZ *et al.*, 2017). A política mineral do período buscava aumentar a captura da renda mineral e fortalecer o papel do Estado como agente regulador e investidor direto. Ao mesmo tempo, recursos foram destinados ao Sistema da Dívida Pública e à implementação de políticas sociais que tinham como objetivo a diminuição da miséria e da pobreza, em uma estratégia que se aproximaria de um modelo *neoextrativista progressista*, caracterizando a primeira fase do neoextrativismo no país.

De acordo com os autores, ao longo do governo Temer (2016-2018) houve uma tendência de redefinição da atuação do Estado, incluindo a regulação voltada, direta e indiretamente, para a atividade mineradora; e a manutenção dos esforços para a expansão dos setores primário-exportadores. A meta do período era destravar o setor, que ficou à espera da resolução de um novo marco regulatório, e expandir a produção, elevando a participação do setor mineral de 4% para 6% do produto interno bruto (PIB) até 2018 (MILANEZ *et al.*, 2017). Assim, considerando as medidas de congelamento do orçamento federal por vinte anos para garantir superávit primário, os esforços para flexibilizar o licenciamento ambiental e a legislação trabalhista, bem como enfraquecer o sistema público de previdência social, Milanez *et al.* (2017) caracterizam essa segunda fase como um modelo *neoextrativista liberal-conservador*, adotando o termo consolidado por Gudynas (2012) para designar o modelo neoextrativista que rompe com a ideia do Estado como ator central no combate à desigualdade, aproximando-se do neoextrativismo implementado na Colômbia e no Peru.

Uma terceira fase do neoextrativismo no Brasil é proposta por Wanderley, Gonçalves e Milanez (2020) para caracterizar o modelo de desenvolvimento adotado pelo governo Bolsonaro a partir de 2019: o *neoextrativismo ultraliberal e marginal*. Esse modelo seria marcado por uma tentativa ainda mais forte de desregulamentar o setor por meio da facilitação da abertura de crédito das empresas mineradoras, da redução da fiscalização, da flexibilização do licenciamento ambiental, e pelo estímulo da mineração em áreas antes vedadas à atividade, como as terras indígenas e grande parte das unidades de conservação.

O plano de governo de Jair Bolsonaro não possuía propostas claras para o setor mineral, mas a retórica apresentada em seus discursos previa a ampliação da exploração dos recursos minerais, inclusive no interior de áreas protegidas. A narrativa a favor da atividade garimpeira, somada ao esfacelamento dos órgãos ambientais, impulsionou a escalada do garimpo na Amazônia, aumentando exponencialmente a invasão a terras indígenas e a unidades de conservação. Após um ano de governo, em fevereiro de 2020, o governo apresentou o Projeto de Lei (PL) nº 191, que tem como objetivo regulamentar a exploração mineral, de energia elétrica e hidrocarbonetos em terras indígenas. Com a submissão desse PL, inicia-se a política de expansão territorial da fronteira mineral.

## Análise da incidência dos processos minerários em unidades de conservação no Brasil

Em 2021[1] havia 208.293 processos minerários registrados na Agência Nacional de Mineração (ANM). Descontadas as sobreposições entre os processos, eles se estendem por mais de 118.500.000 hectares, ocupando 14% do território nacional. Os processos minerários podem ser registrados na ANM tanto por empresas quanto por pessoas físicas e, a partir do registro, os processos tramitam por diversas fases, partindo do interesse em pesquisar e podendo chegar à lavra. Para efeitos desta análise, as fases de tramitação foram agrupadas em quatro classes: *interesse em pesquisar* (apenas com a fase de requerimento de pesquisa); *pesquisa e disponibilidade* (apto para disponibilidade, disponibilidade e autorização de pesquisa); *solicitação de extração* (requerimento de registro de extração, requerimento de licenciamento, requerimento de lavra, requerimento de lavra garimpeira e direito de requerer a lavra); e *autorização para extração* (registro de extração, licenciamento, lavra garimpeira e concessão de lavra), representadas na Figura 1. Enquanto as três primeiras classes caracterizam os interesses minerários, a autorização para extração representa os processos titulados, ou seja, em fase de exploração. Os processos titulados representam 17% do total e, descontadas as sobreposições, ocupam aproximadamente 26.458.000 hectares.

1 Dados obtidos em 26 de agosto de 2021 (ANM, 2021).

Figura 1 – Processos minerários no Brasil, por classe

Fonte: ANM (2021). Elaboração própria.

Em virtude dos impactos provocados, a atividade minerária não pode ser desenvolvida de forma indiscriminada em unidades de conservação. A Lei do SNUC restringe a mineração em UCs de proteção integral, bem como nas reservas extrativistas (Resex), que pertencem ao grupo das UCs de uso sustentável. Nas demais UCs de uso sustentável, a autorização para a atividade minerária depende do zoneamento e do plano de manejo da unidade. Ainda assim, foram identificados 25.776 processos minerários incidentes em UCs, 11% na classe de autorização para extração (Figura 2).

## Figura 2 – Processos minerários incidentes em UCs, por classe

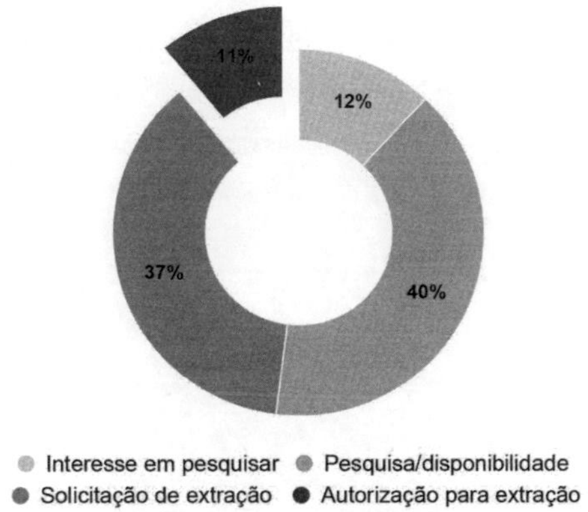


Fonte: ANM (2021) e ISA (2021). Elaboração própria.

A maior parte dos processos minerários incidentes em UCs encontra-se na classe de *Pesquisa e disponibilidade* (40%), seguido pela classe de *Solicitação de extração* (37%). Os processos minerários que representam maior ameaça às unidades de conservação, contudo, são os titulados, que pertencem à classe de *Autorização para extração*. A Figura 3 apresenta o detalhamento desta última classe de acordo com as fases que a constituem, indicando que a maior parte está na fase de *Concessão de lavra* (44%), seguido pelo *Licenciamento* (28%) e *Lavra garimpeira* (27%), quase na mesma proporção, e por último a fase de *Registro de extração*, com apenas 1% dos processos titulados.

**Figura 3 – Processos minerários incidentes em UCs da classe "Autorização para extração", por fase**

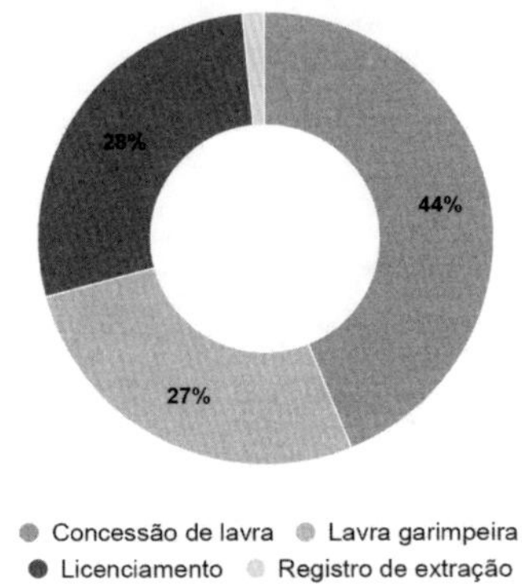


Fonte: ANM (2021) e ISA (2021). Elaboração própria.

A Figura 4 apresenta a distribuição dos processos minerários no Brasil, evidenciando a sobreposição com UCs.

**Figura 4 – Unidades de conservação e processos minerários no Brasil (2021)**

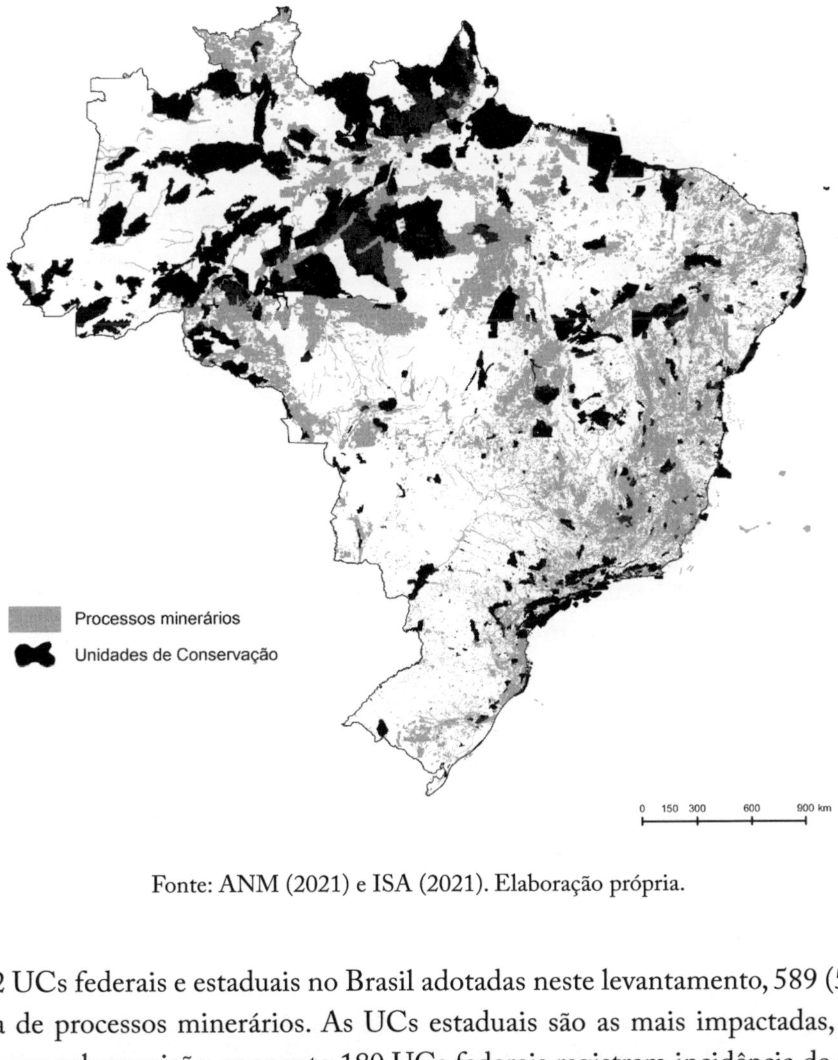


Fonte: ANM (2021) e ISA (2021). Elaboração própria.

Das 1.052 UCs federais e estaduais no Brasil adotadas neste levantamento, 589 (56%) têm incidência de processos minerários. As UCs estaduais são as mais impactadas, com 409 unidades com sobreposição, enquanto 180 UCs federais registram incidência de processos minerários. Em relação ao uso, 60% são de uso sustentável e 40% de proteção integral (Figura 5).

**Figura 5 – Unidades de conservação com incidência de processos minerários, por tipo e uso**

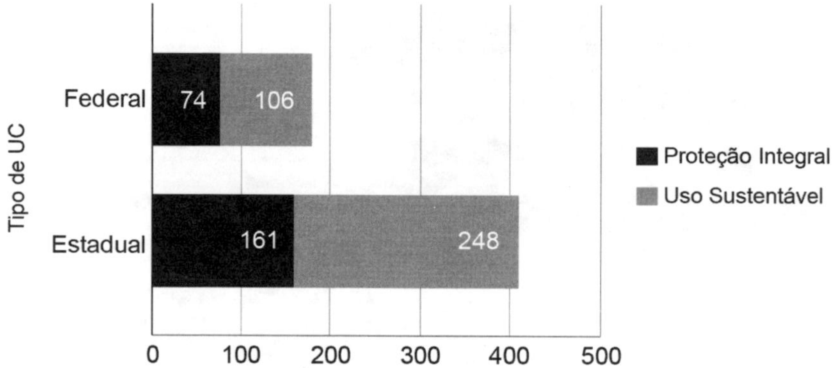


Fonte: ANM (2021) e ISA (2021). Elaboração própria.

Embora a exploração de recursos naturais em UCs de proteção integral não seja permitida, há 2.160 processos incidentes em unidades desse tipo, sendo que 259 estão na classe de autorização para extração. Esses processos podem ter sido autorizados de forma irregular ou podem ter se tornado irregulares a partir da criação da UC, sendo que 27% foram registrados na ANM após a criação do SNUC, em 2000. Mesmo diante de tal irregularidade, permanecem cadastrados na ANM. Entre as substâncias requeridas pelos processos autorizados para extração destacam-se o minério de ouro (15%), a areia (14%), o quartzito (12%) e o minério de ferro (12%).

Considerando que existem sobreposições entre as UCs federais e estaduais, a análise das UCs com maior incidência de processos minerários em relação à área total da unidade foi realizada separadamente para cada grupo (Tabelas 1 e 2). Tendo em vista que esta análise tem como variável-chave a área da unidade de conservação, parte das UCs mais impactadas possuem pequenas extensões, com exceções especificadas a seguir.

**Tabela 1 – As 20 UCs federais com maior proporção de sua área com sobreposição a processos minerários**

| Nome | Área (ha) | Grupo | Sobreposição | |
|---|---|---|---|---|
| | | | (%) | (ha) |
| Flona do Ibura | 144,73 | US | 100,00 | 144,73 |
| APA do Igarapé Gelado | 20.705,96 | US | 99,92 | 20.689,43 |
| Flona do Jamari | 220.979,14 | US | 99,91 | 220.771,20 |
| Parna dos Campos Ferruginosos | 7.9381,73 | PI | 99,83 | 79.246,86 |
| RVS Ararinha Azul | 29.395,69 | PI | 99,72 | 29.314,17 |
| Flona de Carajás | 333.995,20 | US | 99,67 | 332.887,05 |
| Flona do Tapirapé-Aquiri | 197.739,67 | US | 99,54 | 196.829,96 |
| Flona de Itacaiúnas | 136.669,04 | US | 99,32 | 135.742,65 |
| Flona de Lorena | 282,10 | US | 99,04 | 279,40 |
| Flona de Negreiros | 3.017,26 | US | 98,84 | 2.982,23 |
| APA do Tapajós | 2.051.122,09 | US | 98,71 | 2.024.694,56 |
| Flona de Urupadi | 538.611,77 | US | 93,80 | 505.231,63 |
| Flona de Sobral | 663,94 | US | 92,15 | 611,84 |
| Flona de Ibirama | 520,22 | US | 90,96 | 473,18 |
| APA Ararinha Azul | 120.218,97 | US | 90,69 | 109.025,48 |
| Flona do Amanã | 683.567,26 | US | 88,39 | 604.208,48 |
| Flona do Jamanxim | 1.306.483,48 | US | 85,99 | 1.123.498,28 |
| Flona de Itaituba II | 397.897,47 | US | 79,55 | 316.544,31 |
| Flona de Ipanema | 5.330,07 | US | 76,50 | 4.077,70 |
| Arie Matão de Cosmópolis | 169,46 | US | 74,49 | 126,23 |

Fonte: ANM (2021) e ISA (2021). Elaboração própria.

**Tabela 2 – As 20 UCs estaduais com maior proporção de sua área com sobreposição a processos minerários**

| Nome | Área (ha) | Grupo | Sobreposição | |
|---|---|---|---|---|
| | | | (%) | (ha) |
| Resex Ipê | 821,30 | US | 100,00 | 821,31 |
| Fers Tucano | 660,42 | US | 100,00 | 660,42 |
| Fers Araras | 1.074,74 | US | 100,00 | 1.074,74 |
| PES Mata de Duas Lagoas | 138,38 | PI | 100,00 | 138,38 |
| FES de Guarulhos | 95,04 | US | 100,00 | 95,04 |
| Resex Angelim | 8.479,69 | US | 99,99 | 8.478,43 |
| Monat Estadual Lapa Vermelha | 35,91 | PI | 99,91 | 35,88 |
| Fers Cedro | 2.585,48 | US | 99,87 | 2.582,05 |
| Fers Periquito | 1.173,30 | US | 99,06 | 1.162,29 |
| Resex do Piquiá | 1.280,59 | US | 98,81 | 1.265,33 |
| APA Seminário Menor de Mariana | 331,65 | US | 98,72 | 327,42 |
| FES do Uaimii | 4.304,22 | US | 98,51 | 4.240,03 |
| Fers Mutum | 11.238,87 | US | 98,04 | 11.018,47 |
| Monat Estadual de Santo Antonio | 31,19 | PI | 97,63 | 30,45 |
| APA Cachoeira das Andorinhas | 14.310,94 | US | 97,54 | 13.958,76 |
| RVS Mata Engenho Macaxeira | 59,99 | PI | 97,37 | 58,41 |
| PES da Cerca Grande | 134,63 | PI | 96,73 | 130,23 |
| RVS Mata de Jaguaribe | 111,02 | PI | 96,17 | 106,76 |
| Monat Estadual Experiência da Jaguara | 38,62 | PI | 96,03 | 37,08 |
| APA da Serra do Barbado | 63.687,86 | US | 95,68 | 60.939,71 |

Fonte: ANM (2021) e ISA (2021). Elaboração própria.

Entre as 20 UCs federais com maior proporção de sua área sobreposta a processos minerários (Tabela 1), apenas duas são de proteção integral: Parque Nacional (Parna) dos Campos Ferruginosos e Refúgio de Vida Silvestre (RVS) Ararinha Azul, ambas com mais de 99% de sobreposição. Destaca-se também a significativa presença das Florestas Nacionais (Flonas), que representam 70% das UCs federais mais impactadas. A UC federal com maior sobreposição em hectares é a Área de Proteção Ambiental (APA) do Tapajós, com 2.024.695 hectares sobrepostos, o que corresponde a quase 99% da área protegida. Aponta-se, contudo, que as APAs são categorias de UCs com menor restrição de uso. Por fim, ressalta-se a presença da Flona do Jamanxim, que possui 1.123.498 de hectares sobrepostos a processos minerários, o que corresponde a 86% de sua área.

Das UCs estaduais com maior proporção de sua área sobreposta a processos minerários (Tabela 2), sete são de proteção integral e duas são reservas extrativistas (Resex), ambos os grupos vedados à atividade minerária. Cinco UCs têm 100% de sua área ocupada por processos minerários: Resex Ipê, Floresta Estadual de Rendimento Sustentado (Fers) Tucano, a Fers Arara, Parque Estadual Mata de Duas Lagoas e Floresta Estadual de Guarulhos, todas com menos de 1.100 hectares de extensão. Já a UC estadual com maior área de sobreposição é a Floresta Estadual do Paru, com 2.547.088 hectares sobrepostos a processos minerários; contudo, por conta de sua grade extensão territorial, não figura entre as mais impactadas proporcionalmente.

Os processos minerários incidentes em UCs requerem a exploração de 115 substâncias, sendo o minério de ouro a substância mais solicitada, com 11.871 processos registrados, seguido por areia, bastante utilizada na construção civil, com 3.643 processos, minério de ferro, com 1.154, e granito, com 1.008 processos registrados. As demais substâncias registram menos de mil processos (Figura 6). Em relação à área requerida por substância, o minério de ouro também aparece em primeiro lugar, com 12.193.063 hectares, seguido por minério de estanho e minério de cobre, com menos de 3 milhões de hectares cada. Se considerarmos apenas os processos titulados, há requerimento para extração de 60 substâncias, sendo areia e minério de ouro as mais exploradas, com 747 e 732 processos registrados, respectivamente.

**Figura 6 – As dez substâncias mais requeridas pelos processos minerários incidentes em UCs**

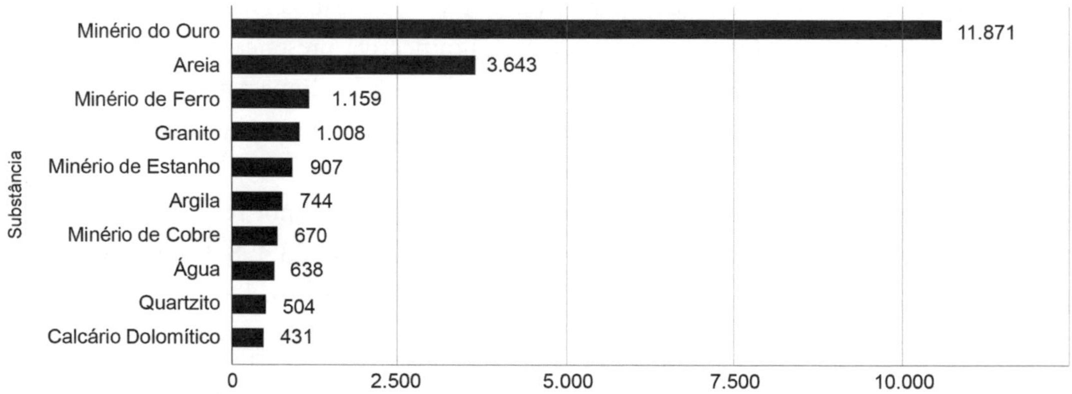


Fonte: ANM (2021) e ISA (2021). Elaboração própria.

Os processos minerários incidentes em UC com registro mais antigo datam de 1935, mas apenas a partir da década de 1970 que mais de três dezenas de processos minerários passaram a ser registrados por ano (Figura 7). O maior pico de registros de processos minerários ocorreu na década de 1990, quando mais de dois mil processos foram registrados em 1995. Após esse período observa-se uma redução nos registros, que voltaram a subir de forma expressiva em 2011, ano em que foram registrados mais de mil processos. A partir desse ano os registros mantem-se altos, com novos picos em 2013 e entre 2016 e 2018, voltando ao patamar de aproximadamente mil registros por ano após esse período.

**Figura 7 – Processos minerários incidentes em UCs, por ano de registro**

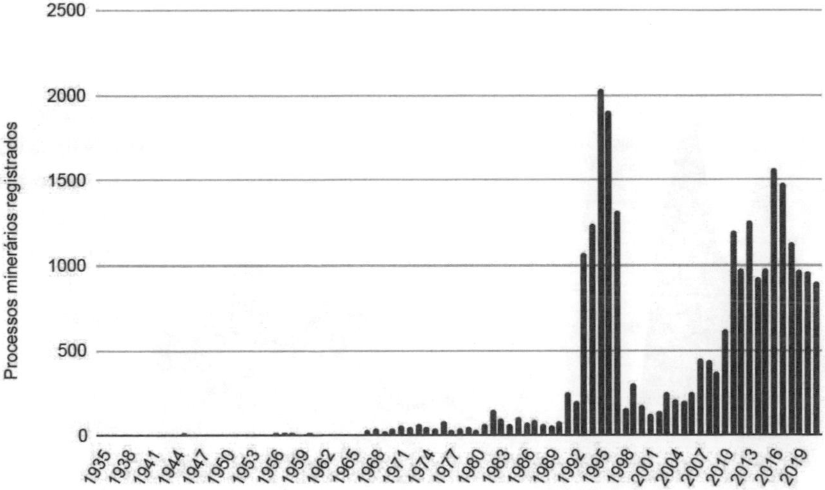


Fonte: ANM (2021) e ISA (2021). Elaboração própria.

Ao analisar o registro dos processos das substâncias mais requeridas nos últimos 30 anos, nota-se que os requerimentos de exploração de minério de ouro foram os responsáveis pelo pico de registros na década de 1990, diminuindo drasticamente na década seguinte (Figura 8). Já os requerimentos de exploração de areia, em crescimento desde meados da década de 2000, foram os responsáveis pelos picos de 2011 e 2013, mantendo-se como uma das substâncias mais requeridas nos anos seguintes. Os registros de requerimentos para exploração de ouro também contribuíram para o pico de 2011, mas apresentaram um crescimento ainda mais significativo entre 2016 e 2018, fazendo do minério de ouro a substância mais requerida pelos processos registrados nos últimos anos.

**Figura 8 – As dez substâncias mais requeridas pelos processos minerários incidentes em UCs, com registro entre 1990 e 2021**

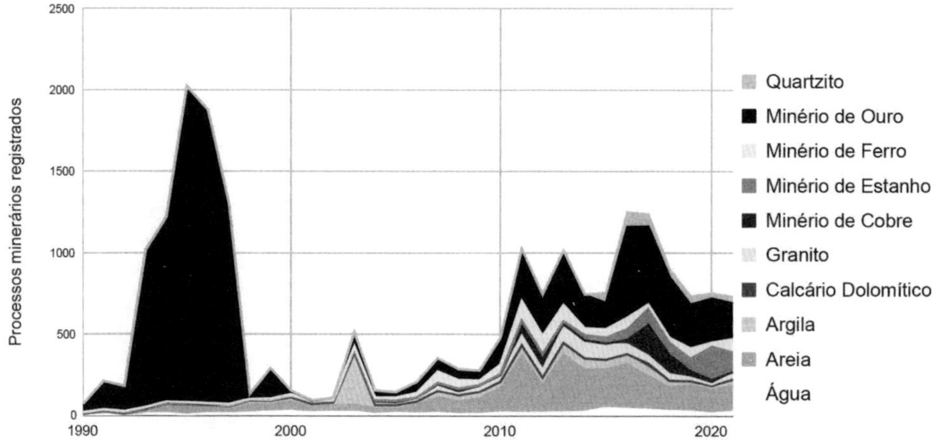


Fonte: ANM (2021) e ISA (2021). Elaboração própria.

## Os caminhos e limites da expansão da mineração sobre as unidades de conservação

O crescimento do registro dos processos minerários a partir de meados da década de 2000 pode ser, em parte, compreendido pelo *boom das commodities* entre 2000 e 2014, tendo em vista que a alta dos preços tornou o investimento na exploração mineral potencialmente mais rentável. Há especulações de que a economia nacional poderia se beneficiar de um segundo *boom das commodities*, dessa vez impulsionado pela recuperação econômica da China após a fase mais grave da pandemia da covid-19, considerando-se ainda o peso da desindustrialização em curso no país (POOLER, M.; HARRIS, 2021).

O minério de ouro destaca-se como a substância mais requerida pelos processos minerários incidentes UCs, tanto em número de processos (11.871) quanto em relação à área, 12.193.063 hectares. A preponderância desse mineral em relação aos demais pode ser explicada pelo papel da *commodity* no mercado internacional. Se o segundo *boom* se confirmar, é possível que também ocorra um aumento dos requerimentos e da exploração de ferro, cobre, nióbio e manganês, minerais que têm a China como um dos principais destinos (IBRAM, 2021a).

O modelo de desenvolvimento neoextrativista implementado no país nos últimos vinte anos, considerando suas distintas fases, também deve ser considerado como fator-chave para a compreensão do aumento do registro de processos minerários e da expansão do setor mineral. Se, em uma primeira fase, a intensificação da exploração mineral foi adotada como um caminho de crescimento econômico que permitia a destinação de recursos para programas de combate à pobreza e às desigualdades sociais, sob o governo Bolsonaro foram ampliados os estímulos à atividade minerária em concomitância com a redução das estruturas institucionais de preservação ambiental. Como consequência, tem-se a ampliação da mineração ilegal e o aumento do registro de processos minerários sobre áreas protegidas, inclusive sobre UCs de proteção integral – foram identificados 2.160 processos minerários sobre UCs de proteção integral na base da ANM, sendo 259 processos titulados, ou seja, aptos para a exploração.

Diante da acelerada expansão do desmatamento na Amazônia e dos debates realizados durante a última Conferência do Clima (COP 26), a compra de produtos associados ao desmatamento tem sido questionada por importadores na China, União Europeia e Estados Unidos (A PRESSÃO..., 2021). O debate, contudo, volta-se para a produção de soja e carne bovina. A ampliação das restrições em busca de uma economia limpa não parece, contudo, se estender para a produção mineral em um cenário próximo, mesmo diante dos significativos impactos socioambientais da mineração. Restrições internacionais aos produtos minerais cuja exploração provocam danos ambientais poderiam impulsionar, de fora para dentro, a redução das ameaças da mineração sobre as áreas protegidas.

## Conclusões e recomendações

A análise realizada identificou que 56% das UCs no Brasil têm sobreposição com processos minerários. Esse percentual, somado à desestruturação dos órgãos ambientais no Brasil, à proposta de flexibilização do licenciamento ambiental e à proposta de regulamentação da exploração mineral em terras indígenas delineiam um cenário marcado pela destruição e não pela proteção das áreas protegidas.

Nesse cenário, tais ameaças legislativas que visam ampliar a exploração mineral e enfraquecer a fiscalização tornam-se iminentes. A flexibilização do licenciamento ambiental é proposta pelo Projeto de Lei nº 3.794/2004, que foi aprovado pela Câmara dos Deputados em maio de 2021 e depende da aprovação do Senado e da sanção presidencial. O PL extingue parte importante dos instrumentos de avaliação, prevenção e controle de impactos socioambientais de obras e atividades econômicas no país, permitindo que atividades e obras de baixo e médio risco ambiental, inclusive mineração, possam ser alvo de licenças autodeclaratórias, tornando o licenciamento ambiental convencional praticamente uma exceção (OVIEDO *et al.*, 2021). Além disso, o texto confere autonomia para que estados e municípios adotem procedimentos próprios para a concessão das licenças, o que pode abrir caminho para desastres ambientais como os de Brumadinho e Mariana.[2] O Projeto de Lei nº 191/2020, elaborado pelo governo Bolsonaro, prevê a regulamentação da mineração em terras indígenas, autorizando a exploração mineral nesses territórios à revelia dos povos indígenas que os habitam. O projeto de autorizar a exploração mineral nas terras indígenas é o grande marco do neoextrativismo ultraliberal e marginal implementado pelo governo Bolsonaro. Considerando o ano eleitoral, os dois projetos de lei deverão estar no centro do debate em 2022, e a organização da sociedade civil e da oposição ao atual governo são fulcrais para barrar suas aprovações.

A discussão sobre a contínua e acelerada expansão da mineração no Brasil não pode ser realizada sem um debate qualificado sobre a posição do país no mercado internacional de *commodities* e o modelo de desenvolvimento em curso. É preciso reconhecer o Brasil como um país (neo)extrativista, e as consequências socioambientais, econômicas e políticas desse caminho.

Para uma mudança de rota, é preciso construir uma nova perspectiva sobre a mineração, para que nem todo elemento da natureza seja visto como recurso e, por ser recurso, tenha que ser explorado. Isso não significa negar por completo a extração mineral, mas, sim, garantir que ela não ocorra dentro das áreas protegidas vetadas pela legislação. E isto exige o cancelamento

---

2 Realizada com base em uma alteração da legislação estadual, a redução da classificação de alto potencial de impacto ambiental para médio de todo o complexo que incluía o reservatório de rejeitos da mina do Córrego do Feijão, em Brumadinho/MG, levou à simplificação do licenciamento e é apontada como uma das razões do rompimento da barragem em janeiro de 2019 (SOUZA, 2021).

dos 256 processos minerários ativos sobre UCs de proteção integral, assim como a análise da pertinência e viabilidade socioambiental dos que incidem sobre UCs de uso sustentável.

Além disso, são urgentes a reestruturação e o fortalecimento dos órgãos ambientais responsáveis pelo monitoramento e controle das atividades de garimpo ilegal no interior das UCs, assim como a garantia da efetiva participação da sociedade, sobretudo das populações impactadas, nas decisões acerca da implantação e operação das atividades de extração mineral.

Milton Santos, em *Por uma outra globalização*, aponta que "em um mundo datado como o nosso, a explicação do acontecer pode ser feita a partir de categorias de uma história concreta. É isso, também, que permite conhecer as possibilidades existentes e escrever uma nova história" (SANTOS, 2006, p. 21). Os impactos da mineração industrial são bastante concretos, e a perspectiva de que as ameaças que pairam sobre mais da metade das UCs do Brasil também se concretizem pode exaurir a possibilidade de escrita de novos caminhos.

## Referências

A PRESSÃO internacional por preservação que ameaça soja e carne do Brasil. *BBC News Brasil*, 25 nov. 2021. Disponível em: https://epocanegocios.globo.com/Um-So-Planeta/noticia/2021/11/pressao-internacional-por-preservacao-que-ameaca-soja-e-carne-do-brasil.html. Acesso em: 29 nov. 2021.

ANM – AGÊNCIA NACIONAL DE MINERAÇÃO. *Processos minerários no Brasil*. Brasília: ANM, 2021. Disponível em: http://www.anm.gov.br/acesso-a-informacao/dados-abertos.

BRASIL. *Lei nº 9.985, de 18 de julho de 2000*. Regulamenta o art. 225, § 1º, incisos I, II, III e VII da Constituição Federal, institui o Sistema Nacional de Unidades de Conservação da Natureza e dá outras providências. Brasília, DF: Presidência da República, 2000. Disponível em: http://www.planalto.gov.br/ccivil_03/leis/l9985.htm. Acesso em: 29 nov. 2021.

FEARNSIDE, P. M. Exploração mineral na Amazônia brasileira: o custo ambiental. *In*: CASTRO, E.; CARMO, E. (Ed.). *Dossiê desastres da mineração em Barcarena:* disputas no território e comunidades atingidas. Belém: Editora NAEA, 2019.

FUTADA, S. M.; SOUZA JÚNIOR, C. M.; ALENCAR, A. (Org*). O estado das áreas protegidas na Amazônia brasileira*: oportunidades em áreas. São Paulo: ISA; Belém: Imazon; Ipam, 2019. Disponível em: https://acervo.socioambiental.org/index.php/acervo/publicacoes-isa/o-estado-das--areas-protegidas-na-amazonia-brasileira-oportunidades-em-areas. Acesso em: 29 nov. 2021.

GUDYNAS, E. *Direitos da natureza*: ética biocêntrica e políticas ambientais. Tradução de Igor Ojeda. São Paulo: Elefante, 2019.

GUDYNAS, E. Estado compensador y nuevos extractivismos. *Nueva Sociedad*, v. 237, p. 128-146, 2012.

IBRAM – INSTITUTO BRASILEIRO DE MINERAÇÃO. *Mineração em números 1º semestre de 2021*. Belo Horizonte: Ibram, 2021b. Disponível em: https://ibram.org.br/wp-content/uploads/2021/08/Infografico-Mineracao-em-Numeros-1S2021.pdf. Acesso em: 29 nov. 2021.

IBRAM – INSTITUTO BRASILEIRO DE MINERAÇÃO. *Mineração em números 2020*. Belo Horizonte: Ibram, 2021a. Disponível em: https://ibram.org.br/wp-content/uploads/2021/06/Infografico-Mineracao-em-Numeros-2020-NOVO.pdf. Acesso em: 29 nov. 2021.

ISA – INSTITUTO SOCIOAMBIENTAL. *Base cartográfica de unidades de conservação*. Escala 1: 100.000. São Paulo: ISA, 2021.

LIMA, A. SiNUCa de bico: mineração em unidade de conservação. *In*: RICARDO, F. P.; ROLLA, A. (Ed.). *Mineração em unidades de conservação na Amazônia brasileira*. São Paulo: ISA, 2006.

MAPBIOMAS. A expansão da mineração e do garimpo no Brasil nos últimos 36 anos. [S.l.]: MapBiomas, 2021. Disponível em: https://mapbiomas-br-site.s3.amazonaws.com/Fact_Sheet_1.pdf. Acesso em: 29 nov. 2021.

MILANEZ, B. *et al.* O projeto mineral no Governo Temer: menos Estado, mais mercado. *Versos*, v. 1, n. 2, p. 1-15, 2017. (Textos para Discussão PoEMAS*)*

MILANEZ, B. Mineração e impactos socioambientais: as dores de um país megaminerador. *In*: WEISS, J. S. (Eds.). *Movimentos socioambientais*: lutas: conquistas: avanços: conquistas: retrocessos: esperanças. Formosa: Xapuri Socioambiental, 2019.

MILANEZ, B.; SANTOS, R. S. P. Neodesenvolvimentismo e neoextrativismo: duas faces da mesma moeda? *In*: ENCONTRO ANUAL DA ANPOCS, 37., Águas de Lindóia, 23 a 27 set. 2013. *Anais* [...]. São Paulo: Anpocs, 2013b. p. 1-30.

MILANEZ, B.; SANTOS, R. S. P. Neoextrativismo no Brasil? Uma análise da proposta do Novo Marco legal da Mineração. *Revista Pós Ciências Sociais*, v. 10, n. 19, p. 119-148, 2013a.

MINAS GERAIS. Secretaria de Estado de Meio Ambiente e Desenvolvimento Sustentável. *Desastre ambiental em Mariana e recuperação do Rio Doce*. Belo Horizonte: Semad, 19 jul. 2016. Disponível em: http://www.meioambiente.mg.gov.br/component/content/article/13-informativo/2879-desastre-ambiental-em-mariana-e-recuperacao-da-bacia-do-rio-doce. Acesso em: 25 nov. 2021.

NÓBREGA, I. *Dois anos após a tragédia de Brumadinho, danos ainda são desconhecidos*. Belo Horizonte: UFMG, 26 jan. 2021. Disponível em: https://ufmg.br/comunicacao/noticias/dois-anos-apos-a-tragedia-de-brumadinho-danos-ainda-sao-desconhecidos. Acesso em: 25 nov. 2021.

OVIEDO, A. *et al. Análise dos impactos do Projeto de Lei Geral do Licenciamento Ambiental sobre empreendimentos minerários e suas barragens de rejeitos*. Nota técnica São Paulo: ISA, 2021. Disponível em: https://www.socioambiental.org/sites/blog.socioambiental.org/files/nsa/arquivos/nota_tecnica-licenciamento_ambiental-isa-mineracao_e_barragens-vf.pdf. Acesso em: 25 nov. 2021.

POOLER, M.; HARRIS, B. Novo boom das *commodities* pode reerguer o Brasil? *Valor Econômico*, 27 jul. 2021. Disponível em: https://valor.globo.com/mundo/noticia/2021/07/27/novo-boom-das-commodities-pode-reerguer-o-brasil.ghtml. Acesso em 29 nov. 2021.

ROLLA, A.; RICARDO, F. P. As florestas nacionais e a questão mineral. *In*: RICARDO, F.; ROLLA, A. (Ed.). *Mineração em unidades de conservação na Amazônia brasileira*. São Paulo: ISA, 2006.

SANTOS, M. *Por uma outra globalização*: do pensamento único à consciência universal. 13. ed. Rio de Janeiro: Record, 2006.

SOUZA, O. B. *Projeto aprovado na Câmara abre brecha para novos crimes como Brumadinho (MG)*. Brasília: ISA, 13 maio 2021. Disponível em: https://www.socioambiental.org/pt-br/noticias-socioambientais/projeto-aprovado-na-camara-abre-brecha-para-novos-crimes-como-brumadinho-mg. Acesso em: 10 de dez. 2021.

SVAMPA, M. *As fronteiras do neoextrativismo na América Latina*: conflitos socioambientais, giro ecoterritorial e novas dependências. Tradução de Lígia Azevedo. São Paulo: Elefante, 2019.

WANDERLEY, L. J.; GONÇALVES, R. J. A. F.; MILANEZ, B. O interesse é no minério: neoextrativismo ultraliberal marginal e a ameaça de expansão da fronteira mineral pelo governo Bolsonaro. *Revista da ANPEGE*, v. 16, n. 29, p. 555-599, 2020.

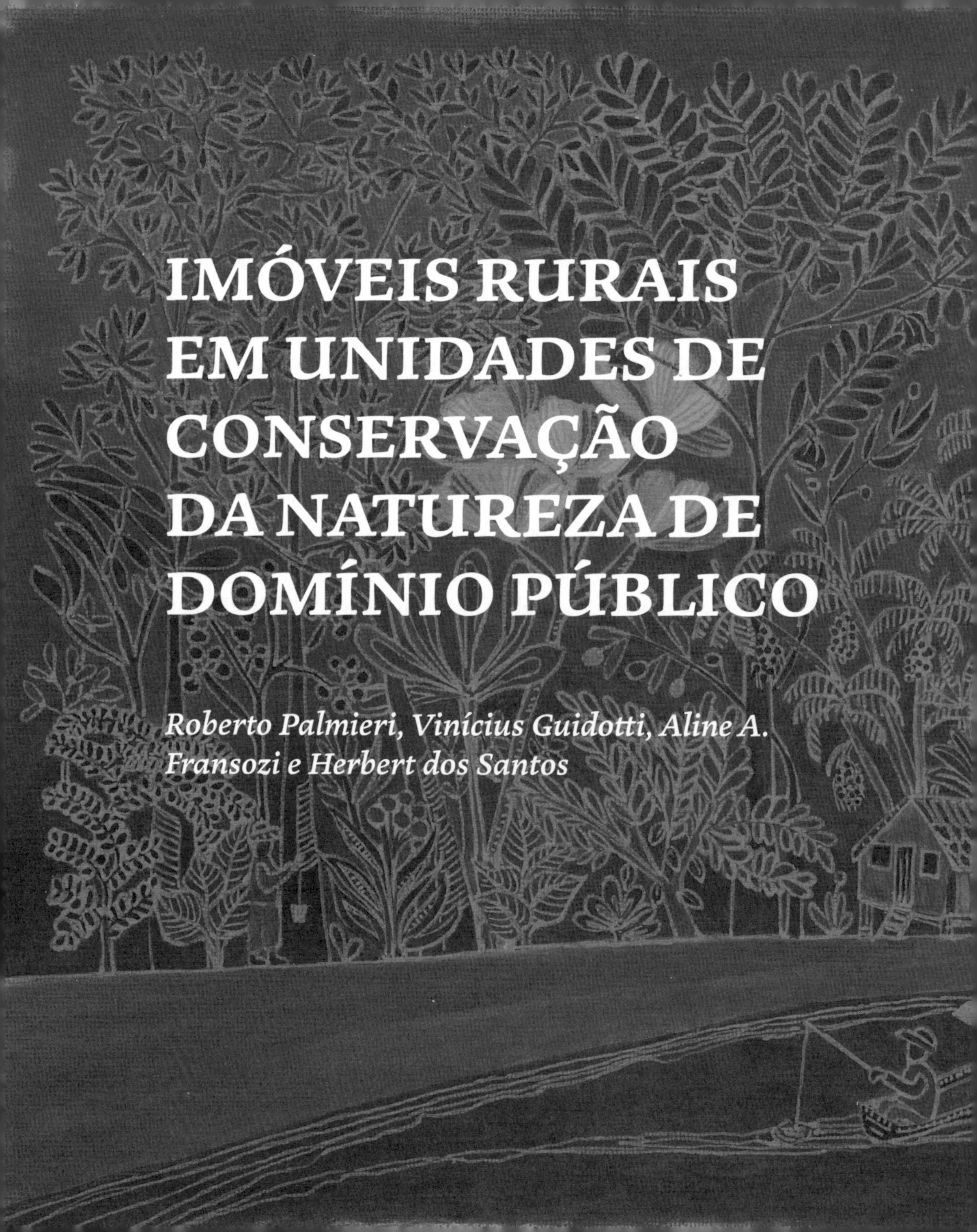

# IMÓVEIS RURAIS EM UNIDADES DE CONSERVAÇÃO DA NATUREZA DE DOMÍNIO PÚBLICO

*Roberto Palmieri, Vinícius Guidotti, Aline A. Fransozi e Herbert dos Santos*

O Sistema Nacional de Unidades de Conservação da Natureza (SNUC) está organizado em 12 categorias. As categorias estação ecológica, floresta nacional (estadual ou municipal), parque nacional (estadual ou municipal), reserva biológica, reserva extrativista e reserva de fauna devem ser integralmente de domínio público e, portanto, não permitem a presença de propriedades privadas em seus limites (BRASIL, 2000; PALMIERI; VERÍSSIMO; FERRAZ, 2005). As propriedades privadas nos limites dessas unidades de conservação (UCs) devem ser desapropriadas pelo Estado, prevalecendo o interesse público sobre o interesse privado, de forma que essas áreas protegidas cumpram seus objetivos (COELHO; REZENDE, 2016). As UCs foram criadas motivadas por estudos que justificam sua importância para a conservação de determinados ecossistemas em função das espécies de fauna e flora que abrigam e pelos serviços ecossistêmicos fornecidos.

Um registro de imóvel rural privado no Cadastro Ambiental Rural (CAR) em uma dessas UCs de domínio público é uma situação que requer atenção do Estado. O Sistema Nacional do CAR (Sicar) não restringe o cadastramento de um imóvel rural privado sobre unidades de conservação, mesmo as de domínio público. A presença de um imóvel rural privado registrado no Sicar em áreas protegidas de domínio público pode indicar falta de governança pública para o cumprimento da legislação ambiental, o ordenamento territorial e a contenção da grilagem de terras públicas (MARTINS; NUNES; SOUZA JR., 2018). Na categoria de UC de domínio público, não é admitido uma propriedade rural privada. Uma propriedade privada dentro dos limites de uma UC pode ser desapropriada e indenizada quando se tratar de uma ocupação de boa-fé anterior à criação da UC. Para as ocupações posteriores à criação da UC, devem ser adotadas medidas para conter tentativas de ocupação dessas áreas protegidas, tais como o cadastramento de imóveis do CAR e o desmatamento. Essas práticas têm sido utilizadas como forma de pressão para que o governo reduza ou recategorize as UCs (MARTINS; NUNES; SOUZA JR., 2018), como no caso da Flona de Jamanxin (MARTINS; RIBEIRO; SOUZA JR., 2017). Legalmente, as UCs podem sofrer a redução das suas restrições (*downgrading*), a redução do seu tamanho (*downsizing*) ou sua total extinção (*degazettement*),[1] como ocorreu entre 1988 e 2018 em 37 UCs na Amazônia. Apenas em 2018 foram identificadas 23 UCs com tentativas de PADDD (WWF-BRASIL, 2019). Além disso, tem-se atualmente uma importante ameaça de desmatamento nas UCs do Brasil (ARAÚJO *et al.*, 2017).

A análise dos requerimentos de CAR sobre UCs de domínio público contribui para o Estado e outros atores identificarem aquelas áreas protegidas com maior quantidade de potenciais conflitos diante de tentativas de utilização e reconhecimento de parte dessa UCs como propriedade privada. As informações sobre quais biomas, as esferas de governo e a extensão de sobreposição, entre outras, podem ser obtidas pelas bases de dados existentes atualmente e são informações relevantes para definir estratégias e planos de ação para regularização das UCs buscando assegurar que essas áreas cumpram seu objetivo geral de conservação da natureza e seus objetivos específicos de cada categoria, conforme estabelecido no SNUC (BRASIL, 2000).

## Metodologia

A análise de sobreposição entre imóveis privados e UCs foi feita pela combinação da base de UCs federais, estaduais e municipais do MMA do ano de 2021 e a base do CAR disponibilizada pelo Serviço Florestal Brasileiro (SFB) via Sicar, atualizada em 14/12/2021. Os dados do CAR foram pré-processados para manter apenas os registros referentes aos imóveis do tipo imóvel rural privado, conforme classificação utilizada pelo SFB. Com isso, foram excluídos os registros do CAR classificados como assentamentos rurais e territórios de povos e comunidades tradicionais.

Para as análises aqui apresentadas, foram consideradas somente as categorias de UCs integralmente de domínio público, as quais não admitem propriedades privadas de acordo com a legislação brasileira. As seis categorias de UCs consideradas são: estação ecológica, floresta (nacional, estadual ou municipal), parque (nacional, estadual ou municipal), reser-

---

1 Na língua inglesa, tais eventos são denominados de *protected area downgrading, downsizing and degazettement* (PADDD).

va biológica, reserva extrativista e reserva de fauna (BRASIL, 2000; BENJAMIN, 2001; PALMIERI; VERÍSSIMO; FERRAZ, 2005).

Já para as outras seis categorias de UCs é admitida a presença de propriedades privadas, portanto, não é possível afirmar que um CAR sobreposto a elas seja um conflito como regra geral. Nessas categorias de UCs pode haver conflitos relacionados a uma parte dos CAR sobrepostos à elas, contudo o método utilizado neste estudo não é suficiente para identificar quais desses CAR representam conflitos nessas categorias de UCs e quais estão em conformidade com a legislação para regularização ambiental. Em alguns casos, o CAR dentro dos limites dessas UCs é legal e compatível com os objetivos da área protegida. Por esse motivo, foram excluídas as áreas de proteção ambiental (APAs), áreas de relevante interesse ecológico (Aries), monumentos naturais, refúgios da vida silvestre, reservas de desenvolvimento sustentável e reservas particulares do patrimônio natural (RPPNs).

As APAs e as Aries são categorias de UC constituídas por terras públicas ou privadas criadas com o objetivo de disciplinar o processo de ocupação e assegurar a sustentabilidade do uso dos recursos naturais. Nos monumentos naturais e refúgios da vida silvestre, as propriedades rurais podem permanecer, desde que seja possível compatibilizar os objetivos da UC com a utilização da terra e dos recursos naturais pelos proprietários. No caso da categoria reserva de desenvolvimento sustentável (RDS), há interpretações divergentes quanto à compatibilidade de propriedades privadas. Alguns estudos consideraram que RDS não admite propriedade privada (MARTINS; NUNES; SOUZA JR., 2018), contudo alguns especialistas em direito ambiental afirmam que a lei que instituiu o SNUC e a legislação relacionada deixaram brecha para permitir imóveis rurais desde que sua manutenção na área fosse compatível com os objetivos dessa UC (BENJAMIN, 2001; PALMIERI; VERÍSSIMO; FERRAZ, 2005). A opção foi incluir somente as categorias em que há consenso de que toda sua extensão deva ser de domínio público, por isso a categoria RDS também foi excluída deste trabalho. A RPPN é uma área privada, portanto um registro de CAR em uma RPPN pode ser parte de seu processo de regularização. Também foram excluídas as UCs marinhas dessa análise. Com esses critérios, foram consideradas 815 UCs dos seis biomas em todo o território Nacional (Tabela 1).

**Tabela 1 – Quantidade de unidades de conservação selecionadas para estudo, por categoria**

| Categorias de UCs | UCs no Brasil | | UCs selecionadas neste estudo | |
|---|---|---|---|---|
| | Nº de UCs | Área (ha) | Nº de UCs | Área (ha) |
| Área de proteção ambiental | 368 | 129.378.464 | 0 | 0 |
| Área de relevante interesse ecológico | 57 | 111.032 | 0 | 0 |
| Estação ecológica | 97 | 11.966.466 | 97 | 11.966.466 |
| Floresta nacional e estadual | 101 | 30.808.993 | 101 | 30.808.993 |
| Monumento natural | 68 | 11.638.429 | 0 | 0 |
| Parque nacional, estadual e municipal | 468 | 35.478.605 | 460 | 35.340.743 |
| Refúgio de vida silvestre | 82 | 600.224 | 0 | 0 |
| Reserva biológica | 61 | 5.618.321 | 61 | 5.618.321 |
| Reserva de desenvolvimento sustentável | 39 | 11.244.638 | 0 | 0 |
| Reserva de fauna | 0 | 0 | 0 | 0 |
| Reserva extrativista | 96 | 15.690.171 | 96 | 15.690.171 |
| Reserva particular do patrimônio natural | 631 | 199.627 | 0 | 0 |
| **Total** | **2.068** | **252.734.970** | **815** | **99.424.694** |

Fonte: Brasil (2021b). Elaboração própria.

Os cruzamentos espaciais entre os dados de UCs e do CAR foram realizados no banco de dados relacional PostgreSQL utilizando-se a extensão espacial PostGIS. Buscou-se como resultado a produção de uma base de dados contendo a geometria de intersecção entre CARs e UCs e todos os atributos de ambas as bases de dados, como o código do CAR e o nome das UCs. Com essa base foi possível realizar diferentes agregações e sumarizações dos resultados. Mais especificamente, foram produzidas as seguintes informações: *i)* UCs sem sobreposição com imóveis rurais; *ii)* quantificação da área sobreposta e do número de CARs sobrepostos com UCs por bioma, por categoria de UCs e pelas esferas de governo (federal, estadual e municipal); e *iii)* ranqueamento das UCs com maior número de sobreposições.

## Resultados

As 815 UCs das seis categorias consideradas neste estudo somam 99.424.694 hectares distribuídos nos 6 biomas (Tabela 2). Desse total, somente 124 das UCs (15%) não possuem nenhum CAR de imóvel rural privado sobrepondo-se a seus limites. Elas representam menos de 3% da extensão total de UCs dessas categorias em 5 dos 6 biomas (Tabela 2). No Pantanal, todas as UCs têm CAR de imóvel rural privado em sobreposição a seus limites. A maioria das UCs sem sobreposição são da esfera municipal. Apenas 17 UCs federais (6% do total de UCs federais) e 30 estaduais (8% do total de UCs estaduais) não possuem nenhuma sobreposição. As áreas das UCs sem sobreposição somam 2,9 milhões de hectares (Tabela 3).

**Tabela 2 – UCs sem sobreposição de CAR de imóvel rural privado, por bioma**

| Bioma | Nº total de UCs | Área total (ha) | Nº de UCs sem sobreposição | Área total das UCs sem sobreposição (ha) | % UCs | % Área |
|---|---|---|---|---|---|---|
| Amazônia | 220 | 88.890.875 | 22 | 2.690.432 | 10,00% | 3,03% |
| Caatinga | 48 | 2.020.699 | 5 | 2.499 | 10,42% | 0,12% |
| Cerrado | 132 | 4.792.318 | 9 | 303 | 6,82% | 0,01% |
| Mata Atlântica | 394 | 3.165.351 | 85 | 226.196 | 21,57% | 7,15% |
| Pampa | 15 | 116.017 | 3 | 41 | 20,00% | 0,04% |
| Pantanal | 6 | 439.434 | 0 | 0 | 0,00% | 0,00% |
| **Total** | **815** | **99.424.693** | **124** | **2.919.471** | **15,21%** | **2,94%** |

Fonte: Brasil (2021a; 2021b). Elaboração própria.

**Tabela 3 – UCs sem sobreposição com CAR de imóvel rural privado, por esfera de governo**

| Esfera de governo | Nº de UCs | Nº de UC sem sobreposição | Área (ha) |
|---|---|---|---|
| Federal | 267 | 17 | 1.762.812 |
| Estadual | 340 | 28 | 1.150.063 |
| Municipal | 208 | 79 | 6.595 |
| **Total geral** | **815** | **124** | **2.919.471** |

Fonte: Brasil (2021a; 2021b). Elaboração própria.

As demais UCs possuem de 1 a 1.331 CAR sobrepondo-se a elas. No total, são 42.987 CARs de imóveis rurais privados, que somam quase 19 milhões de hectares, apresentando sobreposição com as UCs analisadas. Na esfera federal, foram identificados 16 casos de UCs na Mata Atlântica e no Cerrado com toda a extensão da UC sobreposta por imóveis rurais (Tabela 5) e outras 57 UCs (7%) com mais de 80% de sobreposição com o CAR. No *ranking* das 20 UCs com maior número de CARs sobrepostos, todas são da categoria parque e Flona e são da esfera federal e estadual (Tabela 6).

**Tabela 4 – Imóveis rurais sobrepostos em UCs, por biomas e esfera de governo**

| Esfera de governo e bioma predominante | Nº de imóveis sobrepostos | Nº de UC | Área sobreposta (ha) |
|---|---|---|---|
| **Estadual** | **18.656** | **312** | **5.419.171** |
| Amazônia | 5.279 | 74 | 3.768.801 |
| Caatinga | 961 | 19 | 110.529 |
| Cerrado | 3.681 | 74 | 524.195 |
| Mata Atlântica | 8.403 | 134 | 788.677 |
| Pampa | 216 | 8 | 19.946 |
| Pantanal | 116 | 3 | 207.022 |
| **Federal** | **23.341** | **250** | **13.377.590** |
| Amazônia | 7.331 | 119 | 10.596.044 |
| Caatinga | 3.323 | 21 | 726.581 |

| Esfera de governo e bioma predominante | Nº de imóveis sobrepostos | Nº de UC | Área sobreposta (ha) |
|---|---|---|---|
| Cerrado | 5.474 | 31 | 1.566.509 |
| Mata Atlântica | 6.919 | 75 | 464.840 |
| Pampa | 269 | 2 | 22.679 |
| Pantanal | 25 | 2 | 938 |
| **Municipal** | **990** | **129** | **52.891** |
| Amazônia | 25 | 5 | 23.683 |
| Caatinga | 15 | 3 | 30 |
| Cerrado | 117 | 18 | 13.884 |
| Mata Atlântica | 818 | 100 | 15.086 |
| Pampa | 2 | 2 | 3 |
| Pantanal | 13 | 1 | 205 |
| **Total geral** | **42.987** | **691** | **18.849.651** |

Fonte: Brasil (2021a; 2021b). Elaboração própria.

## Tabela 5 – UCs com toda sua extensão sobreposta por CAR

| Nome da UC | Nº de CAR | Área da UC (ha) | Bioma | Esfera de governo | Ano de criação |
|---|---|---|---|---|---|
| Floresta Estadual Aripuanã | 49 | 328.742 | Amazônia | Estadual | 2005 |
| Reserva Biológica Serra Azul | 21 | 3.843 | Caatinga | Estadual | 1998 |
| Estação Ecológica do Tripuí | 7 | 371 | Mata Atlântica | Estadual | 1978 |
| Parque Natural Municipal dos Morros | 6 | 151 | Mata Atlântica | Municipal | 2016 |
| Reserva Biológica do Guará | 5 | 145 | Cerrado | Estadual | 1988 |
| Parque Natural Municipal da Cratera de Colônia | 4 | 53 | Mata Atlântica | Municipal | 2007 |
| Parque Natural Municipal Itaim | 4 | 125 | Mata Atlântica | Municipal | 2012 |

| Nome da UC | Nº de CAR | Área da UC (ha) | Bioma | Esfera de governo | Ano de criação |
|---|---|---|---|---|---|
| Parque Estadual Cerca Grande | 3 | 134 | Cerrado | Estadual | 2010 |
| Parque Natural Municipal Templo dos Pilares | 2 | 100 | Cerrado | Municipal | 2003 |
| Estação Ecológica de Pirapitinga | 2 | 1.384 | Cerrado | Federal | 1987 |
| Parque Natural Municipal das Andorinhas | 2 | 515 | Mata Atlântica | Municipal | 2005 |
| Parque Estadual das Fontes do Ipiranga | 1 | 33 | Mata Atlântica | Estadual | 1969 |
| Parque Natural Municipal Arqueológico do Morro da Queimada | 1 | 67 | Mata Atlântica | Municipal | 2009 |
| Parque Natural Municipal do Horto dos Contos | 1 | 6 | Mata Atlântica | Municipal | 2008 |
| Parque Natural Municipal Peroba Rosa | 1 | 3 | Mata Atlântica | Municipal | 1995 |
| Reserva Biológica Estadual da Biodiversidade | 1 | 133 | Mata Atlântica | Estadual | 2010 |

Fonte: Brasil (2021a; 2021b). Elaboração própria.

**Tabela 6 – Ranking das UCs com maior número de imóveis rurais privados sobrepostos**

| | Nome da UC (hectares) | Nº de IRU | Área da UC (ha) | Área de sobreposição (ha) | % sobreposição | Bioma | Esfera de governo |
|---|---|---|---|---|---|---|---|
| 1 | Parque Estadual da Serra do Mar | 1.331 | 322.293 | 124.787 | 39% | Mata Atlântica | Estadual |
| 2 | Parque Nacional da Serra da Canastra | 1.215 | 197.970 | 91.962 | 46% | Cerrado | Federal |
| 3 | Floresta Estadual do Amapá | 1.206 | 2.370.297 | 495.581 | 21% | Amazônia | Estadual |
| 4 | Parque Nacional da Chapada dos Veadeiros | 937 | 240.582 | 155.803 | 65% | Cerrado | Federal |

| | Nome da UC (hectares) | Nº de IRU | Área da UC (ha) | Área de sobreposição (ha) | % sobreposição | Bioma | Esfera de governo |
|---|---|---|---|---|---|---|---|
| 5 | Parque Nacional de Ilha Grande | 884 | 76.138 | 48.008 | 63% | Mata Atlântica | Federal |
| 6 | Parque Nacional do Boqueirão da Onça | 815 | 346.909 | 130.358 | 38% | Caatinga | Federal |
| 7 | Parque Nacional do Catimbau | 758 | 62.294 | 23.777 | 38% | Caatinga | Federal |
| 8 | Parque Estadual da Serra do Tabuleiro | 714 | 83.908 | 83.381 | 99% | Mata Atlântica | Estadual |
| 9 | Parque Nacional das Nascentes do Rio Parnaíba | 599 | 749.760 | 444.641 | 59% | Cerrado | Federal |
| 10 | Parque Estadual Serra do Papagaio | 565 | 25.084 | 12.411 | 49% | Mata Atlântica | Estadual |
| 11 | Reserva Extrativista Chico Mendes | 560 | 931.452 | 54.750 | 6% | Amazônia | Federal |
| 12 | Parque Estadual do Rio Turvo | 516 | 73.820 | 54.944 | 74% | Mata Atlântica | Estadual |
| 13 | Parque Nacional Serra das Confusões | 511 | 823.834 | 505.449 | 61% | Caatinga | Federal |
| 14 | Parque Nacional da Serra da Bocaina | 493 | 106.565 | 58.437 | 55% | Mata Atlântica | Federal |
| 15 | Parque Nacional da Serra do Itajaí | 492 | 56.917 | 25.508 | 45% | Mata Atlântica | Federal |
| 16 | Floresta Nacional do Jamanxim | 475 | 1.301.582 | 575.311 | 44% | Amazônia | Federal |
| 17 | Parque Estadual Serra Nova e Talhado | 434 | 49.856 | 37.915 | 76% | Cerrado | Estadual |
| 18 | Parque Nacional de São Joaquim | 422 | 49.672 | 21.839 | 44% | Mata Atlântica | Federal |
| 19 | Floresta Nacional de Tapajós | 421 | 530.618 | 24.304 | 5% | Amazônia | Federal |
| 20 | Floresta Estadual do Paru | 414 | 3.610.063 | 667.103 | 18% | Amazônia | Estadual |

Fonte: Brasil (2021a; 2021b). Elaboração própria.

Os casos de sobreposição de imóvel rural privado com UCs estão distribuídos em todo o país e seus biomas (Figura 1). A análise da distribuição das UCs com mais sobreposições pode revelar regiões que necessitam mais atenção do Estado e revelar também os fatores que favoreceram invasões a áreas protegidas. Um dos fatores pode ser a proximidade das UCs com estradas, já que o acesso às áreas protegidas se torna mais fácil e a valorização das terras ao redor das estradas resulta no aumento da pressão para abertura de novas áreas (BRANDÃO; SOUZA JR., 2006). No bioma Amazônia, ao longo da BR-230, também conhecida como Rodovia Transamazônica, e no trecho da BR-163 no Pará, rodovia Cuiabá-Santarém, parece ter uma maior concentração de casos de UCs com maior número de sobreposições (Figura 2), o que demanda estudos adicionais para confirmar.

**Figura 1 – Número de imóveis rurais privados registrados no CAR sobrepostos às UCs de domínio público**

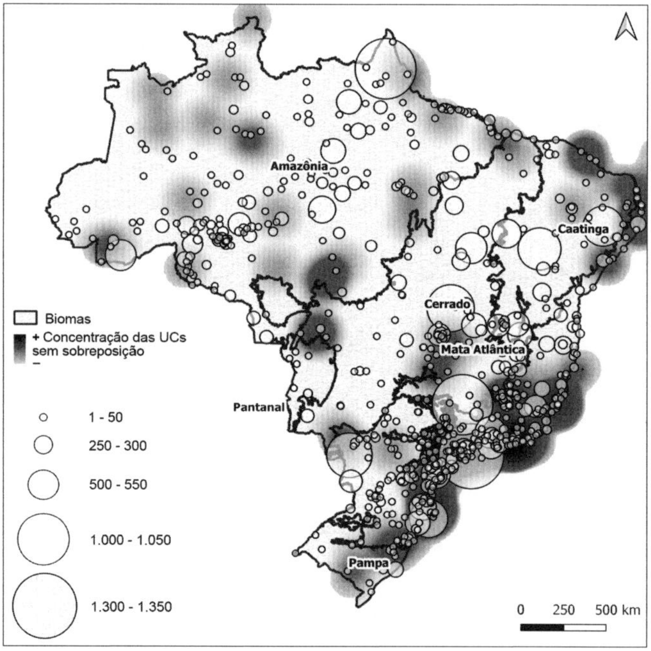


Fonte: Brasil (2021a; 2021b). Elaboração própria.

**Figura 2 – Número de imóveis rurais privados registrados no CAR sobrepostos às UCs de domínio público na Amazônia, às margens das rodovias principais**

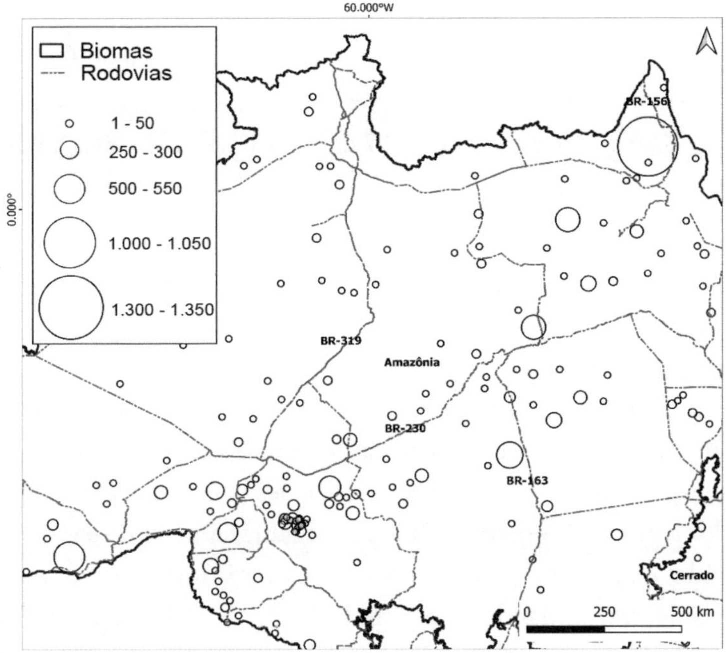


Fonte: Brasil (2021a; 2021b). Elaboração própria.

## Considerações finais

A maioria das UCs e parte significativa de suas áreas em todos os biomas apresentam sobreposição em relação a registros no CAR, o que pode indicar uma tentativa ou expectativa de atores privados a terem reconhecidos direitos de uso particular de parte dessas áreas protegidas. Trata-se de um potencial conflito envolvendo o interesse privado do requerente do CAR sobre o interesse público de uma área protegida. Quanto antes o Estado lidar com esse conflito na gestão dessas UCs melhores serão as condições para resolver os mais de 40 mil casos de sobreposição identificados nas seis categorias de domínio público, evitando a ampliação dos conflitos em número de requerimento e extensão sobreposta. A solução passa por regularizar as UCs criadas com propriedades privadas dentro de seus limites – o que pode implicar na desapropriação e indenização dos envolvidos – e por ações de comando e controle para conter avanços mais recentes nessas áreas protegidas. O controle sobre essas áreas por parte do Estado e as ações para inibir novas ocupações são determinantes para que as UCs sejam mantidas cumprindo seu papel para conservação dos ecossistemas e para o bem-estar de todos os seres vivos.

Uma das medidas para antecipar tentativas de grilagem e de desmatamento em UCs de domínio público é utilizar os registros de CAR como um indicador de processos de ocupação irregular. O CAR é um indicativo de pretensão de posse, que pode vir seguido de desmatamento e outros usos dessas áreas. Assim, juntamente com o uso da terra, o CAR é utilizado como meio do interessado defender o direito a essa terra. As operações de comando e controle podem priorizar a utilização dessas informações para se antecipar às alterações do uso da terra. Outra medida é estabelecer restrições para evitar que empréstimos, certificações e acordos comerciais sejam obtidos por organizações e pessoas que possuem CAR em áreas protegidas de domínio público. Para isso, essas informações devem ser disponibilizadas com controle, resguardando-se a confidencialidade. Além disso, é fundamental que o Estado não permita o registro de imóveis rurais dentro dos limites de áreas protegidas de domínio público, incluindo terras indígenas, além das UCs de domínio público foco deste trabalho. Dessa forma, conteria a utilização indevida do registro do CAR para pressionar a redução dos limites e do grau de proteção das UCs, como vem ocorrendo atualmente.

Por fim, destaca-se que este estudo se limitou a apresentar e a quantificar os requerimentos de CAR em UCs no Brasil, não tendo o objetivo de identificar ou analisar os fatores que podem estar influenciando esse processo. Faz-se necessário realizar estudos específicos para aprofundar o entendimento sobre esses fatores e, assim, possibilitar a elaboração e a implementação de políticas públicas que combatam e inibam as tentativas de apropriação privada de áreas protegidas de domínio público.

## Referências

ARAÚJO, E. et al. *Unidades de conservação mais desmatadas da Amazônia Legal 2012-2015*. Belém: Imazon, 2017.

BENJAMIN, A. H. O regime brasileiro de unidades de conservação. *Revista de Direito Ambiental*, v. 6, n. 21, p. 27-56, jan./mar. 2001.

BRANDÃO JÚNIOR, A. O.; SOUZA JÚNIOR, C. M. Mapping unofficial roads with Landsat images: a new tool to improve the monitoring of the Brazilian Amazon rainforest. *International Journal of Remote Sensing*, v. 27, n. 1, p. 177-189, 2006.

BRASIL. *Lei nº 9.985, de 18 de julho de 2000*. Regulamenta o art. 225, § 1°, incisos I, II, III, e VII da Constituição Federal, institui o Sistema Nacional de Unidades de Conservação da Natureza e dá outras providências. Brasília: Presidência da República, 2000. Disponível em: http://www.planalto.gov.br/ccivil_03/leis/l9985.htm. Acesso em: 15 mar. 2022.

BRASIL. Ministério da Agricultura, Pecuária e Abastecimento. Serviço Florestal Brasileiro. *Sistema Nacional de Cadastro Ambiental Rural*. Brasília: Mapa, 2021a.

BRASIL. Ministério do Meio Ambiente. *Cadastro Nacional de Unidades de Conservação*. Brasília: MMA, 2021b.

COELHO, H. A.; REZENDE, E. N. A efetiva implantação das unidades de conservação ambiental por meio da desapropriação. *Revista da Faculdade de Direito*, v. 40, n. 1, p. 146-165, 2016. Disponível em: https://www.revistas.ufg.br/revfd/article/view/38078. Acesso em: 15 mar. 2022.

MARTINS, H.; NUNES, S.; SOUZA JÚNIOR, C. *CAR:* cadastro ambiental em áreas protegidas. Belém: Imazon, 2018.

MARTINS, H.; RIBEIRO, J.; SOUZA JÚNIOR, C. *Evolução da pressão*: Jamanxim (2006 a 2017). Belém: Imazon, 2017. Disponível em: https://imazon.org.br/PDFimazon/Portugues/outros/EvDesmat_Jamanxim_A4_297x210_ImprePessoal.pdf. Acesso em: 15 mar. 2022.

PALMIERI, R. H.; VERÍSSIMO, A.; FERRAZ, M. *Guia de consultas públicas para unidades de conservação*. Piracicaba: Imaflora; Belém: Imazon, 2005.

WWF-BRASIL. *PADDD em unidades de conservação na Amazônia*: mapeamento e análise das tendências de redução, recategorização e extinção de unidades de conservação no bioma. São Paulo: WWF-Brasil, 2019. Disponível em: https://wwfbr.awsassets.panda.org/downloads/padddunidadesconservacaoamazonia_final.pdf. Acesso em: 15 mar. 2022.

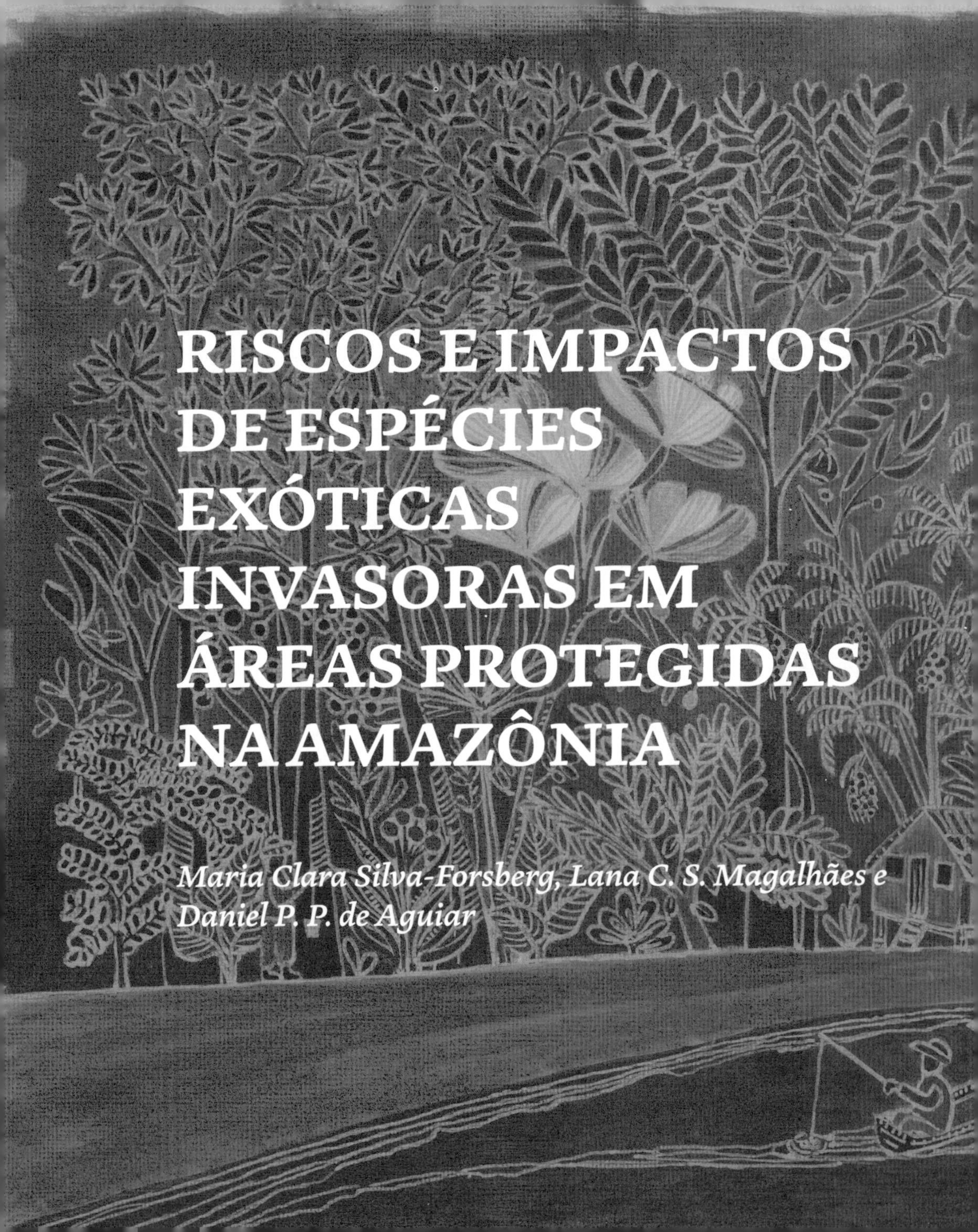

# RISCOS E IMPACTOS DE ESPÉCIES EXÓTICAS INVASORAS EM ÁREAS PROTEGIDAS NA AMAZÔNIA

*Maria Clara Silva-Forsberg, Lana C. S. Magalhães e Daniel P. P. de Aguiar*

Riscos e impactos de invasões biológicas por espécies exóticas invasoras em ecossistemas nativos têm sido registrados no Brasil. Os colonizadores portugueses foram os primeiros a introduzir espécies oriundas de vários continentes já como política imperial (DEAN, 1991). A invasão da jaqueira (*Artocarpus heterophyllus*) no Sudeste e Nordeste é exemplo disso. Trazida pelos portugueses no século XVII e usada como experimento agrícola para alimentar escravos e gado (SOLÓRZANO *et al.*, 2018), foi posteriormente utilizada em projetos de reflorestamento no Rio de Janeiro (PEREIRA; KAPLAN, 2013), tornando-se a invasora mais comum nas áreas protegidas daquele estado.

Amplamente distribuída no território brasileiro e reconhecida como uma espécie exótica invasora agressiva na Mata Atlântica (MOURA *et al*, 2020), a ocorrência da jaqueira também foi registrada em doze estados (INSTITUTO HÓRUS, 2021). Os impactos ambientais da invasão biológica dessa espécie incluem alterações negativas na riqueza e diversidade de espécies das áreas invadidas (FABRICANTE *et al.*, 2012). Processo semelhante ao da jaca é a invasão de *Pinus* no Cerrado, reduzindo a densidade e abundância das espécies (CAZETTA; ZENNI, 2020).

Adelino *et al.* (2021) estimaram os custos econômicos causados pelos impactos das invasões biológicas no Brasil. Usando dados para estimar os gastos por espécie, ecossistema e bem-estar humano, os autores concluíram que o Brasil gastou US$ 105,53 bilhões nos últimos 35 anos, sendo em média 3,02 bilhões por ano. O trágico nessa estimativa é que, do total, 104,33 bilhões foram gastos para sanar as perdas causadas pelas invasões e apenas 1,19 bilhão na prevenção, controle e erradicação das espécies. Essa mesma tendência parece ser a realidade quanto ao manejo das invasões biológicas em áreas protegidas.

Ziller e Dechoum (2013) avaliaram a ocorrência de vertebrados e plantas invasoras em áreas protegidas enquadradas no Sistema Nacional de Unidades de Conservação do Brasil (SNUC), usando a Base de Dados I3N Brasil. As autoras registraram 148 espécies terrestres e 19 de água doce em 227 unidades de conservação (UCs), com predominância das ocorrências nas UCs de proteção integral, com 902 registros, e 268 em UCs de uso sustentável. As espécies de plantas terrestres foram as mais dominantes, seguidas de peixes, mamíferos, aves, répteis e anfíbios. As ocorrências de invasões também foram avaliadas no contexto regional e relacionadas com o estado de degradação dos ambientes naturais, histórico do uso da terra e densidade populacional humana, destacando-se a região Norte, com os menores registros de invasão (ZILLER; DECHOUM, 2013).

Já Sampaio e Schmidt (2013) registraram espécies exóticas invasoras em 313 UCs federais do Brasil, baseando-se nos dados dos planos de manejo de 41 delas e no banco de dados produzidos no Rapid Assessment and Prioritization of Protect Area Management (Rappam) para outras 181 UCs federais. Além disso, consultas aos gestores de 15 UCs complementaram as informações. Os autores registraram 144 espécies invasoras, sendo 106 de plantas vasculares, 11 de mamíferos, 5 de moluscos, 3 de répteis, 3 de insetos, 2 de cnidários, 1 de anfíbio e 2 de crustáceos.

Se, para as áreas protegidas, os dados sobre ocorrência, impacto e manejo são escassos, dependendo muito de informações disponíveis nos planos de manejo – quando existentes – e consulta aos gestores das UCs, estudos sobre invasões biológicas em áreas urbanas são igualmente escassos (CAZETTA, 2017). Após uma pesquisa bibliográfica sistêmica, Cazetta (2017) conseguiu registrar apenas 24 publicações, com registros para 11 estados, tendo como espécies invasoras mais comuns *Achatina fulica* e *Aedes aegypti* – vetores de doenças bem conhecidos. Áreas urbanas e periurbanas são ambientes mais suscetíveis às invasões, onde os fragmentos e parques perturbados pela pressão antrópica normalmente detêm baixa diversidade de espécies, o que os torna mais vulneráveis (MARON; MARLER, 2007).

Por outro lado, mesmo na região Norte, as mudanças no uso do solo estão cada vez mais intensas, com a conversão de áreas de florestas em pastagens, campos agrícolas, garimpos e assentamentos rurais e urbanos. Para a Amazônia, Browder e Godfrey (1997) registraram que 70% da população vivia em núcleos urbanos à época de seu estudo. Estima-se que 20% da área do bioma já foi desmatada e o desmatamento está em processo ascendente na última década (RUTT *et al.*, 2019); em particular, de agosto de 2020 a julho de 2021, a taxa de desmatamento aumentou em 57% comparado aos 12 meses anteriores, sendo o maior da década (MODELLI, 2021). Dada a carência de informações sobre invasões biológicas na Amazônia, aqui apresentaremos dados dos riscos e impactos das invasões biológicas na região, principalmente por espécies vegetais, com ênfase no Amazonas, estado da região com maior cobertura de áreas protegidas e terras indígenas e menos atividades produtivas associadas ao uso e à cobertura do solo.

## Investigando as espécies exóticas invasoras na Amazônia

Além dos dados de literatura levantados através de pesquisa bibliográfica e consultas ao banco de dados do Instituto Hórus de Conservação da Natureza, os riscos e impactos das invasões biológicas na Amazônia têm feito parte da agenda de pesquisas do Laboratório de Ecologia Aplicada da Universidade do Estado do Amazonas (UEA) na última década. Os trabalhos têm sido realizados no Parque Estadual Sumaúma, Parque Municipal do Mindu e Reserva de Desenvolvimento Sustentável do Tupé. Também foram obtidas informações sobre ocorrência e uso de espécies exóticas em comunidades indígenas do Alto Solimões.

## Parque Estadual Sumaúma

Nessa unidade de conservação, localizada no bairro Cidade Nova (Zona Norte de Manaus), com área de aproximadamente 53 hectares, realizou-se um levantamento florístico entre março e agosto de 2013, através do método de parcelas. Trinta parcelas de 20 x 20 m foram instaladas, totalizando 1,2 ha de área amostrada. Considerando-se que a área de estudo é um fragmento florestal e partindo do pressuposto de que invasões biológicas são iniciadas a partir das bordas florestais e que os efeitos de borda são percebidos por até 100 m em direção ao centro da floresta (LAURANCE; BIERREGAARD, 1997), as parcelas foram distribuídas de modo sistemático. Quinze parcelas foram alocadas em intervalos de 300 m entre si, distando 2 m da cerca limítrofe do parque, considerada uma área de borda sob influência das alterações ambientais decorrentes da fragmentação. Para mais detalhes sobre os métodos, ver Magalhães e Silva-Forsberg (2020).

Através do levantamento descrito, foi verificada a invasão biológica da jaqueira e, para avaliar seus impactos, entre novembro e dezembro de 2018, foram realizadas buscas ativas por indivíduos em todo o perímetro das bordas florestais e trilhas do parque. Identificaram-se quatro pontos com a ocorrência da espécie, sendo que em dois deles existia apenas um indivíduo adulto em cada. Em dois pontos, parcelas (P1 e P2) foram instaladas para amostragem da população, devido à maior quantidade de indivíduos encontrados. As parcelas foram delimitadas a partir de uma varredura visual de todos os indivíduos de jaqueira, desde a cerca (limite) do parque até o ponto em que as jaqueiras não fossem mais visualizadas (sentido borda florestal – interior da floresta). Assim, assegurou-se que as jaqueiras presentes estivessem incluídas nas duas parcelas delimitadas, resultando em uma área de 30 m x 70 m em cada. Para verificar a influência da exótica invasora sobre as espécies nativas, no interior de cada parcela, o indivíduo de jaqueira com maior diâmetro à altura do peito (DAP) foi selecionado como matriz. A partir dele, delimitou-se um quadrante equivalente à projeção da copa da árvore no solo, considerando-se que as jaqueiras exercem influência direta sobre os indivíduos abaixo de sua copa (ABREU, 2008). A identificação das espécies vegetais se deu mediante coleta e posterior verificação por especialistas e guias de identificação.

O levantamento das espécies vegetais e seus usos nos quintais que faziam limite com o Parque Sumaúma também foi realizado. A coleta de dados ocorreu entre julho a agosto de 2014, durante o dia, tendo-se frequentemente realizado agendamento, conforme a disponibilidade de cada morador. Foram inventariados 30 quintais situados no entorno do parque, distribuídos nas porções norte, oeste e leste. Para as entrevistas, deu-se preferência às pessoas responsáveis pelos cuidados do quintal. As entrevistas foram semiestruturadas, realizadas em forma de diálogos e técnica de turnê-guiada pelos quintais (VEIGA; SCUDELLER, 2011). Assim, a metodologia baseou-se em técnicas de observação direta participante. Além disso, as espécies citadas foram registradas e fotografadas para posterior identificação e verificação de suas origens.

## Reserva de Desenvolvimento Sustentável do Tupé

Localizada na zona rural de Manaus, à margem esquerda do rio Negro, distante 25 km em linha reta do centro da cidade, essa unidade de conservação também fez parte da agenda de pesquisas em função dos fragmentos florestais associados aos quintais agroflorestais (Q-AFs). Entrevistas e visitas guiadas foram conduzidas com os proprietários dos terrenos quanto aos serviços ambientais dos Q-AFs e das florestas, com ênfase nas plantas e seus usos. Foram inventariados 30 quintais, em três das dez comunidades da RDS do

Tupé (Agrovila, Julião e Livramento), e identificadas as espécies vegetais plantadas. Visitas foram conduzidas também nos lotes florestais para avaliar a cobertura e o uso do solo e possíveis plantios/cultivos realizados nessas áreas.

## Alto Solimões

As informações sobre o cultivo e uso de espécies exóticas e possíveis invasões biológicas em comunidades indígenas do Alto Solimões foram produzidas durante as oficinas de formação de professores indígenas, quando se trabalhou o tema "Seres vivos e a biodiversidade amazônica", no âmbito da disciplina "Etnociência da Natureza na Educação Infantil e nos Anos Iniciais do Ensino Fundamental na Educação Escolar Indígena I", no curso de Pedagogia Intercultural Indígena. As aulas-oficinas foram organizadas para promover o compartilhamento dos saberes científicos e tradicionais indígenas sobre espécies importantes, tanto nativas quanto exóticas, para as comunidades. O objetivo foi registrar a ocorrência de espécies exóticas e invasoras e avaliar os riscos e impactos dessas ocorrências.

Os professores indígenas em formação foram entrevistados coletivamente através do método de uso de estímulo visual (MEDEIROS *et al.*, 2014) e preenchimento de formulário para identificação das plantas e descrição de seus usos. Para uso da técnica de estímulo visual, foi produzido um catálogo das espécies vegetais exóticas registradas no estado do Amazonas, com base nas análises de Silva e Silva-Forsberg (2015) e demais dados levantados em pesquisas de campo e no estado da arte da literatura. O catálogo apresentou 48 espécies exóticas, sendo cada espécie diagramada em uma página, com imagens para a identificação da planta adulta, suas folhas, flores, frutos e aspectos do tronco ou ramo. Nos formulários, o professor registrava se a planta ocorria em sua comunidade, quais usos lhe eram atribuídos, o número de indivíduos ocorrentes e sua distribuição espacial.

## Invasões biológicas como ameaça à biodiversidade nos ecossistemas amazônicos

O bioma Amazônia, oficialmente, já perdeu 20% da sua cobertura florestal (RUTT *et al.*, 2019), experimentando drásticas mudanças na cobertura do solo e degradação das florestas, favorecendo, assim, as invasões biológicas por espécies exóticas. Silva e Silva-Forsberg (2015) analisaram as informações disponíveis no banco de dados temático sobre espécies exóticas invasoras (I3N) da Rede Inter-Americana de Informação sobre Biodiversidade (Iabin), gerenciado pelo Instituto Hórus, registrando 75 espécies exóticas invasoras ou potencialmente invasoras para a Amazônia, sendo 31 de plantas e 44 de animais, totalizando 1.148 ocorrências.

Assim como em outros biomas brasileiros, várias espécies exóticas também foram capazes de se estabelecer e se tornar invasoras na Amazônia (LAURANCE; VASCONCELOS, 2009). Em consulta ao mesmo banco de dados em novembro de 2021, foram identificadas 95 espécies exóticas invasoras de plantas e animais vertebrados que ocorrem na Amazônia, considerando áreas protegidas e não protegidas. Os animais lideram o número de ocorrências, com destaque para os peixes e mamíferos (Tabela 1).

Das 53 espécies de plantas, 80 ocorrências foram em unidades de conservação, sendo o eucalipto (*Eucalyptus* spp.) o mais registrado, seguido pela leucena (*Leucaena leucocephala)*, o capim-braquiária (*Urochloa* spp.) e a jaqueira (*Artocarpus heterophyllus)*. Assim, apesar da grande lacuna nas informações sobre espécies invasoras na Amazônia, a ocorrência dessas espécies em unidades de conservação já dispara o alerta, pois tanto a leucena quanto a jaqueira são consideradas competidoras agressivas.

**Tabela 1 – Ocorrências de espécies exóticas invasoras na Amazônia**

| Amazônia | N° de espécies | Ocorrências em UCs | Ocorrências fora de UCs | Total de ocorrências |
|---|---|---|---|---|
| Animais | 42 | 91 | 277 | 368 |
| Plantas | 53 | 68 | 239 | 307 |
| **Total** | **95** | **159** | **516** | **675** |

Fonte: dados da pesquisa. Elaboração própria.

Na área urbana de Manaus, no Parque Sumaúma, 89 indivíduos exóticos foram identificados, distribuídos entre 11 espécies. A espécie com maior abundância foi a gramínea africana *Megathyrsus maximus* (31), seguida de *Alocasia macrorrhizos* (14), *L. leucocephala* (12) e *A.*

*heterophyllus* (5). As espécies exóticas ocorreram em 10 das 30 parcelas amostradas, entre as quais apenas duas encontravam-se na região interna do parque, o que evidenciou a pressão de propágulos nas bordas florestais e o avanço destes para o interior do fragmento de floresta.

Destaca-se, ainda, a distribuição das espécies *A. heterophyllus* e *Ricinus communis*, registradas com indivíduos nos estratos herbáceos e arbustivo-arbóreos, evidenciando o processo de estabelecimento e expansão de suas populações. Quanto à *A. heterophyllus*, o processo de invasão foi diagnosticado, apresentando distribuição agrupada e visualmente formando um povoamento monodominado nas parcelas. Na parcela 1, o número total de indivíduos da jaqueira foi de 311, com o DAP variando de 0,7 até 34 cm. Já na parcela 2, 881 indivíduos foram registrados, com o DAP variando de 0,7 até 100,6 cm, totalizando 1.192 indivíduos de jaqueiras.

Por outro lado, o impacto das invasões nas espécies nativas ficou evidente, considerando-se as áreas dos quadrantes no interior das parcelas. Em Q1, 118 indivíduos foram identificados, distribuídos em 42 espécies nativas, porém 254 indivíduos de jaqueiras; ou seja 2,1 jaqueiras para cada indivíduo das nativas. Já no Q2, identificou-se uma proporção de 4,8 jaqueiras para cada indivíduo de espécie nativa, ou seja, 130 indivíduos de espécies nativas para 629 indivíduos de jaqueiras, ficando patente a invasão das jaqueiras e o empobrecimento da diversidade de espécies nativas, devido à uniformização da vegetação e à dominância da espécie exótica.

Sobre a maior ocorrência de espécies exóticas nas bordas florestais, é importante ressaltar o papel dos quintais ou sítios e da arborização de ruas e avenidas, situadas nos limites do parque, como fonte de propágulos, disseminando espécies exóticas e invasoras nas áreas protegidas. Nos 30 quintais estudados nos arredores do Parque Sumaúma, 98 espécies exóticas foram identificadas, com destaque em frequência e abundância para a bananeira (*Musa* x *paradisiaca*), a mangueira (*Mangifera indica*) e o abacateiro (*Persea americana*), além de 10 espécies registradas no banco de dados do Instituto Hórus como invasoras em alguns biomas do Brasil. Essas espécies foram a amora-branca, o comigo-ninguém-pode, a espada-de-são-jorge, a fruta-pão, o jambeiro, a jaqueira, a leucena, o limoeiro, o lírio-do-brejo e o tajá-orelha-de-elefante (Tabela 2).

**Tabela 2 – Espécies exóticas com registros de invasão encontradas nos quintais do entorno do Parque Sumaúma**

| Nome popular | Nome científico | Biomas registrados com ocorrência de invasão |
|---|---|---|
| Abacateiro | *Persea americana* Mill. | Caatinga, Cerrado, Mata Atlântica |
| Amora-branca | *Morus alba* L. | Mata Atlântica, Caatinga, Cerrado |
| Bananeira | *Musa x paradisiaca* | Mata Atlântica |
| Comigo-ninguém--pode | *Dieffenbachia amoena* Bull. | Mata Atlântica, Caatinga |
| Espada-de-são--Jorge | *Dracaena trifasciata* (Prain) Mabb. | Mata Atlântica, Cerrado, Pampas |
| Fruta-pão | *Artocarpus altilis* Parkinson | Mata Atlântica |
| Jambeiro | *Syzygium malaccense* (L.) Merr. & LM Perry | Mata Atlântica, Caatinga, Cerrado |
| Jaqueira | *Artocarpus heterophyllus* Lam. | Caatinga, Mata Atlântica, Cerrado |
| Leucena | *Leucaena leucocephala (*Lam.) de Wit. | Amazônia, Caatinga, Cerrado, Mata Atlântica |
| Limoeiro | *Citrus* spp. | Cerrado, Mata Atlântica, Pampas, Caatinga |
| Lírio-do-brejo | *Hedychium coronarium* J. König | Mata Atlântica, Cerrado, Pampas, Caatinga |
| Mangueira | *Mangifera indica* L. | Caatinga, Cerrado, Mata Atlântica |
| Tajá-orelha-de-elefante | *Alocasia macrorrhizos* (L.) G. Don | Em outros países. |

Fonte: dados da pesquisa. Elaboração própria.

Em um dos quintais limítrofes ao parque, registrou-se a jaqueira matriz, fonte do processo de invasão da *A. heterophyllus*, indivíduo mais robusto do que as jaqueiras mapeadas dentro das parcelas naquela unidade de conservação. Nesse sentido, é essencial que quintais e outros elementos da paisagem distribuídos em áreas tampão (*buffer zones*) de áreas protegidas sejam mapeados e monitorados para que seja possível manejar fontes de invasões biológicas em unidades de conservação e outras áreas verdes.

Silva *et al.* (2020) também mapearam os indivíduos/populações de leucena – considerada entre as 100 invasoras mais agressivas do mundo (LOWE *et al.*, 2000) – nos limites do parque, concluindo que muitas delas, usadas para arborização de ruas e escolas nos anos 1980, serviram de fonte de propágulos para as populações que invadiram a floresta do Parque Sumaúma. Os impactos das exóticas invasoras em remanescente de florestas urbanas, em áreas protegidas ou não protegidas, estão mais presentes do que se tem mapeado (CAZETTA, 2017), sendo essas áreas de grande trânsito e pressão populacional. Nesse contexto, são necessárias políticas públicas específicas dos municípios e estados para o manejo, o controle e a erradicação das invasões, conservando-se, assim, a diversidade biológica ainda abrigada nesses ambientes.

Na RDS do Tupé, na área rural de Manaus, nos 30 quintais e nos lotes florestais inventariados, 827 indivíduos de 204 espécies exóticas foram identificados, sendo 21 invasoras. As invasoras de maior abundância e distribuição na reserva foram a mangueira (*Mangifera indica*), o jambo (*Syzygium malaccense*), o coqueiro-de-vênus (*Cordyline fruticosa*), o jamelão (*Syzygium cumini*) e a jaqueira (*Artocarpus heterophyllus*). Dessas, a jaqueira também ocorreu em vários lotes florestais, os quais são usados pelos moradores para plantio de roças – agricultura de subsistência consorciada com árvores frutíferas (sistema agroflorestal). Nos quintais – ligados às casas na área central da comunidade – geralmente os próprios moradores controlam a caída de frutos e sementes e mesmo das plântulas germinadas, manejando esses espaços.

Nos lotes, no entanto, a dinâmica de manejo é bem diferente, pois vários são abandonados pelos donos por problemas de distância e fertilidade do solo. Por exemplo, na comunidade de Livramento, dos lotes inventariados, a maioria estava abandonada e a justificativa de muitos proprietários estava associada à pobreza dos solos, pois em grande parte são arenosos (característicos de áreas de campinarana – vegetação tipicamente associada à bacia do rio Negro). Na comunidade da Agrovila – um mosaico de floresta ombrófila e campinarana –, dos 37 lotes, sete continham plantio de jaqueira. O uso dos lotes é bem irregular para muitos dos moradores, sendo o manejo da área esporádico. Tendo em vista a dinâmica de uso dos lotes, é provável que, com o decorrer do tempo, ocorram os mesmos impactos já registrados para a invasão biológica da jaqueira, conforme nossos monitoramentos e estudos já indicaram no Parque Sumaúma. Isso significa que os lotes podem ser focos de invasão biológica, em virtude da pressão de propágulos das jaqueiras, somando-se à ausência de manejo adequado para o controle da espécie (Figura 1).

**Figura 1 – Distribuição das áreas de potencial risco de invasão biológica por jaqueiras nos lotes florestais na Comunidade Agrovila, RDS do Tupé, Manaus/AM**

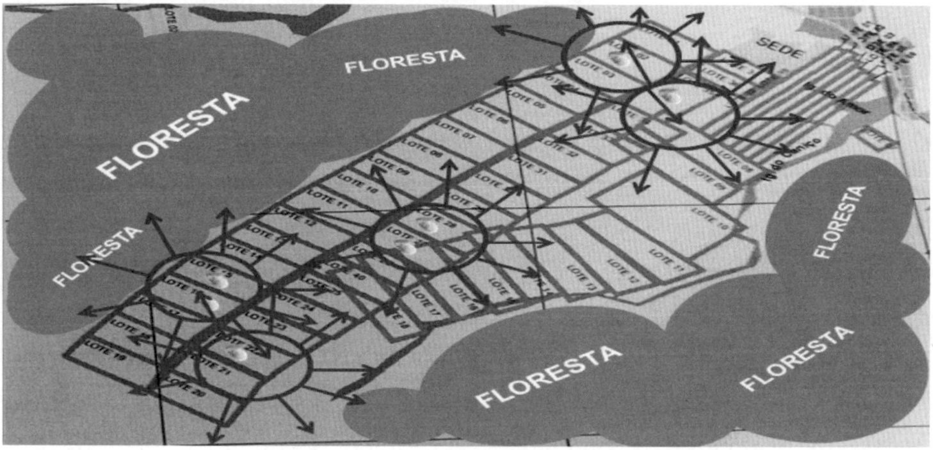


Diagramação: Ricardo C. C. Cabral.

Em quintais na área de várzea associados ao rio Amazonas, Fraxe (2004) também destacou algumas espécies frutíferas exóticas presentes no Careiro da Várzea, dando destaque, em primeiro lugar, à mangueira, usada pelos caboclos-ribeirinhos para fins comerciais e, em segundo, a fruta-pão (*Artocarpus altilis*), do mesmo gênero taxonômico da jaqueira. Quanto à mangueira, não se tem registro de áreas invadidas por essa espécie na Amazônia – com base no levantamento de campo e de literatura, a espécie é invasora em quatro estados do Nordeste (LEÃO *et al.*, 2011; SILVA SOBRINHO *et al.*, 2019), sendo que num estudo para o estado de Sergipe, os autores concluíram que a presença de mangueiras afetou a composição, riqueza e diversidade de espécies epifíticas do local estudado (SANTOS; REIS; FABRICANTE, 2020).

A outra espécie de destaque nos quintais da várzea (FRAXE, 2004), a fruta-pão, foi também registrada nos levantamentos deste estudo realizado nos quintais da área urbana de Manaus, da RDS do Tupé e nas comunidades indígenas do Alto Solimões. *Artocarpus altilis*, introduzida no estado do Pará em 1801, possui comportamento invasor semelhante ao da jaqueira. Espécies congêneres são cosmopolitas e cultivadas em toda a Amazônia (FALCÃO *et al.*, 2001). O naturalista inglês Richard Spruce (2006), em passagem por Manaus no ano de 1851, relatou a boa adaptação da fruta-pão em um determinado sítio à jusante da cidade, chamando a atenção para uma aparente expansão de sua área de ocorrência. O cientista, ao registrar que não havia outras espécies crescendo sob as copas das árvores adultas senão os indivíduos regenerantes de sua própria espécie, atribuiu isso a um provável efeito deletério advindo das folhas mortas dessa espécie (efeito conhecido na atualidade como alelopatia). Assim, as invasões biológicas na Amazônia podem estar atuando silenciosamente há mais de um século, sem um sistema adequado de diagnóstico e manejo.

Em relação às comunidades indígenas do Alto Solimões, 70 professores das Terras Indígenas Évare I e II participaram das duas oficinas desenvolvidas em São Paulo de Olivença, sendo a grande maioria deles (60) do povo Ticuna e outros 10 das etnias Kambeba e Kokama. Das 48 espécies de plantas exóticas apresentadas aos professores, 83% (40) foram reconhecidas por serem cultivadas nas comunidades. Do total de 40 identificadas, 25 são conhecidas como invasoras em vários biomas brasileiros e em outras partes do Amazonas. As ocorrências mais citadas foram de abacate (*Persea americana)*, com 67; seguido do jambo (*Syzygium malaccense)*, citado por 66; da fruta-pão, mencionada por 64; da corama (*Bryophyllum pinnatum*), por 58; da mangueira, por 56; e, ainda, a jaqueira, com 15 ocorrências. Ou seja, ao contrário da crença dominante, de que a distribuição e dominância de espécies exóticas estão predominantemente associadas aos meios intensivos do uso da terra, o n*ú*mero considerável de exóticas invasoras cultivadas pelos indígenas do Alto Solimões, assim como a ocorrência disseminada entre as comunidades, sugere que não há ecossistema isolado que esteja livre da ameaça das invasões biológicas.

As trocas socioculturais, pacíficas ou não, entre ameríndios e colonizadores, promoveram a introdução de espécies exóticas em áreas isoladas da Amazônia e outras regiões do país, interferindo, inclusive, nas farmacopeias tradicionais desses grupos. Para o povo Kallawaya, na Amazônia boliviana, Janni e Bastien (2004) estimaram que 30% da flora medicinal cultivada era formada por plantas exóticas trazidas de outros continentes, já Bennet e Prance (2000) estimaram que 216 plantas medicinais exóticas fazem parte da farmacopeia de indígenas do norte da América do Sul.

Por outro lado, a pressão humana através das atividades intensivas agropastoris, entre outras, em áreas adjacentes e mesmo invadindo territórios indígenas, tem impactado negativamente tanto a biodiversidade como a vida de populações indígenas. Um exemplo clássico foi a invasão do capim-colonião (*Megathyrsus maximus*) na Terra Indígena Maxakali, Minas Gerais. Introduzido na primeira metade do século XX, o capim domina boa parte do território indígena, impedindo a sucessão secundária e o retorno da fisionomia florestal característica da Mata Atlântica (FERREIRA; MAIA-BARBOSA, 2013).

Na Amazônia, o caso das comunidades das terras indígenas Moskow e Malacacheta, na Serra da Lua, em Roraima, é bem ilustrativo (SOUZA *et al.*, 2018). Uma área de 30.000 hectares foi plantada com a exótica invasora *Acacia mangium* para fins comerciais, no final dos anos 1990, nos limites das terras indígenas. A acácia foi invadindo, progressivamente, grande parte dos territórios indígenas (SOUZA *et al.*, 2019), assim como teve forte impacto nas atividades de subsistência e na qualidade de vida das comunidades. Esses impactos foram descritos pelos indígenas como problemas na qualidade da água (71,3%), impacto nas roças (52,1%), aumento na carga de trabalho nos roçados (41,5%) e restrição de acesso às áreas indígenas (23,4%). Ainda, é importante destacar que as informações sobre esses impactos eram de conhecimento coletivo das pessoas entrevistadas tanto nas comunidades Wapichana quanto Macuxi (SOUZA *et al.*, 2018).

Com base nesses exemplos, mesmo que ainda contando com dados escassos em consideração à dimensão regional do bioma, verifica-se que a Amazônia está se tornando um celeiro para invasões biológicas por espécies exóticas. Levando-se em conta os dados registrados para áreas mais isoladas, como no caso das comunidades do Alto Solimões, manchas de invasões biológicas por várias espécies podem estar fazendo parte do mosaico florestal, mesmo que sem o mapeamento registrado e validado pela agenda das pesquisas acadêmicas e/ou das agências de controle e manejo ambiental das diversas esferas governamentais.

## Considerações finais

Os dados sobre invasões biológicas na Amazônia, tanto de ocorrências, mapeamento e monitoramento, são escassos e ainda não fazem parte central da agenda de pesquisa da maioria das universidades e institutos de ensino e pesquisa da região. No entanto, com os resultados apresentados aqui, baseados no banco de dados do Instituto Hórus, no levantamento bibliográfico e em pesquisas empíricas desenvolvidas pelo Laboratório de Pesquisa Aplicada da UEA, tem-se uma boa ideia dos desafios que serão necessários para a prevenção, o controle e o manejo das invasões biológicas por espécies exóticas, pois elas já não são estranhas ao bioma *há* pelo menos um século.

Tanto em áreas urbanas como rurais, registramos as invasões de várias espécies e seus riscos e impactos para a biodiversidade nativa. Espécies como leucena (*Leucena leucocephala*), acácia (*Acacia mangium*), jaca (*Artocarpus heterophyllus*), fruta-pão (*Artocarpus altilis*) e comigo-ninguém-pode (*Dieffenbachia amoena*), para citar as mais significativas, aparecem nos diagnósticos de invasão, precisando ser monitoradas e receber planos de controle e erradicação. Mesmo em áreas mais isoladas, como nos territórios indígenas, números consideráveis de espécies exóticas invasoras são cultivadas e podem estar se dispersando por áreas florestais, impactando a diversidade biológicas dessas áreas.

Já que a situação não é localizada, sendo as invasões distribuídas ao longo dos vários ecossistemas florestais, as estratégias de controle e manejo devem ser integradas e cobrir o bioma como um todo, através de ações conjuntas entre os estados e municípios que compõem a Amazônia Legal. O trabalho de educação e sensibilização de gestores de unidades de conservação e lideranças indígenas sobre os riscos e necessidade de manejo das espécies invasoras devem ser priorizados.

No entanto, boa vontade de gestores e lideranças não serão suficientes se os tomadores de decisão nos vários níveis de governo não assumirem como prioritários a conservação dos biomas, o manejo e a prevenção das invasões biológicas. Desde 2019 estamos enfrentando o desmonte das agências governamentais de comando e controle da política ambiental e, na Amazônia, a situação é piorada pela violência e perseguição de agentes públicos que tentam executar suas atividades conforme o marco legal nacional, bem como pela invasão de terras públicas e de territórios indígenas, o que acarreta em desmatamento crescente e perda da diversidade biológica. Portanto, é momento de se construir uma agenda de discussão para sejam escolhidos representantes e tomadores de decisão alinhados com as medidas de conservação da biodiversidade, de controle e de manejo das invasões biológicas nos ecossistemas brasileiros.

## Referências


ABREU, R. C. *Dinâmica de populações da espécie invasora Artocarpus heterophyllus L. (Moraceae) no Parque Nacional da Tijuca – Rio de Janeiro*. Dissertação (Mestrado em Botânica) – Instituto de Pesquisas Jardim Botânico do Rio de Janeiro, Rio de Janeiro, 2008.

ADELINO, J. R. P. *et al.* The economic costs of biological invasions in Brazil: a first assessment. *NoBiota*, n. 67, p. 349-374, 2021.

BENNETT, B. C.; PRANCE, G. T. Introduced plants in the indigenous pharmacopeia of Northern South America. *Economic Botany*, v. 54, n. 1, p. 90-102, 2000.

BROWDER, J. O.; GODFREY, B. J. *Rainforest cities*: urbanization, development and globalization of the Brazilian Amazon. New York: Columbia University Press, 1997.

CAZETTA, A. L. C. *Invasões biológicas no Brasil*: áreas de conservação e áreas urbanas. Dissertação (Mestrado em Ecologia) – Universidade de Brasília, Brasília, 2017.

CAZETTA, A. L. C.; ZENNI, R. D. Pine invasion decreases density and changes native tree communities in woodland Cerrado. *Plant Ecology and Diversity*, v. 13, n. 1, p. 85-91, 2020.

DEAN, W. A botânica e a política imperial: a introdução e domesticação de plantas no Brasil. *Estudos Históricos*, v. 4, n. 8, p. 216-228, 1991.

FABRICANTE, J. R. *et al.* Invasão biológica de *Artocarpus heterophyllus* Lam. (Moraceae) em um fragmento de Mata Atlântica no Nordeste do Brasil: impactos sobre a fitodiversidade e os solos dos sítios invadidos. *Acta Botanica Brasilica*, v. 26, n. 2, p. 399-407, 2012.

FALCÃO, M. *et al.* Fenologia e produtividade da fruta-pão (*Artocarpus altiles*) e da jaca (*Artocarpus heterophyllus*) na Amazônia Central. *Acta Amazonica*, v. 31, n. 2, p. 179-791, 2001.

FERREIRA, M. T. S.; MAIA-BARBOSA, P. M. O fogo como facilitador da invasão biológica por *Megathyrsus maximus* (Poaceae: Panicoideae) na Terra Indígena Maxakali (MG): propostas para um manejo agroecológico integrado e adaptativo. *Biodiversidade Brasileira*, v. 3, n. 2, p. 159-174, 2013.

FRAXE, T. J. *Cultura cabocla-ribeirinha*: mitos lendas e transculturalidade. São Paulo: Annablume. 2004.

INSTITUTO HÓRUS. *Base de dados nacional de espécies exóticas invasoras*, I3N. Florianópolis: Instituto Hórus, 2021. Disponível em: https://bd.institutohorus.org.br/. Acesso em: 10 nov. 2021.

JANNI, K. D.; BASTIEN, J. W. Exotic botanicals in the Kallawaya pharmacopoeia. *Economic Botany*, n. 58, Suppl., p. 274-279, 2004.

LAURANCE, W. F.; BIERREGAARD, R. *Tropical forest remnants ecology, management and conservation of fragments communities*. Chicago: University of Chicago Press, 1997.

LAURANCE, W. F.; VASCONCELOS, H. L. Consequências ecológicas da fragmentação florestal na Amazônia. *Oecologia Brasiliensis*, v. 13, n. 3, p. 434-451, 2009.

LOWE, S. *et al. 100 of the world's worst invasive alien species*: a selection from the Global Invasive Species Database. Auckland: ISSG, 2000. Disponível em: http://www.iucngisd.org/gisd/pdf/100English.pdf. Acesso em: 10 nov. 2021.

MAGALHÃES, L. C.; SILVA-FORSBERG, M. C. Conhecendo a biodiversidade vegetal do Parque Estadual Sumaúma: um estudo florístico e fitossociológico. *In*: SILVA-FORSBERG, M. C. *et al.* (Org.). *Biodiversidade, invasões biológicas, educação científica e relações com o entorno do Parque Estadual Sumaúma*, Manaus/AM. Manaus: Editora UEA, 2020.

MARON, J.; MARLER, M. Native Plant Diversity Resists Invasion at Both Low and High Resource Levels, *Ecology*, v. 88, n. 10, p. 2651-2661, nov. 2007.

MEDEIROS, P. M. *et al.* Use of visual stimuli in Ethnobiology and Ethnoecoly. *In*: ALBUQUERQUE, P. U. *et al.* (Org.). *Methods and techniques in ethnobiology and ethnoecoly*. New York: Human Press, 2014.

MODELLI, L. Desmatamento na Amazônia na temporada 2020/2021 é o maior dos últimos dez anos, diz Imazon. *G1 Amazônia*, 19 ago. 2021. Disponível em: https://g1.globo.com/natureza/amazonia/noticia/2021/08/19/taxa-anual-de-desmatamento-na-amazonia-e-a-maior-do-ultimos-dez-anos-diz-imazon.ghtml. Acesso em: 10 nov. 2021.

MOURA, C. J. R. *et al.* Closing the snack bar: developing methods for jackfruit tree (*Artocarpus heterophyllus* Lamk.) Control in Brazil. *Floresta e Ambiente*, v. 27, n. 1, p. 1-10, 2020.

PEREIRA, V. J.; KAPLAN, M. A. C. *Artocarpus*: um gênero exótico de grande bioatividade. *Floresta e Ambiente*, v. 20, n. 1, p. 1-15, 2013.

RUTT, C. *et al.* Avian ecological succession in the Amazon: A long-term case study following experimental deforestation. *Ecology and Evolution*, v. 9, n. 24, p. 13850-13861, 2019.

SAMPAIO, A.; SCHMIDT, I. Espécies exóticas invasoras em unidades de conservação federais do Brasil. *Biodiversidade Brasileira*, v. 3, n. 2, p. 32-49, 2013. Disponível em: https://revistaeletronica.icmbio.gov.br/BioBR/article/view/351. Acesso em: 10 nov. 2021.

SANTOS, L. A.; REIS, D. O.; FABRICANTE, J. R. Avaliação da composição, riqueza e diversidade epifítica em forófitos específicos: nativas x mangueira. *Rev. Biolog. Neotrop.*, v. 17, n. 2, p. 110120, 2020.

SCUDELLER, V. V.; VEIGA, J. B.; ARAÚJO-JORGE, L. H. Etnoconhecimento de plantas de uso medicinal nas comunidades São João do Tupé e Central (Reserva de Desenvolvimento Sustentável do Tupé). *In*: SANTOS-SILVA, E. N.; SCUDELLER, V. V. (Org.). *BioTupé*: meio físico, diversidade biológica e sociocultural do baixo Rio Negro, Amazônia Central. Manaus: UEA Edições, 2009.

SILVA SOBRINHO, M. *et al.* Modelagem da distribuição potencial de *Mangifera indica* L. sob cenários climáticos futuros no bioma Caatinga. *Revista Brasileira de Meteorologia*, v. 34, n. 3, p. 351-358, 2019.

SILVA, A. F.; SILVA-FORSBERG, M. C. Espécies exóticas invasoras e seus riscos para a Amazônia Legal. *Scientia Amazonia*, v. 4, n. 2, p. 114-124, 2015. Disponível em: http://scientia-

-amazonia.org/wp-content/uploads/2016/06/v4-n2-114-124-2015-NOTA.pdf. Acesso em: 10 nov. 2021.

SILVA, D. Q. *et al.* Invasão biológica por *Leucaena leucocephala* no entorno do parque Estadual Sumaúma. *In*: SILVA-FORSBERG, M. C. *et al.* (Org.) *Biodiversidade, invasões biológicas, educação científica e relações com o entorno do Parque Estadual Sumaúma*, Manaus/AM. Manaus: Editora UEA, 2020.

SOLÓRZANO, A. *et al.* O legado humano da paisagem do Parque Nacional da Tijuca: uso, ocupação e introdução de espécies exóticas. *Fronteiras*, v. 7, n. 3, p. 43-57, 2018.

SOUZA, A. O. *et al.* Local ecological knowledge concerning the invasion of Amerindian lands in the northern Brazilian Amazon by *Acacia mangium* (Willd.). *Journal of Ethnobiology and Ethnomedicine*, v. 14, n. 1, p. 1-14, 2018. Disponível em: https://ethnobiomed.biomedcentral.com/articles/10.1186/s13002-018-0231-x. Acesso em: 10 nov. 2021.

SOUZA, A. O. *et al.* Spatial distribution and abundance of *Acacia mangium* on indigenous lands in the Serra da Lua Region, Roraima State, Brazil. *Human Ecology*, v. 47, n. 2, p. 303-310, 2019.

SPRUCE, R. *Notas de um botânico na Amazônia*. Belo Horizonte: Editora Itatiaia, 2006. (Coleção Reconquista do Brasil, v. 236).

VEIGA, J. B.; SCUDELLER, V. V. Quintais agroflorestais da comunidade ribeirinha São João do Tupé no baixo rio Negro, Amazonas. *In*: SANTOS-SILVA, E. N.; CAVALCANTI, M. J.; SCUDELLER, V. V. (Org.). *BioTupé*: meio físico, diversidade biológica e sociocultural do Baixo Rio Negro, Amazônia Central. Manaus: Rizoma Editorial, 2011. v. 3, p. 523-543.

ZILLER, S. R.; DECHOUM, M. S. Plantas e vertebrados exóticos invasores em unidades de conservação no Brasil. *Biodiversidade Brasileira*, v. 3, n. 2, p. 4-31, 2013.

## Agradecimentos

Este trabalho contou com o apoio financeiro da Fundação de Amparo à Pesquisa do Estado do Amazonas (Fapeam) através do Edital JCA – Áreas Protegidas – nº 004/2012 e Edital Universal Amazonas nº 002/2018.

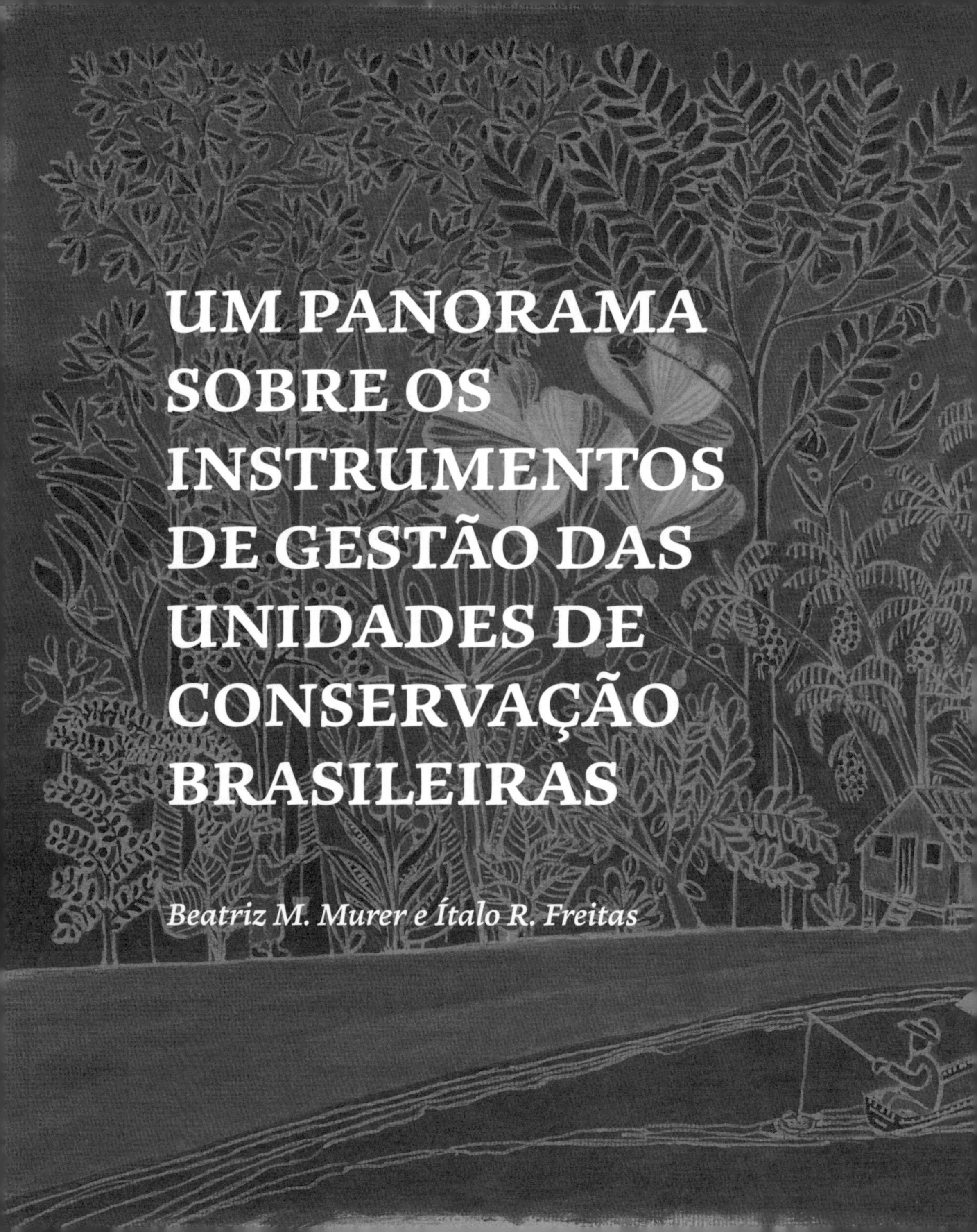

# UM PANORAMA SOBRE OS INSTRUMENTOS DE GESTÃO DAS UNIDADES DE CONSERVAÇÃO BRASILEIRAS

*Beatriz M. Murer e Ítalo R. Freitas*

A política ambiental brasileira passou por uma significativa mudança com o fim da ditadura militar e a entrada em vigor da nova Constituição Federal em 1988 (CF/88), permitindo avanços relevantes por meio dos movimentos sociais e ambientalistas. Segundo Santilli (2005), no Brasil, o surgimento do socioambientalismo desenvolveu-se juntametne com esse processo de redemocratização do país, uma vez que a dimensão social passou a ter outra relevância nos interesses de proteção ambiental em comparação ao preservacionismo excludente da presença humana que predominava até então. Um dos importantes marcos desse período pós-Constituição foi a criação do Sistema Nacional de Unidades de Conservação (SNUC), instituído pela Lei nº 9.985, de 18 de julho de 2000, que, entre muitas mudanças, estabeleceu categorias de unidades de conservação e reconheceu legalmente a existência de populações tradicionais nesses territórios. Além disso, o SNUC determinou a exigência de mecanismos e instrumentos de gestão, com a pretensão de garantir a participação da sociedade civil no planejamento e nas tomadas de decisão relacionadas a essas unidades.

Nesse contexto, as áreas protegidas (APs), tais como unidades de conservação (UCs), terras indígenas (TIs) e territórios quilombolas, passaram a ser mais reconhecidas por sua indispensável contribuição para a proteção e manutenção da biodiversidade e dos processos ecossistêmicos, como a regulação do clima, do ciclo hidrológico, da qualidade e disponibilidade da água, do ar e da terra (GROSS *et al.*, 2016; JIRICKA-PÜRRER *et al.*, 2019; RESENDE *et al.*, 2021). Além disso, essas áreas são de grande importância para a garantia de direitos socioambientais, contenção de doenças e oportunidades de vivência de atividades ecoturísticas, educativas e de bem-estar (EGGERMONT *et al.*, 2015; JIRICKA-PÜRRER *et al.*, 2019; FUTADA; SOUZA; ALENCAR, 2019).

As UCs, assim como as outras APs, também representam importantes barreiras contra o avanço de ações prejudiciais ao meio ambiente, como desmatamento, incêndios e garimpos ilegais, apresentando-se como uma estratégia efetiva na proteção e conservação socioambiental (SÁNCHEZ-AZOFEIFA *et al.*, 1999; ANDAM *et al.*, 2008; BARBER *et al.*, 2014). Essa potencialidade fica mais evidente ao longo dos anos quando se compara a incidência de pressões e ameaças dentro e fora dos limites territoriais dessas áreas. Um exemplo é que, mesmo em 2020, período de alta do desmatamento, mais de 80% do desmatamento da Amazônia ocorreu fora de áreas protegidas, considerando TIs e UCs

(SOUZA *et al.*, 2021). As queimadas também incidem principalmente fora das APs. De acordo com o Painel de Alertas (ISA, 2021), entre 20/11/2020 e 20/11/2021, 136 mil km² foram queimados fora de APs, contra 46 mil km² dentro delas no mesmo período. Esses dados atestam que, ainda que o desmonte da política ambiental brasileira tenha se agravado e as pressões e ameaças sobre essas áreas tenham acrescido, as APs continuam contribuindo para conter o avanço da degradação socioambiental.

Entre os instrumentos fundamentais para a gestão das UCs estão os planos de manejo e os conselhos gestores, previstos pelo SNUC para as UCs de nível nacional, estadual e municipal, e que ficam sob a responsabilidade dos respectivos órgãos, de acordo com a esfera administrativa (BRASIL, 2000). Há, ainda, outros instrumentos de gestão, como os planos de uso público e acordos de gestão. Juntos, os instrumentos de gestão fortalecem a proteção dessas áreas protegidas, à medida que passam a reconhecer as populações residentes e as do entorno, bem como os aspectos ambientais e socioeconômicos, contribuindo com um panorama mais amplo e completo sobre a região em que a UC está inserida, proporcionando tomadas de decisão que levam em consideração diferentes atores.

O plano de manejo, por vezes denominado plano de gestão, é um documento técnico que deve ser criado em até cinco anos a partir da data de criação da UC. Sua elaboração deve ser guiada pelo roteiro metodológico (D'AMICO *et al.*, 2018) e pelos objetivos gerais da UC para estabelecer seu zoneamento e as normas que devem presidir o uso da área e o manejo dos recursos naturais. Esse instrumento de gestão deve propor um planejamento de médio prazo, por meio de programas importantes para sua implementação e sustentabilidade, monitoramento e proteção, que possa ser adaptado continuamente.

Para isso, é necessária a realização de uma aprofundada pesquisa sobre as diferentes características da área de abrangência da UC e sua respectiva zona de amortecimento, como aspectos ambientais, sociais e econômicos da região. A construção de uma ampla perspectiva busca diagnosticar as demandas socioecológicas, bem como garantir a participação, os interesses e o bem-estar dos habitantes da região. Por outro lado, esse processo diagnóstico pode demandar a contratação de serviços adicionais para a realização das caracterizações e planejamentos, o que pode tornar a elaboração de um plano de manejo um processo custoso e trabalhoso (CASES *et al.*, 2012). Todavia, as recomendações mais recentes estipulam o maior foco no planejamento a partir das informações disponíveis, visando à otimização do processo de elaboração desse instrumento de gestão (D'AMICO *et al.*, 2018).

Já os conselhos gestores são instrumentos de gestão que visam garantir a transparência e a participação social na gestão da UC por meio da diligência com a UC e da integração com demais espaços territoriais especialmente protegidos, além de seu entorno (BRASIL, 2002). Em outras palavras, trata-se de espaço de articulação de interesses públicos, privados e coletivos, cujo objetivo é a promoção do gerenciamento participativo e integrado da área a ser conservada. Os conselhos devem buscar integrar os interesses de diversos segmentos sociais relacionados à unidade sem desrespeitar seus objetivos gerais e específicos (PALMIERI; VERÍSSIMO, 2009).

Os conselhos das UCs de proteção integral são consultivos, enquanto os conselhos das UCs de uso sustentável – com exceção das florestas nacionais e estaduais e de áreas de proteção ambiental – são deliberativos (BRASIL, 2000). Os conselhos consultivos relacionam-se à garantia de transparência para a gestão da UC por meio de controle social, contribuição na elaboração e implantação do plano de manejo e integração da UC com atores locais, bem como com outras APs situadas no entorno. Já os conselhos deliberativos apresentam funções adicionais, como a aprovação do plano de manejo.

Há diversos benefícios de uma UC com instrumentos de gestão implementados, tais como: aumento no diálogo e confiança entre o órgão gestor, comunidade local, órgãos públicos e instituições da sociedade civil; aumento na governança e apoio político da UC em relação aos atores envolvidos; ampliação do conhecimento sobre a região e o contexto político-institucional em que estão inseridas as UCs; além do planejamento contextualizado (PALMIERI; e VERÍSSIMO, 2009; ABIRACHED *et al.*, 2014). Por fim, é importante apontar a relevância desses instrumentos para assegurar a inexistência dos chamados "parques de papel", expressão cunhada para indicar áreas protegidas cuja implementação não é efetivada e a área é apenas delimitada (PIMENTEL, 2008). A importância dos instrumentos de gestão instiga a necessidade de monitoramento das UCs brasileiras, na intenção de mapear o cenário e direcionar os esforços requeridos.

## Metodologia

Para a presente análise foram consideradas as 334 unidades de conservação federais (UCFs) geridas pelo Instituto Chico Mendes de Conservação da Biodiversidade (ICMBio) e 818 unidades de conservação estaduais (UCEs) confirmadas pelos órgãos ambientais estaduais. Foram analisadas somente UCs cujas categorias estão previstas no SNUC e cujas informações a respeito dos instrumentos de gestão estão disponíveis[1]. As informações a respeito das UCFs e respectivos instrumentos de gestão provêm do monitoramento rotineiro do *Diário Oficial da União* e da solicitação de informações endereçada ao ICMBio; já as informações a respeito das UCEs foram obtidas a partir de solicitações de informação endereçadas aos órgãos ambientais de cada um dos 26 estados e do Distrito Federal.

Os instrumentos de gestão considerados na análise foram os planos de manejo (ou de gestão) e os conselhos gestores. Outros instrumentos, como acordos de gestão e planos de uso público, não foram computados. Tanto os planos de manejo quanto os conselhos gestores foram classificados entre "existentes" e "inexistentes". Foram considerados existentes e válidos apenas os instrumentos de gestão regulamentados por ato normativo ou outro documento que ateste a existência do instrumento de gestão, como atas de conselho gestor. No caso dos planos de manejo, a classe "existentes" foi categorizada entre atualizada e desatualizada, sendo que a categoria atualizada considerou o ato normativo de aprovação com data de, no máximo, 5 anos. Ainda, quando foi o caso, os planos de manejo foram detalhados quando "em processo", englobando planos de manejo em processo de elaboração, homologação, aprovação, licitação ou contratação.[2]

---

1 Dados obtidos em dezembro de 2021

2 A informação de que a UC apresenta plano de manejo em processo de elaboração, homologação, aprovação, licitação ou contratação foi indicada pelo órgão gestor responsável pela respectiva UC, considerando que não necessariamente há atos ou documentos que atestem o processo. Houve casos tanto de planos de manejo em atualização, quanto em elaboração de sua primeira versão. A informação sobre estar "em processo" não anula a classificação entre "existente" e "inexistente". Nos casos de atualização de planos de manejo desatualizados, os instrumentos foram computados como "existentes (e desatualizados)"; e nos casos de planos em elaboração de sua primeira versão, foram considerados "inexistentes" (visto que ainda não foram aprovados, tampouco estão em implementação).

A análise temporal considerou o ano de instituição do conselho gestor e o ano do último ato de aprovação do plano de manejo, conforme ato normativo de cada instrumento.[3] Por fim, a análise de UCs que apresentam ambos os instrumentos de gestão por unidade federativa (UF) considerou dois recortes: a proporção (percentual) de UCs com ambos os instrumentos dentre todas as UCs da UF e o número absoluto de UCs na UF com ambos os instrumentos. Todas as florestas estaduais, ainda que com nomenclaturas distintas, foram agrupadas sob a terminologia de florestas estaduais. As análises foram separadas para as UCFs e UCEs e os dados foram atualizados até 31 de novembro de 2021.

## Panorama dos instrumentos de gestão das unidades de conservação brasileiras

Das 334 UCFs (Figura 1), 291 (87%) apresentam pelo menos um instrumento de gestão aprovado, dos quais 205 (61,5%) apresentam tanto o plano de manejo quanto o conselho gestor, 81 (24%) possuem apenas conselho gestor e 5 (1,5%) dispõem apenas de plano de manejo. São 43 (13%) as UCFs ainda sem nenhum dos instrumentos gestores. Com relação às UCEs (Figura 1), das 818 UCs, são 307 (37,5%) as UCEs que apresentam ambos os instrumentos de gestão e 302 (37%) que apresentam um deles aprovado, dos quais 260 (32%) referem-se apenas ao conselho gestor e 42 (5%) possuem apenas o plano de manejo. Somam 209, mais de 25%, as UCEs ainda sem nenhum dos instrumentos de gestão.

3 O processo de elaboração e aprovação do plano de manejo pode levar alguns meses, o que pode implicar na diferença entre a data do documento formatado e a data de aprovação do instrumento. Foi privilegiada a data de aprovação (de publicação do ato normativo). A data do documento só foi considerada nos excepcionais casos em que a UC não apresenta ato normativo aprovando-o, mas utiliza do documento na implementação da gestão.

**Figura 1 – Distribuição dos instrumentos de gestão nas UCs**

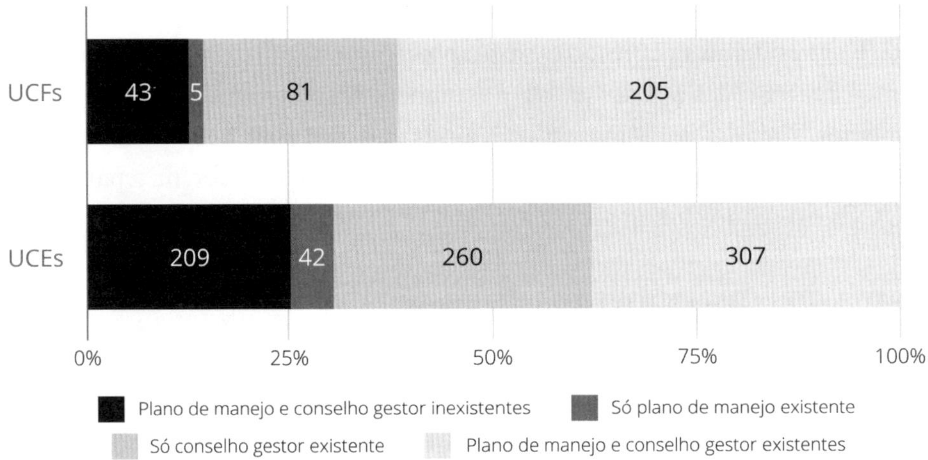


Fonte: dados da pesquisa. Elaboração própria.

Todavia, mesmo as UCs com instrumentos de gestão aprovados carecem de atenção, especialmente no que tange ao grau de implementação desses instrumentos. No caso dos conselhos gestores, seu funcionamento/atividade e renovação[4] são aspectos centrais da implementação, e no caso dos planos de manejo, são centrais sua atualização e utilização. A informação acerca da atividade (*i.e.* se ativo ou inativo) dos conselhos gestores não foi obtida para todas as UCs, especialmente diante da delicada situação que a pandemia do novo coronavírus impôs à forma e frequência de atividade dos conselhos, impondo a muitos um processo de lenta retomada e renovação. Nesse caso, destaca-se aqui somente a quantidade de UCs com esse instrumento de gestão aprovado (Figura 2), que totalizam 286 (85,5%) na instância federal e 567 (69,5%) na estadual.

4 Trata-se da atividade (que sejam ativos) e renovação (que sejam renovados de tempos em tempos, respeitando o período previsto por seus regimentos internos) dos conselhos gestores.

**Figura 2 – Distribuição dos conselhos gestores nas UCs federais (esquerda) e estaduais (direita)**

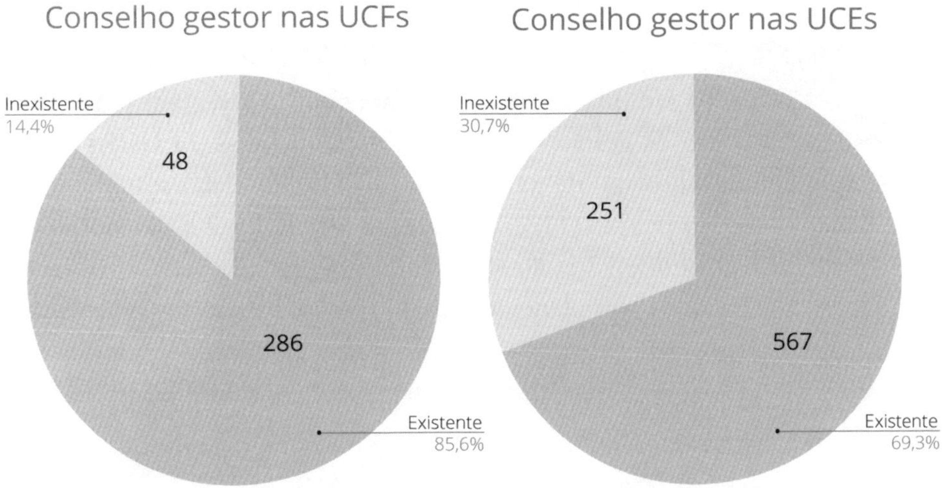


Fonte: dados da pesquisa. Elaboração própria.

Já os planos de manejo, em que o planejamento adaptativo se manifesta de suma importância, tiveram seu cenário de atualização mapeado (Figura 3). Entre as 210 UCFs (63% das UCFs) com planos de manejo, 68 (32,5%) tiveram seus planos aprovados há até 5 anos,[5] ou seja, encontram-se atualizados, e 142 (67,5%) tiveram sua aprovação há mais de 5 anos, ou seja, encontram-se desatualizados, sendo que há dois planos com mais de 40 anos sem atualização, o dos parques nacionais de Monte Pascoal e de Sete Cidades. Com relação às 349 UCEs (42,5% das UCEs) com planos de manejo, 111 (32%) mostraram-se atualizados e, portanto, foram aprovados há até 5 anos,[4] enquanto 238 (68%) estão desatualizados e tiveram sua aprovação há mais de 5 anos, sendo que nessa instância há dois planos com

5 Cinco anos, tomando como base a data de atualização do estudo, 31 de novembro de 2021, ou seja, atos normativos publicados entre de 31 de novembro de 2016 e 31 de novembro de 2021.

mais de 30 anos sem atualização, o dos parques estaduais da Ilha Anchieta e das Dunas de Natal. A desatualização dos planos de manejo pode impactar a gestão da UC caso a caracterização e o planejamento contidos nesse instrumento de gestão deixem de estar alinhados com o contexto vigente na UC. Por isso, é de suma importância que a gestão adaptativa seja aplicada e o plano de manejo esteja atualizado.

Ainda, entre as 124 UCFs sem planos de manejo, apenas 3 apresentam processo de elaboração desse instrumento de gestão (Figura 3). Destacam-se as 94 UCEs (11,5% das UCEs) que apresentam seu plano de manejo em processo de elaboração, homologação, aprovação, licitação ou contratação (Figura 3). Dessas 94 UCEs, 2 estão em processo de atualização desse instrumento e 92 estão elaborando sua primeira versão. Somam-se, assim, 469 (57,5%) UCEs ainda sem plano de manejo aprovado e em implementação.

**Figura 3 – Distribuição dos planos de manejo nas UCs federais (esquerda) e estaduais (direita).**

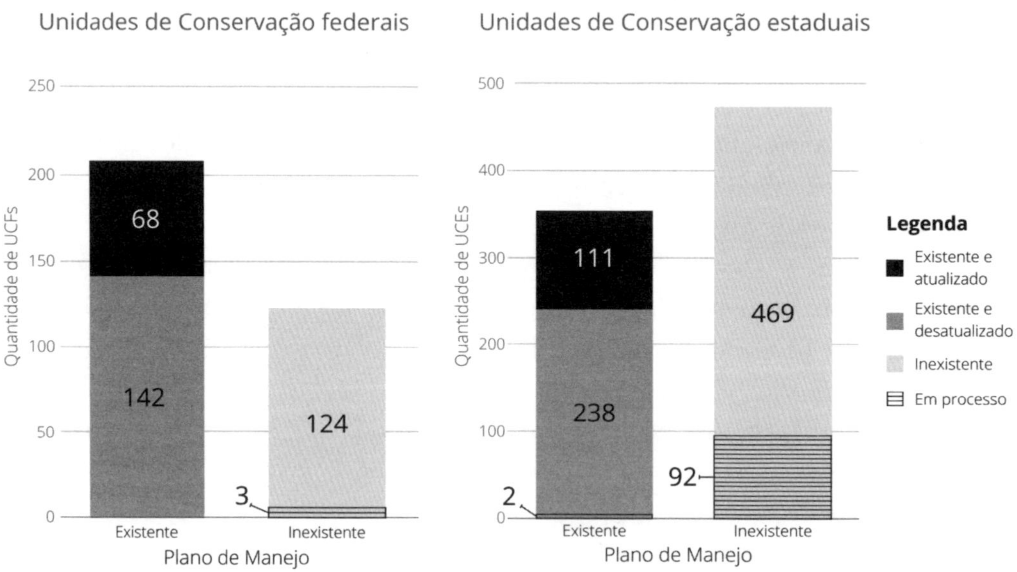


Fonte: dados da pesquisa. Elaboração própria.

As Figuras 4 e 5 apresentam a temporalidade da aprovação dos instrumentos de gestão. A primeira traz a quantidade de conselhos gestores criados por ano nas esferas federal e estadual. A segunda traz a quantidade de planos de manejo aprovados por ano, tendo como base o ano da última versão aprovada desse instrumento. Em ambas as figuras é possível verificar que a maioria das UCs regulamentaram os instrumentos de gestão após o ano de 2000, ano de criação da Lei do SNUC (BRASIL, 2000). Esse resultado reitera a importância desse marco legal não apenas à criação de novas UCs, mas também à elaboração e implementação de ferramentas e instrumentos de gestão para essas áreas protegidas.

Com relação à instituição dos conselhos (Figura 4), destaca-se o período de 2006 a 2012, em que foram aprovados 167 (58,5%) dos conselhos das UCFs e 109 (19%) das UCEs. Para as UCEs, evidencia-se o período de 2017 a 2021, em que foram aprovados 188 (33%) dos conselhos. Ainda, destaca-se que o ano de regulamentação do conselho não foi identificado em 169 (30%) UCEs. Sobre a temporalidade dos planos de manejo aprovados (Figura 5), destaca-se que o plano de manejo aprovado há mais tempo é de 1978 no caso das UCFs (do Parque Nacional de Sete Cidades, no Piauí), e de 1989 no caso das UCEs (parques estaduais da Ilha Anchieta, em São Paulo, e Dunas de Natal, no Rio Grande do Norte). Por fim, não foi possível identificar o ano de aprovação do plano de manejo de uma UCE, o Parque Estadual da Serra do Conduru.

**Figura 4 – Criação dos conselhos gestores de UCs ao longo dos anos**

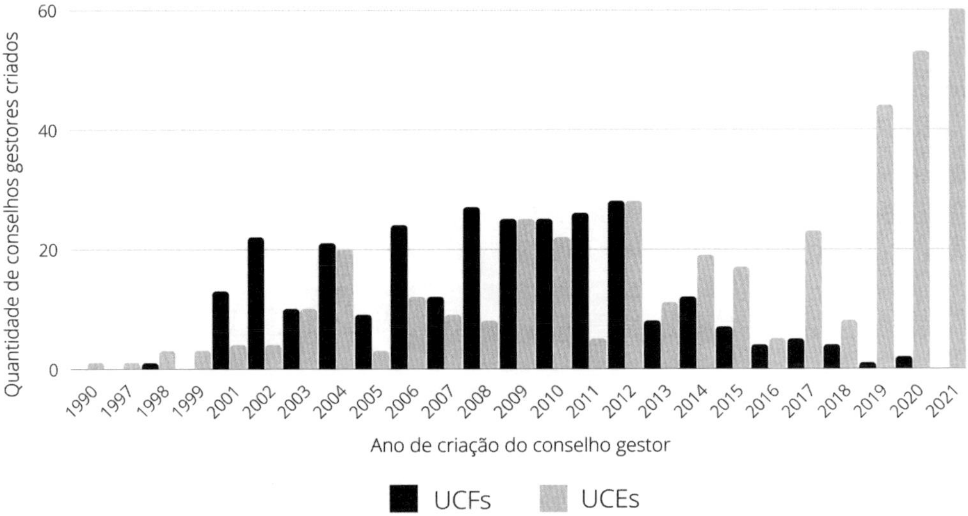


Fonte: dados da pesquisa. Elaboração própria.

Observação: considerando o ano do ato normativo de regulamentação do instrumento de gestão.

## Figura 5 – Aprovação dos planos de manejo de UCs ao longo dos anos

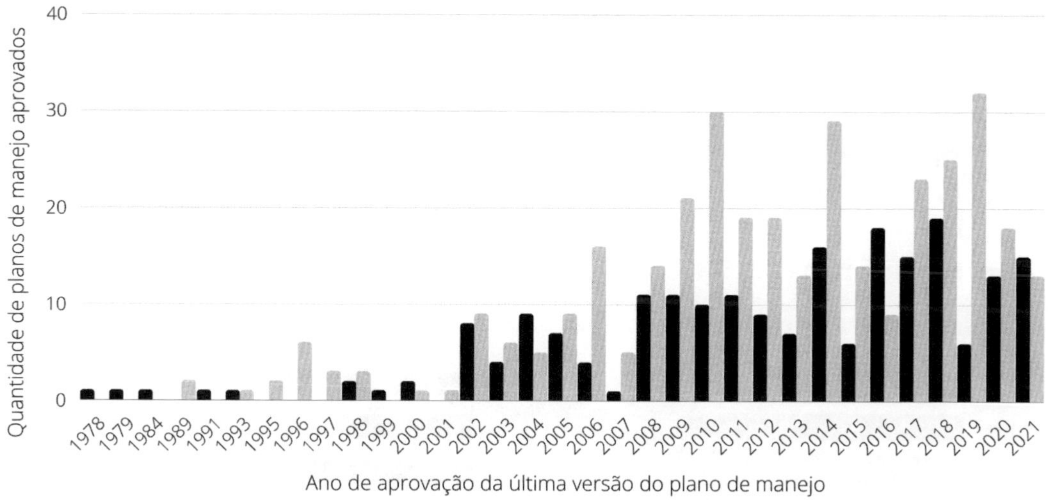


Fonte: dados da pesquisa. Elaboração própria.

Observação: considerando o ano da última versão do instrumento de gestão.

Analisando a distribuição dos instrumentos de gestão por categoria e uso (Figura 6), é possível destacar nas UCFs as categorias reserva biológica (Rebio), parque nacional (Parna), floresta nacional (Flona), estação ecológica (Esec) e área de proteção ambiental (APA), respectivamente, visto que mais de 70% das UCs nessas categorias apresentam ambos os instrumentos, ainda que não necessariamente atualizados e/ou ativos. A maioria das UCFs com ambos os instrumentos (52%) são unidades de proteção integral (UPI). Ainda, observam-se as categorias reserva extrativista (Resex) e refúgio da vida silvestre (RVS), com mais de 50%, e as reserva de desenvolvimento sustentável (RDS), com 100% das UCs somente com conselho gestor. Evidenciam-se, por fim, as categorias monumento natural (Monat) e área de relevante interesse ecológico (Arie), que apresentam mais de 50% das UCs sem nenhum instrumento de gestão.

No caso das UCEs, destacam-se as Resex, parque estadual (PES), RDS, Esec e floresta estadual (FES), em que mais de 40% das UCs nessas categorias apresentaram ambos os instrumentos, ainda que não necessariamente atualizados e/ou ativos. A maioria das UCEs com ambos os instrumentos de gestão (59%) também são UPI. Evidencia-se, ainda, que mais de 30% das UCs nas categorias Rebio, FES, RVS e Arie encontram-se sem nenhum instrumento de gestão. Nesse sentido, as FES destacam-se por apresentarem ou ambos ou nenhum dos instrumentos de gestão. Por fim, evidencia-se que mais de 40% das UCs das categorias RDS, APA, Monat, Arie e RVS apresentam apenas conselho gestor regulamentado.

**Figura 6 - Panorama dos instrumentos de gestão nas UCs, por categoria**

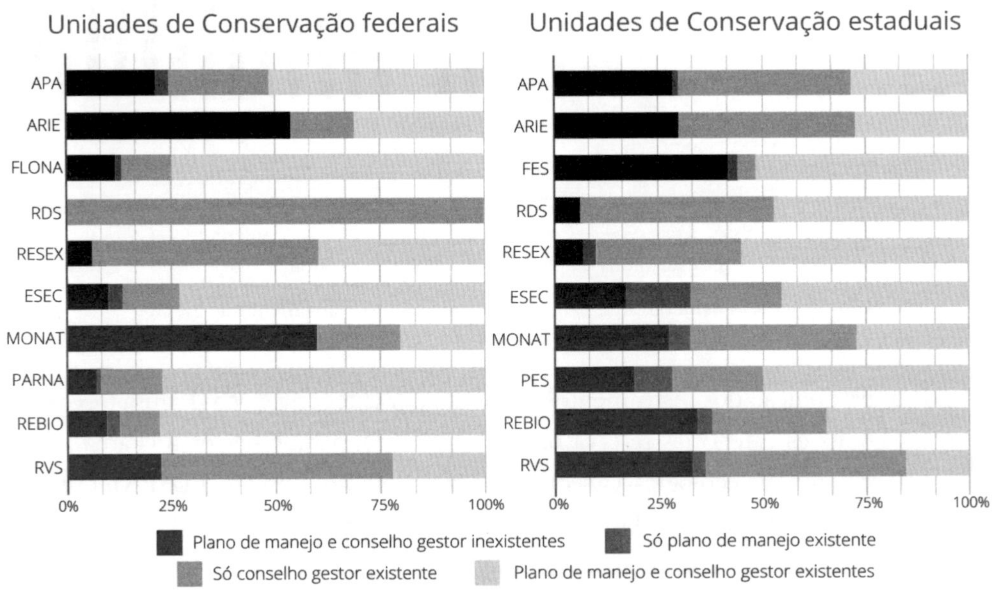


Fonte: dados da pesquisa. Elaboração própria.

Observação: à esquerda as UCs federais e à direita as UCs estaduais.

Analisando a distribuição das UCs com ambos os instrumentos de gestão por unidade federativa (UF) (Figuras 7 e 8), verificam-se dois recortes possíveis: a proporção (percentual) de UCs com ambos os instrumentos entre todas as UCs da UF e o número absoluto de UCs na UF com ambos os instrumentos. A análise nesses dois recortes é pertinente diante da alta disparidade na distribuição das UCs nas regiões do país. Há uma concentração das UCs na Amazônia Legal, especialmente na região Norte do país, onde se localizam mais de 80% das áreas protegidas brasileiras (ISA, 2020).

Considerando a proporção de UCs com instrumentos de gestão, entre todas as UCs do estado, o Rio Grande do Norte se destaca com todas as UCFs apresentando ambos os instrumentos de gestão, seguido de Rondônia com quase 92% e Rio de Janeiro com cerca de 88%. No âmbito estadual, o Amazonas se destaca com mais de 76% de suas UCEs com ambos os instrumentos de gestão, seguido de Santa Catarina com 70% e Rio Grande do Norte com 67%. Por fim, considerando a quantidade absoluta de UCs com ambos os instrumentos de gestão, no âmbito federal (UCFs), o destaque é o Pará com 30 UCs, seguido do Amazonas com 24 e Rio de Janeiro com 15. No âmbito estadual (UCEs), o destaque é Minas Gerais em que 40 UCs possuem plano de manejo e conselho gestor, seguido do Amazonas com 32 e Rondônia com 14.

## Figura 7 – *Ranking* das UCs federais com ambos os instrumentos de gestão, por UF

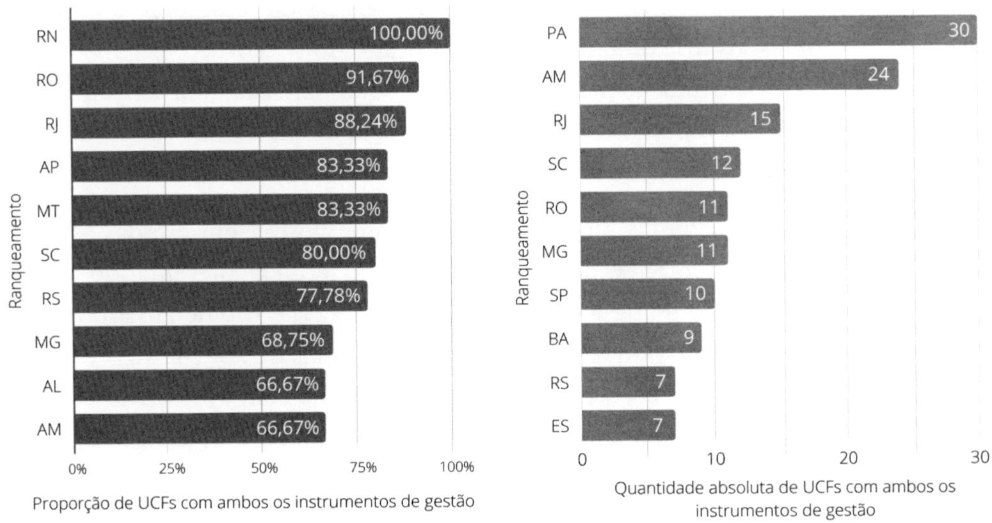


Fonte: dados da pesquisa. Elaboração própria.

Observação: Em percentual relativo (esquerda) e quantidade absoluta (direita).

Figura 8 – *Ranking* das UCs estaduais com ambos os instrumentos de gestão, por UF

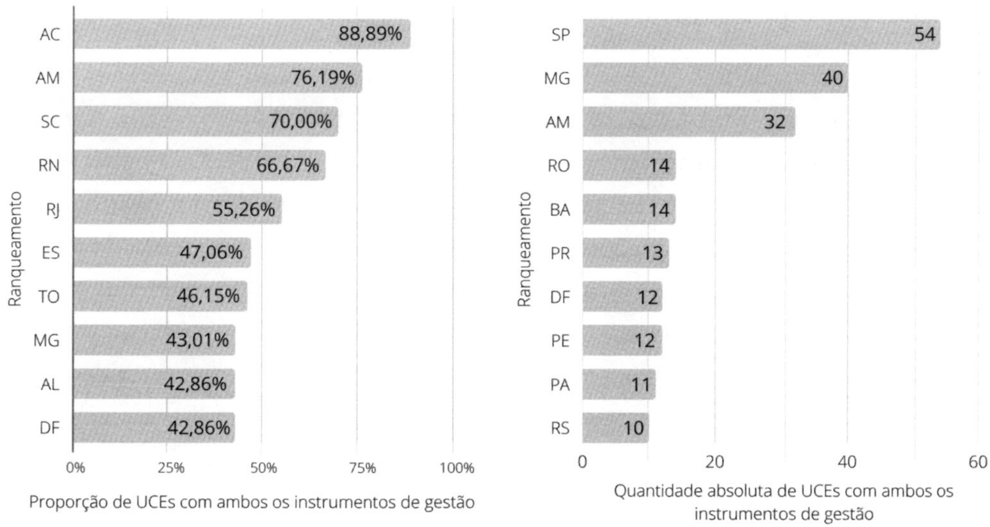


Fonte: dados da pesquisa. Elaboração própria.

Observação: Em percentual relativo (esquerda) e quantidade absoluta (direita).

## Considerações finais e recomendações

Apesar de o conselho gestor e o plano de manejo serem instrumentos de gestão obrigatórios para as UCs no Brasil, a presente análise constata que muitas delas ainda não os possuem. Cerca de 13% das UCFs e 25% das UCEs não apresentam nem plano de manejo nem conselho gestor. Tal cenário contribui para a ausência de orientações e planejamento previstos legalmente e necessários nas estratégias de conservação da sociobiodiversidade. Há, por outro lado, diversas UCs que apresentam ambos os instrumentos de gestão. Nessa situação, somam-se cerca de 61,5% das UCFs e 37,5% das UCEs. É importante, porém, ponderar que nem todas essas UCs apresentam os instrumentos atualizados e em implementação. Tal fato reforça a importância de compatibilizar o esforço de criação de UCs com a efetiva implementação dessas áreas protegidas.

A implementação e consolidação dessas áreas de forma a contribuir para a efetividade do manejo e da conservação da sociobiodiversidade e dos processos socioecológicos exige não apenas que os instrumentos de gestão sejam elaborados, mas que eles sejam também de qualidade, participativos e integrados (MURER; FUTADA, 2019). Para tanto, é importante que os planos de ação e as metas sejam estabelecidos vinculados aos objetivos da UC e que a implementação de programas e projetos envolvam monitoramento da UC e seu entorno, executando-se a gestão e o manejo adaptativo. É essencial também que o planejamento da UC esteja atualizado e condizente com a realidade local e que sejam respeitadas as capacidades de suporte das UCs e seus espaços. Além disso, na composição do conselho gestor, paridade e representatividade são aspectos essenciais para seu funcionamento e para a gestão da UC. É ainda essencial que os protocolos de consulta sejam sempre respeitados em áreas de presença humana.

Por fim, para viabilizar a elaboração e implementação dos planos de manejo e dos conselhos gestores, além de estrutura administrativa e de apoio às atividades de campo, plano de proteção e fiscalização, investimento em regularização fundiária e em atividades compatíveis com sua categoria de manejo, é necessária a previsão e asseguração de recursos humanos e orçamentários para a gestão das UCs (ARAÚJO *et al.*, 2016). Apesar de parecer elementar a necessidade de insumos à implementação da gestão das UCs, auditorias de 2013 dos tribunais de contas da União e dos Estados (TCU, 2013; ARAÚJO *et al.*, 2016) apontam que apenas 4% das UCs analisadas dispunham de recursos, instrumentos e infraestrutura necessários à sua gestão e para que seus objetivos fossem atingidos plenamente. Ainda que nova auditoria tenha indicado que, de forma geral, entre 2014 e 2019, houve avanços na implementação e na gestão das unidades de conservação, o levantamento também apontou a ausência de uma estratégia detalhada para o Sistema Nacional de Unidades de Conservação da Natureza (SNUC), além de falhas na governança, escassez de recursos humanos e fragilidades no monitoramento das fontes de financiamento do

SNUC (TCU, 2021). Nesse sentido, consta a necessidade de contínuo investimento, que viabilize a real implementação e efetividade das UCs, o que, por sua vez, tem implicações positivas na manutenção de processos socioecológicos essenciais à vida.

## Referências


ABIRACHED, C. F. *et al. Conselhos gestores de unidades de conservação federais*. Brasília: ICMBio, 2014. Disponível em: https://www.icmbio.gov.br/portal/images/stories/comunicacao/publicacoes/guia-conselhos-2014.pdf. Acesso em: 20 nov. 2021.

ANDAM, K. *et al.* Measuring the effectiveness of protected area networks in reducing deforestation. *Proceedings of the National Academy of Sciences*, v. 105, n. 42, p. 16089-16094, 2008.

ARAÚJO, E. *et al. Quais os planos para proteger as unidades de conservação vulneráveis da Amazônia?* Belém: Imazon, 2016. Disponível em: https://imazon.org.br/PDFimazon/Portugues/livros/Planos_para_proteger_UCs_vulneraveis_Amazonia.pdf. Acesso em: 10 nov. 2021.

BARBER, C. wP. *et al.* Roads, deforestation, and the mitigating effect of protected areas in the Amazon. *Biological Conservation*, v. 177, p. 203-209, 2014.

BRASIL. *Decreto nº 4.340, de 22 de agosto de 2002*. Brasília, DF: Presidência da República, 2002. Disponível em: https://www.planalto.gov.br/ccivil_03/decreto/2002/d4340.htm. Acesso em: 26 nov. 2021.

BRASIL. *Lei nº 9.985, de 18 de julho de 2000*. Regulamenta o art. 225, § 1º, incisos I, II, III e VII da Constituição Federal, institui o Sistema Nacional de Unidades de Conservação da Natureza e dá outras providências. Brasília, DF: Presidência da República, 2000. Disponível em: http://www.planalto.gov.br/ccivil_03/leis/l9985.htm. Acesso em: 10 nov. 2021.

CASES, M. O. *et al.* Noções básicas para a elaboração de planos de manejo. *In*: WWF-BRASIL; IPÊ – INSTITUTO DE PESQUISAS ECOLÓGICAS (Org.). *Gestão de unidades de conservação*: compartilhando uma experiência de capacitação. Brasília: WWF-BRASIL; IPÊ, 2012. p. 77-117. Disponível em: https://wwfbr.awsassets.panda.org/downloads/gestao_de_unidades_de_conservacao.pdf. Acesso em: 26 nov. 2021.

D'AMICO, A. R. *et al. Roteiro metodológico para elaboração e revisão de planos de manejo das unidades de conservação federais*. Brasília: ICMBio, 2018. Disponível em: https://uc.socioambiental.org/sites/uc/files/2019-10/roteiro_metodologico_elaboracao_revisao_plano_manejo_ucs%20%281%29.pdf. Acesso em: 26 nov. 2021.

EGGERMONT, H. *et al.* Nature-based solutions: new influence for environmental management and research in Europe. *GAIA-Ecological Perspectives for Science and Society*, v. 24, n. 4, p. 243-248, 2015.

FUTADA, S. M.; SOUZA, C.; ALENCAR, A. *O estado das áreas protegidas na Amazônia brasileira*: oportunidades em áreas protegidas. São Paulo: ISA; Belém: Imazon, Ipam, 2019. Disponível em: https://acervo.socioambiental.org/acervo/publicacoes-isa/o-estado-das-areas-protegidas-na-amazonia-brasileira-oportunidades-em-areas. Acesso em: 10 nov. 2021.

GROSS, J. E. *et al. Adapting to climate change*: guidance for protected area managers and planners. Gland, Switzerland: IUCN, 2016. (Best Practice Protected Area Guidelines Series, n. 24)

ISA – INSTITUTO SOCIOAMBIENTAL. *Alertas+*. São Paulo: ISA, 2021. Disponível em: https://alertas.socioambiental.org/. Acesso em: 22 nov. 2021.

ISA – INSTITUTO SOCIOAMBIENTAL. *Unidades de conservação no Brasil*: painel de dados. São Paulo: ISA, 2020. Disponível em: https://uc.socioambiental.org/paineldedados. Acesso em: 26 nov. 2021.

JIRICKA-PÜRRER, A. *et al.* Do protected areas contribute to health and well-being? A cross-cultural comparison. *International Journal of Environmental Research and Public Health*, v. 16, n. 7, p. 1172, 2019.

MURER, B.; FUTADA, S. M. Instrumentos de gestão em UCs na Amazônia Legal: um breve panorama. *In*: FUTADA, S. M.; SOUZA, C.; ALENCAR, A. *O estado das áreas protegidas na Amazônia brasileira*: oportunidades em áreas protegidas. São Paulo: ISA; Belém: Imazon, Ipam, 2019. p. 59-71. Disponível em: https://acervo.socioambiental.org/acervo/publicacoes-isa/o-estado-das-areas-protegidas-na-amazonia-brasileira-oportunidades-em-areas. Acesso em :10 nov. 2021.

PALMIERI, R.; VERÍSSIMO, A. *Conselhos de unidades de conservação*: guia sobre sua criação e seu funcionamento. Piracicaba: Imaflora; Belém: Imazon, 2009. Disponível em: https://uc.socioambiental.org/sites/uc/files/2019-04/conselhos-de-unidades-de-conservacao-guia-sobre.pdf. Acesso em: 22 nov. 2021.

PIMENTEL, D. S. *Os "parques de papel" e o papel social dos parques*. Tese (Doutorado em Recursos Florestais) – Universidade de São Paulo, São Paulo, 2008. Disponível em: https://www.teses.usp.br/teses/disponiveis/11/11150/tde-13102008-134757/publico/Douglas_Pimentel.pdf. Acesso em: 26 nov. 2021.

RESENDE, F. M. *et al.* The importance of protected areas and Indigenous lands in securing ecosystem services and biodiversity in the Cerrado. *Ecosystem Services*, v. 49, p. 101282, 2021.

SÁNCHEZ-AZOFEIFA, G. A. *et al.* Protected areas and conservation of biodiversity in the tropics. *Conservation Biology*, v. 13, n. 2, p. 407-411, 1999.

SANTILLI, J. *Socioambientalismo e novos direitos:* proteção jurídica à diversidade biológica e cultural. São Paulo: Editora Peirópolis, 2005. Disponível em: http://portal.iphan.gov.br/uploads/ckfinder/arquivos/SANTILLI_Juliana-Socioambientalismo-e-novos-direitos.pdf. Acesso em: 10 nov. 2021.

SOUZA, A. A. *et al. Desmatamento em 2020*: Amazônia legal e suas áreas protegidas (unidades de conservação e terras indígenas). Nota Técnica. São Paulo: ISA, 2020. Disponível em: https://www.socioambiental.org/sites/blog.socioambiental.org/files/nsa/arquivos/nt_desmatamento_2020_prodes_consolidado.docx_1.pdf. Acesso em: 26 nov. 2021.

TCU – TRIBUNAL DE CONTAS DA UNIÃO. *Relatório de Auditoria nº 023.646/2018-7*. Acórdão n.º 1383/2021 - PLENÁRIO. Brasília, DF: TCU, 2021. Disponível em: https://pesquisa.apps.tcu.gov.br/#/redireciona/processo/2364620187. Acesso em: 22 nov. 2021.

TCU – TRIBUNAL DE CONTAS DA UNIÃO. *Relatório de Auditoria nº 034.496/2012-2*. Acórdão n.º 3.101/2013. Brasília, DF: TCU, 2013. Disponível em: https://pesquisa.apps.tcu.gov.br/#/redireciona/processo/1218620139. Acesso em: 22 nov. 2021.

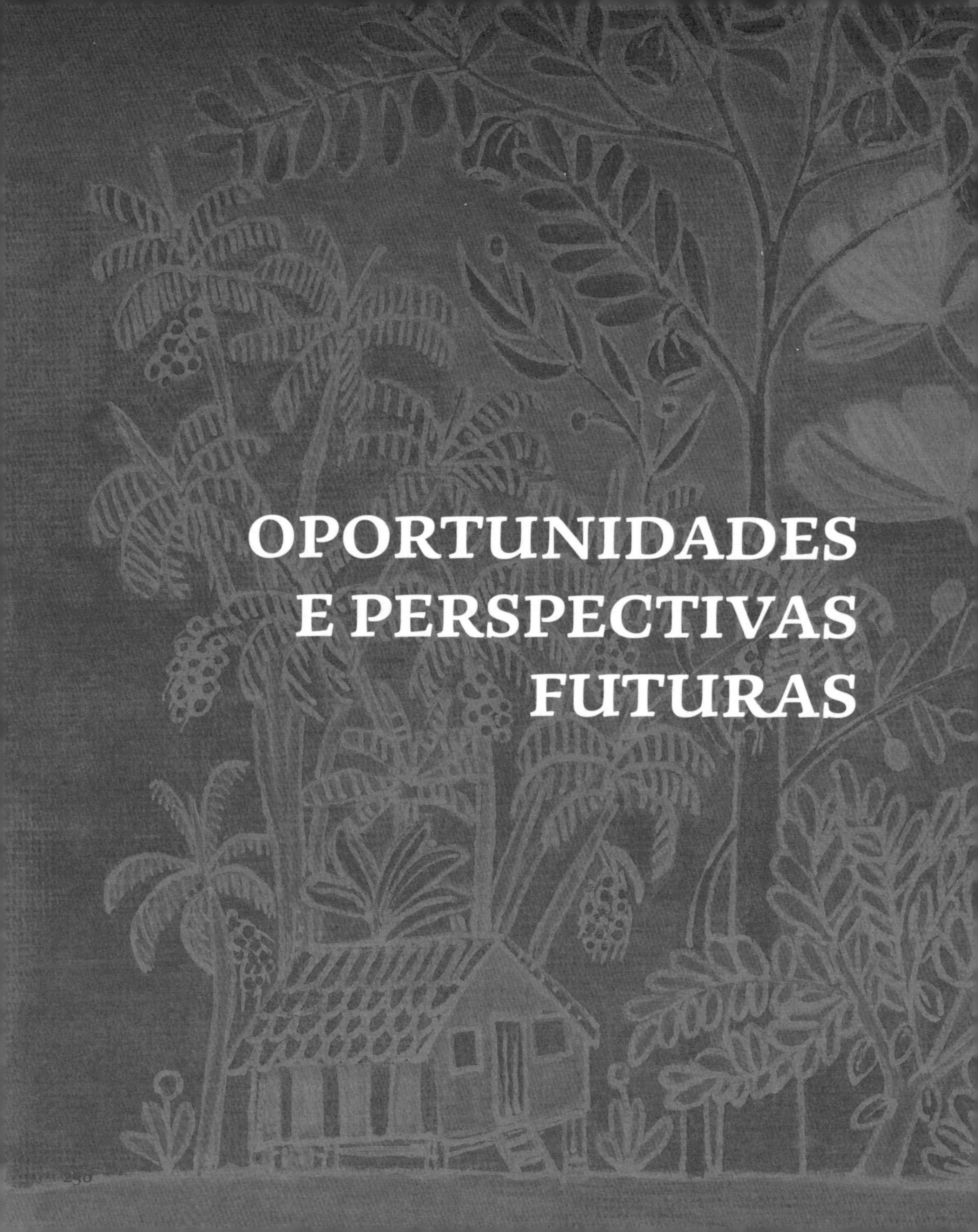

# OPORTUNIDADES E PERSPECTIVAS FUTURAS

# PARA AS UNIDADES DE CONSERVAÇÃO

# SISTEMAS LOCAIS DE ÁREAS PROTEGIDAS, CONSERVADAS E VERDES (E AZUIS): BALIZAMENTO CONCEITUAL E RELEVÂNCIA

*Cláudio C. Maretti, Beatriz B. Aydos, Victor B. Ferraz, Ângela C. Guirao, Juliana Echeverri, Sueli A. Thomaziello, André L. Lima, Rodrigo M. dos Santos, Gabriel N. Fenerich, Sueli A. Furlan e Marta de Azevedo Irving*

Quando se fala em áreas protegidas, normalmente se pensa em unidades de conservação (UCs), principalmente as federais, por vezes seguidas das estaduais. E ao se tratar de áreas protegidas, a associação com a conservação da biodiversidade é muito forte, e os biomas e ecossistemas mais emblemáticos, mesmo mais distantes, são os mais evocados – como Amazônia e Pantanal. É mais raro que se lembre das áreas protegidas locais ou urbanas. Isso se deve ao fato de que as UCs são o tipo mais importante de áreas protegidas no Brasil para a conservação da natureza e da sua biodiversidade. Diferentemente de muitos países, o Brasil tem uma lei geral que estabelece o Sistema Nacional de Unidades de Conservação da Natureza (SNUC), o qual prevê que todas as categorias de gestão podem ou devem ser criadas nos três níveis de governo (Lei nº 9.985, de 18 de julho de 2000).

Além disso, tem sido dada relativamente pouca atenção aos sistemas, sejam eles de UCs ou de outras áreas protegidas, assim como a outros serviços fundamentais que os ecossistemas e as áreas protegidas e verdes prestam. Ao considerar a qualidade de vida das pessoas (ressaltando que 85% da população é urbana, segundo o IBGE), especialmente no que se refere à saúde, ao bem-estar e ao enfrentamento das mudanças climáticas, deve ser considerada a importância, não só das UCs próximas, mas também das demais áreas protegidas, conservadas, verdes e azuis.

A instabilidade na gestão e governança das UCs nos tempos atuais e a necessidade de criar estratégias cada vez mais perenes e integradas, faz com que seja preciso considerar a importância dos papéis complementares entre os três níveis de governo e com os outros tipos de governança de áreas protegidas, inclusive privados e comunitários.

Neste artigo tratamos de áreas protegidas verdes e azuis locais, incluindo vários tipos e categorias – como as UCs, as áreas que contribuem com a conservação da natureza, os territórios tradicionais, os espaços vegetados e aquáticos destinados ao lazer ou à qualidade da paisagem –, consideradas também individualmente, mas preferencialmente em seus conjuntos e sistemas, em sua complexidade e no relacionamento com seus contextos, especialmente na lógica urbana das cidades. Dessa forma, quando mencionamos, simplificadamente, apenas "áreas protegidas e verdes", ou expressão similar, solicitamos que o conceito seja entendido em seu sentido mais completo e complexo.

## Áreas protegidas, conservadas e verdes

As áreas protegidas estão entre os melhores mecanismos para a conservação da natureza e dos valores culturais associados, bem como possibilitam o acesso da população à natureza e aos benefícios dos serviços dos ecossistemas, que é um direito da sociedade. Bem geridos, os sistemas de áreas protegidas podem ajudar na melhor distribuição dos benefícios para toda sociedade.

Apresentamos a seguir um esforço de definição (sempre precário e efêmero) dos vários tipos de áreas protegidas verdes e azuis locais, incluindo os diversos tipos e categorias possíveis, bem como buscamos compreender o que significam e os benefícios que prestam aos habitantes no interesse local, sobretudo das cidades.

### *Espaços territoriais especialmente protegidos*

A Constituição Brasileira de 1988 orientou o estabelecimento dos "espaços territoriais e seus componentes a serem especialmente protegidos", para assegurar o "direito de todos" ao "meio ambiente ecologicamente equilibrado, bem de uso comum do povo e essencial à sadia qualidade de vida", "para as presentes e futuras gerações".

Acostumamo-nos a pensar que isso estaria representado pelas UCs, previstas em lei nacional, e que isso fosse obrigação exclusiva do poder público. No entanto, elas não são necessariamente as únicas representantes legais dos "espaços territoriais especialmente protegidos", nem são somente os governos que têm a possibilidade e a responsabilidade da conservação da natureza, pois impõe-se "ao poder público e à coletividade o dever" de defender o "o meio ambiente ecologicamente equilibrado" (PEREIRA; SCARDUA, 2008; MARETTI; SIMÕES, 2020).

### *Unidades de conservação*

No Brasil, as UCs são usadas legalmente como o principal tipo de áreas protegidas com objetivo de conservação da natureza. Internacionalmente, o termo em inglês *protected areas* é o mais usado, ou seus similares em outras línguas. De forma simplificada, as UCs envolvem os seguintes elementos:

- definição e características do que interessa proteger (objetivos e objetos de conservação);
- delimitação espacial (em muitos casos, em três dimensões);
- mecanismos legais ou outras formas de estabelecimento ou criação e respaldo da gestão; e
- possuir gestão (ou previsão de gestão) específica (DUDLEY, 2008).

A definição da União Internacional para a Conservação da Natureza (UICN) ainda deixa claro que, *stricto sensu*, a intenção de conservação da natureza deve ser explícita e prioritária para que a UC seja considerada *protected area*, mas que ela inclui os valores culturais associados (DUDLEY, 2008).

Como houve importante homogeneização de conceitos durante o paradigma dos parques nacionais (MARETTI, 2020; 2021a), com elementos positivos e negativos, houve também diretrizes internacionais sobre suas categorias de gestão e seus tipos de governança, que devem ser considerados como complementares entre si. Os tipos de governança reconhecidos internacionalmente são associados ao ator social responsável pela gestão (BORRINI-FEYERABEND *et al.*, 2013), e as categorias de gestão são definidas internacionalmente por conjuntos de objetivos (DUDLEY, 2008). No Brasil as categorias definem também características de dominialidade e tipos de governança (MARETTI, 2020). Mais do que o grupo, interessam as características de cada categoria. Diferentemente de outros países, a lei do SNUC considera a possibilidade de todas as categorias de UCs serem criadas e geridas por governos locais.

### *Áreas protegidas no Brasil*

Por meio do Plano Estratégico Nacional de Áreas Protegidas – PNAP (Decreto nº 5.758, de 13 de abril de 2006), tem-se no Brasil uma definição legal do que seriam as outras áreas protegidas além das UCs, incluindo terras indígenas e territórios quilombolas. Esse plano foi construído inspirado pelo Programa de Trabalho sobre Áreas Protegidas (em inglês, *Programme of Work on Protected Areas – PoWPA*) da Convenção sobre a Diversidade Biológica (CDB), aprovado em 2004.

No país, progressivamente se passou a considerar os territórios dos povos e comunidades tradicionais em geral como áreas protegidas (MARETTI; SIMÕES, 2020), além de outras possibilidades de interpretação dispersas. Ou seja, o termo pode incluir a definição legal ou ir além, incluindo outros tipos de forma mais genérica.

### *Áreas conservadas*

Em 2018, a CDB definiu o que são os "outros mecanismos espaciais eficazes de conservação" – OMECS (em inglês, *other effective area-based conservation measures – OECMs*), que foram adotados a partir da formulação, em 2010, da Meta de Aichi 11 de Biodiversidade (CDB, 2018): os OMECS devem ser áreas delimitadas, com alguma gestão e resultados positivos de conservação da biodiversidade de fato, mas não são UCs (*protected areas*), por não terem os objetivos de conservação da natureza de forma explícita ou por não terem sido incorporados nos sistemas nacionais. Com intuito de facilitar a linguagem, a Comissão Mundial de Áreas Protegidas (CMAP) da UICN tem promovido o uso do termo *conserved areas* para os OMECS (IUCN, 2019).

Em 2013, no desenvolvimento das metas brasileiras associadas às metas de Aichi, a Resolução Conabio nº 6 considerou, além das UCs, outros tipos de áreas protegidas ou conservadas, como áreas de preservação permanente (APP), reservas legais e terras indígenas com vegetação nativa, além de ter avançado nas condições de sua implementação, incluindo "assegurada a demarcação, regularização e a gestão efetiva e equitativa". A meta brasileira condiciona a consideração dessas áreas a algumas condições, mas nem todas cumprem os requisitos dos OMECS. Infelizmente, a meta brasileira não menciona o sistema de áreas protegidas e conservadas tal como a meta global.

### *Áreas verdes urbanas ou similares*

Diferentemente do conceito de *protected areas,* que se expandiu, homogeneizou (não sem prejuízos) e se tornou internacional, no campo das áreas verdes urbanas, há conceitos básicos que são aceitos de forma geral, mas ainda existe divergência nas formas de classificações dos tipos. Esses espaços locais, normalmente associados aos meios urbanos e periurbanos, podem variar de tamanho, de conteúdo de biodiversidade (com vegetação nativa ou exótica) e de funções ecológicas e sociais, mas, juntamente com as UCs locais, são fundamentais em serviços prestados à sociedade, tais como a promoção da saúde e do bem-estar e o enfrentamento das mudanças climáticas, além de serem a porta de entrada dos sistemas de áreas protegidas para muitos grupos sociais.

### *Espaços livres*

Um primeiro conceito importante é o de espaços livres no meio urbano. Esses espaços livres de construção (sem considerar os espaços viários ou de integração) normalmente são considerados como espaços de acesso público, porém também é possível considerar que sejam permeáveis à biodiversidade, já em transição para a definição de áreas verdes. Esses espaços são muito importantes sob dois aspectos básicos. Em termos da paisagem urbana, são elementos para "respiração" das cidades em meio aos espaços construídos e as vias, podendo ser acessíveis ou não, permeáveis ou não. São também importantes para a funcionalidade cívica ou comunitária, onde as pessoas se encontram, convivem, promovem atividades etc. (CAVALHEIRO *et al.*, 1999; SÃO PAULO, 2020; STANLEY *et al.*, 2012; MACEDO, 1995).

### *Áreas verdes*

São espaços livres com vegetação, portanto predominantemente não impermeabilizados. Essa vegetação pode ser nativa ou exótica. Para alguns, interessam aqueles que são de acesso ao público, sobretudo em suas funções urbanísticas (portanto, sociais), mas as áreas verdes privadas também têm importância ambiental e ecológica. Muitas vezes são consideradas a partir de uma área mínima. Têm funções sociais, ecológicas e ambientais – ainda que essa classificação seja imbricada. Entre as funções ecológicas estão a sobrevivência de espécimes e, eventualmente, de espécies nativas. Entre as funções ambientais estão a permeabilidade, a qualidade do ar e a regulação do ciclo hídrico. Entre as funções sociais estão a promoção da sociabilidade, as atividades culturais, educativas e esportivas, entre outras. Elas são essencialmente áreas que permitem à cidade e aos cidadãos respirarem, literal e figurativamente, em meio aos espaços construídos e pavimentados e aos veículos automotores (SÃO PAULO, 2020; CAMPINAS, 2016; BARTALINI, 1986; BARGOS; MATIAS, 2011; TANSCHEIT, 2018; FROUD, 2017; MACEDO, 1995).

### *Parques urbanos e similares*

São áreas verdes urbanas com tamanho relativamente maior ou com conteúdo de vegetação mais expressivo. São destinados prioritariamente para lazer, recreação ou atividades físicas e ocasionalmente podem incluir fragmentos de ecossistemas naturais. Um critério importante de diferenciação de outras áreas verdes urbanas pode ser sua gestão preferencialmente específica, que os coloca mais sob a responsabilidade de órgãos municipais que atuam no meio ambiente e na conservação da natureza. O controle do acesso (portarias, grades etc.) a essas áreas pode ser tema controverso.

Em geral não são UCs, pois seu objetivo primário não é a conservação da biodiversidade *in situ*, mas podem ter importância ecológica e podem ser considerados áreas conservadas (OMECS) se contribuírem com proteção de fragmentos de ecossistemas nativos. E o interesse nos ecossistemas e na sustentabilidade têm crescido desde as últimas décadas do século XX (CARDOSO; VASCONCELLOS SOBRINHO; VASCONCELLOS, 2015; CAMPINAS, 2016; SAKATA, 2018; CRANZ; BOLAND, 2004).

### *Parques lineares, corredores ecológicos e similares e os ecossistemas aquáticos*

Podem ser parques urbanos ou conjuntos de áreas, com remanescentes de ecossistemas nativos, com potencial de recuperação ou verdes, normalmente alocados em vales, com restrições de construção. Consideram as possibilidades de cheias dos rios, promoção da conectividade ecológica e viabilização de espaços de lazer, inclusive aqueles de percursos mais longos, como ciclovias e trilhas. Também possuem potencial e interesse de que sejam intermunicipais. Essas estruturas também devem considerar as áreas de preservação permanente (APP), definidas em diretrizes gerais pela Lei nº 12.651, de 25 de maio de 2012 (Lei da Vegetação Nativa), especialmente aquelas ao longo dos cursos d'água. São relevantes porque cumprem múltiplas funções, sendo muitas vezes as melhores ou as únicas alternativas para ampliação das áreas verdes, especialmente para partes das cidades ou grupos sociais mais carentes delas. E são muito importantes para o enfrentamento das mudanças climáticas, em termos de segurança hídrica nas cidades.

Podem (ou deveriam) ser muito vinculados às áreas azuis. Mas os processos de urbanização, de "enterramento" de uma parte importante dos rios nas cidades e da ocupação das suas planícies fizeram deles os ecossistemas mais desconsiderados e degradados. Quando conservados, normalmente não são tratados como ecossistemas vivos (mas, sim, "recursos hídricos"), nem são considerados em sua totalidade, focando apenas nas áreas mais permanentes (ou seu leito menor), desconsiderando as planícies de inundação e sua interação ecológica fundamental com os ambientes terrestres do entorno. Parece difícil esperançar que as cidades retornem ao bom convívio com os ecossistemas aquáticos. Mas, ajudados pelos parques lineares e corredores ecológicos, parece possível, ao menos, ter um bom convívio com corpos d'água limpos e considerar sua dinâmica hidrológica, considerando as alterações provocadas pelas mudanças climáticas (CAMPINAS, 2016; SAKATA, 2018; MARETTI, 2021b).

### *Outras áreas verdes e azuis*

O verde e o azul nas cidades deve ir muito além das áreas protegidas e dos parques urbanos. Ainda que possam não ser de acesso público, ou que individualmente não sejam muito significativas, em conjunto e na sua dispersão, as áreas verdes (e azuis) são fundamentais para a qualidade de vida nas cidades. Nesse sentido, deve-se considerar como interessantes também as praças vegetadas (espaços livres de construção, com vegetação, de interesse predominantemente de bairro), a arborização urbana (muito desigual entre os bairros), as áreas privadas com boa vegetação (como terrenos antigos, clubes etc.), as áreas de domínio ou interesse comunitário, inclusive hortas comunitárias urbanas, as áreas de lazer ou de encontro locais, os jardins (inclusive os "de chuva"), e os remanescentes da ocupação ("pedaços" não construídos), com vegetação ou potencial de regeneração, entre outras possibilidades.

Valorizando todas as áreas com vegetação, vale a pena diferenciar aquelas voltadas para o uso, como as praças, daquelas que podem ser agradáveis visualmente ou úteis para a qualidade ambiental, mas não são destinadas ao uso (direto), como canteiros centrais de avenidas, rotatórias etc. Igualmente, é possível diferenciar as áreas que são de acesso público daquelas privadas ou restritas. Comparativamente aos parques urbanos ou similares, essas áreas menores e mais dispersas normalmente não têm gestão específica, sendo muitas vezes mantidas por órgãos municipais que atuam em obras públicas, vias, jardins e similares.

Também devem ser consideradas as muito importantes áreas não urbanas dos municípios, sobretudo as zonas de expansão urbana, mas também as zonas rurais. Isso porque, com frequência, são áreas verdes (e podem incluir áreas azuis) vizinhas ou muito próximas das cidades. Muitas vezes, está nas áreas ainda não urbanizadas o principal potencial de definição ou destinação de áreas para serem protegidas ou conservadas. Caso contrário, somente em casos excepcionais pode sobrar espaços para futuras áreas verdes ou azuis urbanas. Nas áreas rurais, sejam formais ou de feição rural, além da potencial presença de espaços naturais, muitas vezes ocorrem sítios de importância paisagística, cultural, produtiva ou ambiental (ICLEI *et al.*, 2021; MACEDO, 1995).

### *Considerações sobre as áreas protegidas e verdes no Brasil*

Em janeiro de 2021, o Brasil contava com 1.004 UCs federais, 1.108 estaduais e 432 municipais no Cadastro Nacional de Unidades de Conservação (CNUC). Apesar de o total representar 18% do território terrestre e 26% do território marinho do país, as UCs municipais representavam, respectivamente, 0,72% e 0,02% (Brasil, 2021). É compreensível a menor expressão no território marinho, domínio da União, e que no terrestre as UCs municipais sejam de tamanho menor, em média. No entanto, sabe-se que há lacunas importantes no registro de reservas privadas e UCs municipais, devido a dificuldades encontradas por esses atores sociais junto ao CNUC, o que significa que os números locais estão subestimados.

Na esfera municipal, as UCs apresentam (ou deveriam apresentar) estreita relação com outras áreas protegidas e verdes. Nas últimas décadas, as iniciativas de conservação que consideram o ambiente urbano e periurbano têm ganhado destaque. Isso se dá porque, além das cidades concentrarem hoje a maior parte da população do país, os impactos da crescente degradação dos ecossistemas e da mudança climática já são sentidos em todos os lugares e maior atenção tem sido dada à qualidade de vida. Assim, os esforços de conservação da biodiversidade no nível local e nos meios urbanos devem ser mais bem considerados também em sua contribuição para o alcance das metas globais e integrados nos sistemas nacionais (ICLEI; WWF, 2011; MARETTI, 2019).

O projeto regional Áreas Protegidas e Outras Medidas de Conservação Baseadas em Áreas no Nível dos Governos Locais, implementado pela Deutsche Gesellschaft für Internationale

Zusammenarbeit (GIZ) em parceria com a rede Governos Locais pela Sustentabilidade (Local Governments for Sustainability – ICLEI) e a UICN, em associação com os governos de quatro países sul-americanos, inclusive o Ministério do Meio Ambiente do Brasil, entre os anos de 2016 e 2021, contribuiu muito para esses avanços, permitindo que governos locais assumissem papéis de relevância na gestão de áreas protegidas e de conservação, compartilhando boas práticas e capacidades em governança a nível local (GIZ; ICLEI; IUCN, 2020).

Alguns conceitos, que vêm sendo utilizados com sentido geral, são também muito importantes para o contexto local, como: soluções baseadas na natureza (*nature-based solutions* – NbS); adaptação baseada em ecossistemas (*ecosystem-based adaptation* – EbA); infraestrutura verde (*green infrastructure*); entre outros. Por vezes são mencionadas as também muito importantes "áreas azuis" (*blue areas* ou *blue infrastructure*) ou é lembrado que as áreas verdes podem valorizar os corpos d'água.

Podem ser definidos critérios ou parâmetros para consideração das áreas verdes, como uso ou acesso (público, aberto ou não), tamanho mínimo, proximidade etc. No entanto, talvez um dos elementos mais importantes (como diretrizes e práticas da governança e da gestão) seja como se promove o envolvimento da sociedade nas áreas verdes, fundamental para o bom aproveitamento de seus benefícios, para sua distribuição equitativa e para a valorização das próprias áreas verdes (FROUD, 2017; TANSCHEIT, 2017; MARETTI, 2020; 2021a; BORRINI-FEYERABEND *et al.*, 2013; GUIRAO *et al.*, 2021).

Apesar dessa grande e crescente importância, e do aumento relativo da visibilidade e do reconhecimento, os governos locais ainda enfrentam inúmeros desafios para a gestão eficaz e equitativa dessas áreas.

## Sistemas de áreas protegidas, conservadas e verdes e azuis locais

Outros níveis da Federação também têm seus papéis, mas priorizamos aqui os sistemas locais, que são normalmente de responsabilidade de governos municipais, relacionando-se com outros atores sociais (privados, comunitários e outros grupos sociais) e fortemente vinculados com as cidades. Entendemos os sistemas de áreas protegidas verdes e azuis locais (incluindo as UCs, as áreas que contribuem com a conservação da natureza, os territórios tradicionais, os espaços vegetados e aquáticos destinados ao lazer ou à qualidade da paisagem) como um todo complexo e integrado, além de interativo, dinâmico e evolutivo, com resultados e impactos positivos, como indicam os elementos e qualidades descritos a seguir:

- Conjunto de áreas, considerando a função específica de cada área, mas sobretudo seu papel no conjunto, inclusive a complementaridade entre os tipos e as categorias, incluindo:
  - a diversidade de tipos e categorias em seu aspecto benéfico de atender à diversidade de meios e de possibilidades e sobretudo à diversidade de interesses;
  - o relacionamento com as áreas similares de responsabilidade de outros níveis ou de outros governos locais; e
  - a integração e o apoio às áreas sob responsabilidade de outros atores sociais ou de outros tipos de governança, como áreas privadas e comunitárias;
- Conjunto de atividades desenvolvidas (ou que deveriam ser) em cada uma das áreas, com funções de lazer, de entretenimento, culturais, educativas, de aprendizagem e conhecimento, de relacionamento social e cidadania, de esportes, de relacionamento com a natureza (meditação, observação e fotografia de aves, animais, árvores e outros elementos, processos de redução de *stress* e de acalmar, relações místicas ou religiosas, etc.) de promoção do bem-estar e cuidados com a saúde, entre outras possibilidades,
  - inclusive as relações entre as áreas no tocante a tais atividades (por exemplo, o estímulo à visitação complementar, o intercâmbio entre conselhos de gestão e experiências de movimentos sociais e suas lideranças, atividades esportivas interligadas; intercâmbios entre escolas etc.), considerando o que cada tipo e categoria de área pode desenvolver;
- Relações de cada área com seu entorno, com seus visitantes, com seu público de interesse, isto é, com o bairro ou o trecho da cidade, inclusive as possibilidades de sua participação nas decisões (governança) da gestão da área ou em atividades a serem desenvolvidas na área;

- Representação ecológica no respectivo âmbito de responsabilidade (segundo a Constituição Federal, além da Lei do SNUC) e as relações ecológicas entre as áreas, como pontos de pouso, alimentação e passagem, conectividade e corredores ecológicos, conservação e estabilidade de bacias hidrográficas, entre outras, considerando a qualidade ambiental ou a saúde ecológica de cada uma delas e do conjunto, incluindo a possibilidade do envolvimento de especialistas de cientistas e da sociedade em geral, por exemplo, por meio do monitoramento participativo das condições ambientais, ecológicas e socioeconômico-culturais;
- Governança (tomada de decisões, com participação social) e a gestão de cada uma delas e de seu conjunto e as relações funcionais entre elas, com conselhos de gestão, decisórios, técnicos, consultivos, populares ou outros, o estabelecimento de parcerias diversas, com vários tipos de atores sociais e de várias maneiras, formais e informais, promovendo seu envolvimento, contribuição e, eventualmente, corresponsabilidade, e a fundamental busca da sua sustentabilidade funcional, com processos para obtenção de orçamentos e equipamentos e recursos materiais adequados, a contratação e a gestão de pessoal capacitado (incluindo carreira, intercâmbios, capacitação etc.), também considerando:
    - as interações sociais, ecológicas e funcionais entremeadas, como no caso dos parques lineares de fundo de vale, para definição de áreas verdes nos bairros mais carentes, para opções de lazer mais amplas, para redução dos impactos das enchentes, para conectividade ecológica etc.; e
    - o planejamento, as avaliações e a prestação de contas à sociedade, em ciclos de gestão e governança que avancem para condições melhores;
- Instituição ou conjunto de instituições responsáveis pela gestão de cada uma delas e do seu conjunto, considerando a possibilidade de que tenham instituições diferentes, por exemplo: *i)* UCs com autarquias de cunho ecológico; *ii)* parques urbanos sob responsabilidade de secretarias ou autarquias de temas de lazer e ambientais; *iii)* jardins, canteiros, arborização urbana etc. sob responsabilidade de secretarias ou autarquias de obras públicas, vias públicas e similares; e *iv)* rios, considerando seu leito maior, e outros corpos d'água sob responsabilidade de ór-

gãos especializados, preferencialmente organizadas em sistemas, com comitês, parcerias ou outros tipos de relacionamentos:

  - › entre secretarias ou outras instituições públicas de temas complementares (no âmbito do mesmo município) – tais como meio ambiente, cultura, educação, entretenimento, esportes, saúde lazer etc.;
  - › entre governos municipais vizinhos ou como parte de uma bacia hidrográfica ou região ecológica, econômica ou social; e
  - › com governos e instituições de outros níveis (estadual e federal), com responsabilidades sobre áreas no município ou sobre temas de interesses das áreas locais (como bacias hidrográficas, polos turísticos, corredores ecológicos maiores etc);

- Quadro legal (Constituição Federal, leis de vários níveis, específicas ou gerais) que sustenta tais áreas e tais atividades e que as promove, ou que não as impede.

Os sistemas de áreas protegidas e verdes locais tampouco são isolados, mas interagem fortemente com seu contexto, especialmente no caso das cidades. Devem considerar, além das dinâmicas sociais e interesses das pessoas, também o mosaico de paisagens, com as dinâmicas e as necessidades urbanas, como a distribuição dos benefícios nos bairros mais carentes, as relações com a circulação de pessoas e veículos, o relacionamento com a qualidade de cada rua e cada bairro, os sistemas de espaços livres e de circulação, entre outros. Igualmente, em seu planejamento, deve-se considerar a previsão do crescimento populacional e urbano, seja por expansão, adensamento ou outra forma assim como com a dinâmicas de elementos naturais, como clima, hidrografia, circulação da fauna etc. As relações sociais, ecológicas e funcionais podem ocorrer em partes do sistema, como conjuntos, agrupamentos, corredores ou subsistemas, entre outras possibilidades.

Esses sistemas representam, portanto, uma combinação de sistemas e interesses (a) do campo clássico urbano, com os parques urbanos e as áreas verdes, tipicamente local, com os interesses (b) do campo da conservação da natureza e sua biodiversidade, tipicamente nacional e global, mas que deveria considerar a necessária descentralização integrada, com combinação e complementaridade entre níveis. Considerando que a diversidade é importante e que essas áreas protegidas locais cumprem funções fundamentais e complementares, deveria haver um programa do Ministério do Meio Ambiente para apoiar e congregar melhor os governos municipais, em seus sistemas integrados, assim como os privados e as comunidades, para melhor gestão de suas áreas protegidas.

O SNUC é fundamental para a conservação da natureza e sua biodiversidade, mas na prática acaba se limitando a uma lei nacional. Não funciona como um sistema de fato, num conjunto sinérgico, com integração e planos estratégicos e temporais do sistema, articulando os subsistemas. Além disso, é pouco priorizado, tem perspectiva predominantemente tecnocrática na sua gestão e ainda não alcança a representação ecológica e a gama de serviços de interesse da sociedade nacional. Portanto, deve ser reforçado, mas também reformado e complementado por sistemas do âmbito e interesses locais.

Assim, esses sistemas, assim como as políticas públicas a eles relacionadas e sua governança e gestão, são complexos, de múltiplas interações com os interessados, com o contexto, com outros setores e devem ser tratados como tal, com uma visão integral e reconhecendo as múltiplas relações intrínsecas e interdependentes (ICLEI *et al.*, 2021; CAMPINAS, 2016; MARETTI, 2020; 2021a; 2021b; SCHLEE *et al.*, 2009).

## Importância e as funções desses sistemas de áreas protegidas verdes e azuis

A seguir apresentamos alguns enfoques, que não são independentes entre si e não completam todas as funções e benefícios dos sistemas de áreas protegidas e verdes.

### *Funções ecológicas e ambientais*

No âmbito local, os sistemas de UCs e outras áreas protegidas têm importância na conservação dos ecossistemas em boa qualidade e saúde ecológicas, inclusive das espécies de plantas e animais silvestres, entre outros. A integração com os parques urbanos e áreas verdes e azuis locais permitem conservar melhor os remanescentes florestais e de outros ecossistemas dentro das áreas urbanas e periurbanas e aumentar as condições de viabilidade ecológica de espécies, com áreas de refúgio e trânsito (com *stepping stones*, corredores ecológicos etc.) e eventualmente de moradia e procriação, permitindo a convivência das espécies silvestres nas cidades.

Os ecossistemas sadios, ou relativamente sadios dentro das possibilidades das cidades, contribuem para melhoria das condições também para os grupos sociais. A simples presença de áreas verdes e azuis já contribui para a promoção da saúde e do bem-estar, inclusive como filtro para a qualidade do ar, mas também pela percepção de paisagens mais agradáveis. A presença e distribuição dessas áreas convida a atividades ao ar livre, inclusive caminhadas e outros tipos de exercícios físicos, contribuindo com a promoção do bem-estar, da saúde e da consequente possibilidade de redução do *stress* (que é importante para a vida moderna, especialmente a urbana). Cada vez mais a necessidade de se "respirar" visual e mentalmente tem se mostrado como um fator fundamental para a qualidade de vida nas cidades, além de poder propiciar uma integração sadia de grupos (famílias e outros) e uma coesão social.

### *Funções para o lazer, a cultura, o conhecimento, a cidadania, o bem-estar e a saúde, entre outros*

Os parques urbanos e demais áreas verdes e azuis são definidos historicamente para o lazer e outras atividades de deleite dos grupos sociais urbanos. Os interesses dessa população urbana variam historicamente e dependendo do contexto (cultura, região, interesses etc.). Se o lazer no passado poderia ser o passeio "civilizado" de elites, hoje deveria representar as possibilidades de diversas atividades para a maioria da população, especialmente a mais vulnerável. Isso significa ter espaço para seus passeios, seus encontros, seus esportes, assim como a promoção de atividades que "convidem" esses grupos sociais menos usuais nos parques urbanos a lhes visitar, com atividades culturais que lhes interessem. As escolas também deveriam usar mais essas áreas, inclusive com aulas ao ar livre e pesquisa do meio. Além disso, cabe dar espaço às suas reivindicações, às possibilidades de seus encontros e reuniões, promovendo a sociabilidade, os intercâmbios e o desenvolvimento da cidadania.

Eles conservam valores culturais, místicos e tradicionais, como em sítios sagrados de valores místicos e similares, considerando povos e comunidades tradicionais e seus respectivos conhecimentos. São espaços de encontros e de manifestações culturais e experiências educacionais de toda população e que permitem a construção de propostas e da participação na governança e gestão das áreas protegidas, produzindo, em processo dialético, alterações sociais e culturais nas comunidades envolvidas, normalmente muito benéficas, como sua própria organização e a compreensão dos benefícios para a comunidade. Nesse sentido, cada vez mais são parte dos direitos humanos fundamentais.

*Funções no enfrentamento às mudanças climáticas*

Se os sistemas de UCs e outras áreas protegidas têm importância expressiva na mitigação das mudanças climáticas (isto é, reduzir o potencial de que elas ocorram ou sejam graves), no âmbito local, os sistemas de áreas protegidas verdes e azuis locais são absolutamente fundamentais na adaptação das mudanças climáticas e no aumento da resiliência das cidades, contribuindo também para a redução da ocupação inadequada do solo, que pode ter contribuições significativas no âmbito local.

São muito conhecidas as "ilhas de calor" geradas pela urbanização (construções e pavimentação, associadas à retirada da vegetação e dos cursos d'água, principalmente), mas são menos conhecidas suas consequências em termos de deterioração da saúde para a população urbana. São também conhecidas as consequências da poluição do ar nas cidades para a saúde e o aumento da mortalidade (no passado, também pela presença de indústrias poluidoras, mas hoje em dia principalmente por veículos automotores). Ambos os processos se intensificam atualmente com as mudanças climáticas, assim como são também produto da má ocupação do solo.

Entretanto, talvez o aspecto mais visível desse tema seja sua a relação com o ciclo hidrológico. Há muitas décadas o Brasil sofre nas épocas de chuva (que podem variar de região para região) com enchentes e deslizamentos, que causam mortes, prejuízos à saúde pública e à economia. Também temos os episódios de seca e as crises de gestão e abastecimento de água. Essas ocorrências, produto de uma ocupação do solo inadequada nas cidades e em seu entorno (ainda que muitos "culpem" a concentração das chuvas em determinado local, em determinado período), tendem a piorar muito com as mudanças climáticas. Os sistemas de áreas protegidas verdes e azuis podem e devem contribuir para aumentar a segurança hídrica por meio de adequada ocupação e conservação nas bacias hidrográficas, definindo espaços não construídos nas encostas e nos vales (VICEDO-CABRERA *et al.*, 2021; UNEP, 2019).

## Desafios dos sistemas de áreas protegidas verdes e azuis

Entre as dificuldades e os desafios enfrentados no planejamento dos sistemas de áreas verdes e áreas protegidas a nível local estão a relativa baixa prioridade pelos governos locais, a falta de homogeneização e uniformidade nas tipologias e a ausência de políticas nacionais de orientação, regulamentação e incentivo. Muitos municípios não procuraram adequar suas áreas protegidas de conservação da natureza com as diretrizes do SNUC. A necessidade de prioridade existe também nos níveis nacional e estadual, que deveriam apoiar econômica e tecnicamente os sistemas municipais.

No contexto do planejamento urbano, a competição com outros usos do solo (inclusive a falsa perspectiva de que as áreas livres e verdes representam a retirada de espaço da cidade) e os conflitos de propriedade, domínio ou posse e gestão da terra são mais proeminentes. Além disso, a falta de compreensão acerca dos benefícios e serviços proporcionados pelas áreas protegidas e verdes e a não priorização por parte dos governos locais dificultam as políticas públicas e a sua integração no ordenamento territorial. Já entre os desafios para a gestão eficaz desses espaços, ainda que se encontrem legalmente implementados, pode-se citar a baixa visibilidade e o pouco reconhecimento, por parte dos governos locais, da contribuição à conservação da biodiversidade, bem como a baixa participação da gestão em espaços multiníveis de tomadas de decisão referentes à biodiversidade e aos serviços ecossistêmicos, mesmo que estejam dentro de seus territórios. O baixo grau de integração da sociedade nos processos de gestão também se apresenta como um desafio recorrente.

Na maioria dos municípios brasileiros, os recursos humanos são escassos, muitas vezes com pouca capacidade técnica e sobreposição de funções. Assim também, os orçamentos mínimos ou inexistentes e a dificuldade de acesso a mecanismos complementares também são um desafio muito comum. A gestão pública é ainda mais impactada pela pouca articulação entre diferentes secretarias e a instabilidade na continuidade das políticas públicas, causada pela alta suscetibilidade a mudanças de governo.

As áreas protegidas locais também sofrem com os desafios comuns às áreas protegidas no país, como as propostas de diminuição, redução no grau de proteção ou extinção (conhecido como *protected areas downsizing, downgrading and degazetting* – PADDD), motivadas por iniciativas de infraestrutura, mineração e agronegócio (ICLEI; WWF, 2021).

Destacamos mais alguns pontos a seguir.

### *Complementaridade, proximidade e progressividade*

Um dos conceitos fundamentais dos sistemas de áreas protegidas verdes e azuis é a complementaridade entre tipos, categorias e áreas específicas. Há muita similaridade entre elas, mas cada uma tem (ou deve ter) objetivos, características e funções próprias. Assim, devem se relacionar entre si e se complementar.

Quando se trata de contribuir para a promoção do bem-estar e da saúde, o tema da proximidade se impõe. É indispensável prever e ter uma área verde com fácil acesso para uso mais frequente, cotidiano, para caminhadas, exercícios, relaxamento, encontros, melhoria na paisagem e qualidade de vida. Há indicações para que se tenha um máximo de 500 m de distância de qualquer residência. Seria interessante fortalecer a ideia de "cidade de 15 minutos", de forma que dentro desse "raio" seja possível ter acesso a pé aos tipos de áreas verdes de usos mais cotidianos.

A localização e o funcionamento das áreas verdes também devem estimular na população o interesse por frequentar áreas verdes maiores ou áreas protegidas com natureza diversificada, de forma a promover tanto os benefícios (conhecimento, lazer, aventura, saúde, bem-estar, paisagens, encontros, entre outros) como o engajamento progressivo. A progressividade é essa possibilidade e esse estímulo de ir das áreas próximas e cotidianas, usadas com mais frequência (ou de primeiro uso), para áreas verdes mais extensas e áreas naturais mais interessantes em períodos de tempo maior (como finais de semana, feriados ou férias).

### *Participação social e equidade*

Há vários motivos para a participação social na governança das áreas protegidas verdes e azuis e em seus sistemas. Pode-se mencionar a importância na decisão dos rumos de cada área e dos sistemas com base nos interesses da sociedade, que tem esse direito de participação nas decisões.

Mas há questões de eficácia também. São muitos os casos de áreas verdes ou azuis, mesmo as declaradas como parques, praças ou similares, que viram depósitos de lixo, ficam abandonadas ou acabam ocupadas. É preciso conhecer as razões por parte da população para frequentar ou não uma área, pois muito dessa degradação pode ser decorrente da falta de equipamentos adequados e mesmo do abandono ou da gestão não adequada e "convidativa" dessas áreas por parte do poder público.

A aplicação de princípios de equidade é fundamental na gestão e governança das áreas protegidas verdes e azuis e seus sistemas. Trata-se de promover a melhor distribuição dos benefícios dessas áreas, seja na visitação (por que motivo for), permitindo, por exemplo, que pessoas com deficiência possam usufruir da natureza; seja na governança, com participação de "minorias políticas" e promoção da equidade de gênero, raça etc.; ou, ainda, na distribuição dessas áreas pela cidade, especialmente em bairros mais carentes. Trata-se também de incentivar os vínculos entre a sociedade e essas áreas protegidas verdes e azuis. Esse conceito de equidade na distribuição e no funcionamento das áreas protegidas e verdes exige uma postura ativa, transformacional, já que essa não é a realidade e a tendência na maior parte dos municípios. Há necessidade de uma gestão "convidativa", com a possibilidade de engajamento de grupos sociais, em cada área e nos sistemas como um todo.

## Conclusões ou considerações finais

Os sistemas de áreas protegidas e verdes devem contribuir para a qualidade de vida de todas as pessoas e todos os grupos sociais, especialmente nas cidades. Entre as expressões internacionais mais importantes atualmente temos os Objetivos de Desenvolvimento Sustentável, inclusive o ODS 11 – Cidades e Comunidades Sustentáveis, além da Nova Agenda Urbana (ONU, 2016). Assim, para cidades e comunidades mais saudáveis, torna-se fundamental entender o papel das áreas naturais protegidas ou verdes e atuar nos espaços de planejamento, ordenamento e gestão das cidades.

É crescente a importância das relações entre as funções das áreas protegidas e verdes e as cidades, entre governos locais e grupos sociais, e entre a resiliência baseada em ecossistemas e a promoção do bem-estar e da saúde. Embora ao longo dos anos tenha aumentado a valorização das áreas protegidas locais como ferramentas eficazes de conservação da natureza e de promoção da qualidade da vida humana, é necessário um enfoque mais sistêmico e integrado, uma vez que essas áreas, sozinhas e fragmentadas, não conseguem alcançar plenamente seus objetivos. Assim, os planos e os sistemas municipais de áreas protegidas e verdes são instrumentos de extrema relevância para a qualidade de vida das sociedades humanas, especialmente nas cidades, além de suas funções para a conservação da natureza e os serviços ecossistêmicos associados. O desenvolvimento de estratégias de longo prazo, com participação e transparência, incluindo monitoramento participativo e prestação de contas, além da aplicação dos princípios de equidade na governança e na gestão das áreas individuais e dos sistemas são fundamentais para a efetividade dessas áreas.

Destacamos umas das principais recomendações deste artigo: a integração entre os sistemas de áreas protegidas com objetivos de conservação da natureza, tipicamente nacionais, e os sistemas de áreas protegidas verdes e azuis que promovem a qualidade de vida, sobretudo nas cidades, tipicamente locais, municipais. Precisamos que o SNUC seja mais atuante, como um sistema, incluindo os níveis estadual e municipal. É fundamental a inclusão de todas as UCs municipais no CNUC, além do estabelecimento de um mecanismo de registro de OMECS, para que possam aportar para o cumprimento das metas brasileiras no cenário global. Existe um debate inicial sobre o cadastramento de áreas verdes, o que seria interessante. Mas o fundamental seria o apoio aos processos municipais de planejamento e gestão de sistemas de áreas protegidas e verdes. O entendimento e a busca pela complementaridade entre as áreas, os tipos e as categorias, e entre os parceiros de sistemas que extrapolam o município (buscando um SNUC como um "SUS ecológico") representa um marco importante na construção desses processos municipais de gestão. Para isso, também se faz necessário contar com instituições gestoras fortes, capazes, reconhecidas, com bom relacionamento entre elas e com orçamentos adequados e estratégias financeiras complementares e integradas (como um "Fundeb das áreas protegidas").

Para promover a boa qualidade de vida e, portanto, para também superar os problemas de baixa prioridade da conservação da natureza e das áreas protegidas verdes e azuis, além do conhecimento científico e técnico e das argumentações econômicas e até emocionais, é indispensável viabilizar a reconexão entre sociedade e natureza, inclusive de forma coletiva. Diante da relevância da promoção dos sistemas de áreas protegidas, verde e azuis, torna-se necessário o reconhecimento dos interesses diversos e das múltiplas contribuições dos grupos sociais, bem como a promoção da participação e do engajamento dos diferentes atores, por meio de acordos, parcerias e meios formais e informais, a fim de servir melhor aos interesses da sociedade. É indispensável ter uma gestão aberta e inclusiva, com múltiplas interações com a sociedade, para estimular processos adequados de participação, contribuição e uso, principalmente local. Isso é o que chamamos de conservação colaborativa.

## Nota sobre créditos, trabalhos e instituições

Este texto foi possível a partir da conjugação de alguns esforços institucionais, acadêmicos e de coletivos de profissionais que merecem ser citados. O Governos Locais pela Sustentabilidade (ICLEI) América do Sul e Brasil, a Diretoria do Verde e do Desenvolvimento Sustentável da Secretaria do Verde, Meio Ambiente e Desenvolvimento Sustentável (SVDS) do Município de Campinas, o WRI Brasil e o Grupo de Estudos sobre Conservação Colaborativa em Áreas Protegidas, do Departamento de Geografia da Universidade de São Paulo (USP) vêm desenvolvendo reflexões sobre sistemas de áreas protegidas e verdes locais, por meio de oficinas técnicas com dezenas de profissionais e um documento técnico em finalização. Também contribuíram para este conteúdo: o trabalho do grupo temático sobre áreas protegidas locais, como parte do Grupo de Estudos sobre Conservação Colaborativa e Áreas Protegidas citado; as ações do projeto regional Áreas Protegidas e Outras Medidas de Conservação Baseadas em Áreas no Nível dos Governos Locais, realizado pela GIZ, ICLEI e UICN, em associação com os governos do Brasil, Colômbia, Equador e Peru; os levantamentos sobre equidade em áreas protegidas, documento técnico em finalização; eventos de diálogo no V Encontro Latino-Americano sobre Áreas Protegidas e Inclusão Social (Elapis) e no X Seminário Brasileiro sobre Áreas Protegidas e Inclusão Social (Sapis); além da parceria com o Colégio Brasileiro de Altos Estudos e o Programa Eicos da Universidade Federal do Rio de Janeiro (UFRJ). (Mencionamos aqui apenas as instituições, projetos e iniciativas, pois o número de profissionais envolvidos é significativo.)

## Referências


BARGOS, D. C.; MATIAS, L. F. Áreas verdes urbanas: um estudo de revisão e proposta conceitual. *Revista da Sociedade Brasileira de Arborização Urbana*, v. 6, n. 3, p. 172-188, 2011.

BARTALINI, V. Áreas verdes e espaço livres urbanos. *Paisagem e Ambiente*, n. 1-2, p. 49-56, 1986.

BORRINI-FEYERABEND, G. *et al. Governance of protected areas*: from understanding to action. Gland, Switzerland: IUCN, 2013.

Brasil. Ministério do Meio Ambiente. *Cadastro Nacional de Unidades de Conservação.* Brasília: MMA, 2021. Dados atualizados no 2º semestre de 2021. Disponível em: https://antigo.mma.gov.br/areas-protegidas/cadastro-nacional-de-ucs.html. Acesso em: 10 dez. 2021.

CAMPINAS. Secretaria Municipal do Verde, Meio Ambiente e Desenvolvimento Sustentável. *Plano Municipal do Verde*. Campinas: SVDS, 2016.

CARDOSO, S. L. C.; VASCONCELLOS SOBRINHO, M.; VASCONCELLOS, A. M. de A. Gestão ambiental de parques urbanos: o caso do Parque Ecológico do Município de Belém Gunnar Vingren. Urbe. *Revista Brasileira de Gestão Urbana*, v. *7, n.* 1, p. 74- 90, 2015.

CAVALHEIRO, F. *et al.* Proposição de terminologia para o verde urbano. *Boletim Informativo da Sociedade Brasileira de Arborização Urbana*, Ano VII, n. 3, jul./set. 1999.

CBD – CONVENTION ON BIOLOGICAL DIVERSITY. *Decision COP 14/8*: protected areas and other effective area-based conservation measures. Sharm El-Sheikh: CBD, 2018.

CRANZ, G.; BOLAND, M. Michael. Defining the sustainable park: a fifth model for urban parks. *Landscape Journal*, v. 23, n. 2-4, p. 102-120, 2004.

DUDLEY, N. (Ed.). *Guidelines for applying protected area management categories.* Gland, Switzerland: IUCN, 2008.

FROUD, D. Talking architecture with strangers: why community engagement in development matters more than ever. *In*: BROWN, R.; HANNA, K.; HOLDSWORTH, R. *Making good*: shaping places for people. Londres: Centre for London, 2017. p. 36-44.

GIZ – DEUTSCHE GESELLSCHAFT FÜR INTERNATIONALE ZUSAMMENARBEIT; ICLEI – LOCAL GOVERNMENTS FOR SUSTAINABILITY; IUCN – INTERNATIONAL UNION FOR CONSERVATION OF NATURE. *Proyecto regional áreas protegidas locales*: breve informe de avances. Bogotá: GIZ; ICLEI; UICN, 2020.

Guirao. Â. C. *et al.* 2021. Sistemas e áreas protegidas locais. *In*: *Conservação colaborativa em áreas protegidas*: um novo paradigma de gestão? São Paulo: Departamento de Geografia/USP. Curso de Extensão. Disponível em: https://youtu.be/S_EdSXFu9iE. Acesso em: 20 nov. 2021.

ICLEI – LOCAL GOVERNMENTS FOR SUSTAINABILITY *et al. Sistemas de áreas protegidas e verdes locais*: relatórios das oficinas de 2021. São Paulo: ICLEI América do Sul, 2021.

ICLEI – LOCAL GOVERNMENTS FOR SUSTAINABILITY; WWF – WORLD WIDE FUND FOR NATURE. *UCs, áreas protegidas e conectividade*: novo acordo pela natureza e para as pessoas. São Paulo: ICLEI; WWF-Brasil, 2011.

IUCN – INTERNATIONAL UNION FOR CONSERVATION OF NATURE. World Commission on Protected Areas. *Recognising and reporting other effective area-based conservation measures*. Gland, Switzerland: IUCN, 2019.

MACEDO, S. Espaços livres. *Paisagem e Ambiente*, n. 7, p. 15-56, 1995.

MARETTI, C. C. Áreas protegidas e gestão de seus sistemas. *In*: *Conservação colaborativa em áreas protegidas*: um novo paradigma de gestão? São Paulo: Departamento de Geografia/USP, 2021a. Curso de Extensão.

MARETTI, C. C. *Sistema Nacional de UCs e importância das áreas protegidas locais*: participação no SNUC; Meta 11 Aichi e "Post 2020"; conservação colaborativa; e casos de Atibaia. Campinas: Anamma, 2019. Apresentação no II Fórum Brasil de Gestão Ambiental.

MARETTI, C. C. *UCs e territórios tradicionais no Brasil no contexto da conservação colaborativa*: novíssimo paradigma de áreas protegidas? São Paulo: USP, 2020. Palestra para alunos de Graduação em Gestão Ambiental.

MARETTI, C. C. *UCs, áreas verdes e sistemas municipais*: quais os benefícios? São Paulo: ICLEI, 2021b. Palestra para o Programa de Aceleração para UCs.

MARETTI, C. C.; SIMÕES, J. F. *TICCAs*: Análise da situação legal e da implementação no Brasil; territórios e áreas de povos indígenas e comunidades tradicionais e locais no Brasil e relações com os conceitos associados aos TICCAs. Brasília: ISPN, 2020. Relatório completo e resumo executivo.

ONU – ORGANIZAÇÃO DAS NAÇÕES UNIDAS. *Nova agenda urbana*: A/RES/71/256. Quito: ONU, 2016.

PEREIRA, P. F.; SCARDUA, F. P. Espaços territoriais especialmente protegidos: conceito e implicações jurídicas. *Ambiente & Sociedade*, v. 11, n. 1, p. 81-97, 2008.

SAKATA, F. G. *Parques urbanos no Brasil*: 2000 a 2017. Tese (Doutorado em Arquitetura e Urbanismo) – Universidade de São Paulo, São Paulo, 2018.

SÃO PAULO [Município]. Secretaria do Verde e do Meio Ambiente. *Plano municipal de áreas protegidas, áreas verdes e espaços livres* – Planpavel. São Paulo: SVMA, 2020. Disponível em: https://www.prefeitura.sp.gov.br/cidade/secretarias/meio_ambiente/projetos_e_programas/index.php?p=284679. Acesso em: 31 ago. 2021.

SCHLEE, M. B. *et al.* Sistema de espaços livres nas cidades brasileiras; um debate conceitual. *Paisagem e Ambiente*, n. 26, p. 225-247, 2009.

STANLEY, B. W. *et al.* Urban open spaces in historical perspective: a transdisciplinary typology and analysis. *Urban Geography*, v. 33, n. 8, p. 1089-1117, 2012.

TANSCHEIT, P. *A transformação de espaços públicos com a participação da população*. Porto Alegre: WRI Brasil, 28 jun. 2017. Disponível em: https://wribrasil.org.br/pt/blog/2017/06/transformacao-de-espacos-publicos-com-participacao-da-populacao. Acesso em: 2 set. 2021.

TANSCHEIT, P. Cidades mais densas são mais resilientes e prósperas, afirma novo relatório. *The City Fix Brasil*, Porto Alegre, 16 jul. 2018. Disponível em https://www.thecityfixbrasil.org/2018/07/16/cidades-mais-densas-sao-mais-resilientes-e-prosperas-afirma-novo-relatorio/. Acesso em: 2 set. 2021.

UNEP – United Nations Environmental Programme. Global environmental outlook – GEO-6: healthy planet, healthy people. Summary for policy makers. Cambridge: Cambridge University Press, 2019.

VICEDO-CABRERA, A. M. *et al.* The burden of heat-related mortality attributable to recent human-induced climate change. *Nature Climate Change*, v. 11, p. 492-500, 2021.

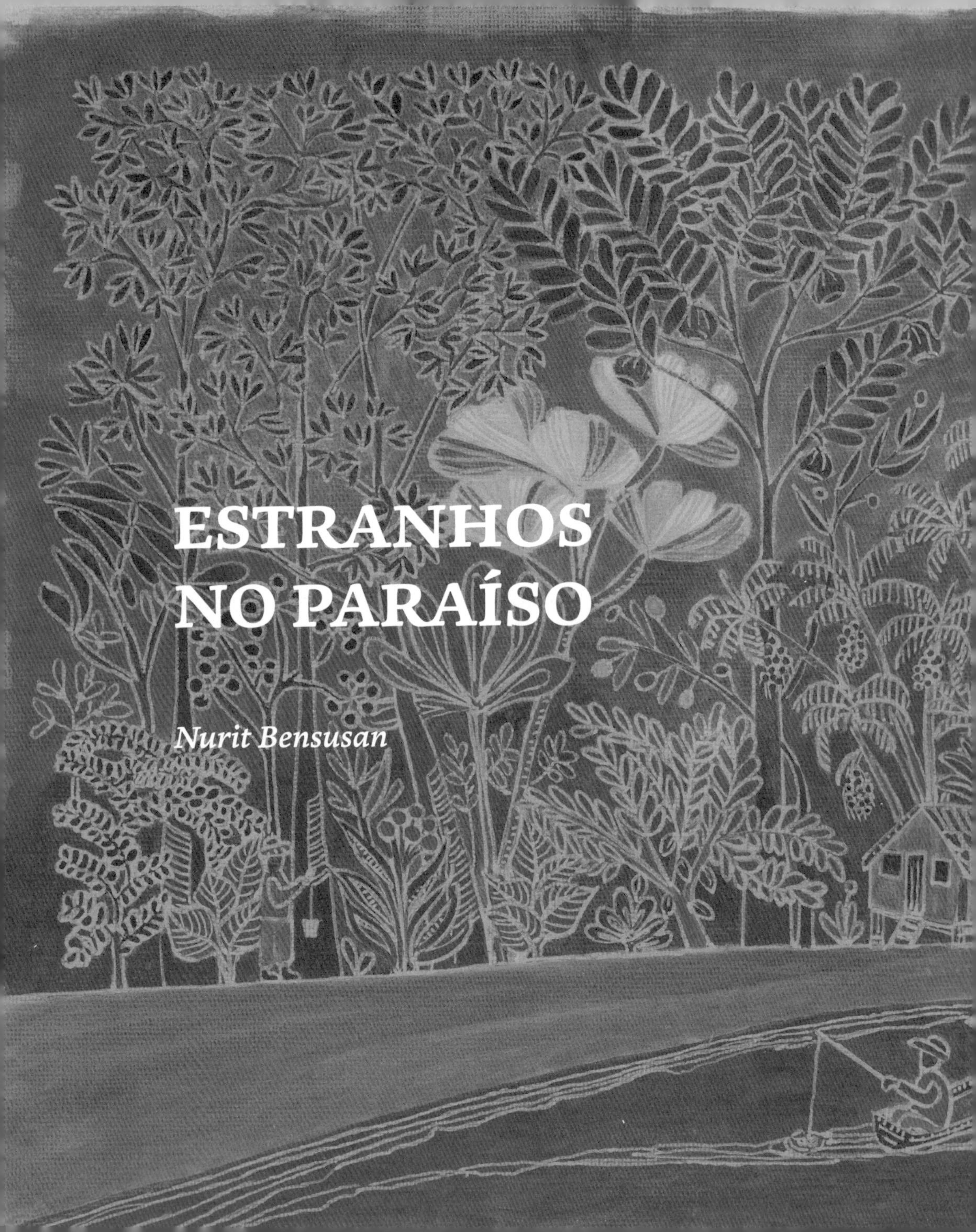

# ESTRANHOS NO PARAÍSO

*Nurit Bensusan*

*Uma sociedade que precisa proteger a natureza de si mesma, não pode estar certa.*

*José Lutzenberger*

A conservação da biodiversidade é, em grande medida, uma agenda colonial. Não que preservar a natureza e a integridade dos ecossistemas não seja de interesse de todos os habitantes – humanos e não humanos – desse planeta. Mas conservar a biodiversidade talvez não seja exatamente equivalente a cuidar da natureza ou viver com ela. Povos indígenas e comunidades locais convivem, manejam, respiram e se misturam à natureza. O preconceito, o racismo e a discriminação fizeram com que tais comunidades fossem alijadas dos territórios que se queria conservar em inúmeros casos e em quase todos os lugares do mundo. A conservação da biodiversidade se arvorou como a solução para a manutenção da integridade dos ambientes naturais, sem considerar, porém, os processos que geram e asseguram a persistência dessa diversidade, muitas vezes umbilicalmente ligados às formas de estar no mundo de povos indígenas e comunidades locais. Assim, seu papel na formação e manutenção das paisagens foi sucessivamente minimizado e desprezado e, ainda hoje, persiste pouco compreendido.

A concepção de área protegida que norteia as políticas ligadas à conservação da biodiversidade, há mais de cem anos, foi inspirada pela criação do Parque Nacional de Yellowstone, nos Estados Unidos, na segunda metade do século XIX. O estabelecimento desse parque foi marcado pela expulsão violenta de povos nativos americanos de seus limites e consolidou uma visão de que a presença das comunidades locais era incompatível com a conservação da natureza (DIEGUES, 1994; CRONON, 1995; ADAMS, 2006, BENSUSAN, 2014).

Não é difícil imaginar – principalmente olhando retrospectivamente – que tal concepção, além de eivada de preconceitos, não resistia a um exame mais detalhado da questão da presença das comunidades locais nos territórios que se desejava conservar. Quando as áreas ocupadas pelos brancos, em geral colonizadores ou seus descendentes, eram comparadas com aquelas utilizadas pelos povos originários e por comunidades locais, não restava dúvidas sobre quais eram as paisagens mais íntegras. Ainda assim, em nome dessa visão colonial de territórios "naturais", "virgens", "intocados" ou "pristinos", povos foram deslocados e comunidades foram destruídas (BENSUSAN, 2006). As áreas protegidas são um retrato fiel dessa visão da biodiversidade, um termo convenientemente tecnocrata para substituir a palavra natureza, ou parte dela, e assim desconectá-la da vida cotidiana das comunidades rurais e de suas práticas diárias. Dessa forma, na maior parte do mundo, os sistemas de áreas protegidas parecem ser algo como casos de gentrificação nos espaços rurais, onde comunidades locais são desalojadas para dar lugar a um aparato de conservação, supostamente melhor e mais eficiente do que as tecnologias sociais produzidas por essas comunidades.

No Brasil, não foi diferente. Parques nacionais e outras unidades de conservação (UCs) ostensivamente sem pessoas, de onde moradores deveriam ser convidados a se retirar ou expulsos, foram a regra em grande parte do século XX. Apenas com a convergência da luta dos seringueiros do Acre e a agenda da conservação da natureza, na década de 1980, nasceu a ideia de áreas protegidas com a presença humana, estampada na proposta de criação das reservas extrativistas. Outras categorias de UCs se somaram às reservas extrativistas no estabelecimento do Sistema Nacional de Unidades de Conservação, o SNUC, no ano 2000. As áreas onde a presença humana é admitida, as chamadas UCs de uso sustentável, totalizaram sete de um total de 12 diferentes categorias. Atualmente no país, dois terços das UCs pertencem a categorias de uso sustentável. Esse número, porém, não expressa o fim do preconceito, nem a aceitação do papel das comunidades na conservação, apenas a constatação de que essas categorias, em muitos casos, geram menos conflitos e incham os números do país, dando uma falsa ideia, tanto de conservação da biodiversidade, como de cuidado com a natureza.

## A natureza cabe na biodiversidade?

Para além do debate sobre a equivalência dos termos biodiversidade e natureza (TAKACS, 1996), é interessante recuperar aqui o conceito de biodiversidade, consolidado pela Convenção sobre Diversidade Biológica (CDB): "Diversidade biológica significa a variabilidade de organismos vivos de todas as origens, compreendendo, dentre outros, os ecossistemas terrestres, marinhos e outros ecossistemas aquáticos e os complexos ecológicos de que fazem parte; compreendendo ainda a diversidade dentro de espécies, entre espécies e de ecossistemas" (CDB, art. 2º).

Esse conceito, para além da variabilidade dos organismos, trata também de ecossistemas e complexos ecológicos. É por meio desses termos que a biodiversidade se aproxima da natureza, onde os processos ecológicos e evolutivos são mais importantes do que as paisagens que vemos. A compreensão de tais processos e do papel das comunidades locais e dos povos originários neles deveria ser a essência de qualquer estratégia de conservação da biodiversidade, pois assim ela se aproximaria das formas de convívio com a natureza que, por séculos, permitiram que nossa espécie compartilhasse o planeta com as outras em uma espécie de equilíbrio.

Além disso, a CDB reconheceu a importância do conhecimento e das práticas dos povos indígenas e comunidades locais para a manutenção da biodiversidade. Um reconhecimento tardio – talvez manchado pela arrogância colonial –, é fato, mas ainda assim importante na valorização dos saberes desses povos e de suas formas de estar no mundo, que inúmeras vezes estão amalgamadas às paisagens.

A natureza, que inclui a humanidade, apesar da relutância da nossa espécie em se reconhecer como parte do mundo natural, compõe-se, para além da variabilidade dos organismos, espécies e paisagens, de processos que constroem e destroem, geram e extinguem, fomentam convergências e promovem desencontros, mas também de relações de outro tipo, afetivas, espirituais, artísticas e filosóficas. Não há biodiversidade que não seja natureza, mas nem toda paisagem natural é apenas biodiversidade.

Povos indígenas e comunidades tradicionais locais possuem outras concepções de natureza e, consequentemente, outras formas de interagir com o mundo natural e as outras espécies. O estabelecimento, ainda que tardio, de categorias de áreas protegidas destinadas a manter tais interações – pelo menos nominalmente – foi bem-vindo, mas a gestão dessas unidades ainda padece do racismo que se derivou da colonização e, assim sendo, os mecanismos destinados a assegurar a persistência dos modos de vida das comunidades locais ainda são incipientes e, por vezes, ineficientes, não garantindo a reprodução física e cultural desses grupos. Tal situação suscita a questão que permeia muitos dos avanços do SNUC: será que os mecanismos e instrumentos foram concebidos, de fato, para assegurar a manutenção das formas de estar no mundo dessas comunidades ou apenas como uma estratégia de manutenção do estado das coisas vigente, do *status quo*?

## Gente em unidades de conservação

De forma muito geral e certamente incompleta, observa-se a presença de povos e comunidades nas UCs em quatro situações distintas:[1] *i)* unidades de proteção integral onde, a princípio, essas pessoas não poderiam viver; *ii)* unidades de uso sustentável, onde as comunidades deveriam ser protagonistas da gestão da área; *iii)* sobreposições entre UCs e terras indígenas; e *iv)* sobreposições entre UCs e terras de quilombo.

O primeiro caso talvez seja onde os preconceitos mais se destacam. Não possuindo proteções bem definidas como aquela que a Constituição Federal de 1988 conferiu em seu texto para os povos indígenas e em suas disposições transitórias aos quilombolas, as comunidades tradicionais locais ficam, muitas vezes, expostas à discricionariedade dos órgãos ambientais, que podem conviver melhor ou pior com uma presença que até muito recentemente era encarada com temporária e fadada a findar tão logo outra área fosse encontrada e a comunidade concordasse em se mudar.

Historicamente, essa situação causou muitos conflitos e muitas injustiças com as expulsões das comunidades dessas áreas, provocando sofrimento e agravamento da vulnerabilidade desses grupos sociais. O conjunto de conflitos que tal tipo de circunstâncias gerou é tão diverso quanto grande.

Em um levantamento recente realizado pelo ICMBio e divulgado por meio da Informação Técnica nº 3/2021-COGCOT/CGSAM/DISAT/GABIN/ICMBio,[2] com base em dados de 2014, foram identificados, entre as UCs federais, 89 casos de so-

1 Vale lembrar que há presença de outras comunidades nas unidades de conservação, como agricultores familiares, assentamentos de reforma agrária e muitas outras situações que não serão tratadas neste artigo.

2 Citada no Parecer nº 00175/2021/CPAR/PFE-ICMBIO/PGF/AGU, disponível em: https://acervo.socioambiental.org/sites/default/files/documents/prov0431.pdf.

breposição entre UCs de proteção integral e comunidades locais. O mesmo levantamento dá conta que apenas 14 termos de compromissos foram firmados entre o órgão ambiental e essas comunidades, trazendo alguma segurança para essas pessoas que tiveram seus modos de vida e seu território tradicional transformados pelo advento da criação da unidade de conservação.

Vale lembrar que o termo de compromisso é um instrumento previsto pelo § 2º do art. 42 da Lei nº 9.985, de 18 de julho de 2000, que instituiu o Sistema Nacional de Unidades de Conservação – SNUC, em conjunto com o *caput* do art. 39 do Decreto nº 4.340, de 22 de agosto de 2002, que regulamenta o SNUC e trata da compatibilização temporária entre a unidade de conservação e as comunidades naquele espaço protegido. Ora, para além do desafio que tal conciliação suscita, há a sombra da precariedade, dada que essa situação era, até pouco tempo, considerada irremediavelmente provisória.

Há diversos casos reportados, em que a presença de comunidades locais dentro das áreas de proteção integral colaborou para a manutenção de sua integridade. A própria informação técnica supracitada traz três exemplos dignos de nota. O primeiro é da Reserva Biológica do Lago Piratuba, no Amapá, onde o regramento para a pesca do pirarucu nos lagos da unidade respeita os direitos da comunidade de pescadores artesanais de Sucuriju e concomitantemente colabora para o aumento da população da espécie. O segundo caso é também de manejo bem-sucedido de recursos pesqueiros, nesse exemplo de tainha e cavala por pescadores artesanais das colônias de Matinhos e Pontal do Paraná, no Parque Nacional Marinho das Ilhas dos Currais. O terceiro exemplo é da Estação Ecológica da Serra Geral do Tocantins, onde o conhecimento da comunidade quilombola acerca do manejo integrado do fogo conduziu à redução dos incêndios tardios na unidade, que era, todos os anos, uma das que mais sofria com o fogo.

Em outubro de 2021, porém, a constitucionalidade do art. 42 da Lei nº 9.985/2000 foi colocada em xeque por um parecer da Advocacia-Geral da União[3] sugerindo uma releitura desse dispositivo para recomendar a permanência definitiva das "populações tradicionais

3 Parecer nº 00175/2021/CPAR/PFE-ICMBIO/PGF/AGU, disponível em: https://acervo.socioambiental.org/sites/default/files/documents/prov0431.pdf.

inerentes à diversidade biocultural afeta à unidade de conservação, que precisam e dependem desse espaço necessário e inamovível para sua identidade ser afirmada" dentro dos limites das UCs. O parecer tem como base diversos elementos, tanto jurídicos como afeitos ao direito das populações e também às experiências de convivência entre as unidades e as comunidades humanas.

Evidentemente, diante da significativa mudança na forma como essa questão sempre foi tratada, eivada de preconceitos e racismo típicos do colonialismo, ergueu-se imediatamente uma resistência ao parecer.[4] Um dos elementos dessa resistência se fundamenta nas nuances da definição do termo "populações tradicionais", estratégia usada desde sempre para evitar reconhecer os direitos e os saberes dessas comunidades. Outros argumentos vêm da relutância em reconhecer que essas populações têm formas distintas de estar no mundo e têm sido vítimas desde sempre da falta de políticas públicas e de um apagamento de suas interações com a natureza. Vale mencionar ainda a insistência em uma percepção equivocada da biodiversidade, que ignora processos ecológicos e evolutivos e dá mais importância às paisagens estáticas do que às inter-relações entre os seres vivos.

Entre as UCs federais, há 126 (37,5% do total de unidades) com sobreposição a outras áreas protegidas, representando uma área de 11.946.354,5 ha. São 51 terras indígenas, 28 territórios quilombolas e 113 UCs estaduais em sobreposição com as unidades federais. Especificamente para as UCs de proteção integral, são 62 (18,5% do total de unidades federais) com sobreposição, totalizando 7.219.815 ha em sobreposição com 34 terras indígenas, 20 terras de quilombo e 49 UCs estaduais. A essas sobreposições, somam-se unidades sobrepostas a áreas historicamente usadas por populações locais tradicionais, fazendo com que o total de unidades sobrepostas alcance mais da metade das UCs federais.[5]

Entre as UCs estaduais, há 167 (23,3% do total de UCs) com sobreposição a outras áreas protegidas, totalizando uma área de 7.953.968,1 ha. São 47 terras indígenas, 84 territórios

---

4 Ver, por exemplo, Prizibisczki (2021).

5 Dados do Instituto Socioambiental e da Informação Técnica nº 3/2021-COGCOT/CGSAM/DISAT/GABIN/ICMBio, já mencionada.

quilombolas e 84 UCs federais em sobreposição com unidades estaduais. Quando se trata de unidades de proteção integral, são 61 (8,5% das unidades estaduais) com sobreposição, totalizando 2.377.258,8 ha em sobreposição com 22 terras indígenas, 23 terras de quilombo e 50 UCs federais.

Tais números não surpreendem, afinal é justamente a presença e os modos de vida dessas comunidades que conservaram essas áreas designadas como UCs. Não é possível afastar a impressão de que tais comunidades estavam sendo punidas pelo fato de terem mantido a integridade de seus territórios. O parecer recomenda que tais situações sejam resolvidas de forma permanente, mantendo sempre que possível a dupla afetação das áreas.

O segundo caso, o das UCs do grupo de uso sustentável, como as reservas extrativistas (Resex), reservas de desenvolvimento sustentável (RDS) e florestas nacionais (Flona), estabelecidas para promover o uso múltiplo dos recursos naturais, abrigar comunidades locais e proteger seus modos de vida, também padece de males similares aos apontados no primeiro caso. A visão colonial, patrimonialista, impõe-se em muitas situações. As políticas públicas que porventura cheguem a esses territórios são em grande parte de caráter punitivo e restritivo. Ou seja, gestores dos órgãos ambientais tentam limitar e controlar o uso dos recursos naturais no interior das áreas, sem levar em conta que os eventuais desequilíbrios são derivados da falta de outras políticas públicas que incentivem as atividades historicamente desenvolvidas por essas comunidades e da atração que bens de consumo, constantemente valorizados como sinais de sucesso, exercem sobre as pessoas. Esse cenário é agravado pela desvalorização dos modos de vida dessas comunidades e sua classificação como atrasados ou simplesmente pobres. Há alguns casos, inclusive, em que as atividades historicamente praticadas nessas áreas são criminalizadas, aumentando tanto o sofrimento como a revolta dos moradores das unidades.

A vida das comunidades nessas unidades é regulada pelo Contrato de Concessão de Direito Real de Uso (CCDRU). Trata-se de um instrumento firmado entre as comunidades e o órgão ambiental que visa pactuar "os direitos e deveres que as partes assumem para o alcance dos objetivos de criação de um espaço territorial especialmente protegido destinado a uma dupla missão: de um lado, proteger o patrimônio natural, de modo a conservar a biodiversidade por meio do uso sustentável de seus componentes; e, de outro lado, salvaguardar e promover os direitos das comunidades tradicionais cujos modos de fazer, viver e criar foram e são fundamentais para a conservação da biodiversidade em uma determinada área geográfica revestida de especial importância ambiental" (ICMBIO, 2019, p. 5-6).

A partir desse contrato social firmado entre o Estado e as comunidades, os gestores da unidade – que não pertencem em geral à comunidade e sim ao órgão ambiental –, exercem um poder relativo sobre as comunidades, pois carecem de poder junto ao Estado para trazer a essas áreas as políticas que poderiam, de fato, "proteger o patrimônio natural, de modo a conservar a biodiversidade por meio do uso sustentável de seus componentes" e garantir os direitos das comunidades tradicionais e seus "modos de fazer, viver e criar". Aqui, mais uma vez, há uma discricionariedade na gestão dessas áreas, havendo, entre os gestores públicos, aqueles sensíveis e receptivos às demandas das comunidades, mas também outros menos preparados e comprometidos com os anseios dos habitantes locais.

O cenário da falta de políticas públicas e da contínua desvalorização dos modos de vida dessas comunidades é agravado sobremaneira pela ausência do Estado e de seus instrumentos de manutenção da integridade ambiental e territorial dessas áreas. Os últimos anos viram um aumento significativo de invasões e outros crimes dentro dessas reservas. O resultado acumulado é uma dificuldade de manter as atividades historicamente desenvolvidas e uma migração para aquelas destruidoras da natureza. Diante dessa realidade, a manutenção do conhecimento local e a permanência nas áreas das gerações mais jovens e comprometidas com os ofícios dos mais velhos são cada vez mais raras.

O terceiro caso, o da sobreposição entre terras indígenas e UCs, ilustra exemplarmente a visão colonial que perpassa o Estado brasileiro. Povos indígenas foram os primeiros alvos e continuam sendo objeto de diferentes políticas e ofensivas colonizadoras, usurpadoras de seus bens e de seus direitos. O falso dilema que dividiu – e ainda divide – ambientalistas entre, de um lado, aqueles que acreditam que apenas áreas sem gente podem ser conservadas e que povos indígenas são incapazes de preservar a integridade física e biológica dos territórios que ocupam e, de outro lado, os que apostam que a permanência desses povos em suas terras historicamente ocupadas é a melhor estratégia para garantir o cuidado com a natureza, não resiste a um exame detalhado. Qualquer mapa do Brasil hoje revela que as porções do território nacional mais bem conservadas são as terras indígenas. Uma análise das terras indígenas alvo de desmatamento mostra a ausência do Estado brasileiro e sua falha em prover o mínimo necessário para assegurar o bem-viver dos povos originários. Ou seja, a ideia de que povos indígenas não estariam aptos a conservar a biodiversidade de seus territórios só pode estar alicerçada em duas possíveis premissas, ambas equivocadas. A primeira é uma visão racista, que taxa povos originários de atrasados e selvagens e sustenta que o aparato tecnocrático da conservação fará um trabalho melhor de proteção à biodiversidade. A segunda é uma concepção anacrônica e unidimensional, que falha em perceber que são os processos ecológicos e evolutivos o objeto maior do cuidado com a natureza e não paisagens congeladas e listas de espécies ameaçadas.

Evidentemente, essas duas premissas se articulam e se retroalimentam. O resultado é desastroso para a natureza, para os povos originários e também para a sociedade brasileira. Sem a compreensão da dimensão do conhecimento que esses povos possuem sobre os ambientes onde vivem e seu enorme potencial de colaboração para a conservação da biodiversidade, tudo se perderá em meandros tecnocráticos. E por "tudo" aqui se quer dizer tudo mesmo: a natureza, o conhecimento dos povos originários, suas vidas, seus territórios e o próprio futuro do Brasil, já profundamente maculado pela escravidão, pelos genocídios negro e indígena e por sua incapacidade de aderir ao giro decolonial.[6]

Vale dizer, como o vislumbre de uma brecha, que nos últimos anos, começaram a surgir possibilidades de soluções de conciliação para a sobreposição das UCs sobre as terras indígenas, como o regime de dupla afetação (ver box adiante) das áreas que permite que elas sejam terras indígenas e UCs ao mesmo tempo.

O surgimento, o crescimento e a consolidação do protagonismo indígena a partir do reconhecimento de suas terras pela Constituição Federal de 1988 é também um fenômeno que

---

6 Trata-se de perceber e reagir às consequências da formulação da perspectiva crítica da colonialidade do poder desenvolvida por Anibal Quijano. Segundo Segato (2021), tal formulação é uma ruptura de grande impacto no pensamento crítico em diversos campos, tais como a história e as ciências sociais na América Latina, bem como uma nova inspiração para a luta dos movimentos sociais.

revolucionou a forma com que o Estado brasileiro e o ambientalismo tecnocrático lidavam com os territórios dos povos originários e as eventuais sobreposições com UCs. Se alguns, ao se confrontarem com uma nova realidade, reexaminaram suas posições, outros se tornaram ainda mais radicais, fazendo com que as possibilidades de convivência se tornassem exceções. Ainda assim, as brechas surgiram e se ampliaram.

Povos indígenas se manifestaram inúmeras vezes pela manutenção da integridade física e biológica de seus territórios, mesmo quando pediam a revogação das UCs sobrepostas, consequência da dificuldade de convívio entre eles e os órgãos ambientais. Segundo Ferreira (2014), a crescente pressão dos povos indígenas por uma política de conservação da biodiversidade em suas terras ganhou força no momento em que havia uma pressão mundial pela adoção de ações para limitar a perda de biodiversidade, tais como explicitadas na Convenção sobre Diversidade Biológica e nos Objetivos de Desenvolvimento do Milênio. Com o estabelecimento de canais formais de diálogo, as reivindicações dos povos originários culminaram na criação da Política Nacional de Gestão Territorial e Ambiental de Terras Indígenas (PNGATI) em 2012.

De lá para cá, porém, a situação retrocedeu com o Estado falhando em proteger a integridade das terras indígenas e a vida de seus moradores, talvez de forma deliberada, uma vez que a pressão sobre esses territórios da parte de outros agentes da barbárie capitalista que caracteriza o Brasil tem aumentado e contado com o beneplácito do atual governo. Assim, políticas e ações que pareciam promissoras, em vez de aprofundadas, foram abandonadas ou desvirtuadas.

E, por fim, o quarto caso, a sobreposição entre as terras de quilombo e as UCs reúne todos os preconceitos e as visões coloniais abordadas nos casos anteriores, temperados com grandes doses de racismo. Vale lembrar que o sistema escravagista vigorou até 1888 e trouxe para o Brasil mais de 3,5 milhões de pessoas prisioneiras, vinda da África (CONAQ, s.d.). Nunca houve nenhum tipo de reparação do Estado brasileiro e as políticas implementadas após o final desse sistema colaboraram para manter as desigualdades e impedir que a população negra no Brasil tivesse direitos fundamentais e acesso ao atendimento de suas necessidades básicas. O resultado é que esse sistema permanece pautando as relações socioculturais da nossa sociedade, fazendo com que o reconhecimento das terras de quilombo, ainda que presente na Constituição Federal de 1988, tenha sido adiado e ainda hoje enfrente inúmeras dificuldades. Apesar de o IBGE (2022) não ter uma estimativa da população quilombola do país, calcula-se que haja aproximadamente 5.972 localidades quilombolas em 1.672 municípios brasileiros. Dessas, 404 são territórios oficialmente reconhecidos, 2.308 são agrupamentos quilombolas e 3.260 são designados como localidades quilombolas. Cerca de um terço dos agrupamentos está situado dentro dos territórios oficialmente delimitados.

No que tange especificamente à sobreposição, tem havido uma resistência dos órgãos ambientais, criando entraves para o andamento dos processos de reconhecimento e titulação das terras quilombolas sobrepostas às UCs. Por exemplo, no caso das Terras Quilombolas Alto Trombetas I e II, sobrepostas à Reserva Biológica Rio Trombetas e à Floresta Nacional Saracá-Taquera, no Pará, o processo perdurou por mais de dez anos em função dos obstáculos criados pelo ICMBio e pelo Ministério do Meio Ambiente (CPISP, s.d.). Esse padrão de comportamento dos órgãos ambientais coloca as comunidades quilombolas em uma situação precária, tendo suas atividades restringidas pelos gestores e fiscais das unidades que, em muitos casos, ainda criminalizam seus modos de vida, inviabilizando, inclusive, o atendimento às suas necessidades básicas.

Ainda assim tem sido recomendada a dupla afetação das áreas, mantendo a sobreposição, diante da convergência entre os modos de vida dos quilombolas e os objetivos de conservação da biodiversidade das unidades, que se aproximam ainda mais se o papel histórico das comunidades tradicionais locais nos processos que desenham a natureza for reconhecido e valorizado.

# Antes tarde que mais tarde...

*Iara Vasco Ferreira*

Demorou! Mas o reconhecimento dos direitos dos povos indígenas, dos quilombolas e das comunidades tradicionais extrativistas permanecerem em seus territórios originários (abrangidos por unidades de conservação da natureza, do grupo de proteção integral do SNUC) aconteceu no momento mais improvável da nossa história: durante um governo conservador, de extrema-direita, que anunciou e agenciou uma política perversa em desfavor desses grupos sociais, em diferentes campos. Paradoxalmente, a recente mudança de entendimento do Instituto Chico Mendes de Conservação da Biodiversidade (ICMBio) sobre a matéria, provocado pela procuradoria especializada que atua no órgão,[7] ocorreu quando acreditávamos ser impossível avançar além da negociação de alguns casos de conflitos pontuais, promovendo tímidos e frágeis acordos de convivialidade e uso comunitário dos recursos naturais nessas unidades de conservação (UC).

Os paradoxos são imprevisíveis e revelam rumos inimagináveis na gestão das políticas públicas, em qualquer cenário. Em governos anteriores, ditos populares, também foram desferidas ofensivas violentas contra essas comunidades, como nos casos de judicialização de conflitos territoriais, em ações de reintegração de posse perpetradas pelo ICMBio. Isso ocorreu com os Pataxó no Parque Nacional do Descobrimento (BA) e com os Guarani, no caso da Reserva Biológica de Bom Jesus (PR). Em ambos os casos, a Justiça determinou que o órgão ambiental buscasse um acordo com as comunidades afetadas, por via administrativa, considerando a possibilidade de compatibilidade da sua permanência na UC.

Nas últimas décadas, a evolução conceitual, política e normativa no campo dos direitos humanos, da conservação da biodiversidade e das áreas protegidas vem criando um novo cenário de interseccionalidade no Brasil e no mundo, a partir do diálogo de saberes com múl-

---

7 Despacho n. 00611/2021/GABINETE/PFE-ICMBIO/PGF/AGU e Parecer n. 00175/2021/CPAR/PFE-ICMBIO/PGF/AGU.

tiplos atores sociais. Todavia, os avanços alcançados ainda parecem incipientes para alavancar, de fato, uma mudança cognitiva e comportamental, em uma escala mais ampla, no padrão de interação institucional praticado pelos órgãos gestores do SNUC.

Na maioria dos casos de conflito envolvendo as comunidades tradicionais, principalmente nas UCs de proteção integral, persiste um padrão de interação predominantemente autoritário e racista. O saber-fazer dos agentes públicos, o modus operandi mais característico da política brasileira de áreas protegidas são tributários desse modelo colonial, patrimonialista, de apossamento das áreas naturais (em grande parte manejadas secularmente por comunidades autóctones), para implantar regimes de administração estatal e tecnologias modernas de manejo dos recursos naturais com fins preservacionistas, já apontado aqui neste artigo.

Consagrado como um produto da modernidade, esse modelo de área protegida, concebido originalmente, é essencialmente fragmentado, dicotômico e excludente. Configurou-se como um conjunto de áreas insularizadas e dispersas, vistas de forma unidimensional e independente, criando oposição entre binômios, do tipo cultura e natureza, incapaz de incorporar e lidar, de forma justa e equitativa, com a diversidade sociocultural e econômica das populações pristinas, afetadas diretamente por esse modelo de conservação da natureza. A política inaugurada no final do século XIX pelos Estados Unidos, a partir da criação do primeiro parque nacional do mundo em 1872 (Parque Nacional de Yellowstone, nos estados de Montana, Wyoming e Idaho), respondia a problemas ambientais típicos das sociedades industriais crescentes à época, tais como a rápida alteração das paisagens naturais e o comprometimento da qualidade de vida das pessoas nesses lugares, com o surgimento da poluição do ar, da contaminação das águas etc.

Nesse contexto, o ideário de preservação de porções da natureza selvagem, sem a presença humana, foi adotado nos Estados Unidos e difundido no século XX por todo mundo. Vislumbrava-se que essas áreas constituiriam no futuro o testemunho de um paraíso que estava ameaçado pela sanha do desenvolvimento econômico predatório. No entanto, os problemas de inadequação desse modelo excludente tornaram-se mais evidentes quando essa política colonizadora de espaços naturais foi implementada em países não industrializados da África e da América Latina, entre outros. Porque, no chamado sul global, havia grande contingente de povos indígenas e tribais, que viviam secularmente nessas áreas, de onde foram violentamente expulsos, para dar lugar à implantação dos parques nacionais e outras categorias de áreas protegidas. A perversidade dessa política em relação a esses grupos sociais é que ela foi implementada ao longo do tempo justamente onde os modos de vida tradicionais dessas comunidades mantiveram a biodiversidade nas áreas consideradas amostras de ecossistemas relevantes à conservação.

O rastro de violência e injustiças provocadas por essa política, que incensava o mito moderno da natureza intocada como pilar da conservação da biodiversidade (DIEGUES, 1994), foi confrontado em vários estudos científicos (OSTROM, 1990; PEÑA, 2003; DIEGUES, 2000; DAWSON *et al.*, 2021) e pelos pactos internacionais firmados pelos países membros das Nações Unidas, que passaram a reconhecer – ao menos formalmente – os direitos territoriais desses grupos sociais; incluso o respeito à autonomia e à autodeterminação das comunidades em suas terras ancestrais; além da valorização dos conhecimentos tradicionais, das práticas e inovações associadas à biodiversidade (Convenção 169 OIT/1989; Convenção da Diversidade Biológica/1992; Declaração das Nações Unidas sobre Povos Indígenas/2007, entre outros).

A ideia de compatibilidade da presença dos povos e comunidades tradicionais nas áreas protegidas é crescente no Brasil e no mundo. Desde a década de 1990, provocada pelo movimento de resistência desses povos aos parques implantados arbitrariamente em seus territórios, a Comissão Mundial de Áreas Protegidas da União Internacional para a Conservação da Natureza (UICN), junto com o World Wide Fund for Nature (WWF), produziu um dos primeiros documentos técnicos orientadores sobre o tema (FERREIRA, 2018). No Brasil, a admissibilidade dessa compatibilidade em UCs de proteção integral ocorreu pela primeira vez, oficialmente, no decreto de homologação da terra indígena Raposa Serra do Sol (2005), que estabeleceu em seu art. 3º que: "O Parque Nacional do Monte Roraima é bem público da União submetido a regime jurídico de dupla afetação, destinado à preservação do meio ambiente e à realização dos direitos constitucionais dos índios." Anos mais tarde, em julgamento sobre a demarcação contínua dessa terra indígena (PET 3388/2009), o Supremo Tribunal Federal (STF) apontou claramente em sua decisão que: "Há *perfeita compatibilidade* entre meio ambiente e terras indígenas, ainda que estas envolvam áreas de "conservação" e "preservação" ambiental. Essa compatibilidade é que autoriza a dupla afetação, sob a administração do competente órgão de defesa ambiental."

Quando surgiu, o regime jurídico de dupla afetação (RJDA) parecia ser o arranjo institucional que faltava para transformar os conflitos entre as comunidades indígenas e os agentes públicos nas áreas sobrepostas, oferecendo segurança jurídica a uma situação de exceção em relação ao regramento estabelecido para o funcionamento das UCs de proteção integral na lei do SNUC (FERREIRA, 2014). Em que pese existirem dezenas de sobreposições de UCs em terras indígenas, o RJDA só foi adotado oficialmente em quatro casos apenas, a saber: Parque Nacional do Monte Roraima e TI Raposa Serra do Sol (2005); Parque Nacional do Araguaia e TI Inaweboronã (2006); Parque Nacional do Descobrimento e TI Comexatibá (2012); e Floresta Nacional Santa Rosa do Purús e TI Riozinho do Alto Envira (2012). E, mesmo nesses casos, o RJDA nunca foi implantado de fato pelo órgão ambiental, porque em nenhuma dessas UCs foi desenvolvido um plano de administração conjunta da área sob dupla afetação, instrumento previsto nos seus decretos instituintes (FERREIRA, 2018).

O rompimento com essa tradição colonial de submissão dos povos e comunidades tradicionais à gestão estatal das UCs em seus territórios surgiu como uma "explosão" inesperada, sentida como o inacreditável desabrochar de uma flor, para aqueles que a cultivaram anos a fio, desde a semente; e como uma bomba demolidora do SNUC, para aqueles que semearam vento, mas não esperavam a tempestade.

Nunca é tarde o bastante para as mudanças que reparam os erros e as injustiças históricas. Assim como Dilermando Alencar, neto de quilombola, humanista, ousado pesquisador e operador do direito público, teve a coragem de nadar contra a corrente majoritária do ICMBio e postulou, com fundamento técnico e científico, uma mudança de paradigma na gestão das UCs de proteção integral criadas sobre territórios de povos e comunidades tradicionais; após 150 anos da criação do Parque Nacional de Yellowstone, os Estados Unidos testemunharam a ressurgência dos povos nativos norte americanos e passaram a reconhecer seus direitos, titulando suas terras ancestrais, dentro e fora dos parques nacionais. A dimensão dessa mudança, com a valorização desses povos e de seus conhecimentos tradicionais, expressa-se na recente nomeação do indígena Charles "Chuck" Sams III para chefiar o Serviço de Parques Nacionais, que administra mais de 400 áreas nos Estados Unidos. Este, sim, é um exemplo digno a ser seguido no Brasil e no mundo!

## Uma última acha de lenha nesta fogueira disfarçada de artigo

A Convenção sobre Diversidade Biológica chega à idade da razão sem conseguir cumprir seus objetivos, enfrentando uma crise existencial aparentemente sem saída. O fracasso das metas de Aichi[8] e a incapacidade de gerar propostas transformadoras para os próximos anos revelam o tamanho da crise, mas desvelam também as amarras às quais a CDB – e por extensão as estratégias de conservação da biodiversidade – continua presa. Enquanto não houver o reconhecimento da colonialidade[9] dos instrumentos de conservação e das concepções de biodiversidade, não será possível esperar novos avanços. Só a valorização das outras formas de estar no mundo, o reconhecimento do fracasso do ambientalismo tecnocrático na missão de cuidar da natureza e a criação de novos caminhos de forma plural, em relações justas e equitativas com povos originários e comunidades locais, pode oferecer alguma saída.

Não há dúvidas que todo o aparato da conservação da biodiversidade em áreas protegidas precisa se descolonizar. Os primeiros passos, com a figura da dupla afetação e agora com a possibilidade de que as comunidades locais permaneçam em unidades de proteção integral, foram dados. Mas só a combinação de políticas públicas não discriminatórias, que atendam às necessidades dos povos indígenas e das comunidades tradicionais, bem como valorizem seus conhecimentos, com a adoção de formas alternativas de cuidado com a natureza, poderá dar frutos.

A valorização do conhecimento de povos indígenas e comunidades tradicionais locais se traduz no reconhecimento desse corpo de saberes como autônomo e equivalente a outros, como a ciência. Não se trata de igualar conhecimentos, mas de entender que corpos distintos de conhecimento se derivam de pressupostos diferentes, possuem abordagens diversas e fazem outro tipo de perguntas. Povos indígenas podem nos ajudar a repensar nossas rela-

8 Trata-se de um conjunto de 20 metas voltadas para a redução da perda de biodiversidade acordado na COP 10, em 2010, que deveria ser atingido até 2020. Nenhuma das metas foi cumprida e poucas tiveram algum êxito, ainda que parcial.

9 Colonialidade aqui se refere à perspectiva da colonialidade do poder, como descrita por Anibal Quijano, e decupada por Rita Segato (2021).

ções com o mundo material, baseadas no consumo, podem nos ensinar a viver melhor, em um mundo pior, como disse o antropólogo Eduardo Viveiros de Castro (2014). Ou seja, como viver em um mundo destruído, saqueado, envenenado, em ruínas, mas onde temos que viver (BENSUSAN, 2019).

Enquanto uma visão colonial do território permanecer, não haverá redução da perda de biodiversidade. Não há aparato tecnocrático que dê conta de tamanha tarefa. O entendimento dos processos que regem a natureza é falho, o convencimento dos diversos agentes da sociedade sobre a importância da biodiversidade, impossível, e a competição com os outros usos que o capital quer dar aos espaços protegidos, voraz.

Há caminhos, porém. Experiências baseadas em tecnologias sociais das comunidades, convívio equitativo entre povos indígenas e iniciativas de turismo de base comunitária, redes de sementes que respeitam a pluralidade de formas de coletar e plantar, redes de cantinas que funcionam como entrepostos comerciais reunindo terras indígenas e reservas extrativistas, entre muitas outras. Elas existem ainda marginalmente, mas é nessas brechas que a vida floresce e ali que o futuro pode estar.

## Referências


ADAMS, J. S. *The future of the wild*. Boston, Massachusetts: Beacon Press, 2006.

BENSUSAN, N. *Conservação da biodiversidade em áreas protegidas*. Rio de Janeiro: Editora Fundação Getúlio Vargas, 2006.

BENSUSAN, N. Diversidade e unidade: um dilema constante. *In*: BENSUSAN, N.; PRATES, A. P. (Ed.). *A diversidade cabe na unidade?* Áreas protegidas no Brasil. Brasília: Editora Mil Folhas, 2014.

BENSUSAN, N. *Do que é feito o encontro*. Brasília: Editora Mil Folhas, 2019.

CASTRO, E. V. Diálogos sobre o fim do mundo. [Entrevista a] Eliane Brum. *El País Brasil*, 29 set. 2014. Disponível em: https://brasil.elpais.com/brasil/2014/09/29/opinion/1412000283_365191.html. Acesso em: 10 mar. 2022.

CONAQ – COORDENAÇÃO NACIONAL DE ARTICULAÇÃO DAS COMUNIDADES NEGRAS RURAIS QUILOMBOLAS. *O que é Quilombo?* Brasília: Conaq, [s.d.]. Disponível em: http://conaq.org.br/coletivo/terra-e-territorio/. Acesso em: 10 mar. 2022.

CPISP – COMISSÃO PRÓ-ÍNDIO DE SÃO PAULO. *Conflitos com unidades de conservação*. São Paulo: Cpisp, [s.d.]. Disponível em: https://cpisp.org.br/quilombolas-em-oriximina/luta-pela-terra/sobreposicao-uc-2/. Acesso em: 10 mar. 2022.

CRONON, W. *Uncommon ground*. Nova York: W.W. Norton & Company, 1995.

DAWSON, N. M. *et al.* The role of Indigenous peoples and local communities in effective and equitable conservation. *Ecology and Society,* v. 26, n. 3, p. 1-39, 2021. Disponível em: https://www.ecologyandsociety.org/vol26/iss3/art19/. Acesso em: 10 mar. 2022.

DIEGUES, A. C. S. Etnoconservação da natureza: enfoques alternativos. *In*: DIEGUES A. C. *Etnoconservação*: novos rumos para a proteção da natureza nos trópicos. São Paulo: Hucitec, 2000. p.1-46.

DIEGUES, A. C. S. *O mito moderno da natureza intocada*. São Paulo: Edusp, 1994.

FERREIRA, I. V. O dilema das terras indígenas no SNUC. In: BENSUSAN, N.; PRATES A. P. (Ed.). *A diversidade cabe na unidade?* Áreas protegidas no Brasil. Brasília: Editora Mil Folhas, 2014.

FERREIRA, I. V. *Unidades de conservação da natureza em terras indígenas no Brasil*: conflitos e potenciais de transformação. Tese (Doutorado em Ciências Humanas) – Universidade Federal de Santa Catarina, Florianópolis, 2018.

IBGE. Quilombolas no Brasil. *IBGE Educa*, Rio de Janeiro, 2022. Disponível em: https://educa.ibge.gov.br/jovens/materias-especiais/21311-quilombolas-no-brasil.html. Acesso em: 10 mar. 2022.

ICMBIO – INSTITUTO CHICO MENDES DE CONSERVAÇÃO DA BIODIVERSIDADE. *O Contrato de Concessão de Direito Real de Uso (CCDRU) nas unidades de conservação federais*. Brasília: ICMBio, 2019. Disponível em: https://www.icmbio.gov.br/portal/images/stories/comunicacao/publicacoes/publicacoes-diversas/o_contrato_de_concessao_de_direito_real_de_uso_ccdru_nas_ucs_federais.pdf. Acesso em: 5 dez. 2021.

OSTROM, E. *El gobierno de los bienes comunes: la evolución de las instituiciones de acción colectiva*. 2. ed. México: Fondo de Cultura Económica; UNAM, 1990.

PEÑA, D. G. Cultural landscapes and biodiversity: the ethnoecology of an Upper Rio Grande watershed commons. *In*: NAZAREA, V. D. (Ed.). *Ethnoecology*: situated knowledge/located lives. Tucson: The University of Arizona, 2003. p. 107-132.

PRIZIBISCZKI, C. ICMBio passa a aceitar permanência de tradicionais em unidades de conservação de proteção integral. O Eco, Rio de Janeiro, 25 nov. 2021. Disponível em: https://bit.ly/3sGQOET. Acesso em: 5 dez. 2021.

SEGATO, R. Aníbal Quijano e a perspectiva da colonialidade do poder. *In*: SEGATO, R. *Crítica da colonialidade em oito ensaios e uma antropologia por demanda*. Rio de Janeiro: Editora Bazar do Tempo, 2021. p. 43-84.

TAKACS, D. *The idea of biodiversity*. Maryland: The Johns Hopkins University Press, 1996.

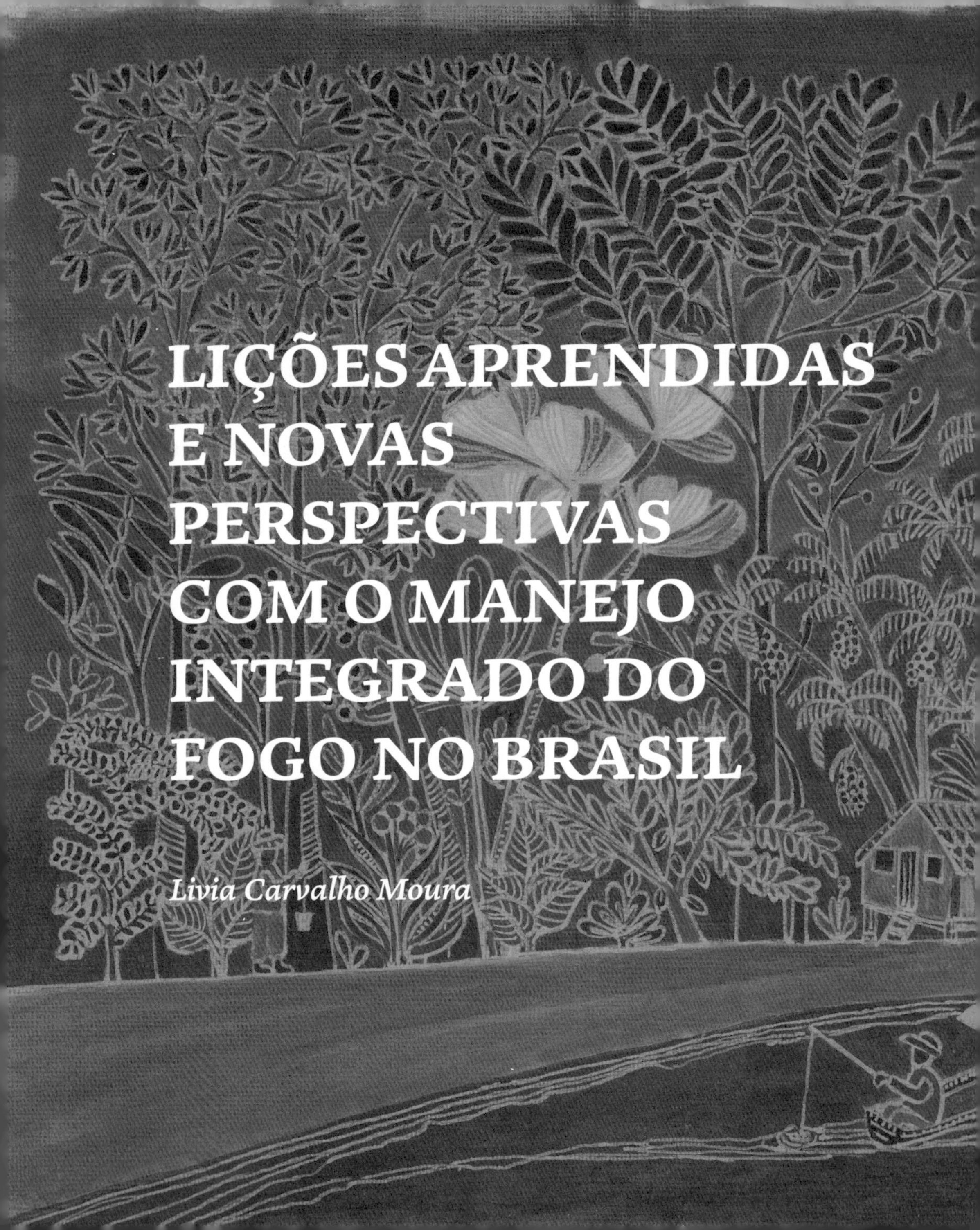

# LIÇÕES APRENDIDAS E NOVAS PERSPECTIVAS COM O MANEJO INTEGRADO DO FOGO NO BRASIL

*Livia Carvalho Moura*

## Histórico do fogo no Brasil

No Brasil, alguns biomas e ecossistemas se estabeleceram e evoluíram com a presença do fogo, como é o caso do Cerrado, do Pantanal, dos Pampas, dos campos amazônicos e do lavrado (savana amazônica em Roraima). Registros de partículas de carvão obtidos em uma vereda em Goiás indicam que o fogo está presente na região há pelo menos 32.400 anos (SALGADO-LABOURIAU; FERRAZ-VICENTINI, 1994). Nesses locais, onde as queimas ocorrem há milhares de anos e independem da presença do homem, o fogo é considerado um elemento natural e necessário para a conservação da biodiversidade (HARDESTY *et al.*, 2005). A ignição natural é gerada por meio de descarga elétrica atmosférica, ou seja, de um raio, que comumente ocorre nas transições entre os períodos seco e chuvoso e pode queimar áreas pontuais ou extensas. O intervalo de retorno das queimas naturais em um mesmo local é bastante variável e difícil de se medir atualmente por conta de toda a influência e ocupação antrópica. Um dos poucos lugares em que foi possível se fazer esta pesquisa foi no Parque Nacional das Emas, e o intervalo de queima natural variou entre 2 e 9 anos (RAMOS-NETO *et al.*, 2000).

Em contraste, existem ambientes onde o fogo não ocorre naturalmente e sua origem está vinculada ao homem. Esses ambientes são considerados sensíveis ao fogo, pois suas espécies não evoluíram com sua presença e, quando queimados, o impacto pode ser catastrófico (FLORES *et al.*, 2021), transformando o ambiente em um ecossistema completamente diferente do original ou podendo levar centenas de anos para se recuperar (CHAPARRO-PADRAZA; ROOS, 2020). Alguns exemplos desses ambientes são a Amazônia, a Mata Atlântica, as matas ciliares e as de galeria, que também ocorrem em biomas adaptados ao fogo.

Independentemente do ambiente, adaptado ou sensível ao fogo, a maior parte das queimadas tem origem antropogênica e ocorre durante a estação seca por motivos diferentes. Existem evidências de que o fogo é usado pelo homem para caça e coleta de alimentos há pelo menos 11.000 anos antes do presente no Brasil (BARBOSA; SCHMITTZ, 2008). Entre as práticas e atividades mais comuns hoje em que o fogo é usado como ferramenta de manejo estão a agricultura de corte e queima, a rebrota de pastagens, caça, a limpeza e a proteção de áreas, o estímulo à reprodução de plantas para alimentação e artesanato, além de celebrações e rituais (IBAMA, 2018). As queimas feitas por populações e comunidades rurais, tradicionais ou indígenas são geralmente realizadas de maneira controlada, em áreas delimitadas para que o fogo não escape e o sistema de produção local não seja prejudicado (LEONEL, 2000). Porém, grande parte das áreas queimadas e dos focos de calor é resultado de incêndios (fogo não controlado) criminosos, ou seja, quando há a intenção de queimar sem autorização dos órgãos competentes. Esses incêndios criminosos estão relacionados principalmente à ocupação ilegal de territórios, à expansão de atividades agropecuárias e ao protesto em unidades de conservação (UCs) de proteção integral, onde as comunidades locais não receberam indenização por suas propriedades e suas atividades produtivas ficaram limitadas (MISTRY; BIZERRIL, 2011).

A prevalência de incêndios criminosos e a falta de políticas de manejo adequadas levaram o Brasil a um regime de fogo caracterizado pela queima de grandes áreas (> 100.000 ha), que ocorrem com grande frequência (1-3 anos) no auge e final da estação seca, entre agosto e outubro no Hemisfério Sul, e dezembro e fevereiro no Hemisfério Norte. A combinação entre as condições meteorológicas extremas (com baixa umidade relativa do ar, temperatura alta e vento forte), o acúmulo de combustível disponível para queima (biomassa seca) e a ação criminosa do homem aumentam a chance da ocorrência de megaincêndios de alta intensidade e severidade, e de difícil controle (FIDELIS *et al.*, 2018). Nesses casos, em que o fogo é iniciado em condições favoráveis, a propagação das chamas tende a atingir ecossistemas sensíveis ao fogo (FLORES *et al.*, 2021).

O aumento na frequência e extensão dos incêndios é mais expressivo em áreas protegidas do Cerrado, onde se concentram os maiores remanescentes de vegetação nativa, que são mais propensos à passagem do fogo. De acordo com informações de cicatrizes de queima divulgadas pelo MapBiomas (2021), no período de 1985 e 2020, 57% da área de vegetação nativa queimada pertence a formações savânicas e campestres, e 8,3% pertencem a florestas. Dentro da mesma base de dados, o Cerrado aparece com a maior extensão de área queimada (733.851 km$^2$, 44% do território brasileiro), seguido da Amazônia (690.028 km$^2$, 41%), da Caatinga (88.550 km$^2$, 5%) e do Pantanal (86.403 km$^2$, 5%). Proporcionalmente, o Pantanal foi o bioma que mais teve área queimada, com 57,5%, o Cerrado teve 36% queimado, e a Amazônia, 16,4%.

## Tentativa de exclusão do fogo da natureza – política de fogo zero

Apesar da ocorrência natural do fogo em diferentes ecossistemas do território brasileiro e do seu valor sociocultural e econômico para diversas populações rurais e tradicionais, uma política de fogo zero foi instituída no período colonial com o intuito de se excluir o fogo e seus impactos da natureza (MOURA *et al.*, 2019). Essa iniciativa, direcionada pela percepção negativa sobre o fogo, foi influenciada pelo interesse econômico dos europeus voltado para recursos florestais, bem como pela falta de compreensão sobre a dinâmica ecológica de ecossistemas abertos (savanas e campos) na época.

A política de fogo zero é implementada até hoje e é focada em regulamentações voltadas para atividades de combate a incêndios e penalidades a quem os gera. Em UCs de proteção integral, onde o acesso e o manejo dos recursos naturais por comunidades locais são mais restritivos, o uso do fogo é proibido. Um dos maiores entraves enfrentados nessas áreas é a falta de regularização fundiária, e as famílias que não receberam indenização e procuram manter seus modos de vida são penalizadas e ameaçadas. As queimas controladas que antes eram realizadas no manejo de sistemas produtivos e para a proteção das comunidades, em grande parte deixaram de existir e foram substituídas por incêndios. Isso porque, à medida que amplas áreas cobertas por vegetações nativas inflamáveis deixaram de ser manejadas, o risco à propagação do fogo aumentou significativamente, e com frequência os incêndios criminosos chegam a queimar até 90% das UCs (FRANÇA, 2010).

Após séculos de vigência dessa política, observa-se em ecossistemas abertos o aumento de: *i)* inflamabilidade de ambientes adaptados ao fogo, com acúmulo de combustível homogêneo e contínuo disponível para queima e grande potencial para propagação de chamas; *ii)* invasão e adensamento de árvores em locais onde as condições do solo e clima são favoráveis, descaracterizando alguns ecossistemas savânicos e campestres; *iii)* gastos com operações de combate, prejuízos econômicos e risco à vida humana e silvestre; *iv)* conflitos entre as autoridades governamentais fiscalizadoras e comunidades tradicionais que usam o fogo para atividades produtivas; e *v)* rompimento e negligência das práticas e do conhecimento tradicional e científico associado ao fogo e seus efeitos para a biodiversidade.

## Novas perspectivas com o programa-piloto do manejo integrado do fogo

Na tentativa de reduzir as áreas queimadas por incêndios, países como a Austrália, Estados Unidos, Canadá e África do Sul têm implementado abordagens inovadoras de manejo do fogo nas últimas décadas. Entre as abordagens de maior êxito se destaca o manejo integrado do fogo (MIF), caracterizado especialmente por incluir aspectos ecológicos e culturais em suas ações, utilizando estratégias participativas e adaptativas (MYERS, 2006).

A experiência internacional positiva com o MIF e o agravamento na ocorrência dos incêndios no Brasil motivaram a criação do projeto "Prevenção, Controle e Monitoramento de Queimadas Irregulares e Incêndios Florestais no Cerrado", também conhecido como projeto Cerrado-Jalapão. O projeto teve início em 2014 sob a coordenação do Ministério do Meio Ambiente (MMA) e apoio da cooperação técnica e financeira alemã. Os resultados dos primeiros produtos do projeto – relacionados ao levantamento dos impactos do fogo sobre a vegetação, usos e práticas tradicionais do fogo e aplicação do MIF em áreas protegidas do Cerrado – alavancaram o programa-piloto do MIF (SCHMIDT *et al.*, 2018).

Além de visar à redução dos incêndios, a implementação do MIF tem como objetivo: mudar o regime do fogo; reduzir as emissões de gases de efeito estufa; proteger ecossistemas sensíveis ao fogo; conservar a biodiversidade de ecossistemas abertos e adaptados ao fogo; restaurar a vegetação nativa de áreas degradadas; reconhecer o conhecimento e as práticas tradicionais com o uso do fogo; e ampliar o conhecimento científico para se atingir metas de conservação. Para atingir esses objetivos, grande parte das ações de manejo são voltadas para a prevenção dos incêndios, priorizando, quando necessário, as atividades de combate. O aprimoramento de técnicas e tecnologias, cursos de formação e capacitação e a promoção de educação ambiental compõem a metodologia utilizada nessa abordagem.

Uma das estratégias mais inovadoras do programa é a aplicação de queimas prescritas em ecossistemas adaptados ao fogo, que, ao fragmentarem a biomassa combustível, previnem a propagação das chamas em maiores extensões de áreas e a entrada do fogo em matas ou ecossistemas mais sensíveis e úmidos. As queimas prescritas são realizadas em locais e períodos do ano favoráveis ao controle do fogo. Dessa forma, o mapeamento e as coletas em campo permitem medir previamente as condições meteorológicas (temperatura, umidade relativa do ar e velocidade do vento), a quantidade e a qualidade do combustível, bem como a presença de barreiras naturais ou artificias.

Por se tratar de um programa ainda piloto no Brasil, a aplicação do MIF se restringe a algumas UCs (sobretudo federais e pontualmente estaduais), terras indígenas (TIs) e território quilombola (TQ). O Instituto Chico Mendes de Conservação da Biodiversidade (ICMBio) é o órgão responsável pela implementação da abordagem em UCs federais, e o Centro Nacional de Prevenção e Combate aos Incêndios Florestais (Prevfogo) do Instituto Brasileiro do Meio Ambiente e dos Recursos Naturais Renováveis (Ibama), em parceria com a Fundação Nacional do Índio (funai), é responsável pela implementação em TIs e TQ.

Entre os órgãos estaduais ambientais, o Instituto Natureza do Tocantins (Naturatins) foi o primeiro a implementar o MIF no país, em 2014, e o Manejo do Fogo de Base Comunitária em uma UC de uso sustentável com mais de 460 mil hectares, em 2015. A Secretaria de Meio Ambiente e Desenvolvimento Sustentável (Semad) de Goiás criou instrução normativa com critérios para a implementação de queimas controladas para produção, pesquisa e manejo preventivo em 2020. No estado de Minas Gerais, o uso do fogo para o manejo de UCs estaduais é regulamentado pelo Instituto Estadual de Florestas (IEF), por meio do Decreto Estadual nº 47.919, de 17 de abril de 2020. Após os incêndios no Pantanal em 2020, o Conselho Estadual de Controle Ambiental (Ceca) do Mato Grosso do Sul elaborou e conseguiu a aprovação do Decreto Estadual nº 15.654, de 15 de abril de 2021, que institui o Plano Estadual de Manejo Integrado do Fogo.

## Resultados e avaliações do manejo integrado do fogo

O programa-piloto do MIF começou em 2014 em três UCs: no Parque Estadual do Jalapão e na Estação Ecológica Serra Geral do Tocantins, no estado do Tocantins, e no Parque Nacional da Chapada das Mesas, no Maranhão. Após seis anos o programa ganhou aderência e se expandiu para 37 UCs, 42 TIs e um TQ. Mesmo em um curto prazo, o MIF já apresenta resultados inspiradores e está sendo cada vez mais explorado por gestores de

UCs e procurado por produtores rurais como uma alternativa eficiente para reduzir incêndios em seus territórios. A seguir são apresentados em tópicos os principais resultados obtidos com a implementação da abordagem em UCs nos últimos anos.

- Mudança no regime do fogo: um dos principais objetivos com o MIF é mudar o regime do fogo atual por meio da redução da (*i*) área queimada em um único evento, (*ii*) frequência em que o mesmo local é queimado e (*iii*) intensidade do fogo e da (*iv*) alteração da época das queimadas. Ao modificar o atual regime do fogo, ecossistemas mais sensíveis correm muito menos risco de serem queimados por incêndios. De acordo com resultados do acompanhamento das três UCs que deram início ao programa-piloto, o manejo possibilitou a redução de até 57% das áreas queimadas por incêndios no auge e final da estação seca (MISTRY et al., 2018). Ao mesmo tempo, aumentou em até 20% as áreas queimadas no início da estação seca, com a implementação de queimas prescritas em locais adequados e estratégicos.
- Mitigação das emissões de gases de efeito estufa: com a redução das áreas queimadas por incêndios no auge e final da estação seca por meio da implementação de queimas prescritas no Cerrado, foi possível reduzir em até 39% as emissões de gases de efeito estufa. Isso ocorre, pois o fator de emissão, a quantidade de combustível disponível, a eficiência da queima (porcentagem do combustível consumido pelo fogo) e o tamanho da área queimada tendem a ser consideravelmente maior no final da estação seca.
- Formação de mosaicos de vegetação: as queimas prescritas em áreas estratégicas, com ecossistemas adaptados ao fogo, potencializam a criação de faixas de vegetação com diferentes históricos de queima (temporal) e fisionomias de vegetação (espacial), compondo um mosaico de áreas com variações na composição de espécies e em diferentes estágios de regeneração. A frequente recorrência de incêndios sempre no mesmo local e período do ano são nocivas para comunidades de plantas e animais no geral, incluindo as espécies adaptadas ao fogo, pois seus ciclos de vida (especialmente períodos reprodutivos) podem ser interrompidos ou impactados, e a reincidência do fogo pode levar a extinção local de populações inteiras. Assim, a criação de mosaicos com diferentes históricos de queima pode beneficiar um maior número de espécies (TRAUERNICHT et al., 2015).

- Mapeamento do acúmulo de combustível e das cicatrizes de queima: o ICMBio realiza o monitoramento das queimas prescritas e dos incêndios por meio do mapeamento da quantidade de combustível disponível para queima e das cicatrizes, ou manchas, de áreas queimadas. Através da produção desses mapas é possível acompanhar e avaliar o trabalho de equipes gestoras e dos brigadistas. As avaliações, por sua vez, permitem a melhoria de protocolos e metodologias utilizadas para aplicar o MIF em diferentes ecossistemas. Instituições parceiras de pesquisa e da sociedade civil estão contribuindo cada vez mais para o aprimoramento de sistemas processuais de informações geoespaciais voltados para focos de calor e áreas queimadas, como é o caso do Programa de Queimadas do Instituto Nacional de Pesquisas Espaciais (Inpe), MapBiomas Fogo, Painel Alertas+ do Instituto Socioambiental (ISA) e Plataforma Alarmes do Laboratório de Aplicação de Satélites Ambientais da Universidade Federal do Rio de Janeiro (Lasa/UFRJ).
- Plano de manejo integrado do fogo (PMIF): os PMIFs são instrumentos de gestão e planejamento para que gestores possam atingir metas e objetivos de conservação com a implementação do MIF. Até 2021 foram produzidos PMIFs para quatro UCs federais, outros planos estão em processo de elaboração junto com a revisão ou criação dos planos de manejo de suas respectivas unidades. Uma portaria com orientações sobre o conteúdo essencial dos planos está para ser lançada para que as equipes gestoras sigam um padrão e atendam as especificações de maior relevância. O plano operativo de prevenção e combate a incêndios florestais é um documento produzido anualmente e deve ser fomentado pelo PMIF.
- Brigadas de incêndio especializadas: o ICMBio contratou 1.716 brigadistas em 2020 para realizar atividades de combate e preventivas a incêndios – como as queimas prescritas, diálogo e estabelecimento de acordos com as comunidades locais, restauração de ecossistemas degradados, monitoramento dos efeitos do fogo na vegetação e para os animais. Para compor as brigadas das UCs, brigadistas locais, indígenas e quilombolas são preferencialmente contratados. A maior parte dos brigadistas (70%) são contratados por 6 meses, durante o período mais crítico

dos incêndios, e 30% são contratados por 12 meses para executar atividades mais voltadas à prevenção de incêndios no período chuvoso. A Lei nº 3.668/2018 viabilizou recentemente o prolongamento do período em que a mesma pessoa pode ser contratada por órgãos executores federais para até 3 anos. Assim, os brigadistas ganham mais experiência, propriedade e tempo para realizarem as atividades do MIF especialmente voltadas à prevenção em períodos apropriados.

- Formação e disseminação de boas práticas: os cursos de formação e capacitação de brigadas estão sendo conduzidos com foco na abordagem do MIF, gerando agentes multiplicadores. O ensino de técnicas e condutas esperadas dos brigadistas antes era predominantemente voltado para ações de combate a incêndios, porém, com o programa piloto, os cursos introduziram módulos de ações preventivas. A elaboração e disseminação de materiais informativos, como o próprio manual do brigadista ou cartilhas conceituais sobre o MIF, têm auxiliado na promoção de educação ambiental dentro e no entorno de UCs.
- Metodologias participativas e adaptativas: um dos princípios básicos do MIF é entender, respeitar e considerar conhecimentos e diferentes práticas com o uso do fogo de comunidades locais rurais, tradicionais e indígenas. Dessa forma, modos de vida sustentáveis são mantidos e valorizados e, ao mesmo tempo, conflitos são evitados. Reuniões entre equipes gestoras, brigadistas, pesquisadores e moradores de comunidades localizadas no interior e entorno das UCs que estão implementando o MIF têm sido essenciais para garantir a participação ativa de todos em atividades de planejamento, monitoramento e avaliação. Essas reuniões possibilitam o estabelecimento de calendários e mapas de queima com informações estratégicas para a tomada de decisão dos gestores, e aumentam a efetividade do manejo.
- Avanço do conhecimento científico sobre o fogo: desde seu início, o programa-piloto do MIF teve um acompanhamento científico para identificar parâmetros e indicadores relacionados ao comportamento do fogo e seu efeito em plantas e animais. Essas coletas e a análise de dados ajudaram a estabelecer protocolos de aplicação do MIF para orientar gestores no manejo e replicar a metodologia para outras unidades. Em 2018, o Prevfogo/Ibama em parceria com o Conselho Na-

cional de Desenvolvimento Científico e Tecnológico (CNPq) lançou um edital para apoiar pesquisas relacionadas ao monitoramento do MIF em áreas protegidas. Resultados de pesquisas como estes, e muitos outros projetos acadêmicos que têm cada vez mais incluído o fogo, permitem avaliar se as atividades de manejo em áreas protegidas devem ser mantidas, adaptadas ou redirecionadas.

## Oportunidades e desafios para a ampliação do manejo integrado do fogo

Embora o programa-piloto do MIF tenha se expandido consideravelmente nos últimos anos, seu alcance ainda se limita a algumas áreas protegidas, e a maior parte do território brasileiro ainda não recebe um manejo adequado. A maioria das UCs, as áreas particulares, os assentamentos e territórios ocupados por comunidades tradicionais – como quilombola, fundo e fecho de pasto, geraizeiros, apanhadores de flores, entre outros – não são atendidos pelo programa, tampouco têm autorização para a implementação de queimas prescritas ou controladas que visem atender as necessidades locais. Portanto, a política de fogo zero, predominantemente voltada para atividades de supressão do fogo, permanece vigente em quase todo o território do país, apesar de haver um grande potencial para a implementação de novas abordagens em todos os biomas e ecossistemas.

Com as mudanças climáticas e seus impactos na natureza, bem como as crescentes disputas territoriais e ocupações irregulares, esses territórios que não são manejados estão cada vez mais sujeitos a incêndios catastróficos e de grandes proporções, como aqueles que têm ocorrido na Amazônia, no Pantanal e no Cerrado nos últimos anos. Esses incêndios são marcados por grandes prejuízos econômicos e produtivos, gastos com operações de combate e perdas de vidas humana e silvestre, sendo essas muitas vezes inestimáveis.

Os resultados exitosos do programa-piloto do MIF e a necessidade de reduzir os problemas gerados com os megaincêndios anualmente induziram a construção do Projeto de Lei (PL) nº 11.276/2018, que institui a Política Nacional de Manejo Integrado do Fogo (PNMIF), prevista no artigo 40 da Lei nº 12.651, de 25 de maio de 2012, referente ao Código Florestal. O PL tem como objetivo disciplinar e promover a articulação interinstitucional do MIF em todo o território brasileiro, reduzir a incidência e os danos causados por incêndios e restaurar a função ecológica e cultural do fogo. Para construir e consultar diferentes setores da sociedade sobre a PNMIF, o MMA, em parceria com o Ibama, o ICMBio e o Serviço Florestal Brasileiro (SFB), criou um grupo de trabalho em 2016. O grupo promoveu sete oficinas temáticas com a participação de representantes de 30 instituições vinculadas à órgãos federais públicos e três seminários setoriais, com representantes da sociedade, dos estados e de povos indígenas e comunidades tradicionais, que contou com a participação de mais de 160 pessoas e 100 instituições de 25 estados.

Em 2019, a Mesa Diretora da Câmara dos Deputados determinou a criação de Comissão Especial para analisar o referido PL. Porém, antes que a comissão fosse criada, foi apresentado um requerimento de urgência para sua votação em Plenário e, em outubro de 2021, o projeto obteve aprovação dos deputados com alguns substitutivos apensados. Atualmente, a PNMIF aguarda apreciação do Senado.

Com sua aprovação, o MIF será regulamentado enquanto uma política pública e sua implementação em outros territórios será incentivada, com maior apoio e aderência das UCs estaduais e municipais. De modo geral, a ampliação do MIF traz alguns desafios de gestão e execução que precisam ser endereçados, como o próprio entendimento conceitual da abordagem. Os fundamentos teóricos e práticos do MIF ainda são muito pouco conhecidos pela sociedade brasileira e se limitam a algumas pessoas do ICMBio e do Prevfogo/Ibama contempladas pelo programa-piloto, além de alguns poucos pesquisadores. Mesmo para esses atores-chave, o MIF é quase sempre associado a queimas prescritas e controladas. Para evitar o uso incorreto de seu conceito, é importante disseminar e promover a abordagem com seu real significado, que envolve atividades de prevenção, supressão e combate de acordo com aspectos ecológicos, culturais e socioambientais de cada área manejada. No entanto, as queimas prescritas devem ser aplicadas apenas em ecossistemas adaptados ao fogo e em áreas estratégicas acordadas com as populações locais.

Embora, na maioria dos casos, a indenização e a retirada de populações locais residentes em UCs de proteção integral esteja prevista em lei, essa situação dificilmente se concretiza, e a convivência entre equipes gestoras e moradores locais é quase sempre necessária e alvo de conflitos. Por isso, o entendimento e reconhecimento acerca das dinâmicas dessas comunidades e suas atividades culturais e produtivas faz parte da abordagem do MIF. Os diálogos, as reuniões coletivas e o envolvimento dessas pessoas em diferentes momentos do manejo do fogo em UCs geram benefícios socioculturais, econômicos e ecológicos. O estabelecimento de acordos e cooperações entre as partes interessadas pode resultar na criação de termos de compromisso, que valorizam povos e práticas tradicionais, contribuem para a gestão das áreas e evitam conflitos.

Além dos termos de compromisso, os PMIFs são instrumentos importantes de planejamento, elaborados com o intuito de orientar gestores e brigadistas, bem como viabilizar a continuidade das ações do MIF, independentemente do fluxo de pessoal e do regime de contratação das brigadas. Entretanto, pouquíssimos planos foram elaborados até hoje e falta estabelecer parâmetros e critérios mínimos a serem considerados nesses documentos. Existe uma grande confusão sobre a função e o conteúdo do PMIF e sua diferenciação do Plano Operativo de Prevenção e Combate a Incêndios Florestais. Adicionalmente, muito cuidado é necessário para não tornar os PMIFs documentos muito complexos e inacessíveis, como ocorreu de certa forma com os planos de manejo de UCs. Tomadores de decisão, gestores e agentes do MIF precisam ter maior clareza sobre como elaborar e executar seus planos.

O atual sistema de formação, contratação e regulamentação de pessoal capacitado para implementar as ações previstas no MIF precisa de reformulações para poder atender a todas as demandas. A maioria das UCs estaduais e municipais, e muitas unidades federais não contam com a contratação de brigadas temporárias para apoiar as atividades preventivas e de combate aos incêndios. O não reconhecimento da profissão de brigadista de incêndio no Brasil, além de negligenciar os direitos trabalhistas de profissionais que colocam comumente suas vidas em risco, dificulta a contratação de brigadas em longo prazo. A falta de brigadistas e da continuidade de seus trabalhos acaba inviabilizando a implementação do MIF em escala de paisagem, uma vez que esta depende diretamente do trabalho e esforço desses profissionais.

Uma das tentativas para remediar essa situação foi a criação e formação de brigadas comunitárias voluntárias e particulares para atender territórios não assistidos pelos programas federais do Prevfogo/Ibama ou ICMBio. Porém, por falta de recurso, com frequência as instituições públicas não conseguem oferecer cursos de formação e capacitação, ou mesmo comprar EPIs e ferramentas de trabalho para todas as brigadas voluntárias. O reconhecimento e registro dessas brigadas ainda não está regulamentado e, para atender aos critérios básicos de segurança e as especificações do MIF, elas precisam seguir normas e diretrizes a serem indicadas com a PNMIF.

Instituições de direito privado (como organizações da sociedade civil, de base comunitária e empresas) em parceria com entidades públicas (federais, estaduais e municipais) têm apoiado crescentemente as brigadas voluntárias e particulares. Além de contribuírem com a criação e instrumentalização dessas brigadas, algumas instituições não governamentais, como o Instituto Sociedade, População e Natureza (ISPN), têm apoiado organizações de base comunitária com projetos de manejo do fogo e promovido eventos para informar e disseminar boas práticas relacionadas.

## Referências


BARBOSA, A. S.; SCHMITTZ, P. I. Ocupação indígena do Cerrado: esboço de uma história. *In*: SANO, S. M.; ALMEIDA, S. P.;. RIBEIRO, J. F (Org.). *Cerrado*: ecologia e flora. Brasília: Embrapa, 2008. p. 47-68.

CHAPARRO-PEDRAZA, P. C.; ROOS, A. M. Ecological changes with minor effect initiate evolution to delayed regime shifts. *Nature Ecology and Evolution*, v. 4, n. 3, p. 412-418, 2020.

FIDELIS, A. *et al.* The year 2017: megafires and management in the Cerrado. *Fire*, v. 1, n. 3, p. 49, 2018.

FLORES, B. M. *et al.* Tropical riparian forests in danger from large savanna wildfires. *Journal of Applied Ecology*, v. 58, n. 2, p. 419-430, 2021.

FRANÇA, H. *Os incêndios de 2010 nos parques nacionais do Cerrado*. São José do Rio Preto: UFABC, 2010.

HARDESTY, J. *et al.* Fire, ecosystems and people: a preliminary assessment of fire as a global conservation issue. *Fire Management*, v. 22, n. 4, p. 78-87, 2005.

IBAMA – INSTITUTO BRASILEIRO DO MEIO AMBIENTE E DOS RECURSOS NATURAIS RENOVÁVEIS. *Relatório da compilação dos resgates do conhecimento tradicional sobre o uso do fogo em terras indígenas brasileiras*. Brasília, DF: Ibama, 2018.

LEONEL, M. O uso do fogo: o manejo indígena e a piromania da monocultura. *Estudos Avançados*, v. 14, n. 40, p. 231-250, 2000.

MAPBIOMAS. Mapeamento das áreas queimadas no Brasil. [S.l.]: MapBiomas, 2021. (Coleção 1)

MISTRY, J. *et al.* New perspectives in fire management in South American savannas: the importance of intercultural governance. *Ambio*, v. 48, p. 172-179, 2018.

MISTRY, J.; BIZERRIL, M. Por que é importante entender as inter-relações entre pessoas, fogo e áreas protegidas? *Biodiversidade Brasileira*, v. 1, n. 2, p. 40-49, 2011.

MOURA, L. C. *et al.* The legacy of colonial fire management policies on traditional livelihoods and ecological sustainability in savannas: impacts, consequences, new directions. *Journal of Environmental Management*, v. 232, p. 600-606, 2019.

MYERS, R. L. *Convivendo com o fogo*: manutenção dos ecossistemas e subsistência com o manejo integrado do fogo. Tallahassee: The Nature Conservancy, Global Fire Initiative, 2006.

RAMOS-NETO, M. B. *et al.* Lightning fires in a Brazilian Savanna National Park : rethinking management strategies. *Environmental Management*, v. 26, n. 6, p. 675-684, 2000.

SALGADO-LABOURIAU, M. L.; FERRAZ-VICENTINI, K. R. Fire in the Cerrado 32.000 years ago. *Current Research in the Pleistocene*, v. 11, p. 85-87, 1994.

SCHMIDT, I. B. *et al.* Fire management in the Brazilian savanna: first steps and the way forward. *Journal of Applied Ecology*, v. 55, n. 5, p. 2094-2101, 2018.

TRAUERNICHT, C. *et al.* Local and global pyrogeographic evidence that indigenous fire management creates pyrodiversity. *Ecology and Evolution*, v. 5, n. 9, p. 1908-1918, 2015.

# EFETIVIDADE DAS UNIDADES DE CONSERVAÇÃO NA MANUTENÇÃO DA COBERTURA VEGETAL NATURAL NO BRASIL

*Antonio F. P. Oviedo e Juan Doblas*

Florestas secundárias são florestas que se regeneram através de processos naturais após perturbação humana e/ou natural numa escala temporal variável (CHAZDON, 2012; LAUE; ARIMA, 2014; LU; MORAN; MAUSEL, 2002; MESQUITA *et al.*, 2001; 2015; PERZ; SKOLE, 2003), exibindo diferenças na estrutura da floresta e/ou composição de espécies, bem como no balanço de carbono (AGUIAR *et al.*, 2016; ORIHUELA-BELMONTE *et al.*, 2013), conservação da biodiversidade e serviços ecossistêmicos (BENAYAS *et al.*, 2009; CHAZDON *et al.*, 2009; KLEMICK, 2011).

A regeneração e persistência da vegetação secundária são resultado de três decisões principais de uso da terra: implementação de um sistema de uso da terra, por exemplo, agricultura itinerante; abandono de terra como, por exemplo, pastagens degradadas; e intensificação por meio da conversão de áreas de vegetação secundária em usos da terra perenes ou semiperenes, por exemplo, agricultura industrial (COSTA, 2004; 2009). A agricultura itinerante e a pecuária são os principais usos da terra relacionados à regeneração (UHL; BUSCHBACKER; SERRÃO, 1988; NEPSTAD *et al.*, 1996), enquanto a recente expansão da agricultura industrial tem sido apontada como um impulsionador da redução da vegetação nativa e/ou secundária (VIEIRA *et al.*, 2014).

A importância e o valor das florestas para as populações e comunidades tradicionais são frequentemente subestimados (EMPERAIRE, 2021). A gama de concepções sobre como manejar o meio ambiente e compreender as relações estabelecidas com ele representa uma ampla rede de inter-relações entre agentes, sejam eles humanos ou não humanos (INGOLD, 2011). As áreas de floresta manejadas por comunidades tradicionais não separam a obtenção dos alimentos e a proteção ambiental. Nesse contexto de inter-relação e interdependência, faz-se primordial o manejo de florestas secundárias ao longo do tempo como forma de garantir a manutenção de suas tradições e modos de vida.

A criação de UCs tem sido uma das estratégias mais eficazes para proteger a floresta e os ecossistemas sensíveis (SCHWARTZMAN; NEPSTAD; MOREIRA, 2000; RICKETTS *et al.*, 2010; SOARES-FILHO *et al.*, 2010; 2016). Soares-Filho *et al.* (2006) avaliaram o efeito das áreas protegidas na Amazônia brasileira sobre a redução de emissões advindas do desmatamento e encontraram, para o período entre 1997 e 2008, um efeito inibidor em três tipos distintos de áreas protegidas: terras indígenas, UCs de proteção integral e UCs de uso sustentável. Além disso, os autores afirmam que a expansão das áreas protegidas ocorrida no início dos anos 2000 foi responsável por 37% da redução do desmatamento observado entre 2004 e 2006. Posteriormente, Kere *et al.* (2017), com o mesmo objetivo de avaliar o efeito das áreas protegidas sobre o desmatamento na Amazônia, encontrou um efeito positivo das UCs sobre a redução no desmatamento entre 2005 e 2009, em que as áreas criadas mais recentemente apresentam um efeito inibidor maior.

As políticas de ordenamento territorial estão tornando as áreas protegidas em "ilhas de conservação e diversidade cultural" cercadas por pastagens, agricultura, áreas urbanas e periurbanas, além de áreas degradadas por uso industrial (ALKER *et al.*, 2000; VASQUES, 2006; BRONDIZIO; OSTROM; YOUNG, 2009; BRONDIZIO; LE TOURNEAU, 2016). Como uma propriedade emergente de sistemas adaptativos, as transições de uso do solo nas áreas protegidas e zonas de amortecimento são caracterizadas por diferentes trajetórias (MARTENS; ROTMANS, 2002). A análise espacial e temporal das diferentes trajetórias nesses territórios é essencial para o planejamento do uso e ocupação do solo, bem como para o desenvolvimento de políticas públicas de ordenamento territorial.

Este artigo visa determinar, mediante a análise dos ciclos de manejo e crescimento da vegetação secundária, quais são as características diferenciais do manejo da terra no interior das UCs ocupadas por populações tradicionais, frente a outro tipo de UCs e/ou áreas protegidas. A hipótese é que esse manejo seria menos intensivo, e que as áreas em regeneração seriam maiores no interior de áreas de uso sustentável em relação a áreas onde se pratica agricultura e pecuária (APAs) e áreas de proteção integral.

## Metodologia

Para determinar os ciclos de manejo e crescimento da vegetação secundária nas áreas protegidas, foram coletados dados georreferenciados e de cobertura da terra da iniciativa MapBiomas.[1] As relações espaço-temporais foram determinadas mediante o uso da plataforma Google Earth Engine (GORELICK *et al.*, 2017) e tratadas estatisticamente utilizando a linguagem de *scripting* R (R CORE TEAM, 2019). A Tabela 1 apresenta a relação de UCs adotadas neste estudo, agrupadas em diferentes níveis de tolerância para a ocupação tradicional. Em relação aos biomas brasileiros, a Tabela 2 mostra a distribuição das UCs nos biomas brasileiros.

**Tabela 1 – Dados georreferenciados sobre as UCs federais e estaduais selecionadas, por categoria**

| Categoria de UC | Número | Área (Mha) | % Brasil |
|---|---|---|---|
| UCs de uso sustentável onde a ocupação tradicional é permitida (*i.e.* Resex e RDS) | 108 | 25,3 | 3% |
| UCs de uso sustentável onde a ocupação tradicional é tolerada (*i.e.* Flona, FES, Florex, Fers, Arie, e RFAU) | 132 | 32,2 | 3,8% |
| UCs de uso sustentável sem restrição de ocupação (*i.e.* APA) | 212 | 39,6 | 4,6% |
| UCs de proteção integral onde a ocupação tradicional não é permitida (*i.e.* Parna, PES, Esec, Monat, Resec, RVS e Rebio) | 473 | 53,6 | 6,3% |
| **Total** | **925** | **153,7** | **17,7%** |

Fonte: MapBiomas. Elaboração própria.

1 O projeto MapBiomas é uma iniciativa multi-institucional para gerar mapas anuais de cobertura e uso do solo a partir de processos de classificação automática aplicada a imagens de satélite. A descrição completa do projeto encontra-se em: http://mapbiomas.org. A coleção utilizada no presente trabalho foi a 6 (projects/mapbiomas-workspace/public/collection6/mapbiomas_collection60_integration_v1).

**Tabela 2 – Distribuição das UCs federais e estaduais selecionadas, por bioma**

| Categoria de UC | Amazônia | Caatinga | Cerrado | Mata Atlântica | Pampa | Pantanal | Total |
|---|---|---|---|---|---|---|---|
| UCs de uso sustentável onde a ocupação tradicional é permitida | 87 | 01 | 07 | 13 | - | - | **108** |
| UCs de uso sustentável onde a ocupação tradicional é tolerada | 68 | 08 | 18 | 38 | - | - | **132** |
| UCs de uso sustentável sem restrição de ocupação | 28 | 27 | 51 | 104 | 02 | - | **212** |
| UCs de proteção integral onde a ocupação tradicional não é permitida | 83 | 33 | 99 | 239 | 13 | 06 | **473** |
| **Total** | **266** | **69** | **175** | **394** | **15** | **06** | **925** |

Fonte: MapBiomas. Elaboração própria.

As informações geradas pelo projeto MapBiomas possuem abrangência nacional e cobrem, anualmente, o período 1985-2020, com uma resolução espacial de 30 metros. A exatidão global dos resultados do MapBiomas (coleção 6) é de 90,8%.[2] Para determinar o histórico de conversão (e regeneração) da vegetação nativa, foram realizadas as seguintes etapas:

1. reclassificação das categorias dos mapas de entrada: a legenda utilizada pelo projeto MapBiomas, coleção 6, foi analisada e cada classe foi reclassificada em três categorias (1=presença de vegetação nativa, 2=ausência de vegetação nativa, 3=não observado, água, aquicultura), conforme a Tabela 3;

2 Para obter informação detalhada sobre a acurácia dos dados do projeto Mapbiomas, acessar: https://mapbiomas.org/accuracy-statistics.

2. para cada território, definido por um polígono, e para cada ano da série MapBiomas foi realizado o cálculo da proporção de cobertura vegetal (CV) natural (classe 1) frente ao total de área do território, excluindo áreas alagadas e não observadas (classe 3). A partir desses dados, foram calculadas as taxas de desmatamento[3] anuais, mediante a subtração do valor de CV correspondente a um ano com o valor de CV do ano anterior; e
3. repetição dos cálculos para as áreas de entorno (*buffers*) de 10 quilômetros de raio. Devido à perda de acurácia no nível 2 de classificação MapBiomas, adotamos sempre que possível o nível hierárquico 1 de classificação, que apresenta melhores índices de acurácia.

**Tabela 3 – Equivalência da legenda de cobertura da terra adotada pelo MapBiomas**

| Legenda | ID | Reclass.* | Legenda | ID | Reclass.* |
|---|---|---|---|---|---|
| **1.Floresta** | | | **4. Área não vegetada** | 22 | 1 |
| 1.2. Formação savânica | 4 | 1 | 4.1. Praia, duna e areal | 23 | 1 |
| 1.3. Mangue | 5 | 1 | 4.2. Área urbanizada | 24 | 2 |
| 1.4. Restinga arborizada | 49 | 1 | 4.3. Mineração | 30 | 2 |
| **2. Formação natural não florestal** | 10 | 1 | 4.4. Outras áreas não vegetadas | 25 | 1 |
| 2.1. Campo alagado e área pantanosa | 11 | 1 | **5. Corpos d'água** | 26 | 3 |
| 2.3. Apicum | 32 | 1 | 5.1 Rio, lago e oceano | 33 | 3 |
| 2.5. Outras formações florestais | 13 | 1 | 5.2 Aquicultura | 31 | 3 |
| **3. Agropecuária** | 14 | 2 | | | |
| 3.1. Pastagem | 15 | 2 | **6. Não observado** | 27 | 3 |
| 3.4. Mosaico agricultura e pastagem | 9 | 2 | | | |

Fonte: MapBiomas. Elaboração própria.

Legenda: * (1) vegetação nativa; (2) áreas antropizadas; e (3) não observado.

3 No contexto do presente trabalho o termo *desmatamento* deve ser entendido como a diferença entre a área que sofreu remoção da cobertura vegetal natural e a área regenerada em determinado território.

Inicialmente, e como primeira aproximação ao conjunto de dados gerados, foram analisados quantitativamente os seguintes índices primários:

1. Área preservada: percentual (%) de área que não sofreu alteração da classe natural (presença de vegetação nativa, 1) para antrópica (ausência de vegetação nativa, 2) em toda a série histórica.
2. Área em rotação: média de ciclos de rotação em área antropizada (2). O ciclo de rotação é determinado a partir de uma alternância entre vegetação natural (classe 1) e desmatamento (classe 2).
3. Área em regeneração: percentual (%) de área em regeneração, ou seja, a trajetória de área antropizada (classe 2) para vegetação natural (classe 1).
4. Intensidade de manejo: média (em áreas antropizadas alguma vez) do número de anos antropizado/número de anos desde primeira antropização.

Em seguida, um segundo conjunto de índices derivados foram calculados para determinar estatisticamente se a intensidade de manejo é menor e, consequentemente, a regeneração é maior no interior das áreas protegidas que permitem/toleram a ocupação tradicional em comparação com o entorno e outras áreas UCs onde se pratica agricultura e pecuária (APAs) e UCs de proteção integral. Para tal foram determinadas taxas de preservação, regeneração e intensidades de manejo conforme a seguir:

1. razão de preservação: preservação território/preservação entorno;
2. razão de rotação: rotação território/rotação entorno;
3. razão de regeneração: regeneração território/regeneração entorno; e
4. *ratio* de intensidade: intensidade território/regeneração entorno.

Cada índice foi calculado para os recortes espaciais do bioma e da área protegida (Tabela 1). Adotou-se a definição de área em regeneração para a área que em 2020 registra classe de vegetação natural (classe 1) após ter sido, em algum momento da série temporal, classe antrópica (classe 2); e área em coivara para a área que sofreu duas ou mais transições entre as classes natural (presença de vegetação nativa) e antrópica (ausência de vegetação nativa).

## Resultados

A avaliação dos resultados de qualquer análise espacial de conjuntos heterogêneos de territórios deve ser realizada com cautela. A agregação dos resultados mediante, por exemplo, o cálculo da média dos índices propostos para todas as UCs estudadas provavelmente não trará um resultado relevante, devido à extrema heterogeneidade dos tipos de ocupação registrados nas UCs. Nesse sentido, a estratificação proposta, a qual consiste num tratamento estatístico categorizado que considera grupos homogêneos de UCs em relação ao nível de ocupação tradicional, permite afirmar que, mesmo que cada UC estudada tenha um histórico diferente e seja submetida a dinâmicas de pressão únicas do ponto de vista espacial e temporal, a avaliação completa dos índices, categorizada pelo tipo de ocupação tradicional e pelo bioma, permite aumentar a significância estatística dos valores médios dos índices propostos.

A Figura 1 e a Tabela 4 apresentam os índices primários referentes à preservação, aos ciclos de rotação, à regeneração e à intensidade de manejo para as UCs consideradas neste estudo. Os resultados mostram que, na média, as UCs onde a ocupação tradicional é permitida apresentam os maiores índices de preservação da vegetação nativa, seguida das UCs de proteção integral e UCs que toleram a ocupação tradicional. A Figura 1 mostra que as duas categorias de UCs onde a ocupação tradicional é permitida e tolerada apresentam resultados similares, com o entalhe (*notch*) do *boxplot* coincidente nessas duas categorias. Isso indica que a diferença na mediana entre as duas categorias não é significativa. As APAs apresentaram os piores índices de preservação da vegetação nativa (Tabela 4a). Nos biomas Amazônia, Cerrado e Mata Atlântica, os índices de preservação entre as UCs onde a ocupação tradicional é permitida e as UCs de proteção integral são bastante próximos. O Apêndice A apresenta os gráficos *boxplot* dos índices primários de área preservada, média de ciclos de rotação, área em regeneração e intensidade de manejo para as UCs nos biomas Amazônia, Cerrado e Mata Atlântica.

A média de ciclos de rotação ou a alternância entre a vegetação natural e desmatamento foi maior nas UCs onde a ocupação tradicional é permitida (Tabela 4b). A baixa alternância nas UCs que toleram a presença de populações tradicionais e UCs de proteção integral reflete maior persistência do desmatamento nas áreas antropizadas. As APAs apresentaram os menores ciclos de rotação, representando áreas onde existe constante pressão para o desmatamento e a manutenção das áreas antropizadas. Esse comportamento dos ciclos de rotação nas UCs conforme o nível de tolerância para a ocupação tradicional também é observado nos biomas Amazônia, Cerrado e Mata Atlântica, com exceção das APAs da Amazônia, que apresentam ciclos de rotação maiores em comparação com as UCs onde a ocupação tradicional é tolerada. Na Caatinga, as UCs onde a ocupação tradicional é permitida ou tolerada apresentam os ciclos de rotação muito similares.

A área em regeneração revela uma trajetória positiva, onde a área antropizada apresenta alto grau de restauração para vegetação natural. Neste índice, UCs onde a ocupação tradicional é permitida apresentaram os maiores índices (Tabela 4c). Esse resultado evidencia o modo de vida e as práticas de manejo implementadas pelas populações tradicionais, em que o conhecimento da ecologia da paisagem é considerado na ocupação e nos modos de uso da vegetação nativa. Pequenos distúrbios e alta alternância nos ciclos de rotação, como é comum nos sistemas de cultivo de agricultura itinerante, favorecem a colonização rápida e diversa de antigas áreas cultivadas. As UCs onde a ocupação tradicional é tolerada ou sem restrição de ocupação (APAs) apresentaram os piores índices de regeneração. O desmatamento observado nessas UCs pode eliminar fontes locais de colonização de espécies, comprometendo o potencial para regeneração. Já nos biomas Cerrado e Caatinga, as UCs onde a ocupação tradicional é permitida apresentaram índices de regeneração menores em comparação com a média nacional.

Essa trajetória de regeneração nas UCs se comprova ao observarmos os índices de intensidade de manejo, em que as UCs de ocupação tradicional tolerada mostram ciclos mais curtos desde primeira antropização da área (Tabela 4d). As UCs que toleram a presença de populações tradicionais e as de proteção integral apresentam intensidades de manejo similares. As APAs revelam os menores ciclos desde a primeira antropização, indicando a persistência ou manutenção das áreas antropizadas. O tipo de manejo predominante nessas áreas é de pastagens, que não permite regeneração e o ciclo de crescimento vegetativo envolve processos de consumo e queima. Essa alta intensidade de manejo nas APAs, decorrentes da exploração madeireira e da conversão da floresta para atividades agropecuárias, está associada à recorrência do fogo, impactando o índice de regeneração. Ainda, os resultados mostram que o aumento da intensidade de manejo reduz entre 25% a 36% a área preservada nas UCs. Nos biomas Cerrado e Caatinga, as UCs onde a ocupação tradicional é permitida apresentam um índice de intensidade de manejo superior em comparação com a média para as UCs no Brasil.

Para os biomas Pampa e Pantanal, devido ao menor número de UCs, os resultados devem ser analisados com cautela.

**Figura 1 – Gráfico *boxplot* das medianas e quartis para os índices primários nas diferentes categorias de ocupação tradicional (OT) de UCs estudadas**

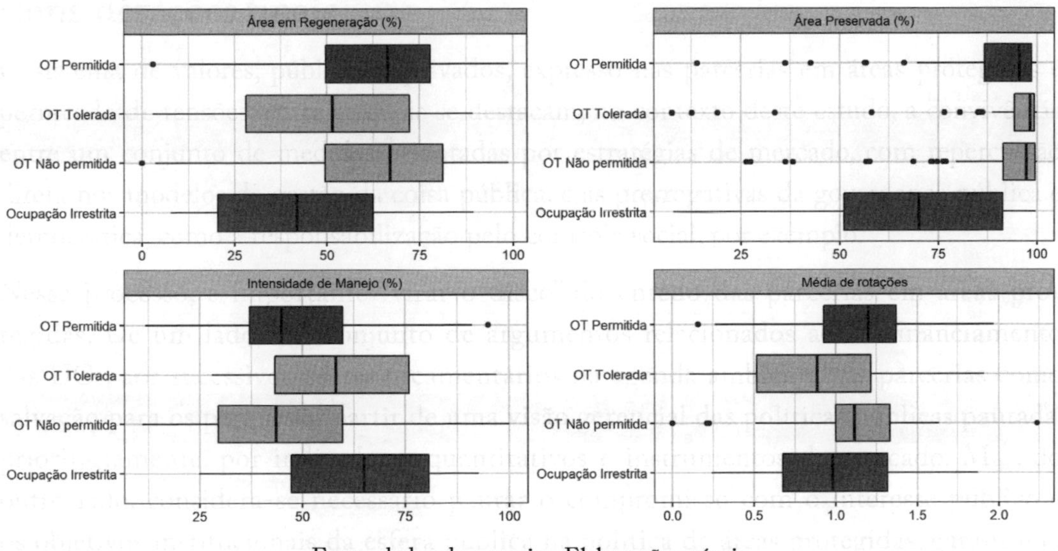


Fonte: dados da pesquisa. Elaboração própria.

## Tabela 4 – Valores médios para os índices primários nas UCs estudadas

| Área Preservada – % da área total (a) | | | | | | | |
|---|---|---|---|---|---|---|---|
| **Ocupação tradicional** | **Amazônia** | **Cerrado** | **Mata Atlântica** | **Caatinga** | **Pantanal** | **Pampa** | **Brasil** |
| Permitida | 89 | 71 | 72 | 49 | - | - | 86 |
| Tolerada | 73 | 57 | 54 | 82 | - | - | 74 |
| Não permitida | 91 | 77 | 76 | 82 | 92 | 59 | 79 |
| Sem restrição | 66 | 56 | 48 | 65 | - | 65 | 55 |
| **Área em Rotação – média de rotações no período (b)** | | | | | | | |
| **Ocupação tradicional** | **Amazônia** | **Cerrado** | **Mata Atlântica** | **Caatinga** | **Pantanal** | **Pampa** | **Brasil** |
| Permitida | 1,14 | 0,76 | 0,80 | 1,86 | - | - | 1,08 |
| Tolerada | 0,88 | 0,60 | 0,58 | 1,82 | - | - | 0,81 |
| Não permitida | 1,11 | 0,70 | 0,76 | 1,67 | 0,77 | 1,08 | 0,88 |
| Sem restrição | 0,99 | 0,52 | 0,53 | 1,64 | | 1,12 | 0,74 |
| **Área em Regeneração (c)** | | | | | | | |
| **Ocupação tradicional** | **Amazônia** | **Cerrado** | **Mata Atlântica** | **Caatinga** | **Pantanal** | **Pampa** | **Brasil** |
| Permitida | 0,63 | 0,32 | 0,49 | 0,26 | - | - | 0,58 |
| Tolerada | 0,50 | 0,36 | 0,33 | 0,59 | - | - | 0,44 |
| Não permitida | 0,64 | 0,39 | 0,48 | 0,58 | 0,47 | 0,48 | 0,50 |
| Sem restrição | 0,42 | 0,19 | 0,25 | 0,45 | - | 0,49 | 0,30 |
| **Intensidade de Manejo – % de anos desmatado desde primeira antropização (d)** | | | | | | | |
| **Ocupação tradicional** | **Amazônia** | **Cerrado** | **Mata Atlântica** | **Caatinga** | **Pantanal** | **Pampa** | **Brasil** |
| Permitida | 48,82 | 72,45 | 60,56 | 52,84 | - | - | 51,80 |
| Tolerada | 59,40 | 72,04 | 75,26 | 50,98 | - | - | 65,18 |
| Não permitida | 45,42 | 69,59 | 64,84 | 50,42 | 64,97 | 56,46 | 61,08 |
| Sem restrição | 62,37 | 82,60 | 80,25 | 59,35 | - | 54,18 | 75,54 |

Fonte: dados da pesquisa. Elaboração própria.

A Figura 2 e a Tabela 5 apresentam os índices derivados, os quais permitem observar as taxas de preservação, rotação, regeneração e intensidade de manejo das UCs em comparação com o entorno correspondente. Para a taxa de preservação, verifica-se que as UCs de proteção integral mantêm maior área preservada do que seu entorno. Já as UCs com presença ou tolerância de populações tradicionais e as APAs apresentam índices menores, o que pode estar relacionado à maior pressão do entorno nessas UCs (Tabela 5a). Nos biomas Cerrado e Mata Atlântica, o índice de preservação das UCs onde a ocupação tradicional é permitida mostra que esses territórios sofrem alta pressão do entorno. Entretanto, nos biomas Amazônia e Caatinga, as UCs onde a ocupação tradicional é permitida apresentam altos índices de preservação em comparação com o entorno correspondente. O Anexo I apresenta os gráficos *boxplot* dos índices derivados de área preservada, média de ciclos de rotação, área em regeneração e intensidade de manejo para as UCs, em comparação com o entorno correspondente, nos biomas Amazônia, Cerrado e Mata Atlântica.

As UCs onde a ocupação tradicional é permitida apresentam ciclos menores de rotação ou alternância entre vegetação natural e desmatamento em comparação com o entorno, e as APAs mostram uma trajetória mais próxima ao entorno (Tabela 5b).

O melhor índice de regeneração em comparação com o entorno foi observado nas UCs de proteção, seguidas das UCs onde a ocupação tradicional é permitida ou tolerada (Tabela 5c). Os baixos índices de preservação e regeneração das APAs, onde são permitidas as práticas de agricultura e pecuária, revelam taxas de regeneração próximas ao entorno. No bioma Cerrado, observa-se alto índice de regeneração nas UCs onde a ocupação tradicional é tolerada em comparação com o entorno. E no bioma Mata Atlântica, os índices de regeneração nessas UCs está próximo às UCs de proteção integral.

Finalmente, o índice de intensidade de manejo revela o uso menos intensivo nas UCs de proteção integral em comparação com o entorno correspondente, seguido das UCs com ocupação permitida ou tolerada de populações tradicionais (Tabela 5d). Com isso, os baixos índices de intensidade de manejo dessas UCs oferecem maiores oportunidades para a regeneração da vegetação nativa do que em seu entorno. Novamente, nas APAs o índice de intensidade de manejo é quase similar ao do entorno.

**Figura 2 – Gráfico *boxplot* das medianas e quartis para os índices derivados para diferentes categorias de ocupação tradicional (OT) de UCs em comparação com o entorno correspondente***

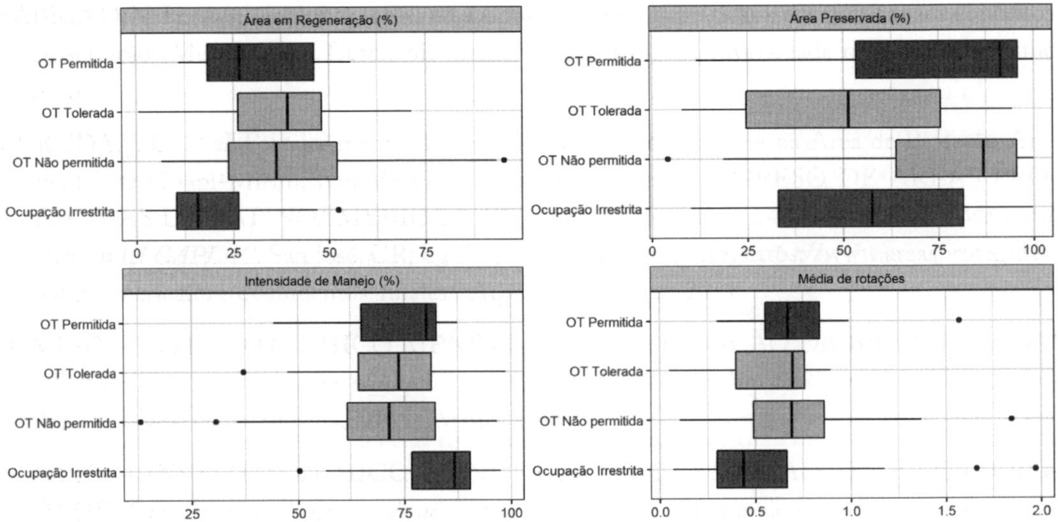


Fonte: dados da pesquisa. Elaboração própria.

Nota: * O eixo *x* (horizontal) do *boxplot* está na escala logarítmica.

**Tabela 5 – Valores médios para os índices derivados para taxas de área preservada (a), ciclos de rotação (b), área em regeneração (c) e intensidade de manejo (d) para as UCs em comparação com o entorno correspondente**

| Índice de Preservação (a) | | | | | | | |
|---|---|---|---|---|---|---|---|
| Ocupação tradicional | Amazônia | Cerrado | Mata Atlântica | Caatinga | Pantanal | Pampa | Brasil |
| Permitida | 1,45 | 1,31 | 1,10 | 1,98 | - | - | 1,41 |
| Tolerada | 1,12 | 1,57 | 2,04 | 1,60 | - | - | 1,55 |
| Não permitida | 1,23 | 2,40 | 2,89 | 1,99 | 1,14 | 1,62 | 2,55 |
| Sem restrição | 1,69 | 1,15 | 1,84 | 1,20 | - | 1,02 | 1,50 |
| **Índice de Rotação/Ciclos (b)** | | | | | | | |
| Ocupação tradicional | Amazônia | Cerrado | Mata Atlântica | Caatinga | Pantanal | Pampa | Brasil |
| Permitida | 1,56 | 1,20 | 1,23 | 1,18 | - | - | 1,49 |
| Tolerada | 1,37 | 2,39 | 2,07 | 1,33 | - | - | 1,70 |
| Não permitida | 1,86 | 1,93 | 2,48 | 1,37 | 0,98 | 1,52 | 2,08 |
| Sem restrição | 1,46 | 1,21 | 1,50 | 1,10 | - | 1,12 | 1,35 |
| **Índice de Regeneração (c)** | | | | | | | |
| Ocupação tradicional | Amazônia | Cerrado | Mata Atlântica | Caatinga | Pantanal | Pampa | Brasil |
| Permitida | 2,18 | 1,46 | 1,37 | 1,39 | - | - | 2,03 |
| Tolerada | 1,72 | 4,88 | 2,89 | 1,82 | - | - | 1,93 |
| Não permitida | 2,37 | 3,20 | 2,96 | 2,05 | 1,16 | 2,13 | 2,86 |
| Sem restrição | 1,58 | 2,13 | 1,59 | 1,28 | - | 1,04 | 1,51 |
| **Índice de Intensidade de Manejo (d)** | | | | | | | |
| Ocupação tradicional | Amazônia | Cerrado | Mata Atlântica | Caatinga | Pantanal | Pampa | Brasil |
| Permitida | 0,86 | 0,95 | 0,83 | 0,75 | - | - | 0,86 |
| Tolerada | 0,87 | 0,79 | 0,87 | 0,76 | - | - | 0,86 |
| Não permitida | 0,75 | 0,81 | 0,77 | 0,73 | 0,95 | 0,70 | 0,77 |
| Sem restrição | 0,91 | 0,95 | 0,93 | 0,90 | - | 0,93 | 0,92 |

Fonte: dados da pesquisa. Elaboração própria.

## Conclusões

Compreender a trajetória da vegetação nativa nas UCs permite planejar formas de interação para promover processos de regeneração natural. Assim, a manutenção da vegetação nativa nas UCs não exige necessariamente uma política de intervenção, mas pode emergir do envolvimento de atividades humanas compatíveis com os processos ecológicos, tal como observou-se nas UCs onde a presença de populações tradicionais é permitida.

Os índices primários de área preservada, média de ciclos de rotação, área em regeneração e intensidade de manejo propostos neste estudo mostram que as UCs onde a ocupação tradicional é permitida apresentam o melhor grau de efetividade na manutenção da vegetação nativa em comparação com outras categorias de UCs estudadas.

A análise das trajetórias de preservação e regeneração da vegetação nativa no interior das UCs e seu entorno correspondente mostra uma tendência da degradação e intensidade de manejo maior no entorno das UCs do que no interior delas, sendo que as APAs apresentam taxas similares ao entorno. A análise comparativa das UCs e seu entorno correspondente mostrou que as UCs de proteção integral e UCs onde a presença de populações tradicionais é permitida ou tolerada apresentam maiores taxas de regeneração em relação ao entorno. Os resultados demonstram o papel das UCs na manutenção da cobertura vegetal nativa e na contenção do desmatamento

Os resultados obtidos neste estudo reforçam o papel das populações tradicionais na proteção das UCs. A baixa intensidade de manejo da paisagem e a regeneração da vegetação nativa baseiam-se no conhecimento de que as florestas precisam das pessoas, assim como as pessoas precisam das florestas. As populações tradicionais, que ampliam a governança sobre o território, representam fatores socioambientais condicionantes à regeneração. As políticas de recuperação da vegetação nativa devem aprender com as iniciativas locais e garantir os meios necessários para a proteção territorial das UCs e manutenção dos modos de vida tradicionais.

## Referências

AGUIAR, A. P. D. *et al.* Land use change emission scenarios: anticipating a forest transition process in the Brazilian Amazon. *Global Change Biology*, v. 22, n. 5, p. 1821-1840, 2016.

ALKER, S. *et al.* Definition of Brownfield. *Journal of Environmental Planning and Management*, v. 43, n. 1, p. 49-69, 2000.

BENAYAS, J. M. R. *et al.* Enhancement of biodiversity and ecosystem services by ecological restoration: a meta-analysis. *Science*, v. 325, n. 5944, p. 1121-1124, 2009.

BRONDÍZIO, E. S.; LE TOURNEAU, F. M. Environmental governance for all. *Science*, v. 352, n. 6291, p. 1272-1273, 2016.

BRONDÍZIO, E. S.; OSTROM, E.; YOUNG, O. Connectivity and the governance of multilevel socio-ecological systems: the role of social capital. *Annual Review of Environment and Resources*, v. 34, p. 253-278, 2009.

CHAZDON, R. L. *et al.* The potential for species conservation in tropical secondary forests. *Conservation Biology*, v. 23, n. 6, p. 1406-1417, 2009.

CHAZDON, R. L. Regeneração de florestas tropicais. *Boletim do Museu Paraense Emílio Goeldi Ciências Naturais*, v. 7, n. 3, p. 195-218, 2012.

COSTA, F. D. A. Dinâmica agrária e balanço de carbono na Amazônia. *Revista Economia*, v. 10, n. 1, p. 117-151, 2009.

COSTA, F. D. A. Path dependency e a transformação agrária do bioma amazônico: o sentido econômico das capoeiras para o desenvolvimento sustentável. *Novos Cadernos NAEA*, v. 7, n. 2, p. 111-158, 2004.

EMPERAIRE, L. (Coord.). Gerar, cuidar e manter a diversidade biológica. *In*: CUNHA, M. C.; MAGALHÃES, S. B.; ADAMS, C. (Orgs.). *Povos tradicionais e biodiversidade no Brasil*: contribuições dos povos indígenas, quilombolas e comunidades tradicionais para a biodiversidade, políticas e ameaças. São Paulo: SBPC, 2021. Seção 7.

GORELICK, N. *et al.* Google Earth Engine: planetary-scale geospatial analysis for everyone. *Remote Sensing of Environment*, v. 202, p. 18-27, 2017.

INGOLD, T. *Being alive*: essays on movement, knowledge and description. London: Routledge, 2011.

KERE, E. N. *et al.* Addressing contextual and location biases in the assessment of protected areas effectiveness on deforestation in the Brazilian Amazônia. *Ecological Economics*, v. 136, p. 148-158, 2017.

KLEMICK, H. Shifting cultivation, forest fallow, and externalities in ecosystem services: evidence from the Eastern Amazon. *Journal of Environmental Economics and Management*, v. 61, n. 1, p. 95-106, 2011.

LAUE, J. E.; ARIMA, E. Y. Spatially explicit models of land abandonment in the Amazon. *Journal of Land Use Science*, v. 11, n. 1, p. 48-75, 2014.

LU, D.; MORAN, E.; MAUSEL, P. Linking Amazonian secondary succession forest growth to soil properties. *Land Degradation & Development*, v. 13, n. 4, p. 331-343, 2002.

MARTENS, P.; ROTMANS, J. (Eds.). *Transitions in a globalising world*. Lisse, Netherlands: Swets & Zeitlinger, 2002.

MESQUITA, R. C. G. *et al.* Alternative successional pathways in the Amazon Basin. *Journal of Ecology*, v. 89, n. 4, p. 528-537, 2001.

MESQUITA, R. C. G. *et al.* Amazon rain forest succession: stochasticity or land-use legacy? *Bioscience*, v. 65, n. 9, p. 849-861, 2015.

NEPSTAD, D. C. *et al.* A comparative study of tree establishment in abandoned pasture and mature forest of eastern Amazonia. *Oikos*, v. 76, p. 25-39, 1996.

ORIHUELA-BELMONTE, D. E. *et al.* Carbon stocks and accumulation rates in tropical secondary forests at the scale of community, landscape and forest type. *Agriculture, Ecosystems & Environment*, v. 171, p. 72-84, 2013.

PERZ, S. G., SKOLE, D. L. Secondary forest expansion in the Brazilian Amazon and the refinement of forest transition theory. *Society & Natural Resources*, v. 16, n. 4, p. 277-294, 2003.

R CORE TEAM. *R:* a language and environment for statistical computing. Vienna, Austria: R Foundation for Statistical Computing, 2019. Disponível em: https://www.R-project.org/. Acesso em: 1º nov. 2021.

RICKETTS, T. H. *et al.* Indigenous lands, protected areas, and slowing climate change. *PLoS Biology*, v. 8, n. 3, p. e1000331, 2010.

SCHWARTZMAN, S.; NEPSTAD, D. C.; MOREIRA, A. Arguing tropical forest conservation: people versus parks. *Conserv. Biol.*, v. 14, n. 5, p. 1370-1374, 2000.

SOARES-FILHO, B. S. *et al.* Modelling conservation in the Amazon basin. *Nature*, n. 440, p. 520-523, 2006.

SOARES-FILHO, B. S. *et al.* Role of Brazilian Amazon protected areas in climate change mitigation. *Proc. Nat. Acad. Sci.*, v. 107, n. 24, p. 10821-10826, 2010.

SOARES-FILHO, B. S. *O papel das áreas protegidas da Amazônia, em especial as com apoio do ARPA, na redução do desmatamento*. Rio de Janeiro: Funbio, 2016.

UHL, C.; BUSCHBACKER, R.; SERRÃO, E. A. S. Abandoned pastures in eastern Amazonia. I. patterns of plant succession. *The Journal of Ecology*, v. 76, n. 3, p. 663-681, 1988.

VASQUES, A. R. Considerações de estudos de casos sobre *brownfields*: exemplos no Brasil e no mundo. *Biblio 3W: Revista Bibliográfica de Geografía y Ciencias Sociales*, v. 11, n. 648, 30 abr. 2006.

VIEIRA, I. C. G. *et al.* Challenges of governing second-growth forests: a case study from the Brazilian Amazonian State of Pará. *Forests*, v. 5, p. 1737-1752, 2014.

# Apêndice A

**Figura A.1 – Gráfico *boxplot* dos índices primários para as UCs estudadas no bioma Amazônia**

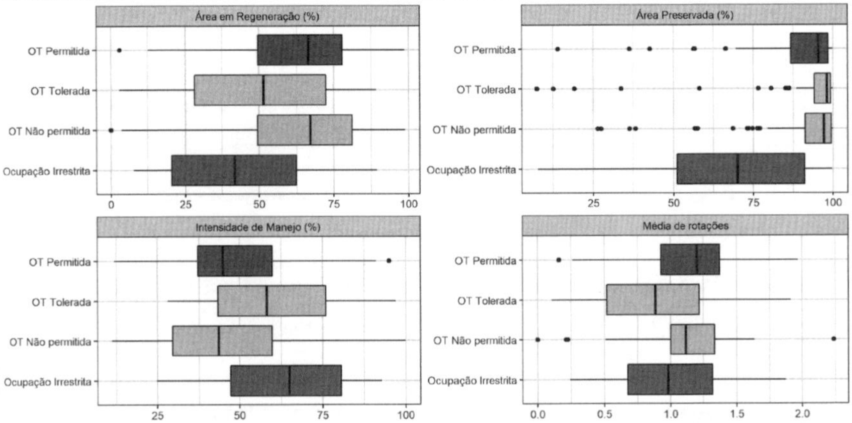


Fonte: dados da pesquisa. Elaboração própria.

**Figura A.2 – Gráfico *boxplot* dos índices primários para as UCs estudadas no bioma Cerrado**

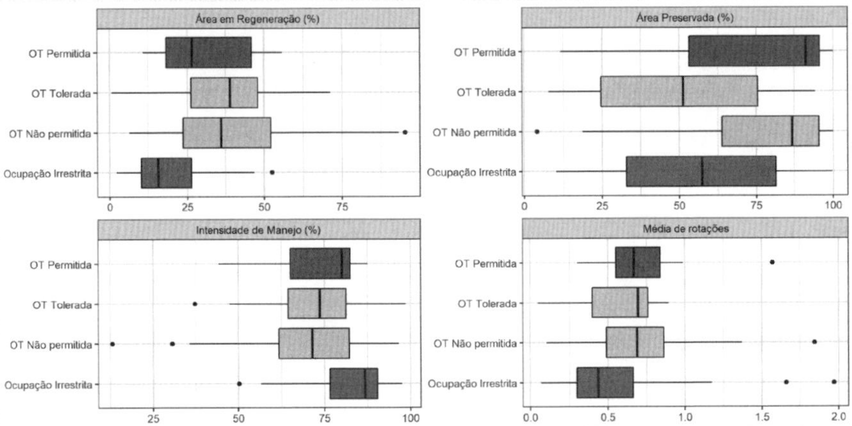


Fonte: dados da pesquisa. Elaboração própria.

## Figura A.3 – Gráfico *boxplot* dos índices primários para as UCs estudadas no bioma Mata Atlântica

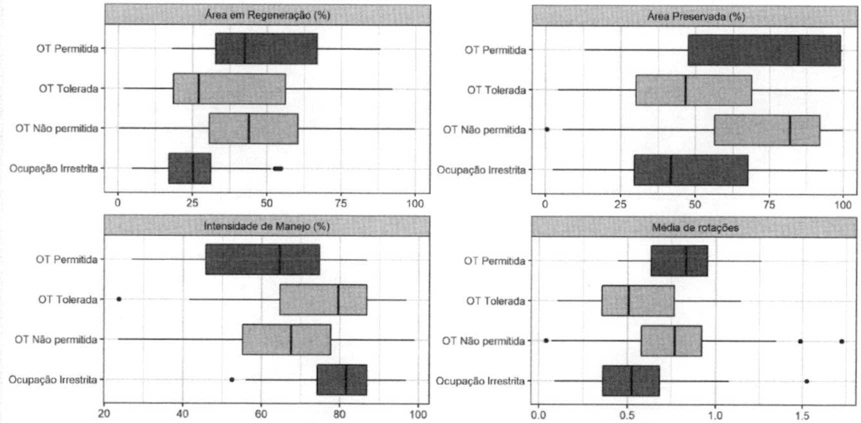


Fonte: dados da pesquisa. Elaboração própria.

## Figura A.4 – Gráfico *boxplot* dos índices derivados para as UCs estudadas em comparação com o entorno correspondente no bioma Amazônia

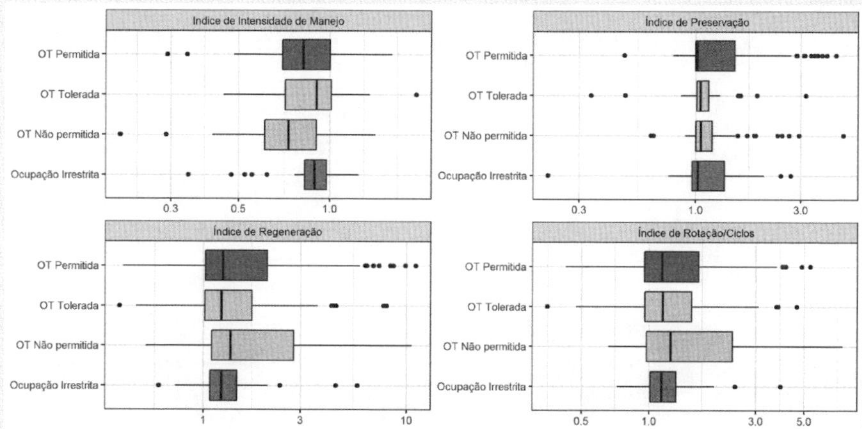


Fonte: dados da pesquisa. Elaboração própria.

**Figura A.5 – Gráfico *boxplot* dos índices derivados para as UCs estudadas em comparação com o entorno correspondente no bioma Cerrado**

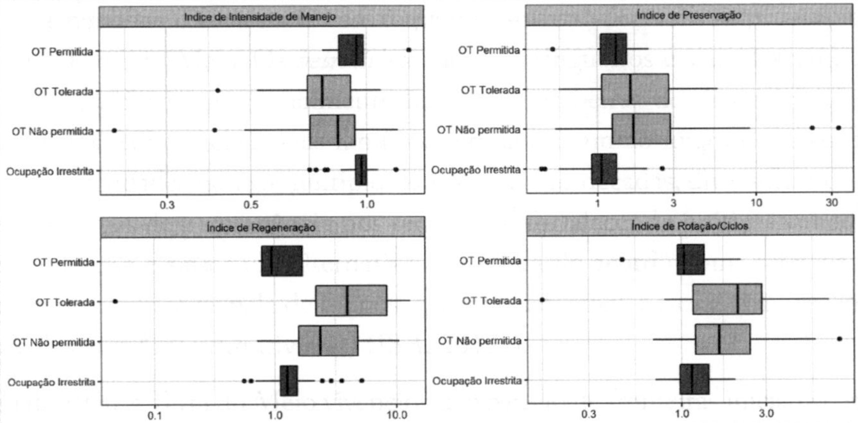


Fonte: dados da pesquisa. Elaboração própria.

**Figura A.6 – Gráfico *boxplot* dos índices derivados para as UCs estudadas em comparação com o entorno correspondente no bioma Mata Atlântica**

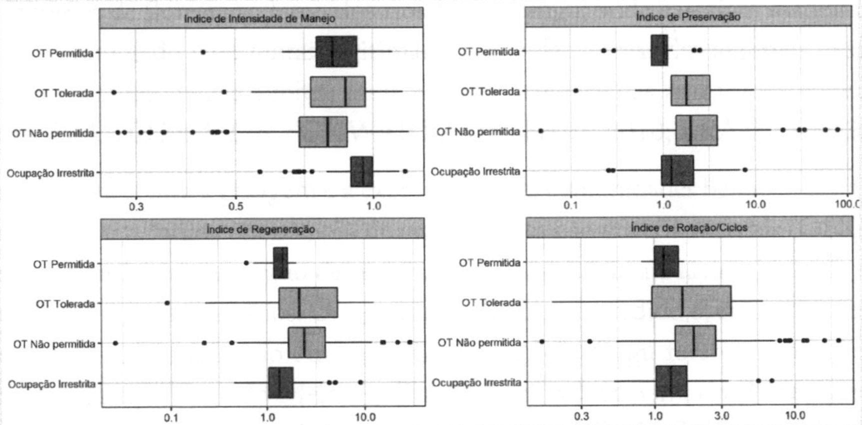


Fonte: dados da pesquisa. Elaboração própria.

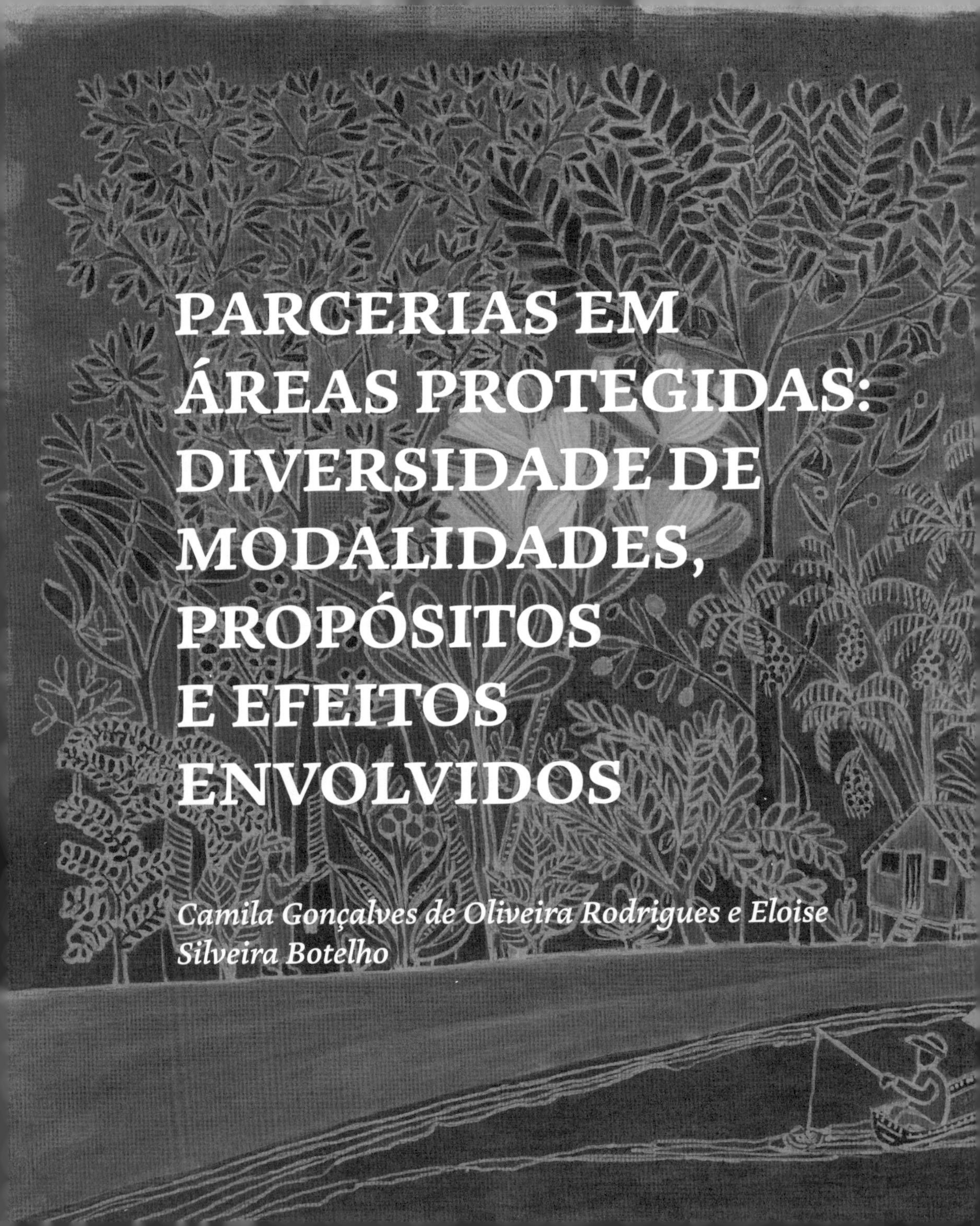

# PARCERIAS EM ÁREAS PROTEGIDAS: DIVERSIDADE DE MODALIDADES, PROPÓSITOS E EFEITOS ENVOLVIDOS

*Camila Gonçalves de Oliveira Rodrigues e Eloise Silveira Botelho*

## Parcerias em áreas protegidas: propósitos e argumentos em cena

As parcerias entre a esfera pública e privada, com e sem fins lucrativos, para a gestão de áreas protegidas, em suas diferentes formas e a partir de diversos arranjos institucionais, têm como um dos fundamentos principais a Constituição Federal de 1988, que dispõe sobre as responsabilidades e os deveres do poder público e da coletividade em relação à proteção e ao acesso ao meio ambiente.

A partir da década de 1990, com a reforma gerencial e as proposições da nova gestão pública, influenciadas pelos princípios da vertente neoliberal de desenvolvimento, foi incentivada uma maior participação privada na prestação de serviços para sociedade. Como características centrais desse processo, pode-se citar o foco nos aspectos econômico-financeiros e a influência de estratégias de mercado na dinâmica de prestação de serviços, sobretudo no caso das concessões, uma das modalidades possíveis de parceria (BRESSER-PEREIRA, 1998; RODRIGUES; GODOY, 2013; DI PIETRO, 2019) e que tem sido priorizada no contexto atual da política de visitação em áreas protegidas (RODRIGUES; ABRUCIO, 2019; 2020; BRUMATTI; ROZENDO, 2021).

Somado aos argumentos que buscam uma maior atuação privada na gestão da coisa pública, as medidas de ajuste fiscal, intensificadas nos últimos anos como parte da estratégia para a diminuição da dívida pública, vêm promovendo cortes orçamentários em agendas como educação, ambiente e cultura. É importante compreender o impacto dessa estratégia na execução das políticas públicas e na capacidade institucional dos órgãos ambientais, buscando analisar o que isso pode significar na relação com o setor privado, se uma maior qualidade de gestão, controle e fiscalização, ou a fragilização de sua estrutura e maior dependência de recursos privados.

Nesse contexto, questiona-se a composição de recursos públicos e privados para o alcance dos objetivos das políticas ambientais, uma vez que ao mesmo tempo que se observa o aumento dos projetos de concessões em áreas protegidas, nota-se também o enfraquecimento dos órgãos gestores em diferentes dimensões, em termos materiais (MACHADO;

CLAUZET; YOUNG, 2019)[1] e no que diz respeito à identidade institucional desses órgãos (RODRIGUES; ABRUCIO, 2019).

Tratar da função pública das áreas protegidas, considerando os territórios tradicionalmente ocupados por povos e comunidades tradicionais e os serviços ecossistêmicos que beneficiam a sociedade, é, em última instância, pensar no modelo de desenvolvimento que se deseja para o país.

Por essa via, destaca-se um conjunto de argumentos que se relacionam aos objetivos institucionais da esfera pública no momento da criação das unidades de conservação (UC), considerando o interesse público e aspectos como conservação da natureza, direitos de acesso, diversidade de oportunidades, capacidade de gestão e monitoramento.

A busca por formas "híbridas" de conservação da natureza, promovendo a aproximação de diferentes setores da sociedade no apoio à gestão das áreas protegidas, é incentivada em documentos internacionais (SPENCELEY; SNYMAN; EAGLES, 2017; LEUNG *et al.*, 2019), nas diretrizes do Sistema Nacional de Unidades de Conservação (SNUC) e no Plano Nacional Estratégico de Áreas Protegidas. Neste último, destacam-se o apoio e o fortalecimento da capacidade institucional das organizações da sociedade civil para o estabelecimento de parcerias no âmbito do SNUC.

Isso envolve pensar em como os movimentos sociais, os coletivos e as organizações da sociedade civil participam da gestão das áreas protegidas, considerando um campo amplo de debate sobre governança e a relação com os "bens comuns", na vertente de Ostrom (1990), mas também o "comum", como um princípio político, na linha do que defendem Dardot e Laval (2017). Para esses autores, o "comum", como princípio, deveria orientar a retomada dos "bens comuns" no sentido ético e político, mas não no sentido de aquisição/apropriação. Chamam

---

1 Em 2020, o ICMBio sofreu cortes no âmbito das despesas discricionárias da ordem de 32%. De janeiro de 2012 a setembro de 2019, as unidades de conservação federais tiveram uma queda de aproximadamente 27% no seu quadro de servidores ativos permanentes. Informações disponíveis no Sistema Integrado de Planejamento e Orçamento: https://www.siop.planejamento.gov.br/modulo/login/index.html#/. Acesso em: 15 jun. 2020 (OPAP, 2020).

a atenção para os "novos cercamentos" de terra e recursos naturais com base na influência de grandes empresas e instituições e na permeabilidade do Estado aos interesses do mercado. Assim, o movimento dos "comuns" seria uma resposta à "pilhagem realizada pelo Estado e pelos oligopólios privados daquilo que até então era de domínio público, do Estado social, ou estava sob controle das comunidades locais" (DARDOT; LAVAL, 2017, p. 104-106).

E é nesse contexto de acirramento das tensões sobre as diferentes formas de apropriação dos recursos naturais – em especial da base que está circunscrita às áreas protegidas públicas, bens de uso especial – que vêm à tona questões sobre o planejamento e os resultados das parcerias: quais são os principais argumentos e valores que orientam as parcerias em áreas protegidas? Como se dá o desenho das parcerias e a definição dos modelos? Quais são as bases nas quais os diferentes sujeitos (indivíduos e organizações, públicas e privadas) participam ou não dessas iniciativas e vivenciam suas consequências? Quais são os possíveis efeitos das parcerias para as áreas protegidas e territórios?

Este artigo visa, a partir dessas questões, contribuir para o debate sobre as parcerias em áreas protegidas, tema que apresenta repercussão em diferentes campos de estudo, tais como: conservação da natureza, participação social, lazer e turismo, economia, gestão ambiental, ecologia política, governança de bens comuns, ordenamento territorial, entre outros.

Como recorte temático principal, serão enfatizadas as parcerias que visam apoiar os serviços e as atividades de visitação em áreas protegidas, que incluem as práticas de educação ambiental, o lazer e o turismo como possibilidades de uso público dessas áreas. Ao final, destaca-se a agenda das parcerias público-comunitárias como central para fortalecer o papel das áreas protegidas no contexto territorial, valorizando e respeitando a diversidade socioambiental do país e o protagonismo das iniciativas locais na tomada de decisão sobre o turismo que se deseja no território.

## O turismo e a institucionalização do acesso às áreas protegidas

O turismo tem sido promovido na agenda de políticas nacionais e internacionais de áreas protegidas como uma estratégia de conservação da natureza (ICMBio, 2018a; 2018b; LEUNG *et al.*, 2019). Por sua vez, as parcerias têm sido adotadas pelos órgãos gestores como o principal meio pelo qual essa atividade pode ser institucionalizada (THOMPSON *et al.*, 2014; RODRIGUES; ABRUCIO, 2019; SPENCELEY; SNYMAN; EAGLES, 2019; BRUMATTI; ROZENDO, 2021).

A institucionalização do acesso às áreas protegidas, caracterizada pelo processo de produção do espaço para o turismo, expresso na segmentação do mercado, na normatização das atividades, na atribuição de preço e na valoração econômica, entre outros aspectos, requer uma abordagem crítica a partir da identificação dos setores e sujeitos envolvidos, do reconhecimento das diversas práticas no turismo e das diferentes formas de apropriação do patrimônio (RODRIGUES, 2016).

Com uma maior intensidade nos últimos dez anos e influenciadas pelas estratégias de mercado rumo à adoção de compromissos e indicadores de sustentabilidade, observa-se uma atuação mais sistemática de instituições financeiras no fomento à participação privada na gestão das unidades de conservação (UCs). Uma das iniciativas nessa linha foi o projeto Parcerias Ambientais Público-Privadas (PAPP), coordenado pelo Instituto Brasileiro de Administração Municipal (Ibam), em parceria com o Instituto Chico Mendes de Conservação da Biodiversidade (ICMBio), e com o apoio financeiro do Banco Interamericano (BID) e da Caixa Econômica Federal (CEF). Esse projeto promoveu estudos que subsidiaram editais para a concessão em parques nacionais, além de referências sobre a situação das parcerias nas UCs federais (CARRILLO; CATAPAN, 2017) e diretrizes para parcerias com organizações da sociedade civil.[2]

Mais recentemente, a partir de 2020, o Banco Nacional de Desenvolvimento Econômico e Social (BNDES), pautado também pela agenda *environmental, social and governance* (ESG),[3] estruturou uma linha de fomento para subsidiar projetos de concessão em parques.

---

2 Com o término do projeto, o *site* do PAPP foi retirado do ar. Os documentos e produtos podem ser encontrados em: https://bit.ly/3GgwcsB

3 O termo foi registrado pela primeira vez em uma publicação chamada *Who cares wins (Ganha quem se importa)*, coordenada pelo Banco Mundial em parceria com o Pacto Global da Organização das Nações Unidas (ONU) e instituições financeiras de nove países. Mais informações em: https://www.pactoglobal.org.br/pg/esg.

Com o apoio estratégico do Instituto Semeia, o BNDES firmou parceria com o ICMBio e diversos órgãos estaduais de meio ambiente para a contratação de estudos técnicos, sobretudo de viabilidade econômico-financeira, para compor os projetos de concessão. O projeto envolve cerca de 34 projetos na esfera estadual, além de iniciativas em parques, como o Parque Nacional do Iguaçu (PR) e o Parque Nacional da Serra dos Órgãos (RJ).[4]

Em reunião no conselho gestor do Parque Estadual do Ibitipoca (MG),[5] o profissional do BNDES destacou o "fomento ao mercado operador de parques", aumentando os concorrentes e interessados no setor de parques, promovendo, assim, mais benefícios para o desenvolvimento regional. Ressaltou também que, por meio de um "cronograma agressivo", o banco busca viabilizar "entregas" de forma que os parques possam alcançar mais rapidamente a melhoria de gestão, de infraestrutura e de visitação. E, nesse cronograma, está contemplada também "a prospecção de novos *players* para atuar nesse mercado", como condição de "sucesso" do projeto. Os "novos *players*" podem ser nacionais e internacionais, com atuação em outros setores, tais como concessão de rodovias e aeroportos, e que poderiam, na sua visão, se interessar por esse "mercado de parques, que está um pouco enxuto".

Destacam-se nessa narrativa termos e estratégias inspiradas em instrumentos de mercado que têm influenciado a agenda de concessões de serviços de apoio à visitação em parques, introduzindo o "saber mercadológico", uma vez que as UCs, sob o ponto de vista desses projetos, funcionam como um bom investimento e podem atrair negócios lucrativos, ao ponto que incentivam a imagem das empresas associadas à sustentabilidade.

---

4 Até setembro de 2021 as seguintes unidades de conservação estavam inseridas no planejamento do programa do BNDES: Parque Nacional de Brasília (DF); Floresta Nacional de Brasília (DF); Parque Nacional da Serra dos Órgãos (RJ); Parque Nacional da Serra da Bocaina (SP); Parque Nacional de Anavilhanas (AM); Parque Nacional do Jaú (AM); Parque Nacional da Serra da Canastra (MG); Parque Nacional da Serra do Cipó (MG); Parque Nacional de Caparaó (MG/ES); Parque Nacional da Restinga de Jurubatiba (RJ); e Floresta Nacional de Ipanema (SP). Disponível em: https://bit.ly/3MJYYEs

5 12ª Reunião Extraordinária do Conselho Consultivo do Parque Estadual do Ibitipoca (MG), realizada no dia 3 de março de 2021.

Essa vertente de apropriação dos parques e demais áreas protegidas também está ancorada no Programa de Parcerias de Investimento (PPI), criado no âmbito da Presidência da República, por meio da Lei nº 13.334, de 13 de setembro 2016, com o objetivo de fomentar a interação entre o Estado e a iniciativa privada por meio da celebração de contratos de parceria e de outras medidas de desestatização. Por meio do Conselho do PPI, o presidente da República avalia e recomenda os projetos que serão inseridos no programa. Nesse sentido, com uma maior intensidade no atual governo, principalmente a partir de 2020, o presidente da República tem firmado decretos qualificando os parques nacionais que serão alvos de processos de concessão. Segundo o então Ministro do Meio Ambiente, Ricardo Salles, a principal diferença da "nova leva de concessões", em comparação aos modelos adotados em governos anteriores, é que se pretende instituir uma "nova lógica", qual seja, contratos de concessão que permitam que o concessionário tenha "liberdade" de definir serviços e equipamentos a serem empreendidos nas UCs, observando os planos de manejo e outras normas (SALLES, 2020).

Dentre os projetos do PPI, destacam-se as áreas de infraestrutura, rodovias, energia elétrica, mineração, mobilidade urbana, entre outras. Ocorre que a concessão de serviços e áreas em parques nacionais e demais UCs, bens públicos de uso especial, comportam aspectos específicos muito distintos de uma operação de infraestrutura para uma rodovia, por exemplo. Chama-se atenção aqui para o "cronograma agressivo" dos processos de concessão em áreas que envolvem patrimônios naturais e culturais, planos de manejo desatualizados, territórios tradicionalmente ocupados, redes locais de turismo em andamento e outros aspectos que merecem atenção e demandam um tempo de planejamento e amadurecimento, que certamente não é o que o mercado está acostumado, mas que respeita a dinâmica local das iniciativas e da gestão das áreas protegidas.

Também é importante valorizar nesse processo a experiência e a qualificação dos operadores de turismo locais e regionais que, com o avanço de iniciativas de qualificação em gestão de segurança e comercialização de roteiros de turismo, têm posicionado o país na agenda de turismo nacional e internacional de forma profissional, ampliando os horizontes do turismo de "sol e praia".

Nesse sentido, a participação da iniciativa privada na prestação de alguns serviços (por exemplo, práticas de turismo que envolvem equipamentos específicos) requer investimentos necessários e qualificação profissional, mas reforça também uma rede de produção e consumo relacionada ao acesso aos parques nacionais, evidenciando a dimensão do lucro, de um nicho de mercado, de um negócio. Valorizam-se, nos projetos de concessão, equipamentos que unem *glamour* e natureza, receitas acessórias que podem ser obtidas pelo concessionário, tais como estacionamento, bilheteria de cobrança de ingressos, lojas de *souvenirs* e outros pontos de venda de produtos e serviços, que não são necessariamente relevantes à experiência de visitação em ambientes naturais, porém são financeiramente interessantes para os investidores. Esses aspectos tendem a reforçar a transposição da noção de patrimônio como bem comum para a noção de mercadoria.

Nesse processo de produção e consumo das áreas protegidas é que reside a crítica e a atenção sobre a função pública dessas áreas (MORE; MANNING, 2004). Em uma política de visitação ampla, diversificada e democrática, o planejamento deve considerar diferentes perfis de visitantes, formas de organização da visita, níveis de infraestrutura e equipamentos, rede local de serviços e atividades de turismo, entre outros aspectos.

Outro ponto que merece destaque nesse processo de adoção de estratégias privadas na gestão pública é a responsabilização pela lógica dos resultados, expressa nos mecanismos de bonificação (RODRIGUES; ABRUCIO, 2020). O desenho de alguns contratos de concessão no governo federal e estadual prevê bonificações, no formato de descontos na outorga, como forma de incentivo ao concessionário. Esse processo busca realçar parâmetros ambientais e socioeconômicos como medida de qualificação do desempenho da iniciativa privada a partir de indicadores de desempenho como satisfação do usuário, limpeza e conservação de áreas verdes, gestão de resíduos, manutenção e conservação de ativos. Além desses indicadores, a geração de empregos locais, o fomento aos pequenos produtores locais e a capacitação de "empregados e residentes" também foram incluídos no conjunto de indicadores de bonificação do contrato de concessão de serviços no Parque Nacional da Chapada dos Veadeiros (GO).

Experiências internacionais de operação de contratos de concessão em áreas protegidas destacam as "estratégias de incentivo", que recompensam os operadores que alcançarem os resultados e o desempenho desejados, tais como a diminuição da taxa de outorga ou mesmo prorrogação do tempo de contrato para as iniciativas que apresentam melhores práticas na gestão ambiental (WYMAN *et al.*, 2011). Contudo, envolvem também medidas que penalizam os operadores por condutas indevidas e descumprimento de normas (RANDLE; HOYE, 2016). Por outro lado, a estratégia de "incentivo" aos operadores que compõem a parceria para a prestação de um determinado serviço em nome do Estado bonifica determinadas iniciativas que deveriam ser consideradas premissas e, em última instância, obrigações do concessionário, por exemplo, a contratação de produtos locais e a gestão adequada de resíduos sólidos.

Entre os documentos que compõem os editais de concessão divulgados recentemente pelo ICMBio[6] encontra-se o caderno com o sistema de mensuração do desempenho. O sistema baseia-se em alguns indicadores de desempenho citados anteriormente, tais como a satisfação do usuário e o indicador de limpeza e conservação das áreas verdes. A análise de ambos indicadores envolve uma pesquisa de satisfação com o usuário, evidenciado a opinião dos visitantes como medida de responsabilização no processo de concessão. Nesse sentido, Rodrigues e Abrucio (2020) salientam que a responsabilização pela lógica dos resultados funcionaria como uma forma de aumentar a efetividade das políticas públicas, na medida em que incorpora o *feedback* da população que utiliza os serviços, incentivando a transparência por meio da geração de informação necessária ao acompanhamento de metas e resultados que, em última instância, expressa o alcance de uma determinada política pública.

Nesse processo, é importante destacar a influência dos mecanismos de mercado e de agentes políticos hegemônicos, que encaminham soluções para a internalização dos impactos gerados pelos processos produtivos e a minimização dos efeitos a partir da adoção de tecnologias e estratégias de incentivo. Com a finalidade de conciliar o modelo de desenvolvimento econômico e a valorização ambiental, as ações "em defesa do meio ambiente" estão baseadas na crença de estratégias ganha-ganha e de consenso entre os sujeitos envolvidos. São soluções que podem garantir a governabilidade e medidas de desempenho de uma determinada agenda pública, mas obscurecem conflitos em torno do uso e acesso aos recursos naturais (ACSERALD, 2004; MARTINEZ-ALIER, 2007).

6 Os editais podem ser acessados em: https://www.gov.br/icmbio/pt-br/acesso-a-informacao/editais-diversos.

O tema do acesso aos bens e recursos naturais e culturais em UCs para fins de lazer e turismo pela sociedade, sobretudo urbana, complexifica-se ainda mais quando essas áreas são criadas em territórios tradicionalmente ocupados por povos e comunidades tradicionais. Sendo assim, a tomada de decisão sobre as formas de acesso, o uso e a gestão de áreas protegidas requer medidas de controle social, o que envolve, necessariamente, o embasamento do processo a partir de estudos sobre os possíveis efeitos das políticas de turismo em áreas protegidas.

## Controle social e monitoramento para engajamento e tomada de decisão nas parcerias em áreas protegidas

O ciclo de uma parceria envolve diferentes fases, dentre as quais destaca-se o planejamento, com iniciativas de aprendizado, construção e compreensão sobre as diferentes modalidades de parcerias e de seus respectivos efeitos no território em termos da qualidade ambiental, aspectos socioeconômicos, culturais e institucionais. Esse processo reflete, em grande medida, o entendimento sobre o modelo de turismo que se deseja nas áreas protegidas e territórios envolvidos.

Os possíveis efeitos decorrentes das parcerias, em suas diferentes dimensões, requerem uma análise que antecede a consulta pública e as audiências, a partir de um modelo pré-definido, como o da concessão, e pautado em documentos técnicos que envolvem uma complexidade de informações, priorizando aspectos econômicos e financeiros.

Nesse sentido, além do estudo de viabilidade econômico-financeira e dos documentos legais e técnicos, como o Plano de Manejo, o planejamento das parcerias requer um estudo de viabilidade socioambiental que contemple aspectos como: atividades socioeconômicas tradicionais realizadas no território, direitos territoriais, adesão e interesse das comunidades locais nas atividades de apoio à visitação, indicação de possíveis impactos ambientais sobre os recursos envolvidos a partir do tipo de atividade que se pretende desenvolver, restrições de acesso ao território e recursos naturais, possibilidades de parcerias e arranjos para a prestação de serviços de apoio à visitação que envolvam a rede local e regional, dentre outros (OPAP, 2021).

É importante considerar também a atualidade dos planos de manejo, sobretudo no que diz respeito às parcerias e às atividades de visitação, que são dinâmicas e requerem adequações e medidas de monitoramento dos impactos da atividade nos ambientes naturais (SCDB, 2015; MAGRO; LEUNG, 2019). Nessa linha, Septanil e Ranieri (2020) recomendam que sejam realizadas avaliações de impactos, por meio da avaliação ambiental estratégica (AAE), para identificar e considerar os possíveis resultados socioambientais de políticas, planos ou programas sobre concessões e parcerias.

Os estudos prévios que embasam as concessões e demais parcerias funcionam também como subsídios para a responsabilização pelo controle social quando encaminhados e amplamente discutidos em instâncias e fóruns pertinentes, como no contexto dos conselhos gestores das UCs. Os conselhos expressam espaços de participação e governança democrática, que buscam garantir o efetivo engajamento da sociedade na formulação e no acompanhamento da implementação de políticas e na fiscalização da aplicação dos recursos públicos (COZZOLINO; IRVING, 2015; MARINELLI, 2016; MORO; FRACALANZA, 2021). Nesse processo considera-se necessário retomar as Diretrizes para Estratégia Nacional de Comunicação e Educação Ambiental em Unidades de Conservação (ICMBIO, 2011) que, em consonância com a Política Nacional de Educação Ambiental – PNEA (Lei nº 9.795, de 27 de abril de 1999), reconhecem o papel importante dos conselhos gestores, bem como outros fóruns de participação social, como mecanismos de controle social, em diálogo com diferentes sujeitos e instituições envolvidos.

E, no contexto da mobilização por meio dos espaços e fóruns de participação social, surgem situações de tensão e contestação envolvendo os processos de concessão em curso em diferentes UCs. Nos meses de novembro e dezembro de 2021, foram registrados dois processos em parques estaduais que trouxeram questionamentos e, até mesmo, a suspensão da consulta prévia para projetos de concessão. Os casos envolveram o posicionamento do Ministério Público Federal no sentido de verificar a necessidade de adoção de medidas a fim de garantir o direito à consulta livre, prévia e informada das comunidades tradicionais potencialmente afetadas com a concessão.

No Parque Estadual Turístico do Alto da Ribeira (Petar), localizado no Vale do Ribeira, no estado de São Paulo, ocorreram mobilizações de diferentes grupos e fóruns de comunidades locais, pesquisadores e representantes de organizações da sociedade civil para buscar reverter o processo e pautar a necessidade de um maior tempo para consulta, além de alegar a necessidade de um estudo sobre os possíveis impactos da concessão em termos ambientais e socioeconômicos. No dia 7 de dezembro de 2021, a justiça suspendeu, por tempo indeterminado, a consulta pública iniciada pela Fundação Florestal (PINHONI, 2021). Além disso, determinou à instituição que: apresente um estudo de impacto ambiental, social e econômico relativo à concessão; realize uma audiência pública em cada um dos municípios localizados na área do parque; e promova meios apropriados de participação, formulando protocolos de consulta apropriados para a comunidade local. Contudo, em 18 de dezembro de 2021, o presidente do Tribunal de Justiça de São Paulo cassou a liminar que suspendia o processo e, em janeiro de 2022, a advogada que acompanha o caso com os moradores da região encaminhou um recurso para solicitar a revisão da decisão (PINHONI, 2022). Tais situações reforçam a complexidade do processo e os posicionamentos divergentes envolvendo diferentes instâncias de decisão.

No Tocantins, no Parque Estadual do Jalapão, situação semelhante ocorreu após o governo do estado divulgar o prazo para a consulta pública do processo de concessão. Da mesma forma que no Petar, ainda que as propostas não incidam diretamente sobre áreas das comunidades quilombolas, é importante compreender e ampliar o diálogo sobre os possíveis efeitos do aumento do turismo na região para a qualidade ambiental e a dinâmica socioeconômica local, considerando também as iniciativas em curso lideradas pelas comunidades locais. Em 30 de novembro de 2021 (BNDES..., 2021), durante a audiência pública sobre o projeto de concessão, diversas instituições e organizações da sociedade civil, incluindo a Coordenação Estadual das Comunidade de Quilombos do Tocantins (COEQTO), se mobilizaram e demandaram um posicionamento do estado, resultando no cancelamento do processo de concessão pelo governador em exercício.

Casos como esses apresentados aqui trazem à tona o tema da responsabilização pelo controle social no contexto das parcerias (RODRIGUES; ABRUCIO, 2019; 2020), a partir de diferentes instrumentos de acesso à justiça, de participação e protocolos de consulta, e considerando o envolvimento de fóruns, coletivos sociais e indivíduos, com o apoio de órgãos externos, como o Ministério Público (SILVA; CANÇADO; SANTOS, 2017). Tais processos visam garantir a tomada de decisão de forma coletiva, informada e transparente, reforçando o controle social como elemento central de uma gestão democrática e plural (OPAP, 2020).[7]

## Composição de parcerias em áreas protegidas: mapeamento, tendências e alternativas possíveis

Identificar e compreender o conjunto de parcerias em curso e também aquelas em processo de construção, em formalização e com potencial para apoiar a gestão de áreas protegidas é uma ação necessária para a valorização e o respeito à diversidade ambiental, social, cultural, econômica e institucional do território brasileiro.

Em 2017, Carrillo e Catapan realizaram um levantamento dos modelos e arranjos de parcerias com o setor privado e o terceiro setor nas UCs federais. O estudo contou com a colaboração de 60 UCs[8] e identificou que o instrumento mais frequente na época foi o termo de reciprocidade (Portaria ICMBio nº 37/2009), utilizado para viabilizar parcerias com entidades privadas, com ou sem fins lucrativos, com interesse recíproco, sendo que não há repasse de recursos financeiros públicos. Tais termos envolveram principalmente prefeituras municipais, universidades e organizações não governamentais para realização de atividades de apoio à gestão, pesquisa e educação ambiental (CARRILLO; CATAPAN, 2017).

Com a instituição do Marco Regulatório das Organizações da Sociedade Civil (MROSC), por meio da Lei nº 13.019, de 31 de julho de 2014, o acordo de cooperação substitui os instrumentos de parceria anteriormente adotados pelo ICMBio, como o termo de reciprocidade, o acordo de cooperação técnica e o termo de cooperação. Quando houver previsão

---

7 Em dezembro de 2021, o Observatório de Parcerias em Áreas Protegidas (Opap), com o apoio do Instituto Linha D'Água (LDA), em evento *on-line* de pré-lançamento, apresentou o "Estudo sobre Controle Social em parcerias para apoio ao Uso Público em Unidades de Conservação". O estudo foi elaborado pela Rotta & Moro Advogados Associados e contou com a colaboração técnica de pesquisadores do Opap. Para mais detalhes sobre o estudo, consultar: https://www.youtube.com/watch?v=T-KPUOkNWqY

8 Compreendendo 26 parques nacionais, 5 reservas biológicas, 5 áreas de proteção ambiental, 9 reservas extrativistas, 6 florestas nacionais, 8 estações ecológicas e 1 áreas de relevante interesse ecológico.

de transferência de recursos financeiros entre partes, os instrumentos que poderão ser utilizados são: termo de fomento, termo de colaboração, termo de parceria e termo de execução descentralizada (ICMBIO, 2018a).

Outra iniciativa em curso para compreender a dinâmica das parcerias é o Mapeamento das Parcerias em Áreas Protegidas (Mapap), linha de atuação do Observatório de Parcerias em Áreas Protegidas (OPAP, 2020). Essa iniciativa é resultado de um esforço de investigação sobre o cenário das parcerias em áreas protegidas brasileiras, nas diferentes esferas administrativas, e considerando a diversidade de tipologias, arranjos e atores sociais envolvidos. Os dados estão dispersos em diferentes fontes, em níveis de detalhamento diversos, ou ainda não estão disponíveis. Nesse sentido, é um levantamento em constante atualização e refinamento, compondo uma plataforma colaborativa, fruto de pesquisas e interlocução com instituições públicas, comunitárias e privadas. É importante frisar que se trata de uma contribuição da academia no sentido de compreender a dinâmica das parcerias em UCs no país, a partir de procedimentos metodológicos definidos no âmbito do grupo de pesquisa.

O mapeamento tem sido realizado em parceria com diversas instituições e por meio de diferentes frentes.[9] Até dezembro de 2021, o levantamento disponível no site do Opap contemplou principalmente informações disponíveis em: pesquisas acadêmicas, como dissertações e teses; nos *sites* e sistemas oficiais dos órgãos gestores ambientais estaduais e governo federal; e em notícias divulgadas em jornais de grande circulação e pelo Instituto Semeia. Destaca-se, nessa primeira etapa do levantamento, o registro de parcerias para apoiar a prestação de serviços e a realização de atividades de visitação, considerando as principais modalidades utilizadas atualmente pelos órgãos gestores: autorização, permissão, concessão e acordo de cooperação. Além disso, em virtude do tipo de serviço e da atividade objeto da parceria e das características específicas de cada categoria de manejo de UC, o levantamento resultou, principalmente, em registros na categoria parque.

9 Tais como a colaboração de pesquisadores de diferentes estados do país; o levantamento junto aos órgãos gestores estaduais; o projeto realizado no âmbito do Programa de Pós-Graduação em Práticas em Desenvolvimento Sustentável (PPGPDS) da Universidade Federal Rural do Rio de Janeiro (UFRRJ); e o apoio do Instituto Linha D'Água para a estruturação do Mapap.

Contudo, o desafio maior é mapear, conhecer e visibilizar as parcerias e os arranjos liderados e costurados a partir de redes locais, em conjunto com os órgãos gestores, e considerando as diferentes categorias de manejo de UCs e sua relação também com terras indígenas,[10] territórios quilombolas e áreas conservadas por comunidades locais. Especial interesse reside nas parcerias público-comunitárias, que serão tratadas em seguida.

O registro realizado no âmbito do Mapap considerou as esferas estadual e federal e contemplou 146 parcerias em 105 UCs, localizadas em 19 estados da Federação e no Distrito Federal. Destacam-se nas UCs com parcerias registradas até fevereiro de 2022:

- Estão localizadas principalmente na região Sudeste (43%), seguidas pelas regiões Nordeste e Sul (ambas com 17,1%), Centro-Oeste (13,3%) e, em menor concentração, na região Norte (9,5%);
- Com relação ao bioma, 52,4% das UCs com parcerias registradas estão na Mata Atlântica; 27,6% no Cerrado; 8,6% na Amazônia; 5,7% no Marinho e Costeiro; 4,7% na Caatinga; e 1% Cerrado-Amazônia;
- 123 estão em parques nacionais e estaduais; 13 em florestas nacionais e estaduais; 5 em áreas de proteção ambiental federais e estaduais; 4 em monumentos naturais estaduais; e 1 em área de relevante interesse ecológico federal;
- A maioria dos registros refere-se à modalidade de concessão (91), seguidas das autorizações (42) e permissões (5). Foram registrados também termos de parceria; acordo de cooperação; arrendamento de imóvel da União; termo de cooperação técnica e termo de autorização de uso sustentável;[11]

---

10 Como exemplo, pode-se citar o Plano de Visitação Yaripó, no Parque Nacional do Pico da Neblina, desenhado pelos Yanomami da região de Maturacá, aprovado pela Funai e ICMBio, que envolve a autorização para empresas de ecoturismo para a realização de roteiros de visitação na área.

11 O termo de autorização de uso sustentável na Área de Proteção Ambiental Marinha do Litoral Norte (SP) envolve um arranjo institucional e um instrumento de negociação para o ordenamento da visitação na área, além de medida de reconhecimento e regularização fundiária de comunidades tradicionais (MARCONDES; RAIMUNDO, 2019; NASCIMENTO, 2021).

- No que diz respeito às concessões, foram registradas 68 iniciativas em estágio de planejamento;[12] 22 em andamento/operação; e 1 contrato finalizado;
- A maioria das UCs com parcerias registradas tem plano de manejo (88,6%) e conselho gestor instituído (91,4%).

Conforme salientado anteriormente, a partir das iniciativas em curso no governo federal e estadual, percebe-se um aumento do número de projetos envolvendo a modalidade de concessão. Essa é uma das modalidades possíveis e tem sido modelada para diferentes áreas e regiões do país, com realidades e características socioeconômicas e ambientais diversas. Além disso, embora a maioria das UCs possua plano de manejo e conselho gestor instalado, é importante considerar a efetividade desses instrumentos no planejamento das concessões. No tocante ao plano de manejo, diz respeito às informações atualizadas e às diretrizes previstas para contemplar a diversidade de modalidades de parcerias e de oportunidades de visitação.

A questão vai além de um posicionamento contrário e limitado sobre a utilização da concessão, que pode ou não figurar como a modalidade mais indicada para determinados contextos. Ao iniciar o processo a partir de uma modalidade pré-definida, que acentua os aspectos econômico-financeiros e a atuação de um determinado perfil de empresas e investidores, prejudica-se a possibilidade de diálogo e construção de uma agenda diversificada de parcerias, legitimada pelos diferentes sujeitos envolvidos. A composição de diferentes modalidades é possível e já vem ocorrendo em algumas áreas, como no caso do Parque Nacional da Chapada dos Veadeiros (GO), em que alguns serviços são operados por meio de concessão, outros com autorização, e também iniciativas e projetos em parceria com a Associação de Amigos do Parque Nacional da Chapada dos Veadeiros (AVE).

Destaca-se, no contexto do planejamento das modalidades de parcerias, a composição de arranjos que valorizem e deem conta da diversidade ambiental, social, cultural do país. As

---

12 No levantamento preliminar realizado pelo Opap foram consideradas as seguintes fases: *i*) planejamento (envolve previsão de parceria em algum programa, modelagem, estudos prévios, consulta pública, em processo de formalização); *ii*) edital publicado; *iii*) edital de credenciamento publicado; *iv*) resultado divulgado; *v*) em andamento (atividades após a assinatura do contrato ou do credenciamento firmado); *vi*) finalizado (quando o contrato ou credenciamento foi finalizado); e *vii*) renovado.

parcerias "público-comunitárias", termo que vem sendo utilizado para designar uma mobilização, uma agenda e um conjunto de diretrizes para promover as iniciativas e redes locais de turismo, é um caminho necessário para uma política de visitação ampla, que ultrapassa questões objetivas relacionadas à infraestrutura e serviços, para dar conta das diferentes dimensões do turismo no território.

## Parcerias "público-comunitárias" para apoiar a visitação em unidades de conservação

O termo parcerias "público-comunitárias" pode ser entendido como um conjunto de iniciativas que envolvem o protagonismo de comunidades locais e organizações da sociedade civil, a fim de apoiar o turismo, o lazer e a conservação em áreas protegidas, colaborando também para a garantia de direitos sociais, a valorização de identidades culturais e a diversificação de alternativas socioeconômicas locais (BOTELHO; RODRIGUES 2021). Apesar do termo não ser utilizado de forma oficial no campo das políticas públicas e legislação sobre parcerias, pesquisas empíricas registram a existência de ações e iniciativas que visam à construção e à manutenção de acordos entre a gestão pública e as iniciativas locais para viabilizar o lazer e o turismo em UCs (SOUZA *et al.*, 2018; BARROS-FREIRE; NEIMAN, 2019; MARCONDES; RAIMUNDO, 2019; RODRIGUES, 2021; NASCIMENTO, 2021;). É fundamental a reflexão em torno das parcerias "público-comunitárias", visto que aponta para a necessidade de visibilizar e reconhecer as iniciativas de turismo protagonizadas por povos e comunidades tradicionais, sobretudo quando o modelo de concessões é adotado como o "carro-chefe" no contexto atual das políticas de visitação em áreas protegidas.

Por uma perspectiva conceitual, considera-se que a noção de parcerias "público-comunitárias" está em construção. O pesquisador Antonio Carlos Diegues utilizou, em uma entrevista publicada em 2017, o termo parcerias "público-comunitárias" para se referir à gestão da visitação em algumas áreas no litoral de São Paulo (DIEGUES, 2017).

Não se pode negligenciar que o processo de construção das parcerias público-comunitárias é conflituoso e exige um esforço de negociação, com perdas e ganhos, em razão dos diferentes interesses e modos de uso dos territórios envolvidos.

Os participantes da Associação de Barqueiros e Pescadores de Trindade (Abat), que atuam de forma integrada com a Rede Nhandereko, iniciativa construída no contexto do Fórum de Comunidades Tradicionais de Angra, Paraty e Ubatuba,[13] possuem autorização para operar passeios de barco no Parque Nacional da Serra da Bocaina (RJ/SP) (POSSIDÔNIO, 2021). Até a formalização da parceria, esse processo envolveu uma intensa negociação para a definição de normas, considerando os olhares dos órgãos gestores e dos comunitários sobre as formas de organização do turismo e da gestão dos bens comuns (BAHIA; CHAMMY, 2021).

Processos de participação social e negociação de formas de uso do território também fizeram parte da construção da parceria público-comunitária no caso da Ilha das Couves, território tradicional caiçara no Parque Estadual da Serra do Mar (SP) e na Área de Proteção Ambiental (APA) Marinha Litoral Norte (SP). Devido às pressões socioambientais do turismo desordenado na região, a Associação de Moradores firmou um acordo com a gestão da UC para assumir o processo de gestão do turismo na Ilha das Couves, baseado em princípios do turismo de base comunitária (TBC), envolvendo a operação e o monitoramento da visitação (NASCIMENTO, 2021; SANTOS, 2021).

Na APA de Guapi-Mirim, localizada no recôncavo leste da Baía de Guanabara, no estado do Rio de Janeiro, o TBC foi identificado pelos moradores locais como um dos caminhos para promover alternativas de trabalho e melhoria da qualidade de vida. Nesse sentido, os gestores da UC, em parceria com organizações da sociedade civil e universidades públicas, desenvolveram algumas ações e projetos com o objetivo de fortalecer e promover o TBC na área. Como fruto destes projetos, cooperativas e iniciativas articuladas em rede têm ampliado as oportunidades de geração de trabalho e a valorização da dinâmica sociocultural no manguezal (FUKUDA *et al.*, 2020).

Com a limitação das formas de utilização dos recursos naturais a partir da criação de UCs, as populações locais passam a organizar formas produtivas de oferta de serviços de apoio

---

13 Mais detalhes sobre o Fórum de Comunidades Tradicionais de Angra, Paraty e Ubatuba podem ser obtidos no site do Observatório de Territórios Sustentáveis e Saudáveis da Bocaina, disponível em: https://www.otss.org.br/post/rede-nhandereko-caminha-na-construcao-da-central-de-turismo-de-base-comunitaria-tbc

à visitação. Essas formas de organização inserem-se no contexto TBC, campo de estudo e prática que vem se desenvolvendo no país há muitos anos, e estão apoiadas em princípios como o protagonismo de iniciativas locais, com atributos relacionados à autogestão, ao cooperativismo e à distribuição justa e equitativa dos benefícios e responsabilidades, colaborando também para o reconhecimento de práticas culturais e a diversificação de alternativas socioeconômicas locais. Assim, o TBC constitui-se também como fonte de renda complementar, em paralelo a outras atividades tradicionalmente desenvolvidas no território e que são base para a provisão de alimentos, manifestações culturais e sociabilidades (BARTHOLO; BURSZTYN; SANSOLO, 2009; IRVING, 2009, MENDONÇA; MORAES; COSTA, 2013; SIMONETTI; NASCIMENTO; CHAVES, 2018).

Iniciativas de TBC estão presente em diferentes países bem como na América Latina (MALDONADO, 2009, BURSZTYN; SANSOLO, 2010; MORAES; IRVING; MENDONCA, 2018) e têm sido organizadas a partir de ações coletivas e redes, influenciando no estabelecimento de agendas para as políticas públicas (FABRINO, 2013; MORAES *et al.*, 2020). No Brasil, são reconhecidas as atuações da Rede Brasileira de Turismo Solidário e Comunitário (Rede Turisol) e a Rede Cearense de Turismo Comunitário (Rede Tucum) (MORAES *et al.*, 2020). Em paralelo, pesquisadores dedicam-se a compreender, descrever e apoiar as iniciativas de TBC.[14]

No que se refere às políticas públicas, cabe destacar a promulgação de leis estaduais nos estados do Rio de Janeiro (Lei nº 7.884, de 2 de março de 2018), na Bahia (Lei nº 14.126, de 24 de setembro de 2019) e em Minas Gerais (Lei nº 23763, de 6 de janeiro de 2021). As referidas leis apresentam diretrizes para o desenvolvimento do TBC e dispõem que essas iniciativas podem ocorrer em UCs, de acordo com os planos de manejo e outras normativas.

Especificamente no que se refere à agenda das UCs federais, cabe mencionar que o ICMBio, a partir da construção coletiva envolvendo interlocutores de iniciativas com atuação em UCs, publicou o documento *Turismo de base comunitária em unidades de conservação:*

---

14 Para saber mais, ver: Projeto Bagagem (projetobagagem.org); Grupo de Pesquisa TBC-Rede (tbcrede.blogspot.com).

*princípios e diretrizes* (ICMBIO, 2018c) e apoiou o desenvolvimento de nove projetos com o objetivo de fomentar o TBC, por meio da chamada "Fortalecimento de Iniciativas de TBC". Além disso, a publicação *Turismo de base comunitária em unidades de conservação federais: caderno de experiências*, relata a experiência de 13 iniciativas em UCs federais. Entende-se que essa ação se configura em um reconhecimento institucional da contribuição das iniciativas de TBC para a visitação em UCs federais. No entanto, as ações que visam fomentar o turismo em UCs estão apoiadas com maior evidência na política de concessões (BOTELHO, 2018; RODRIGUES; ABRUCIO, 2020; BRUMATTI; ROZENDO, 2021), e as parcerias "público-comunitárias" requerem o devido comprometimento por meio de uma agenda ampla e contínua, para que possam refletir a diversidade de modalidades de parcerias possíveis e necessárias aos processos de desenvolvimento territorial.

## Considerações finais

O sistema de valores, públicos e privados, expresso nas parcerias em áreas protegidas é permeado de tensões, entre as quais se destacam, no contexto deste estudo, a convivência entre um conjunto de medidas orientadas por estratégias de mercado, com repercussão direta nos modelos de gestão da coisa pública, e as prerrogativas da governança pública e democrática, como a responsabilização pelo controle social, por exemplo.

Nesse processo, é importante "virar o disco" do enredo das parcerias em áreas protegidas. De um lado, um conjunto de argumentos relacionados ao subfinanciamento das UCs, aos sucessivos cortes orçamentários na agenda ambiental, às parcerias como salvação para os parques, a partir de uma visão gerencial das políticas públicas pautada, prioritariamente, por indicadores quantitativos e instrumentos de mercado. Mas, do outro lado, considera-se necessário pautar o compromisso com o interesse público e os objetivos institucionais da esfera pública na política de áreas protegidas, garantindo orçamento compatível e recursos humanos qualificados e valorizados que, em conjunto com as organizações da sociedade civil, a iniciativa privada com fins lucrativos, e as iniciativas protagonizadas por povos e comunidades tradicionais, irão compor parcerias para apoiar o alcance desses compromissos.

Este artigo apresentou uma contribuição para o estudo e a reflexão sobre propostas para o tema das parcerias entre as esferas pública e privada. Algumas questões permanecem motivando o aprendizado e a mobilização social, sobretudo considerando o momento atual da gestão das áreas protegidas e os efeitos da pandemia da covid-19. O monitoramento participativo dos efeitos das parcerias para as áreas protegidas e os territórios envolvidos é primordial para a atuação embasada e contextualizada nas diferentes realidades do país. Além disso, medidas para o controle social, o acompanhamento e a colaboração efetiva dos diferentes sujeitos sociais na construção dos projetos de parcerias são necessários para legitimar a política pública e valorizar a diversidade do território brasileiro.

## Agradecimentos

As autoras agradecem aos/às pesquisadores/as do Observatório de Parcerias em Áreas Protegidas (Opap) pelo aprendizado e pela construção colaborativa e respeitosa ao longo de quase dois anos de existência do grupo.

## Referências

ACSELRAD, H. As práticas espaciais e o campo dos conflitos ambientais. *In*: ACSELRAD, H. (Org.). *Conflitos ambientais no Brasil.* Rio de Janeiro: Relume Dumará; Fundação Heinrich Böll, 2004.

BAHIA, N. C. F.; CHAMY, P. Desafios para inclusão de empreendimentos comunitários na gestão de uso público em parques brasileiros. *In*: ENCONTRO NACIONAL DA ANPPAS, 10., Campinas, 5 a 8 out. 2021. *Anais* [...] Campinas: Unicamp, 2021. p. 1-21. Disponível em: https://even3.blob.core.windows.net/anais/393311.pdf. Acesso em: 18 fev. 2022

BARROS-FREIRE, J. M.; NEIMAN, Z. Definição do modelo jurídico de gestão da Pousada Uacari, na RDS Mamirauá (Tefé, AM): busca da minimização de conflitos entre os atores sociais participantes. *Revista Direito Ambiental e Sociedade*, v. 9, n. 1, p. 87-118, 2019.

BARTHOLO, R.; BURSZTYN, I.; SANSOLO, D. G. (Org.). *Turismo de base comunitária*: diversidade de olhares e experiências brasileiras. Rio de Janeiro: Letra e Imagem, 2009.

BNDES diz que governo do TO terá que pagar R$ 1,8 milhão por cancelamento da concessão do Jalapão. *G1 Tocantins*, 30 nov. 2021. Disponível em: https://g1.globo.com/to/tocantins/noticia/2021/11/30/bndes-diz-que-governo-do-to-tera-que-pagar-multa-de-r-18-milhao-por-cancelamento-da-concessao-do-jalapao.ghtml Acesso em: 12 dez. 2021.

BOTELHO, E. S. *Visitação e turismo em parques nacionais*: o caso do Parque Nacional da Restinga de Jurubatiba (RJ). Tese (Doutorado em Engenharia de Produção) – Universidade Federal do Rio de Janeiro, Rio de Janeiro, 2018.

BOTELHO, E. S.; RODRIGUES, C. G. O. *Seminário Parcerias Público-Comunitárias para o Turismo em Áreas Protegidas*. [S.I]: Opap, 31 mar. 2021. 1 vídeo (1h 45min 57 seg) [Webinar]. Disponível em: https://www.youtube.com/watch?v=Oho-6cVHQfw. Acesso em: 12 dez. 2021.

BRESSER-PEREIRA, L. C. *Reforma do Estado para a cidadania*: a reforma gerencial brasileira na perspectiva internacional. São Paulo: Ed. 34; Brasília: ENAP, 1998.

BRUMATTI, P. N. M.; ROZENDO, C.. Parques Nacionais, turismo e governança: reflexões acerca das concessões dos serviços turísticos no Brasil. *Revista Brasileira de Pesquisa em Turismo*, v. 15, n. 3, e-2119, set./dez. 2021.

BURSZTYN, I., D. SANSOLO. Cenário para o desenvolvimento do turismo de base comunitária no Brasil. *In*: CONGRESSO LATINO AMERICANO DE INVESTIGACION TURISTICA, 4., Montevideo (Uruguay). *Anais* [...]. Montevideo, 2010. CD ROM.

CARRILLO, A. C.; CATAPAN, M. I. S. *Levantamento e sistematização de modelos e arranjos de parcerias com o setor privado e o terceiro setor compatíveis com as necessidades de gestão das unidades de conservação*. Brasília: MMA, 2017.

COZZOLINO, L. F. F.; IRVING, M. A. Por uma concepção democrática de governança para a esfera pública. *Revista Políticas Públicas*, v. 19, n. 2, p. 497-508, jul./dez. 2015.

DARDOT, P.; LAVAL, C. *Comum*: ensaio sobre a revolução no século XXI. São Paulo: Boitempo, 2017.

DI PIETRO, M. S. Z. *Parcerias na administração pública*: concessão, permissão, franquia, terceirização, parceria público-privada. 13. ed. Rio de Janeiro: Editora Forense, 2019.

DIEGUES, A. C. *Processo de privatização de unidades de conservação da natureza no Estado de São Paulo*. [Entrevista concedida a] Intersaber. 2017. Disponível em http://ecobioconsultoria.com.br/blog/entrevista-com-antonio-carlos-diegues-processo-de-privatizacao-de-unidades-de-conservacao-da-natureza-no-estado-de-sao-paulo/ . Acesso em: 15 dez. 2021.

FABRINO, N. H. *Turismo de base comunitária*: dos conceitos às práticas e das práticas aos conceitos. Dissertação (Mestrado em Desenvolvimento Sustentável) – Universidade de Brasília, Brasília, 2013.

FUKUDA, J. C. *et al.* Fortalecimento do turismo de base comunitária na Área de Proteção Ambiental de Guapi-Mirim, Baía de Guanabara, Brasil. *In*: CONGRESO DE AREAS PROTEGIDAS DE LATINOAMERICA Y EL CARIBE, 3., Lima, 14 a 17 out. 2019. *Memórias Técnicas III CAPLAC*. San José, CR: UICN, 2020. Disponível em: https://www.areasprotegidas-latinoamerica.org/documentos-finales/. Acesso em: 15 dez. 2021.

ICMBIO – INSTITUTO CHICO MENDES DE CONSERVAÇÃO DA BIODIVERSIDADE. *Estratégia nacional de comunicação e educação ambiental no âmbito do Sistema Nacional de Unidades de Conservação*. Brasília, DF: ICMBio; 2011.

ICMBIO – INSTITUTO CHICO MENDES DE CONSERVAÇÃO DA BIODIVERSIDADE. *Cartilha para elaboração de acordos de cooperação*. Cadernos de Orientação de Parcerias. Brasília: ICMBio, 2018a. Disponível em: https://www.icmbio.gov.br/portal/images/stories/caderno_de_parcerias/Cartilha_para_elabora%C3%A7%C3%A3o_de_Acordo_de_Coopera%C3%A7%C3%A3o.pdf. Acesso em: 20 ago. 2021.

ICMBIO – INSTITUTO CHICO MENDES DE CONSERVAÇÃO DA BIODIVERSIDADE. *Rol de Oportunidades de Visitação em Unidades de Conservação* – Rovuc. Organização de Allan Crema e Paulo Eduardo Pereira Faria. Brasília: ICMBio, 2018b.

ICMBIO – INSTITUTO CHICO MENDES DE CONSERVAÇÃO DA BIODIVERSIDADE. *Turismo de base comunitária em unidades de conservação federais*: caderno de experiências. Brasília: ICMBio, 2019.

ICMBIO – INSTITUTO CHICO MENDES DE CONSERVAÇÃO DA BIODIVERSIDADE. *Turismo de base comunitária em unidades de conservação*: princípios e diretrizes. Brasília: ICMBio, 2018c. Disponível em: http://bit.ly/2D0qb0T. Acesso em: 4 mar. 2018.

IRVING, M. A. Reinventando a reflexão sobre turismo de base comunitária: inovar é possível? *In*: BARTHOLO, R.; SANSOLO, D. G.; BURSZTYN; I. (Org.). *Turismo de base comunitária*: diversidade de olhares e experiências brasileiras. Rio de Janeiro: Letra e Imagem, 2009.

LEUNG, Y. A. et al. (Ed.). *Turismo e gestão da visitação em áreas protegidas*. Diretrizes para sustentabilidade. Gland, Suiça: UICN, 2019. (Série Diretrizes para Melhores Práticas para Áreas Protegidas, n. 27)

MACHADO, M.; CLAUZET, M.; YOUNG, C. E. F. A. A sustentabilidade financeira das unidades de conservação no Brasil: um olhar sobre o orçamento do Instituto Chico Mendes de Conservação da Biodiversidade. *In*: SEMINÁRIO NÚCLEO DE POLÍTICAS PÚBLICAS: ANÁLISE E AVALIAÇÃO – NUPPAA, 3., Rio de Janeiro, 23 e 24 out. 2019. *Anais* [...] Rio de Janeiro: INCT-PPED, 2019.

MAGRO, T. C. L.; LEUNG, Y. Managing environmental impacts of tourism. *In*: STEPHEN F. M.; BOSAK, K. (Org.). *A research agenda for sustainable tourism*. Massachusetts: Edward Elgar Publishing, 2019. v. 1, p. 223-238.

MALDONADO, C. O turismo rural comunitário na América Latina: gênesis, características e políticas. *In*: BARTHOLO, R.; BURSZTYN, I. (Eds.). *Turismo de base comunitária*: diversidade de olhares e experiências brasileiras. Rio de Janeiro: Letra e Imagem, 2009. p. 25-44.

MARCONDES, D.; RAIMUNDO, S. Povos tradicionais e turismo: o taus como instrumento para gestão de conflitos? *Ambiente & Sociedade*, v. 22, p. 1-20, 22:e00351, 2019.

MARINELLI, C. E. P. *Aprimoramento da governança no âmbito de conselhos gestores para a efetividade de unidades de conservação na Amazônia*: fatores-chave, mecanismos e impactos. Tese (Doutorado em Ecologia) – Universidade de Brasília, Brasília, 2016.

MARTINEZ-ALIER, J. *O ecologismo dos pobres*: conflitos ambientais e linguagens de valoração. São Paulo: Contexto, 2007.

MENDONÇA, T. C. M.; MORAES, E. A.; COSTA, M. A. Turismo e pesca nas reservas extrativistas marinhas de Arraial do Cabo (RJ) e da Prainha do Canto Verde (CE): possibilidades e limites de complementaridade. *Caderno Virtual de Turismo*, v. 13, n. 3, p. 372-390, dez. 2013.

MORAES, E. A., *et al.* Turismo de base comunitária à luz da teoria ator-rede: novos caminhos investigativos no contexto brasileiro. *Revista Crítica de Ciências Sociais*, n. 122, p. 145-168, 2020.

MORAES, E. A.; IRVING, M. A.; MENDONCA, T. C. M. Turismo de base comunitária na América Latina: uma estratégia em rede. *Turismo – Visão e Ação*, v. 20, n. 2, p. 249-265, 2018.

MORE, T. A.; MANNING, R. E. *The public function of parks and protected areas*. Vantaa: Finnish Forest Research Institute, 2004. Working Paper. Disponível em: http://www.metla.fi/julkaisut/workingpapers/2004/mwp002.htm. Acesso em: 14 nov. 2021.

MORO, C. C.; FRACALANZA, A. P. Controle social de parcerias em unidades de conservação: o papel dos conselhos gestores. *In*: ENCONTRO NACIONAL DA ANPPAS, 10., Campinas, 5 a 8 out. 2021. *Anais* [...] Campinas: Unicamp, 2021. Disponível em: https://even3.blob.core.windows.net/anais/395525.pdf. Acesso em: 18 fev. 2022

NASCIMENTO, G. C. *O uso público sustentável em áreas protegidas*: uma análise do turismo de base comunitária do território tradicional caiçara de Picinguaba. Dissertação (Mestrado em Ciências) – Universidade de São Paulo, São Paulo, 2021.

OPAP – OBSERVATÓRIO DE PARCERIAS EM ÁREAS PROTEGIDAS. Carta Aberta – Parcerias em áreas protegidas: por uma gestão pública democrática e plural. *Revista Brasileira de Ecoturismo*, v. 13, n. 2, p. 435-441, maio/jul. 2020.

OPAP – OBSERVATÓRIO DE PARCERIAS EM ÁREAS PROTEGIDAS. *Nota Técnica nº 001/2021*: subsídios ao processo de controle social da concessão de serviços no Parque Estadual Turístico do Alto da Ribeira – Contribuição do Observatório de Parcerias em Áreas Protegidas (OPAP). [S.l.]: Opap, 24 nov. 2021.

OSTROM, E. *Governing the commons*: the evolution of institutions for collective action. Cambridge: Cambridge University Press, 1990.

PINHONI, M. Ambientalistas publicam moção contra concessão do Petar à iniciativa privada pela gestão Doria. *G1*, São Paulo, 7 fev. 2022. Disponível em: https://g1.globo.com/sp/sao-paulo/noticia/2022/02/07/ambientalistas-publicam-mocao-contra-concessao-do-petar-a-iniciativa--privada-pela-gestao-doria.ghtml. Acesso em: 9 fev. 2022.

PINHONI, M. Comissão de Meio Ambiente da Alesp se posiciona contra concessão do Petar e deputado pede intervenção da Unesco. *G1*, São Paulo, 9 dez. 2021. Disponível em: https://g1.globo.com/sp/sao-paulo/noticia/2021/12/09/comissao-de-meio-ambiente-da-alesp-se-posiciona-contra-concessao-do-petar-e-deputado-pede-intervencao-da-unesco.ghtml. Acesso em: 12 dez 2021.

POSSIDÔNIO, R. D. Sem*inário Parcerias Público-Comunitárias para o Turismo em Áreas Protegidas*. [S.I]: Opap, 31 mar. 2021. 1 vídeo (1h 45min 57 seg) [Webinar]. Disponível em: https://www.youtube.com/watch?v=Oho-6cVHQfw. Acesso em: 12 dez. 2021.

RANDLE, E. J.; HOYE, R. Stakeholder perception of regulating commercial tourism in Victorian National Parks, Australia. *Tourism Management*, v. 54, p. 138-149, 2016.

RODRIGUES, C. G. O. Políticas públicas e parcerias para a gestão do turismo e dos bens naturais e culturais. *In*: IRVING, M. A. *et al.* (Org.). *Turismo e natureza*: diálogos interdisciplinares e políticas públicas. Rio de Janeiro: Fundação Casa de Rui Barbosa, 2016.

RODRIGUES, C. G. O.; ABRUCIO, F. L. Os valores públicos e os desafios da responsabilização nas parcerias para o turismo em áreas protegidas: um ensaio teórico. *Turismo – Visão e Ação*, v. 22, n. 1, p. 67-86, jan./abr. 2020.

RODRIGUES, C. G. O.; ABRUCIO, F. L. Parcerias e concessões para o desenvolvimento do turismo nos parques brasileiros: possibilidades e limitações de um novo modelo de governança. *Revista Brasileira de Pesquisa em Turismo*, v. 13, n. 3, p. 105-120, 2019.

RODRIGUES, C. G. O.; GODOY, L. R. C. Atuação pública e privada na gestão de unidades de conservação: aspectos socioeconômicos da prestação de serviços de apoio à visitação em parques nacionais. *Desenvolvimento e Meio Ambiente*, v. 28, p. 75-88, 2013.

RODRIGUES, L. M. *Concessão de serviços de apoio à visitação em parques*: uma análise à luz da ecologia política. Tese (Doutorado em Engenharia Ambiental) – Universidade de São Paulo, São Paulo, 2021.

SALLES, R. *Concessões de parques nacionais*: lançamento de consulta pública – Canela e São Francisco de Paula. Brasília: MMA, 27 maio 2020. 1 vídeo (1h 07min) [Live]. Disponível em: https://www.youtube.com/watch?v=m7urCRb2LC0. Acesso em: 12 dez. 2021.

SANTOS, P. *Gestão comunitária do turismo em unidades de conservação*. São Vicente: Laplan, 2021. 1 vídeo (1h 27min 51 seg) [Webinar]. Disponível em: https://www.youtube.com/watch?v=x3KOFTq463k . Acessado em 12 dez 2021

SCDB – SECRETARIADO DA CONVENÇÃO SOBRE DIVERSIDADE BIOLÓGICA. Turismo favorecendo a biodiversidade: um manual para a aplicação das Diretrizes da CDB para a biodiversidade e o desenvolvimento do turismo. Montreal: CBD, 2015.

SEPTANIL, M. P. B.; RANIERI, V. E. L. Avaliação dos impactos socioambientais das concessões: recomendações e práticas. *In*: CONGRESO DE AREAS PROTEGIDAS DE LATINOAMERICA Y EL CARIBE, 3., Lima, 14 a 17 out. 2019. *Memórias Técnicas III CAPLAC*. San José, CR: UICN, 2020. Disponível em: https://www.areasprotegidas-latinoamerica.org/documentos-finales/. Acesso em: 15 dez. 2021.

SILVA, F. R.; CANÇADO, A. C.; SANTOS, J. C. Compreensões acerca do conceito de controle social. *Desenvolvimento em Questão*, v. 15, n. 41, p. 24-58, 2017.

SIMONETTI, S. R.; NASCIMENTO, E. P.; CHAVES, M. P. S. R. Representações sociais e turismo comunitário: um estudo em comunidades de áreas protegidas no Amazonas. *In*: NASCIMENTO, E. P.; COSTA, H. A. (Org.). *Turismo e sustentabilidade*: verso e reverso. Rio de Janeiro: Garamond, 2018.

SOUZA, F. A. Z. *et al. Os arranjos locais para o uso público em áreas protegidas costeiras e marinhas*: diagnóstico e perspectivas. São Paulo: Instituto Linha D'Água, 2018.

SPENCELEY, A.; SNYMAN, S.; EAGLES, P. *Guidelines for tourism partnerships and concessions for protected areas*: generating sustainable revenues for conservation and development. Report to the Secretariat of the Convention on Biological Diversity and IUCN. Montreal: CBD, 2017.

THOMPSON, A. *et al. Tourism concessions in protected natural areas*: guidelines for managers. New York: UNDP, 2014.

WYMAN, M. S. *et al.* Best practices for tourism concessions in protected areas: a review of the field. *Forests*, v. 2, n. 4, p. 913-928, 2011.

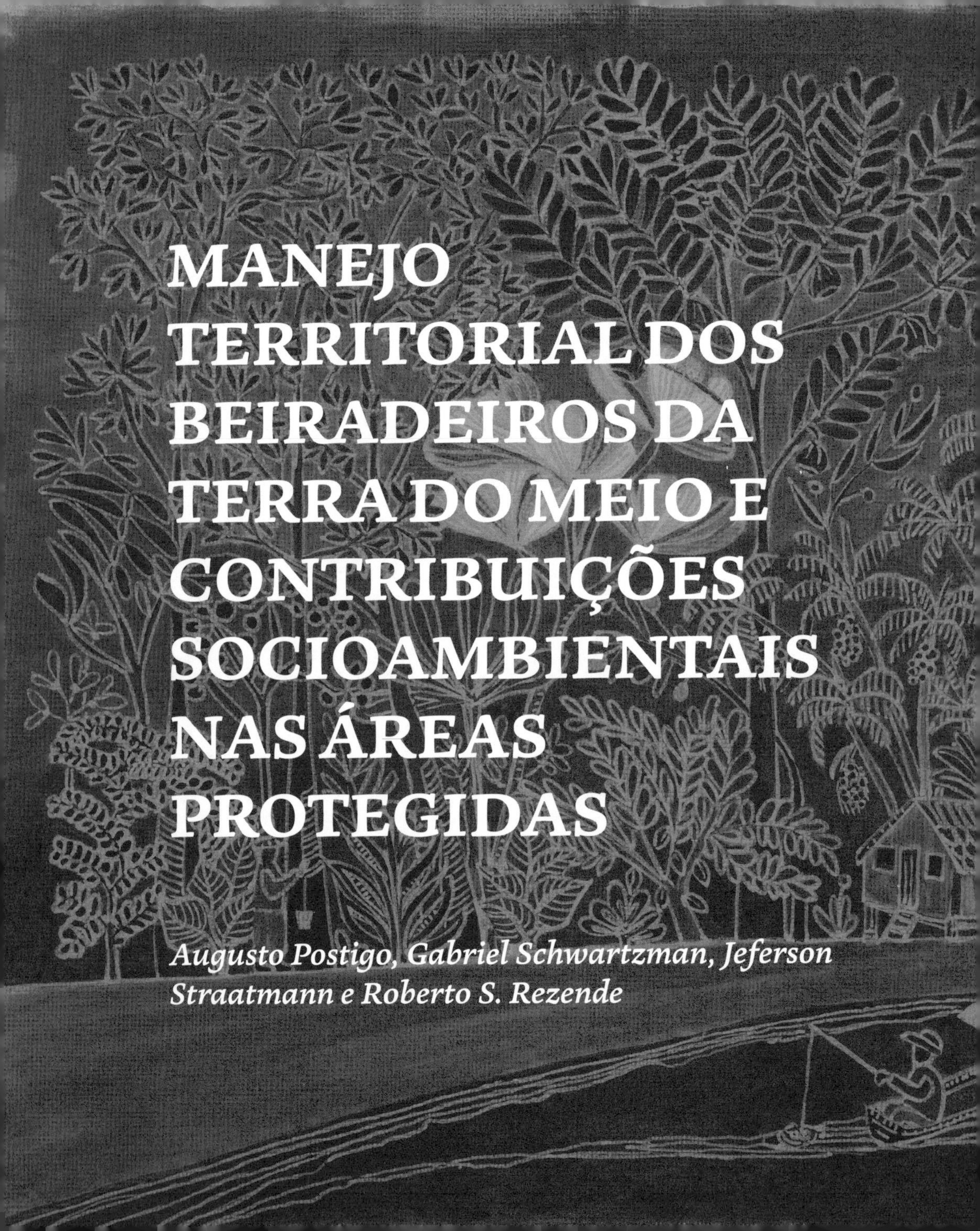

# MANEJO TERRITORIAL DOS BEIRADEIROS DA TERRA DO MEIO E CONTRIBUIÇÕES SOCIOAMBIENTAIS NAS ÁREAS PROTEGIDAS

*Augusto Postigo, Gabriel Schwartzman, Jeferson Straatmann e Roberto S. Rezende*

Na Amazônia brasileira, as áreas protegidas com presença de povos e comunidades tradicionais têm sido eficientes para frear o avanço descontrolado do desmatamento, da degradação e da perda de biodiversidade (NEPTSAD *et al.*, 2002; 2006, SCHWARTZMAN *et al.*, 2013; BALÉE *et al.*, 2020; DOBLAS; OVIEDO, 2021). Os resultados positivos para a conservação têm a ver com os sistemas tradicionais de uso e gestão do território desenvolvidos pelos povos tradicionais, que geralmente estão ausentes nas áreas mais desmatadas do entorno.

A partir do caso das unidades de conservação (UC) da Terra do Meio, fazemos apontamentos sobre os benefícios socioambientais gerados pelos sistemas de uso e manejo territorial de beiradeiros cujos territórios hoje estão protegidos sob a figura das UCs. Defendemos que certas condições de proteção territorial e de garantia de bem-viver são necessárias para a reprodução e atualização desses sistemas e dos benefícios que geram. Entendemos que reconhecer e promover apropriadamente os benefícios socioambientais resultantes do manejo tradicional requer políticas específicas e sugerimos que incentivos para a conservação em reservas extrativistas (Resex) e outras UCs com presença de comunidades tradicionais sejam direcionados para a promoção dessas formas tradicionais de uso e manejo do território.

Baseando-se em etnografia e em dados gerados pelo Instituto Socioambiental (ISA), que trabalha na Terra do Meio desde 2002, apresentamos a *colocação* como unidade de gestão territorial do sistema beiradeiro e as contribuições socioambientais decorrentes do manejo dessas áreas. A partir disso propomos a necessidade de mecanismos de reconhecimento dessas contribuições, de maneira complementar ou até mesmo alternativa às propostas já existentes de pagamentos por serviços ambientais, uma vez que, embora as contribuições dos povos tradicionais para a diversidade venham sendo registradas há décadas (POSEY, 1985; ALMEIDA, 1993), dificilmente elas são levadas em conta na tomada de decisões para políticas públicas.

## Terra do Meio, território em disputa

A Terra do Meio está localizada entre os rios Xingu e Iriri, no estado do Pará, abrigando um mosaico de áreas protegidas formado por terras indígenas e unidades de conservação. Entre estas, estão as reservas extrativistas Rio Iriri, Riozinho do Anfrísio e Rio Xingu, a Estação Ecológica da Terra do Meio e o Parque Nacional da Serra do Pardo.

Até o século XIX, a Terra do Meio era habitada exclusivamente por povos indígenas, entre eles os Arara, Araweté, Asurini, Yudja, Kayapó, Kuruaya, Parakanã e Xipaya (ADALBERT, 1849). A partir do início do ciclo da borracha, a região foi alvo de disputas entre indígenas, seringalistas e seringueiros. Foi quando se estabeleceram as primeiras famílias *beiradeiras* na Terra do Meio. Os *beiradeiros* são os seringueiros e seus descendentes, e se denominam dessa forma por usualmente habitarem as beiras de rios e igarapés. Após o final dos ciclos da borracha, essas famílias permaneceram ao longo dos rios da região, baseando suas atividades no uso múltiplo da floresta. Por décadas, diversificaram suas atividades e estratégias de permanência nos territórios, fortalecendo práticas voltadas para o consumo doméstico e buscando alternativas de renda de acordo com ciclos econômicos que se sucederam (venda de pele de felinos, garimpo artesanal, pesca e, mais recentemente, a retomada das atividades extrativistas) (ISA, 2017a).

Na década de 1990, a Terra do Meio vivenciou a expansão de fronteiras iniciada com os projetos de desenvolvimento da ditadura, em especial a abertura da Transamazônica. A região tornou-se um local de intensa grilagem de terras e atividades madeireiras ilegais. A maioria dessas atividades ocorreu em áreas que não estavam sob proteção ambiental por parte do Estado, e para onde a fronteira de grilagem e especulação de terras avançava de maneira desenfreada (SCHWARTZMAN *et al.*, 2010). Na década de 2000, vários grileiros reivindicaram grandes extensões de floresta ao largo dos rios Iriri e Xingu, onde extraíam madeira, desmatavam e colocavam gado para tentar legitimar a posse das terras. Em algumas dessas áreas, comunidades eram removidas à força, casas queimadas e famílias ameaçadas de morte caso retornassem (ISA, 2017a; 2017b; SCHWARTZMAN *et al.*, 2010; BRATMAN, 2019).

Como parte da luta contra a grilagem e a expropriação, as comunidades beiradeiras da Terra do Meio se organizaram, junto com o apoio de organizações não governamentais (ONGs) brasileiras e internacionais, para a criação de reservas extrativistas que ajudassem a conter o avanço da devastação sobre seus territórios. O movimento foi bem-sucedido e, entre 2004 e 2008, as reservas extrativistas Riozinho do Anfrísio, Rio Iriri e Rio Xingu foram criadas, bem como a Estação Ecológica da Terra do Meio e o Parque Nacional da Serra do Pardo, que também estão sobrepostos aos territórios tradicionais de beiradeiros (VELASQUÉZ; VILLAS BOAS; SCHWARTZMAN, 2006; VILLAS-BÔAS; SANCHES; SCARAMUZZA, 2003). Desde então, as áreas protegidas da Terra do Meio têm tido sucesso para conter o avanço desenfreado da devastação (Figura 1), com taxas de desmatamento muito inferiores às áreas do entorno.

**Figura 1 – Áreas protegidas na Terra do Meio**

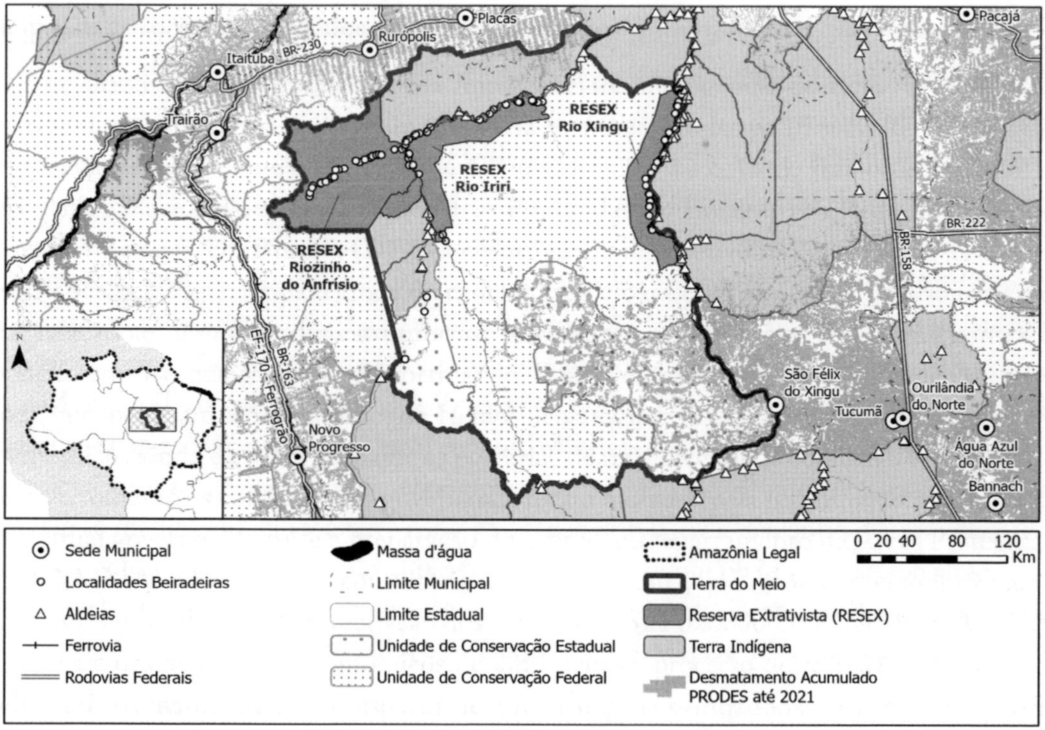


Fonte: sedes municipais, massa d'água, ferrovias (IBGE, 2015), rodovias federais (DNIT, 2017), limite estadual e municipal (IBGE, 2017), localidades beiradeiras (ISA, 2020), Unidades de Conservação, Terras Indígenas e aldeias (ISA,2022), desmatamento (PRODES/INPE, 2022). Elaboração própria.

No entanto, os povos da Terra do Meio seguem convivendo com invasões, degradação e pressões sobre seus territórios, acentuadas nos últimos anos de desmonte das políticas ambientais (ISA, 2020). A expansão das fronteiras para atividades predatórias ainda está em curso e empurra madeireiros ilegais e especuladores de terras ilícitas para perto e até mesmo para dentro de territórios tradicionais, onde madeireiros e grileiros costumam aliciar e ameaçar aqueles que se opõem a suas operações. As comunidades estão cada vez mais preocupadas com as pressões e avanços dos ilícitos sobre as áreas protegidas, uma vez que as ações de fiscalização por parte do Estado têm ficado aquém do esperado.

Num passado recente, o Instituto Chico Mendes de Conservação da Biodiversidade (ICMBio) foi fundamental no estabelecimento das reservas extrativistas e na proteção mais efetiva das áreas protegidas da Terra do Meio, com agentes do governo realizando a quase completa expulsão de todos os grileiros e usuários ilegais entre 2010 e 2015. Essa situação mudou drasticamente no período da construção da hidrelétrica de Belo Monte, acompanhada pelo aumento na pressão sobre recursos florestais, e piorou consideravelmente desde a eleição presidencial de Bolsonaro. Nos últimos anos, o ICMBIo tem sido incapaz de manter a proteção efetiva das áreas sob pressão. Uma das razões é o baixo contingente de servidores para tanto. Em 2020, havia apenas dois agentes alocados no escritório local para cobrir mais de 5 milhões de hectares. Por essa razão, o Núcleo de Gestão Integrada da Terra do Meio e a Gerência Regional da Amazônia do ICMBio têm investido em operações de fiscalização que contam com agentes recrutados de outras regiões do país para operações planejadas com antecedência. Os principais alvos dessas ações têm sido as regiões que apresentam os maiores índices de desmatamento do mosaico: o sul da Estação Ecológica da Terra do Meio e o nordeste da Resex Riozinho do Anfrísio, regiões que não são habitadas pelos beiradeiros, mas por famílias de colonos,[1] e ocupadas por fazendeiros e grileiros.

Embora essas ações tenham contribuído para reduzir o desmatamento nesses focos durante os meses de operações,[2] elas não tiveram impactos significativos sobre as atividades

---

1 Há um assentamento do Instituto Nacional de Colonização e Reforma Agrária (Incra) sobreposto à Resex Riozinho do Anfrísio.

2 Segundo dados apresentados pelo próprio NGI da Terra do Meio, 12,5% dos desmatamentos em UCs da Amazônia ocorreram na Terra do Meio nos últimos anos e as operações de fiscalização realizadas pelo NGI reduziram em 48% o desmatamento na região, de acordo com análise baseada nos dados do Projeto de Monitoramento do Desmatamento na Amazônia Legal por Satélite (Prodes) do Instituto Nacional de Pesquisas Espaciais (Inpe).

ilegais de extração de madeira e garimpos que avançam sobre os territórios tradicionais. Só na Resex Riozinho do Anfrísio foram abertos mais de 360 quilômetros de estradas e ramais para extração ilegal de madeira nos últimos três anos (ISA, 2020). Esses dados levantam dois aspectos importantes: primeiro, que a presença das famílias beiradeiras ainda representa a principal força de ordenamento e proteção da floresta contra o avanço do desmatamento nas áreas protegidas da Terra do Meio. Em segundo lugar, que essa presença não garante por si só que atividades ilícitas associadas à degradação de florestas e rios avancem sobre os territórios.

## Colocações: conservação e diversidade

A contenção do avanço desenfreado do desmatamento decorrente da presença beiradeira no território deriva de direitos tradicionais de uso sobre as porções de floresta estabelecidos entre as famílias. Essas regras de uso e acesso estão relacionadas ao modelo da *colocação*, a unidade territorial do sistema tradicional de manejo dos beiradeiros. A colocação é ocupada por uma a três famílias[3] e cobre cerca de 900 hectares de florestas e rios. Nesses espaços, ao longo de décadas, seringueiros e seus descendentes adaptaram e desenvolveram conhecimentos, técnicas e atividades associadas aos rios e florestas. Essas unidades territoriais são constituídas pelas residências das famílias, um pequeno quintal com árvores e plantas frutíferas, canteiros, roças, casa de farinha e uma extensa rede de trilhas na floresta, que conecta áreas de caça e extrativismo. As trilhas de uma colocação incluem estradas de seringa (trilhas de extração de látex com cerca de quatro quilômetros conectando as seringueiras nativas), piques de castanha (trilhas na floresta conectando castanheiras), trilhas para coleta de açaí, babaçu e diversas outras espécies conhecidas e manejadas.

A Figura 2 apresenta a colocação Manelito, no Rio Iriri, e é um exemplo do padrão de ocupação territorial beiradeira e sua rede de trilhas conectando casas, roças e quintais, onde são desenvolvidas dezenas de atividades econômicas, tanto para o consumo doméstico quanto para a comercialização.

---

3 A exemplo do que é visto em outras regiões habitadas por seringueiros e seus descendentes na Amazônia (Almeida, 2012).

**Figura 2 – Localização da colocação Manelito, no Rio Iriri**

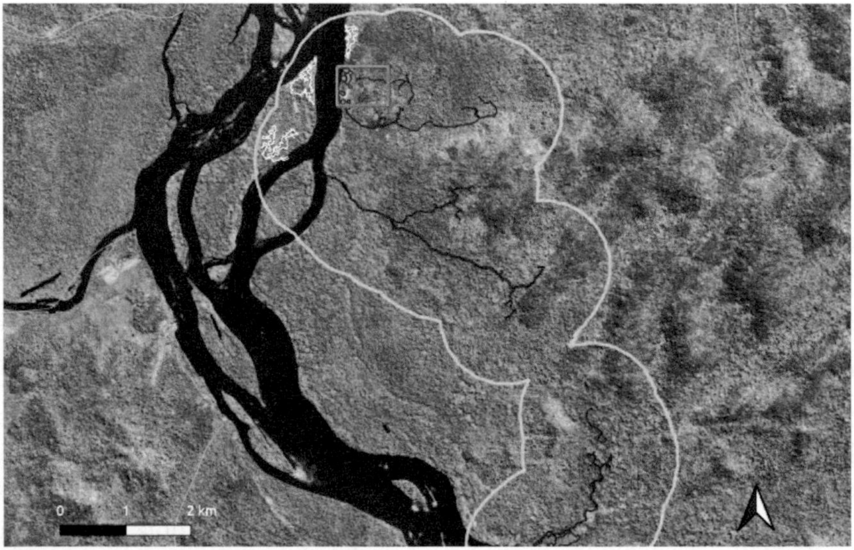


Observação: é possível observar a delimitação da área de ocupação (*buffer*) da colocação e as trilhas para castanhais em seu interior. As linhas brancas são estradas de seringa; e o retângulo delimita a área de uso direto próxima às residências.

No mapa acima, a área de ocupação (*buffer*) da colocação delimita o que seria a área total de uma colocação (cerca de 900 hectares), cobrindo um raio de um quilômetro em torno dos principais piques de castanha (castanha-do-brasil, nas linhas pretas). Esta distância em relação aos piques de castanha representa a área aproximada que os moradores utilizam para caçar. As linhas brancas representam estradas de seringa. Ainda, o retângulo destacado contém prédios comunitários (nessa colocação há uma escola, um posto de saúde e uma casa de reuniões da associação de moradores da Resex), as residências e o acesso ao rio, quintais e roças, junto com a floresta circundante. As roças, terreiros, quintais, residências e prédios comunitários cobrem apenas quatro hectares e meio.

Nas colocações, as famílias beiradeiras chegam a desempenhar mais de 50 atividades produtivas e de manutenção da casa ao longo de um ano (SOARES; SOARES, 2018). Essas atividades estão associadas a conhecimentos desenvolvidos sobre animais, plantas, ambientes e à sazonalidade da floresta. Ao longo de um ciclo anual, as famílias beiradeiras realizam suas atividades baseadas no conhecimento desenvolvido sobre os ciclos da floresta. No calendário dos beiradeiros, o ano é dividido entre inverno e verão, sendo a principal distinção entre eles a predominância de chuvas no inverno (ISA, 2017b).

A coleta da castanha-do-pará, principal fonte de renda da maioria das famílias, por exemplo, demanda um pico de mão de obra nos primeiros meses do ano, mas o preparo para a colheita começa até 5 meses antes, com a observação da floração e presença de frutos nas castanheiras, seguida da limpa dos piques de castanha para a safra. Se houver previsão de uma boa colheita, os beiradeiros se preparam para passar semanas quebrando os ouriços de castanha, geralmente a partir de janeiro. A observação de castanheiras também pode indicar baixa produtividade em um determinado ano, levando as famílias a planejarem atividades alternativas, como a extração do óleo de copaíba (OLIVEIRA; SANTOS, 2018; ISA, 2017a). Em junho inicia-se a safra da borracha, que pode se estender até novembro. Há uma pausa nos trabalhos com a borracha em agosto, quando a produção de látex das seringueiras diminui e as famílias intensificam os trabalhos de abertura e plantio de novas roças.

As roças são o principal espaço de cultivo das famílias e contêm grande diversidade de plantas. No Riozinho do Anfrísio, pesquisadores beiradeiros registraram até dezoito tipos de plantas em uma única roça, entre espécies e variedades (MACHADO, 2018). Os principais cultivos são as variedades de mandioca e macaxeira, utilizadas na produção de farinha, bolo, mingau, tapioca e tucupi. As roças ainda podem contar com milho, abóbora, maxixe, quiabo, vagem, fava, batata-doce, cará, cana-de-açúcar, melancia, banana, mamão, arroz, pimentão, pepino e tomate. Para além das roças, as famílias beiradeiras ainda mantêm plantios em quintais, canteiros e terreiros. No Iriri uma única família chega a cultivar mais de 50 tipos de plantas nesses espaços, entre espécies e variedades (SILVA, 2019). Levantamento entre 11 famílias beiradeiras da Estação Ecológica da Terra do Meio identificou mais de 160 espécies e variedades em roçados e quintais, apontando alto índice de diversidade: índice de Shannon de 3,7 (SCOLES; SANTOS, 2018). E o conhecimento sobre as espécies vegetais vai para além das plantas cultivadas. No Riozinho do Anfrísio os beiradeiros conhecem e manejam mais de 200 espécies úteis, que representa um número de espécies conhecidas semelhante ao de certos povos indígenas (SILVA, 2016).

Outra atividade fundamentada em conhecimentos associados à diversidade da floresta é a caça, baseada no conhecimento dos hábitos e ciclos de vida dos animais. Os beiradeiros desenvolveram um sistema próprio de classificação dos animais, que opera a partir de categorias baseadas em características próprias e relacionais dos animais, como "bichos da mata", "bichos que se come", "bichos de pena", "peixes", entre outros. Essas categorias podem conter subcategorias como "peixes de escama", "peixes de casco" ou "peixes de couro". Essas classificações às vezes diferem substancialmente da classificação e terminologia das ciências biológicas. O grupo dos insetos, por exemplo, é composto por formigas, aranhas e vespas, além de cobras (ISA, 2017b).

Esses conhecimentos associados a animais e plantas são exemplos do profundo conhecimento beiradeiro sobre a biodiversidade que, juntos, formam um patrimônio material e imaterial. Patrimônio que se encontra cada vez mais ameaçado pelas pressões que avançam sobre os territórios.

## Bem-viver e conservação

Antes da criação das reservas extrativistas, a maioria dos beiradeiros não tinha acesso serviços de educação, saúde, transporte ou meios de comunicação. Muitas famílias haviam se mudado para Altamira em busca de melhor qualidade de vida, já que, no início da década de 2000, para além da pressão dos ilícitos, o Estado era ausente na garantia de outros direitos. Cerca de 80% dos beiradeiros da Terra do Meio não tinham documentos e eram analfabetos. Desde a criação das unidades de conservação, ONGs e órgãos governamentais organizaram e coordenaram ações para garantir que políticas públicas fossem implementadas para melhorar a qualidade de vida da população (STRAATMANN, 2014). Isso passava pelo fortalecimento da organização local para tomada de decisões e gestão do território, apoiando as comunidades tradicionais na construção de capacidade de liderança na governança e respeito aos modos de vida.

As prioridades de ação definidas pelas comunidades beiradeiras foram o acesso à educação, aos serviços de saúde, à comunicação e a preços e mercados justos para os produtos florestais não madeireiros. Em 2007 formou-se a Rede Terra do Meio, rede que conseguiu mobilizar diversos atores para a implementação de políticas públicas no território, coordenar o desenvolvimento de lideranças entre as comunidades, fortalecer as capacidades das associações comunitárias e aproximar extrativistas com empresas e mercados institucionais.

Em mais de uma década, essa mobilização tem trazido diversos avanços para as comunidades. Hoje, as associações locais têm mais de trinta parceiros comerciais, entre empresas e instituições públicas. A comercialização é operacionalizada através de espaços comunitários chamados cantinas, que adiantam mercadorias durante as safras para serem pagos com produtos da floresta com preços fixados no início da safra. Cada comunidade (ou agrupamento de comunidades) tem controle sobre sua própria cantina e seu próprio capital de giro (ISA, 2017a). Esse processo ocorre paralelamente a melhorias nas políticas públicas, como educação, comunicação e saúde (VILLAS-BÔAS *et al.*, 2018, STRAATMANN, 2014). Atualmente, as localidades beiradeiras contam com dezenas de rádios de ondas curtas, dezenas de escolas para anos iniciais do ensino fundamental menor, além de internet e postos de saúde com técnicos de enfermagem nas comunidades-polo.

Embora essas melhorias sejam inegáveis, as condições de vida das famílias ainda estão distantes dos direitos que deveriam ser assegurados aos beiradeiros. Na educação, por exemplo, o ensino fundamental para os anos finais ocorre no modal modular e em poucas localidades (o que é um problema grave para muitas famílias, dada a dispersão das colocações), e o ensino médio não é ofertado de maneira regular nas Resex (ocorreu apenas uma vez, como projeto de extensão da Universidade Federal do Pará – UFPA, *campus* de Altamira). Em busca de melhores condições de educação, muitas famílias acabam se mudando para a sede do município de Altamira ou enviam seus filhos para estudar na cidade e morar na casa de parentes. Nos dois casos, diminuem-se os vínculos e a convivência com os territórios e saberes tradicionais. As que permanecem, vivenciam dificuldades no acesso a direitos básicos, que colocam os beiradeiros em situação de vulnerabilidade diante do dilema de responder à crescente pressão pelos recursos naturais de seus territórios e seus desejos legítimos de melhorar a qualidade de vida. Os operadores de atividades ilegais prometem às famílias benefícios e assistência para satisfazer as necessidades básicas que o Estado deixa de fornecer, e esse dilema coloca em risco o manejo tradicional, os direitos de uso associados e todo o patrimônio socioambiental decorrente do sistema socioecológico das colocações.

É comum que os agentes de Estado, de diferentes níveis do poder público, citem como entrave à garantia de direitos a falta de recursos para superar as dificuldades logísticas ou a dispersão de morada relacionada ao sistema das colocações. Em outras reservas extrativistas do país, o Estado procurou resolver essas questões promovendo mudanças no padrão de ocupação do território, o que levou a efeitos negativos sob a ótica de garantia de outros direitos, em especial o de reprodução dos modos de vida (REZENDE, 2010). Nesse cenário é importante a adoção de uma visão mais integrada sobre o papel dos sistemas tradicionais de manejo para que as políticas de conservação em territórios tradicionais também sejam tomadas, necessariamente, como políticas para o desenvolvimento do bem-viver dos povos locais. Isso passa por reconhecer as formas locais de organização da vida e suas contribuições como patrimônio socioambiental.

## A diversidade como desenvolvimento alternativo

Assim como outros camponeses da floresta, as famílias beiradeiras realizam diversas atividades produtivas (ALMEIDA, 1993; NUGENT 2002; ADAMS *et al.*, 2008), não despendendo seu tempo para especialização produtiva e produção exclusiva de bens para venda em mercados, a serem convertidos em dinheiro para a compra de outros bens e serviços. Alternativamente, a organização camponesa tem como foco principal a garantia de segurança e resiliência para a reprodução das famílias e do modo de vida (CHAYANOV, 1966; SCOTT, 1976; SHANIN, 1971; WOLF, 1966).

No entanto, economias florestais camponesas têm recebido críticas por sua suposta ineficiência a partir da perspectiva dos mercados e da competição com empresas especializadas, cuja natureza e objetivos diferem substancialmente. Essa crítica costuma se estender também às comunidades tradicionais em áreas protegidas, preconizando crises ambientais futuras decorrentes da inviabilidade das práticas econômicas tradicionais. Nessa interpretação, o extrativismo é pouco eficiente do ponto de vista tecnológico e de manejo de recursos, e a queda de preços para produtos agroextrativistas nos mercados poderia levar à intensificação no uso dos recursos naturais pelas famílias, até o ponto de exaustão, como forma de compensar quedas de renda. Nessa perspectiva, seria preciso adotar novas práticas agrícolas para uso do solo em substituição ao extrativismo, abandonando o "culto ao atraso" que insiste nas formas tradicionais de manejo florestal (HOMMA, 2018).

Algumas das cadeias do extrativismo das comunidades tradicionais de fato não conseguem competir em mercados convencionais com equivalentes de áreas de plantio ou de intensificação agrícola. O principal exemplo histórico dessa competição desigual é o da borracha, cujas sementes foram levadas da Amazônia no final do século XIX e plantadas na Ásia em sistemas intensivos, que fizeram despencar os preços do produto, marcando o fim do primeiro grande ciclo da borracha na Amazônia (SANTOS, 1980). Desde então, a borracha amazônica só foi viável a partir de incentivos governamentais: os mantidos aos patrões seringalistas até a década de 1980 (ALMEIDA, 1993) e, mais recentemente, incentivos de diferentes níveis de governo que, combinados, tornaram atrativo o cultivo em algumas poucas áreas (JARAMILLO-GIRALDO *et al.*, 2017).

No entanto, os baixos preços de mercado para o principal produto extrativista amazônico nunca resultaram em exploração descontrolada da floresta, grande desmatamento ou degradação nas reservas extrativistas (ALMEIDA; ALLEGRETTI; POSTIGO, 2018). Parte da explicação reside no já citado conhecimento vasto de ribeirinhos amazônicos sobre diversos ambientes de floresta, animais, plantas, técnicas agrícolas e criações, que permitem a uma família reorientar suas ações para garantia do bem-estar de acordo com condições de mercado e em combinações estratégicas variadas (que podem inclusive seguir predileções do grupo doméstico ou de indivíduos sobre determinadas atividades). Outra parte tem a ver com o planejamento das famílias, que não está focado em uma cadeia específica, mas no bem-estar coletivo. Ou seja, a crítica sobre a suposta crise ambiental decorrente da intensificação de práticas tradicionais aborda a questão a partir de uma concepção muito restrita sobre o que é viabilidade econômica e ambiental, e sobre o comportamento econômico de camponeses da floresta.

Se mudamos o olhar sobre o que seja produtividade, a crítica também é infundada, já que os sistemas tradicionais de manejo geram muito mais do que mercadorias. Por exemplo, embora um seringal de cultivo produza até 400 vezes mais borracha por hectare do que um seringal nativo, um seringal nativo tem 176 espécies vegetais por hectare. "Sob esse ponto de vista, o seringal florestal é de 100 a 200 vezes mais produtivo do que o seringal de cultivo quando a produtividade é medida como biodiversidade por hectare" (ALMEIDA; ALLEGRETTI; POSTIGO, 2018). Nesse sentido, é preciso expandir a compreensão sobre os benefícios gerados pelas práticas tradicionais e reconhecer que: as cadeias do agroextrativismo resultam em mais benefícios do que aqueles que se evidenciam na forma de mercadorias comercializáveis, como a borracha, castanha ou copaíba; e o manejo tradicional da floresta gera impactos positivos sobre a produção da diversidade, contribuindo para o combate a alguns dos principais desafios de escala planetária que vivenciamos.

## Considerações finais

Está cada vez mais evidente que a presença e o manejo de povos e comunidades tradicionais em porções de floresta amazônica podem aumentar a diversidade ecológica (BALEÉ, 1994; 2006; 2013; POSEY, 1985; EMPERAIRE; VELTHEM; OLIVEIRA, 2012; EMPERAIRE, 2013; CLEMENT *et al.*, 2015; BALEÉ *et al.*, 2020). Mas os sistemas tradicionais produtores de diversidade só realizam tal potencial em condições específicas, que incluem a garantia de direitos aos povos que estão nas áreas protegidas e, consequentemente, a atualização contínua dos saberes e práticas associados aos diversos ambientes.

Essa garantia de direitos passa pela capacidade e disposição do Estado para coibir as atividades ilegais, mas não se encerra aí. Junto com a retomada e o fortalecimento das ações de proteção, é preciso fortalecer as formas tradicionais de manejo e de direitos de uso associados às colocações. Criar estruturas de incentivo que funcionem para manter os meios de subsistência dos beiradeiros é fundamental, em primeiro lugar, porque as atividades nos ciclos de produção dos camponeses da floresta geram contribuições socioambientais de diferentes ordens. Exemplos são a já citada contribuição à diversidade biológica e também o monitoramento territorial baseado em regras de uso tradicionais, que pode apoiar as ações de fiscalização. Quando as famílias caçam, extraem copaíba ou coletam castanha-do-pará, elas passam dias, semanas e até meses em áreas de floresta sem moradias e pouco visitadas. Na ocorrência de invasões ilegais e, com o apoio de fortes organizações comunitárias, podem denunciar essas agressões aos órgãos ambientais e à Polícia Federal.

O fortalecimento dessas formas tradicionais de manejo pode ocorrer por meio do reconhecimento das contribuições socioambientais e da retribuição por parte do Estado. Isso pode acontecer através da criação e fortalecimento de mecanismos de incentivo para que atividades tradicionais de alta produtividade em termos de diversidade e benefícios socioambientais possam gerar renda adequada para as famílias beiradeiras.[4] O fortalecimento dos sistemas tradicionais também pode ser feito através da criação de políticas diferenciadas para educação, saúde e comunicação que garantam direitos básicos de cidadania com a manutenção dos sistemas tradicionais de ocupação e manejo dos territórios.

O caso da Terra do Meio sugere que, mesmo com mobilização e articulação comunitária para gestão dos territórios e melhoria na geração de renda, a ausência de direitos básicos que deveriam ser garantidos pelo Estado coloca em risco a permanência nos territórios e a integridade socioecológica do sistema das colocações. Tanto o êxodo para as cidades como a invasão por ilícitos colocam em risco as dinâmicas que produzem a diversidade socioambiental nesses territórios. Partilhamos da visão de que povos e comunidades tradicionais não são conservacionistas por essência. Eles contribuem para a conservação e a reprodução da diversidade socioambiental a partir de certas condições objetivas pactuadas com o Estado (CUNHA; ALMEIDA, 2000). Parte dessas condições têm a ver com a coerção de ilegalidades por parte do Estado, que detém o monopólio para tanto. Outra parte é a garantia dos direitos básicos a esses povos e comunidades.

Uma questão que resta é como operacionalizar o reconhecimento a tais contribuições socioambientais. Uma possibilidade é construir políticas e programas de pagamentos por servi-

---

4 A Política de Garantia de Preços Mínimos para os Produtos da Sociobiodiversidade (PGPM-Bio) é uma política da Companhia Nacional de Abastecimento (Conab) promissora para aprimoramentos nesse sentido.

ços ambientais adequados aos sistemas de manejo tradicionais e que gerem incentivos para a reprodução de tais sistemas. Para tanto, deve-se ter em mente que os povos tradicionais têm a floresta como condição de existência, e não como estoque de recursos e fonte potencial de lucros, de modo a evitar novos conflitos sobre o uso das florestas e o destino da biodiversidade.

Nos últimos anos, o conceito de serviços ambientais ganhou importância econômica e política, incluindo a criação de propostas e programas de pagamento por serviços ambientais (WUNDER, 2005; 2015). O maior e mais conhecido esforço para proteger os serviços ecossistêmicos talvez sejam os mecanismos de comércio de carbono estabelecidos após o Protocolo de Kyoto. Ou seja, a principal solução apontada para resolver um problema ambiental global tem sido a transformação de um elemento da natureza – o carbono – em uma *commodity* a ser comercializada no mercado. Esse modelo é insuficiente para dar conta das formas de produção e de vida não contabilizadas na forma de mercadoria, em especial entre povos e comunidades tradicionais (FASE, 2013; FAUSTINO; FURTADO, 2015; ALMEIDA, 2013; MARTINEZ-ALIER, 2002; 2003). Ao tratar o carbono como métrica para sistemas de conservação, alguns programas começaram a remunerar as comunidades locais de forma a alterar as práticas de manejo de floresta. Isso impacta não apenas os sistemas de produção da diversidade ecológica e proteção de territórios, mas também os direitos culturais e a atualização de conhecimentos tradicionais entre gerações.

A diversificação de abordagens de mecanismos de incentivo à conservação é necessária para territórios tradicionais e caminhos têm sido apontados por diferentes organizações. A Plataforma Intergovernamental de Ciência e Política sobre Biodiversidade e Serviços Ecossistêmicos (em inglês, International Platform on Biodiversity and Ecosystem Services – IPBES), por exemplo, parou de usar o termo de “serviços ecossistêmicos” em favor de “contribuições da natureza para as pessoas”, que é mais culturalmente inclusivo (DIAZ *et al.*, 2018). Essa reorientação permite compreender as abordagens não ocidentais da natureza, como a da Pachamama ou da Mãe Terra. Em outra frente, uma publicação da Organização para a Alimentação e a Agricultura (Food and Agriculture Organization – FAO) das Nações Unidas propôs que pagamentos por serviços ambientais deveriam abarcar as contribuições dos agricultores na geração de externalidades positivas nos ecossistemas que manejam, sejam elas intencionais ou não (FAO, 2007). Sugerimos que um movimento semelhante deva ser feito em relação aos mecanismos de incentivo às práticas de manejo florestal dos povos indígenas e tradicionais.

A Lei nº 14.119, de 13 de janeiro de 2021, instituiu a Política Nacional de Pagamentos por Serviços Ambientais e estabeleceu a "utilização do pagamento por serviços ambientais como instrumento de promoção do desenvolvimento social, ambiental, econômico e cultural das populações em área rural e urbana e dos produtores rurais, em especial das comunidades tradicionais, dos povos indígenas e dos agricultores familiares". O que propomos é que as políticas de pagamentos por serviços ambientais considerem as contribuições dos povos tradicionais em seus territórios protegidos, abordando-os como sistemas produtores de diversidade e de benefícios socioambientais. Para isso, seria possível operacionalizar essas políticas através de pagamentos por serviços socioambientais, considerando as contribuições provenientes dos sistemas de manejo tradicionais como um caso particular de serviço ambiental, resultante de usos e gestão coletivos sobre vastos territórios.

## Referências


ADALBERT, P. V. P. *Travels of His Royal Highness Prince Adalbert of Prussia:* In the South of Europe and in Brazil, with a Voyage up the Amazon and Xingú. London: David Bogue, 1849.

ADAMS, C. *et al. Amazon peasant societies in a changing environment*. New York: Springer, 2008.

ALMEIDA, M. W. B. As colocações: forma social, sistema tecnológico, unidade de recursos naturais. *Mediações*, v. 17, n. 1, p. 121-152, 2012.

ALMEIDA, M. W. B. Caipora e outros conflitos ontológicos. *R@u*, v. 5, n. 1, p. 7-28, 2013.

ALMEIDA, M. W. B. *Rubber tappers of the Upper Juruá River, Brazil*: the making of a forest peasant economy. Tese (Doutorado em Antropologia Social) – University of Cambridge, Cambridge 1993.

ALMEIDA, M. W. B.; ALLEGRETI, M. H.; POSTIGO, A. O legado de Chico Mendes: êxitos e entraves das reservas extrativistas. *Desenvolvimento e Meio Ambiente*, v. 48, p. 25-55, 2018.

BALÉE, W. *Cultural forests of the Amazon*: historical ecology of people and their landscapes. Tuscaloosa, AL: University of Alabama Press, 2013.

BALÉE, W. *et al.* Ancient transformation, current conservation: traditional forest management on the Iriri River, Brazilian Amazonia. *Human Ecology*, v. 48, p. 1-15, 2020.

BALÉE, W. *Footprints of the Forest*. New York: Columbia University Press, 1994. p. 119-123.

BALÉE, W. The research program of historical ecology. *Annual Review of Anthropology*, v. 35, p. 75-98, 2006.

BRATMAN, E. *Governing the rainforest*: sustainable development politics in the Brazilian Amazon. Oxford: Oxford University Press, 2019.

CHAYANOV, A. V. *On the theory of peasant economy*. Manchester: Manchester University Press, 1966.

CLEMENT, C. *et al.* The domestication of Amazonia before European conquest. *Proceedings of the Royal Society B: Biological Sciences*, v. 282, n. 1812, p. 20150813, 2015.

CUNHA, M. C. D.; ALMEIDA, M. W. B. Indigenous people, traditional people, and conservation in the Amazon. *Daedalus*, v. 129, n. 2, p. 315-338, 2000.

DÍAZ, S. *et al.* Assessing nature's contributions to people. *Science*, v. 359, n. 6373, p. 270-272, 2018.

DOBLAS, J.; OVIEDO, A. F. P. Os territórios indígenas e tradicionais protegem a biodiversidade? *In*: CUNHA, M. C. *et al. Povos tradicionais e biodiversidade*: contribuições dos povos indígenas, quilombolas e comunidades tradicionais para a biodiversidade, políticas e ameaças. São Paulo: SBPC, 2021. v. 2, p. 14-58.

EMPERAIRE, L. Patrimônio agricultural e modernidade no Rio Negro (Amazonas). *In*: CUNHA, M. C.; CESARINO, P. (Ed.). *Políticas culturais e povos indígenas*. São Paulo: Cultura Acadêmica Editora, 2013.

EMPERAIRE, L.; VELTHEM, L. H. V.; OLIVEIRA, A. G. Patrimônio cultural imaterial e sistema agrícola no médio Rio Negro, Amazonas. *Ciência e Ambiente*, v. 44, p. 141-154, jan./jun. 2012.

FAO – FOOD AND AGRICULTURAL ORGANIZATION. *The state of food and agriculture*: paying farmers for environmental services. Rome: FAO, 2007.

FASE – FEDERAÇÃO DE ÓRGÃOS PARA ASSISTÊNCIA SOCIAL E EDUCACIONAL. *Visões alternativas ao pagamento por serviços ambientais*. Rio de Janeiro: Fase, 2013. (Caderno de Debates, n. 3)

FAUSTINO, C.; FURTADO, F. *Economia verde, povos da floresta e territórios*: violações de direitos no estado do Acre. Relatório da Missão de Investigação e Incidência. Rio Branco: Plataforma Dhesca, 2015.

HOMMA, A. K. O. *Colhendo da natureza*: o extrativismo vegetal na Amazônia. Brasília: Embrapa, 2018.

IPBES – INTERGOVERNMENTAL SCIENCE-POLICY PLATFORM ON BIODIVERSEITY AND ECOSYSTEM SERVICES. *Summary for policymakers of the IPBES Global Assessment Report on Biodiversity and Ecosystem Services*. Bonn, Germany: IPBES, 2019.

ISA – INSTITUTO SOCIOAMBIENTAL. *Terra do Meio/Xingu*: os saberes e práticas dos beiradeiros do Rio Iriri e Riozinho do Anfrísio. São Paulo: ISA, 2017b.

ISA – INSTITUTO SOCIOAMBIENTAL. *Xingu sob Bolsonaro*. São Paulo: ISA, 2020.

ISA – INSTITUTO SOCIOAMBIENTAL. *Xingu*: histórias dos produtos da floresta. São Paulo: ISA, 2017a.

JARAMILLO-GIRALDO, C. *et al.* Is it possible to make rubber extraction ecologically and economically viable in the Amazon? The Southern Acre and Chico Mendes Reserve case study. *Ecological Economics*, v. 134, p. 186-197, 2017.

MACHADO, D. S. *Relatório da Pesquisa de Agrobiodiversidade nas Roças, realizada na Resex Riozinho do Anfrísio*. Relatório de Pesquisa. Altamira: Amora, 2018.

MARTINEZ-ALIER, J. *The environmentalism of the poor*. Genebra: UNRISD, 2002.

MARTINEZ-ALIER, J. *The environmentalism of the poor*: a study of ecological conflicts and valuation. Cheltenham Glos: Edward Elgar Publishing, 2003.

NEPSTAD, D. *et al.* Frontier governance in Amazonia. *Science*, v. 295, n. 5555, p. 629-631, 2002.

NEPSTAD, D. *et al.* Inhibition of Amazon deforestation and fire by parks and indigenous lands. *Conservation Biology*, v. 20, n. 1, p. 65-73, 2006.

NUGENT, S. Whither o campesinato? Historical peasantries of Brazilian Amazonia. *The Journal of Peasant Studies*, v. 29, n. 3-4, p. 162-189, 2002.

OLIVEIRA, E. C.; SANTOS, R. R. Pesquisa colaborativa no rio Iriri e riozinho do Anfrísio: porque as castanheiras estão diminuindo a sua produção? *In*: Congresso da Sociedade Internacional de Etnobiologia, 16., Simpósio Brasileiro de Etnobiologia e Etnoecologia, 12., 7 a 10 ago. 2018, Belém. *Anais* [...] Belém: UFPA, 2018.

POSEY, D. A. Indigenous management of tropical forest ecosystems: the case of the Kayapó indians of the Brazilian Amazon. *Agroforest Systems*, n. 3, p. 139-158, 1985.

REZENDE, R. S. *Das colocações à vila*: processos de urbanização no Alto Rio Tejo, Acre. Dissertação (Mestrado em Antropologia Social) – Universidade Estadual de Campinas, Campinas, 2010.

SANTOS, R. *História econômica da Amazônia* (1800-1920). São Paulo: TA Queiroz, 1980.

SCHWARTZMAN, S. *et al.* Social movements and large-scale tropical forest protection on the Amazon frontier: conservation from chaos. *Journal of Environment & Development*, v. 19, n. 3, p. 274-299, 2010.

SCHWARTZMAN, S. *et al.* The natural and social history of the indigenous lands and protected areas corridor of the Xingu River Basin. *Phil. Trans. R. Soc. B*, v. 368, n. 1619, 20120164, 2013.

SCOLES, R.; SANTOS, R. R. Avaliação do impacto ambiental das populações residentes na Estação Ecológica da Terra do Meio. *In*: ISA – INSTITUTO SOCIOAMBIENTAL. *Laudo pericial sobre a situação das famílias residentes no interior da Estação Ecológica da Terra do Meio*. Altamira: MPF, 2018.

SCOTT, J. C. *The moral economy of the peasant*: rebellion and subsistence in Southeast Asia. New Haven: Yale University Press, 1976.

SHANIN, T. *Peasants and peasant societies.* New York: Penguin, 1971.

SILVA, F. A. *Usos tradicionais da flora nativa na Resex Riozinho do Anfrísio*. Dissertação (Mestrado em Biodiversidade e Conservação) – Universidade Federal do Pará, Altamira, 2016.

SILVA, M. A. *Agrobiodiversidade*. Altamira: Amoreri, 2019. Relatório de pesquisa colaborativa.

SOARES, E. N.; SOARES, L. N. *Pesquisa colaborativa sobre cotidiano da localidade Branca de Neve.* Altamira: Amora, 2018. Relatório de Pesquisa.

STRAATMANN, J. *Redes voltadas para produtos florestais não madeireiros*: análise da influência de redes de cooperação nas cadeias de valor da Terra do meio no Pará. Tese (Doutorado em Engenharia de Produção) – Universidade de São Paulo, São Carlos, 2014.

VELÁSQUEZ, C.; VILLAS BOAS, A.; SCHWARTZMAN, S. Desafio para a gestão ambiental integrada em território de fronteira agrícola no oeste do Pará. *Revista de Administração Pública*, v. 40, n. 6, p. 1061-1075, 2006.

VILLAS-BÔAS, A. *et al.* As reservas extrativistas da Terra do Meio: uma experiência de desenvolvimento alternativo para a Amazônia. *Desenvolvimento e Meio Ambiente*, v. 48, p. 214-235, 2018.

VILLAS-BÔAS, A.; SANCHES, R. A.; SCARAMUZZA, C. A. M. *Estudos preliminares e formulação de uma proposta técnica para a implantação de um mosaico de unidades de conservação no Médio Xingu*. São Paulo: ISA, 2003.

WOLF, E. *Peasants*. Englewood Cliffs, New Jersey: Prentice Hall, 1966.

WUNDER, S. *Payments for environmental services*: some nuts and bolts. Infobrief: Cifor, 2005.

WUNDER, S. Revisiting the concept of payments for environmental services. *Ecological Economics*, v. 117, p. 234-243, 2015.

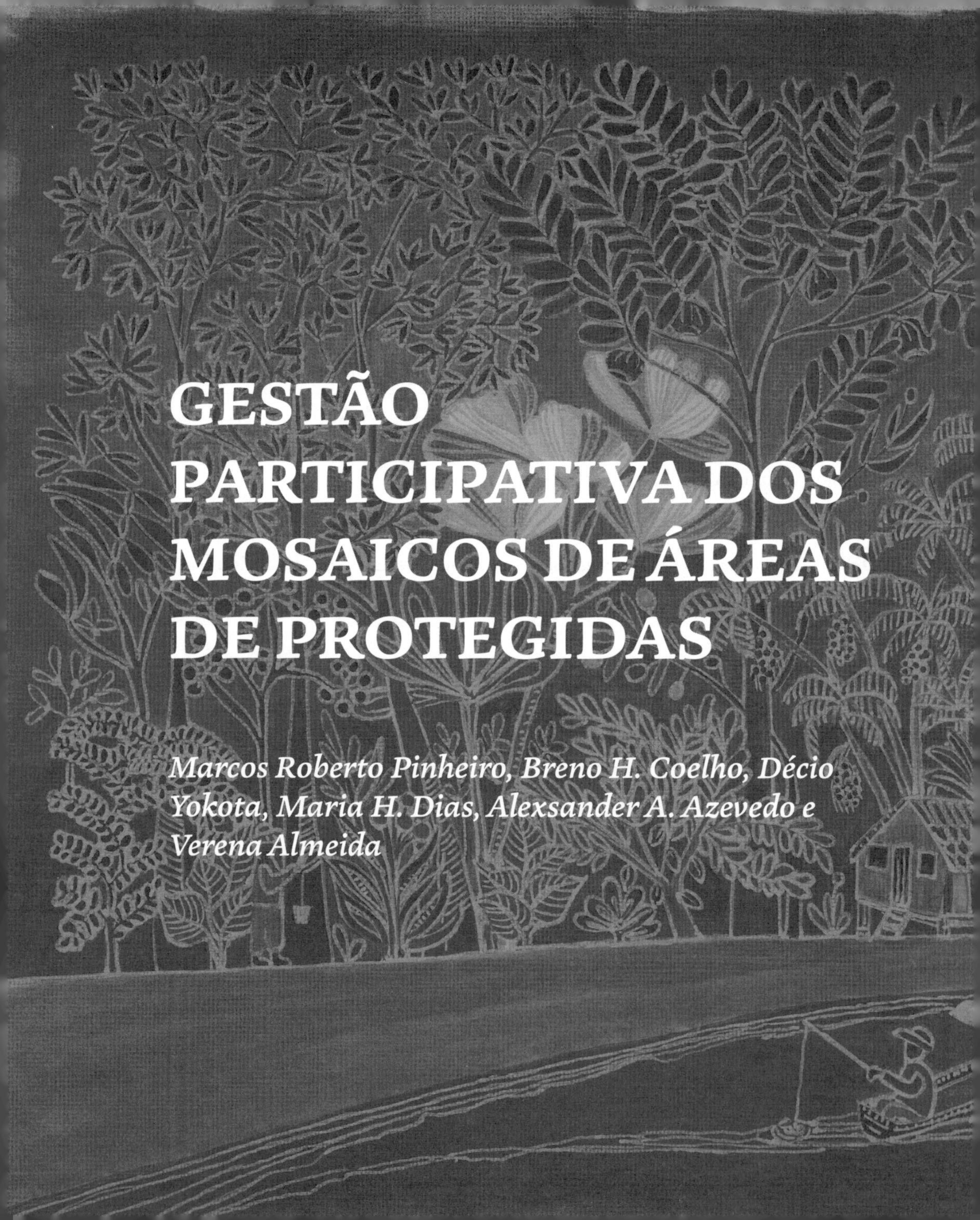

# GESTÃO PARTICIPATIVA DOS MOSAICOS DE ÁREAS DE PROTEGIDAS

*Marcos Roberto Pinheiro, Breno H. Coelho, Décio Yokota, Maria H. Dias, Alexsander A. Azevedo e Verena Almeida*

## Os mosaicos de unidades de conservação e outras áreas protegidas

A lei que institui o Sistema Nacional de Unidades de Conservação – SNUC (Lei Federal nº 9.985, de 18 de julho de 2000) e o decreto que o regulamenta (Decreto nº 4.340, de 22 de agosto de 2002) reconhecem os mosaicos de áreas protegidas como instrumentos de gestão integrada e participativa. O art. 26 da lei do SNUC preconiza que, quando existir um conjunto de unidades de conservação (UC) de categorias diferentes ou não, próximas, justapostas ou sobrepostas, e outras áreas protegidas públicas ou privadas, constituindo um mosaico, a gestão do conjunto deverá ser feita de forma integrada e participativa, considerando-se seus distintos objetivos de conservação, de forma a compatibilizar a presença da biodiversidade, a valorização da sociodiversidade e o desenvolvimento sustentável no contexto regional.

Assim, os mosaicos se apresentam como uma excelente ferramenta de ordenamento e planejamento de territórios nos diversos biomas em que estão distribuídos. Contemplam diretamente as áreas protegidas, mas sua abrangência vai além dos limites das UCs, incluindo suas zonas de amortecimento, seus corredores ecológicos e também as populações e comunidades que ali vivem, notadamente quando eles cumprem seus principais objetivos, descritos a seguir (PINHEIRO *et al.*, 2010):

- fortalecer a gestão integrada das áreas protegidas e o alcance de seus objetivos individuais, de acordo com sua categoria, respeitando-se sua autonomia;
- promover a conectividade funcional e física dos ecossistemas, contribuindo para a ampliação e a conservação da biodiversidade e demais serviços ambientais por eles fornecidos;
- estabelecer espaços de articulação institucional e de formulação e implementação de políticas públicas;
- desenvolver, reconhecer ou fortalecer a identidade territorial;
- contribuir com o ordenamento e com o desenvolvimento territorial sustentável;
- contribuir para a resolução e a gestão de conflitos socioambientais, principalmente aqueles associados diretamente às próprias áreas protegidas; e
- melhorar a capacidade operacional do conjunto das áreas protegidas.

Os conselhos representam o instrumento central dos mosaicos de áreas protegidas. Eles constituem o principal espaço de governança, tendo a função primordial de promover a gestão integrada das unidades de conservação e demais áreas protegidas que o compõem. É no âmbito desse colegiado que se estabelece o diálogo entre representantes da sociedade civil e de órgãos públicos do qual resulta a formulação e o planejamento das intervenções no território. Além disso, trata-se de uma instância privilegiada no sentido de orientar as políticas públicas incidentes em uma escala regional, ou seja, que afetam não apenas cada área protegida em si, mas toda a área de influência do mosaico (PINHEIRO *et al.*, 2010). Os conselhos dos mosaicos possuem papel fundamental na mobilização e na manutenção de redes de cooperação e solidariedade entre as instâncias gestoras de áreas protegidas e os diversos atores envolvidos na gestão integrada de uma região, bem como na formulação de propostas que coloquem em prática os objetivos e as metas definidos para os territórios.

Visando promover o intercâmbio de experiências exitosas e fortalecer esse importante instrumento de gestão, em 15 de março de 2011, foi criada a Rede de Mosaicos de Áreas Protegidas (Remap), por meio da "Carta Teresópolis", a carta de princípios e compromissos básicos que norteiam a atuação de seus membros. Desde então, os elos da Remap estão promovendo eventos, seminários, encontros e *workshops*, com escopo regional e nacional, visando apoiar a implementação desse importante instrumento de gestão territorial voltado à conservação da natureza. Entre 2020 e 2021, ao completar sua primeira década de existência, a Remap promoveu três encontros remotos regionais e um nacional para avaliar a gestão dos mosaicos diante do impacto da pandemia e do desmonte das estruturas governamentais de meio ambiente, indigenista, entre outras.

## Um breve panorama da implementação dos mosaicos

Em 2002, depois da regulamentação do SNUC, ocorreu um processo de mobilização e colaboração de diversas instituições governamentais e não governamentais para aperfeiçoar e consolidar a base conceitual e as estratégias de implementação de mosaicos de áreas protegidas abrangidas pelo SNUC. No mesmo ano, o Estado do Pará criou o primeiro mosaico do Brasil, o Mosaico do Lago de Tucuruí. Em seguida, em 2005, o Ministério do Meio Ambiente (MMA), por portaria, estabeleceu o Mosaico e Corredor Ecológico das Serras da Capivara e Confusão, no Piauí.

Em 2006, frutos dos investimentos em diversos projetos, cooperação técnica internacional e parceiros na Mata Atlântica, um conjunto de mosaicos foram reconhecidos pelo MMA e pelo Estado de São Paulo, como os mosaicos Lagamar (SP/PR), Bocaina (SP/RJ), Central Fluminense (RJ), Serra da Mantiqueira (SP/RJ/MG) e o Mosaico Estadual Juréia-Itatinga (SP). Em seguida, o Estado de Minas Gerais reconheceu o Mosaico da Serra de São José (2007) e o Estado de São Paulo reconheceu o Mosaico Jacupiranga e o Mosaico das Ilhas e Áreas Marinhas Protegidas do Litoral Paulista, ambos em 2008.

Na mesma época, o edital do Fundo Nacional do Meio Ambiente (FNMA nº 01/2005) e, principalmente, o Plano Nacional de Áreas Protegidas (Decreto nº 5.758, de 13 de abril de 2006) reforçaram o entendimento de que o instrumento de mosaicos deveria envolver não só UCs, mas outras áreas protegidas, nomeadamente, terras indígenas e quilombolas. Infelizmente, essa visão mais inclusiva da conservação, que também envolvia um olhar especial para as comunidades tradicionais residentes dentro de unidades de conservação, foi logo revertida na próxima gestão, tendo se deteriorado desde então.

Impulsionados pelo edital FNMA 01/2005, entre 2009 e 2010, outro conjunto expressivo de mosaicos foi reconhecido: os mosaicos Sertão Veredas Peruaçu (MG/ BA), Baixo Rio Negro (AM) e Extremo Sul da Bahia (BA). Já os mosaicos da Serra do Espinhaço – Jequitinhonha Cabral (MG), Mico-Leão-Dourado (RJ) e Foz do Rio Doce (ES) foram estimulados por arranjos financeiros locais. Além disso, o Amazonas criou o Mosaico Apuí, e o Espírito Santo, o Mosaico Manguezal da Baía de Vitória. Ainda, entre 2011 e 2012, diante de um contexto político e financeiro favorável, o MMA reconheceu outros dois mosaicos, o Carioca (RJ) e o da Amazônia Meridional (AM/RO/MT), e o Estado de São Paulo, por sua vez, reconheceu o Mosaico de Paranapiacaba. Esse período de grande profusão de mosaicos, de gestão integrada e participativa, teve como marco importante a publicação da Portaria MMA nº 482, de 14 de dezembro de 2010, que definiu os procedimentos internos para reconhecimento de mosaicos, representando importante base legal desse instrumento.

Durante o período de janeiro de 2013 a maio de 2016, vigorou outra orientação política do MMA no que se refere aos mosaicos, e a temática deixou de ser prioritária. Entre as causas dessa reorientação político-institucional, pode-se destacar o posicionamento crítico de conselhos de mosaicos em relação a obras prioritárias do Programa de Aceleração de Crescimento (PAC) do governo federal, que denunciavam os impactos ambientais graves para a conservação da biodiversidade e a sobrevivência de povos e comunidades tradicionais em decorrência de tais empreendimentos (COELHO, 2017). Como consequência, ocorreu o redirecionamento de fundos estrangeiros e de cooperação técnica para outros temas no território e para os biomas Amazônia e Cerrado, levando à falta de recursos humanos e financeiros nos mosaicos, principalmente os na Mata Atlântica e os advindos de projetos governamentais.

Contudo, apesar desse cenário, em 3 de janeiro de 2013, surpreendentemente, o MMA assinou e publicou a Portaria nº 4, reconhecendo o primeiro mosaico que incluiu formalmente as terras indígenas na portaria: o Mosaico do Oeste do Amapá e Norte do Pará. Também conhecido como Mosaico da Amazônia Oriental, esse mosaico é fruto de projeto aprovado no edital FNMA 01/2005, e deveria ter sido reconhecido junto com os outros mosaicos advindos desse edital em 2009-2010. Durante oito anos, buscou-se justificar para a nova gestão, avessa à aproximação da gestão das UCs a outras áreas protegidas, a inclusão das Terra Indígena Wajãpi, do Parque Indígena do Tumucumaque e Rio Paru d'Este no processo de gestão integrada e participativa do conjunto de áreas protegidas. O reconhecimento desse mosaico foi uma conquista e um marco para os movimentos ambientalista, indígena e indigenista, mostrando que é possível construir uma agenda positiva entre unidades de conservação e terras indígenas para que o debate avance além dos processos de sobreposição.

Outro aspecto que levou à redução das atividades dos mosaicos, em especial na Mata Atlântica, foi o enfraquecimento das organizações não governamentais e, consequentemente, da secretaria-executiva desses mosaicos. Com a diminuição da capacidade das ONGs, algumas secretarias-executivas ficaram sob responsabilidade do ICMBio e, devido à sobrecarga de trabalho dos gestores, o colegiado responsável pela governança da gestão integrada das áreas protegidas deixou de funcionar, entrando em "hibernação". Isso ocorreu especialmente nos Mosaicos do Extremo Sul da Bahia, Bocaina e Lagamar.

Outro impacto desse período de gestão foi a exclusão do instrumento "mosaico" no plano de ação da Política Nacional de Gestão Territorial e Ambiental de Terras Indígenas (PNGATI), em especial no eixo três, que trata de gestão integrada e participativa entre unidades de conservação e terras indígenas. A Remap contribuiu com os conteúdos desse eixo nas versões anteriores, que foram vetados pelo MMA na versão final.[1]

Ainda sobre esse aspecto, vale destacar o Edital 4, "Planos de Ação dos Povos Indígenas (PPI), do Projeto Arpa, lançado em 2014 com o objetivo de fomentar a criação de mosaicos de áreas protegidas com a presença de terras indígenas, que, em certa medida, faz parte das tentativas de incorporação mais robusta dos povos indígenas na discussão, muito a partir do amadurecimento dos coletivos ambientalistas quanto à importância e o papel dos povos indígenas – e por conseguinte, de outros coletivos humanos – na conservação ambiental e manutenção dos serviços ecossistêmicos de seus territórios originários.

Com a retomada das tratativas da Remap com o MMA, em maio de 2016, um conjunto de demandas reprimidas pela antiga gestão do ministério foram retomadas e o instrumento dos mosaicos voltou a ser priorizado. Como resultado dessa retomada, houve o reconhecimento do Mosaico do Jalapão (TO/BA), cujo processo de reconhecimento havia ficado parado por três anos esperando um momento político favorável. Logo em seguida, em 2018, foram reconhecidos outros dois mosaicos na Serra do Espinhaço: o da Serra do Cipó e do Quadrilátero Ferrífero, ambos em Minas Gerais. Nesse pulso de retomada de demandas reprimidas, em 2018 foram criados três conjuntos de UCs, em que os objetivos de mosaico, de realizar gestão integrada e participativa, foram estabelecidos no ato de criação: Mosaico dos Arquipélagos Trindade e Martim Vaz (ES), Mosaico dos Arquipélagos São Pedro e São Paulo (PE) e Mosaico do Boqueirão da Onça (BA). Ainda em 2018, o Estado de São Paulo criou o Mosaico do Cerrado Paulista e iniciou o processo para criação do Mosaico do Contínuo da Cantareira, previsto em decreto estadual. Com a chegada do novo governo em 2019, as tratativas com o MMA retrocederam e foram mantidas apenas alguns diálogos com as instâncias técnicas e com os gestores de áreas protegidas.

---

1 O texto final da PNGATI acabou por abrigar o tema, um item genérico e reduzido às situações de sobreposição entre TIs e UCs (e não à variabilidade das interfaces entre essas categorias), aqui reproduzido: III – eixo 3, item b) elaborar e implementar, com a participação dos povos indígenas e da Funai, planos conjuntos de administração das áreas de sobreposição das terras indígenas com unidades de conservação, garantida a gestão pelo órgão ambiental e respeitado os usos, costumes e tradições dos povos indígenas.

Atualmente, são 29 mosaicos reconhecidos no Brasil, sendo 20 na esfera federal e nove na estadual. Na distribuição dos reconhecimentos dos mosaicos federais e estaduais ao longo do tempo, é possível observar três anos de grande vitalidade da gestão integrada e participativa: em 2006, devido aos investimentos de projetos na Mata Atlântica; em 2010, devido ao impulso do edital do FNMA 01/2005, voltado para o reconhecimento de mosaicos; e 2018, a partir da retomada, em 2016, dos processos represados pelo MMA desde 2013 (Figura 1).

**Figura 1 – Número de mosaicos de áreas protegidas reconhecidos pelas esferas federal e estadual (2001-2021)**

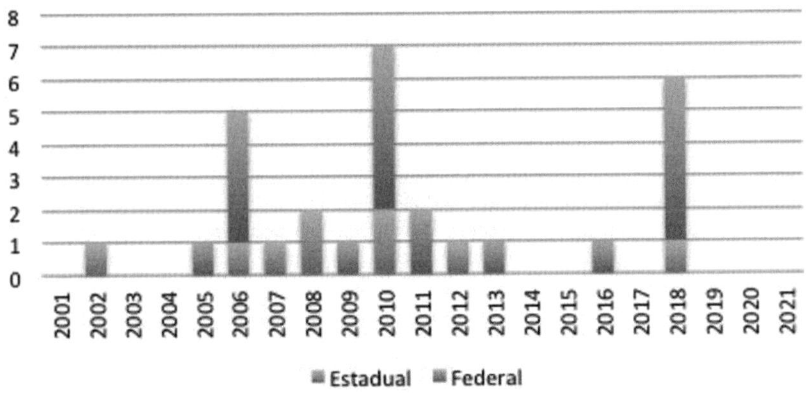


Fonte: Rede de Mosaicos de Áreas Protegidas (Remap).

O Estado de São Paulo se destaca em relação às inciativas estaduais, com cinco mosaicos reconhecidos. Somado à São Paulo, os estados do Pará, do Amazonas, de Minas Gerais e do Espírito Santo possuem um mosaico reconhecido em âmbito estadual. Desses 29 mosaicos do Brasil, dois estão localizados no bioma Marinho, cinco estão na Amazônia, quatro estão no Cerrado, dois na Caatinga e 16 na Mata Atlântica. Ainda não há mosaicos reconhecidos nos biomas Pantanal e Pampa (Figura 2).

Figura 2 – Localização de mosaicos de áreas protegidas reconhecidos pelas esferas federal e estadual. "Os asteriscos indicam os mosaicos que o conselho deliberou pelo aumento das UCs na sua composição, divergindo da portaria do MMA

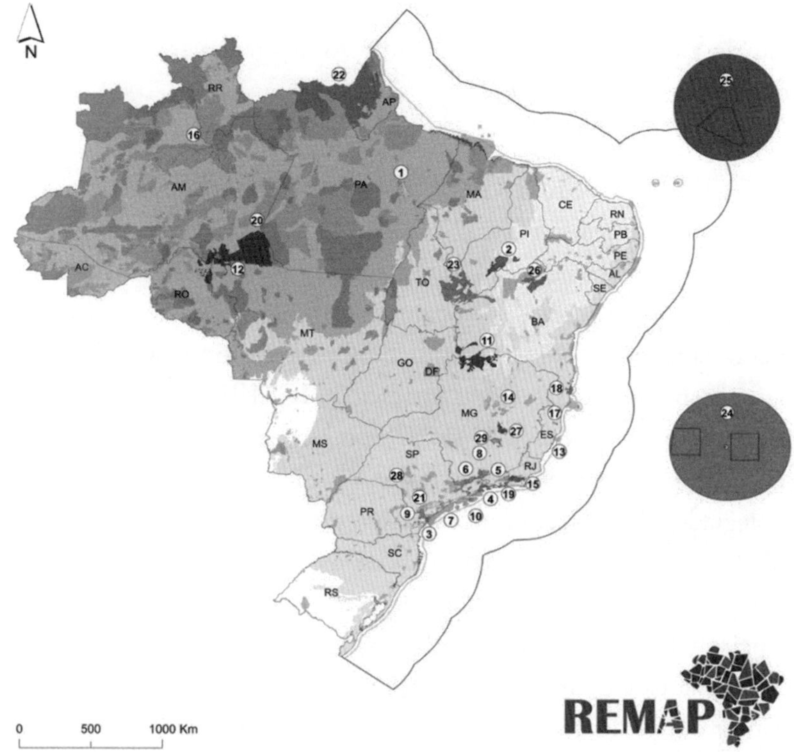


**Relação dos mosaicos**: (1) Lago de Tucuruí*, (2) Serras da Capivara e Confusão, (3) Lagamar, (4) Bocaina, (5) Mata Atlântica Central Fluminense, (6) Serra da Mantiqueira, (7) Jureia-Itatins*, (8) Serra de São José*, (9) Jacupiranga*, (10) Ilhas e Áreas Marinhas do Litoral Paulista*, (11) Sertão Veredas Peruaçu, (12) Apui*, (13) Manguezal da Baia de Vitória*, (14) Serra do Espinhaço - Jequitinhonha Cabral, (15) Mico-Leão-Dourado, (16) Baixo Rio Negro, (17) Foz do Rio Doce, (18) Extremo Sul da Bahia, (19) Carioca, (20) Amazônia Meridional, (21) Paranapiacaba*, (22) Amazônia Oriental, (23) Jalapão, (24) Arquipélagos Trindade e Martim Vaz*, (25) Arquipélagos São Pedro e São Paulo*, (26) Boqueirão da Onça*, (27) Serra do Espinhaço - Serra do Cipó, (28) Cerrado Paulista*, (29) Serra do Espinhaço - Quadrilátero Ferrífero.

Fonte: Rede de Mosaicos de Áreas Protegidas (Remap).
Observação: Os mosaicos estão indicados na legenda por ordem cronológica.

## Entre o pandemônio e a pandemia

Em 2019, com o início do novo governo, o Brasil submergiu em uma onda de retrocessos socioambientais, culturais e de negacionismo sem precedentes. Com discursos e maneiras hostis, o presidente adotou uma postura política de ataque às instituições e de interferência em várias áreas do país. Uma das mais afetadas foi a agenda socioambiental, que sofreu diversos retrocessos.

Entre vários golpes e desmontes, um atingiu diretamente a governança dos mosaicos: o Decreto nº 9.759, de 11 de abril de 2019 (e suas alterações), conhecido como "revogaço da participação", pois logo em seu art. 1º extinguiu e estabeleceu novas diretrizes e limitações para colegiados de administração direta, autárquica e fundacional. Ou seja, revogou colegiados instituídos por decreto, ato normativo inferior a decreto ou por ato de outro colegiado. Apesar da falta do consenso jurídico sobre a constitucionalidade do decreto ou a definição de sua abrangência, a assessoria jurídica do ICMBio considerou que os conselhos de UCs não teriam sido afetados pelo decreto, mas que os conselhos dos mosaicos sim. Além disso, o decreto estabeleceu que as propostas de criação, recriação, extinção ou modificação de colegiados devem passar por decreto do presidente da República; determinou que a necessidade de conselhos com mais de sete membros deve ser justificada; bem como estabeleceu que reuniões devem ser realizadas preferencialmente por videoconferência. O parágrafo primeiro postulou que a "mera necessidade de reunir sociedade civil e Estado" não justifica a necessidade de instituir conselhos. Em resumo, o decreto institui que é necessário convencer o presidente da República para se ter colegiados participativos, o que é inaceitável e inconstitucional em um país democrático.

Diante da ruptura com o que prevê a Constituição Federal, que em 1988 estabeleceu os processos participativos como base para a democracia, a Remap, que tinha como foco aperfeiçoar a participação, reduzir as assimetrias sociais e garantir a efetividade dos conselhos dos mosaicos como espaços de tomada de decisão, foi surpreendida com o decreto e passou a ter que justificar a existência dos conselhos. Mesmo os conselhos de UCs criados por lei foram impactados por essa política de desmonte. Na esfera federal, atualmente, não há qualquer meta institucional relacionada aos conselhos, e o financiamento destinado foi drasticamente reduzido mesmo antes da pandemia. Os processos de formalização dos conselhos têm se arrastado meses a fio, sem qualquer justificativa técnica ou legal. Também foi possível observar o impacto do desmonte no Conselho Nacional do Meio Ambiente (Conama), que não deixou de existir, mas sofreu mudanças com a drástica redução da participação da sociedade civil, dos estados e municípios.

Diante desse cenário, considerando a importância e abrangência do tema, bem como a relevância de agregar parceiros para lutar pela manutenção das políticas voltadas à gestão integrada de áreas protegidas, realizou-se, nos dias 11, 12 e 13 de junho de 2019, o II Workshop Nacional de Mosaicos de Áreas Protegidas e o Encontro da Rede Mosaicos de Áreas Protegidas, em Brasília (DF). O evento teve por objetivo mobilizar diversos atores engajados nessa agenda para troca de experiências e para estabelecer um posicionamento em relação ao desmonte das estruturas de governança dos mosaicos e, claro, ao contexto político adverso que estava se descortinando. Durante esse evento, com mais de 200 pessoas, que incluíram representantes de 16 mosaicos, esclareceu-se que, apesar do "revogaço", os mosaicos ainda existem, visto que as portarias de reconhecimento do MMA estão mantidas, e somente os conselhos e a governança foram afetados pela intimidação estabelecida pelo atual governo. Durante a preparação do evento, o Departamento de Áreas Protegidas (DAP/MMA) consultou sua consultoria jurídica (Conjur), que recomendou usar os parâmetros do novo decreto para recriação dos conselhos (SEI 02000005883/2019-98 MMA). Com essa orientação, alguns mosaicos deram início ao processo de recriação de seu conselho, outros mantiveram seus espaços de governança, continuando a realizar reuniões do conselho ou promovendo a realização de fóruns permanentes.

Das tentativas empenhadas, alguns mosaicos conseguiram avançar no processo de mobilização e sensibilização, debatendo alternativas para a retomada do conselho. Contudo, a ideia de constituir um novo conselho com base nas novas recomendações do decreto não foi teve boa aceitação, tanto pelo fato de esses conselhos não serem representativos da coletividade do território quanto pelo cerceamento da voz das minorias sem acesso, o que tornava o processo participativo impossível. Além disso, os gestores federais se sentiriam inseguros em avançar com uma agenda que não seria reconhecida oficialmente pelo ICMBio/MMA. Enfim, a iniciativa não prosperou.

A pandemia da covid-19 apenas colocou desafios adicionais à governança dos mosaicos. As reuniões passaram de presenciais para virtuais e foram acentuadas as assimetrias sociais, que se materializaram na falta de acesso à internet, na qualidade dos aparelhos e na própria familiaridade com os aplicativos utilizados para reuniões virtuais. De maneira geral, as populações tradicionais e lideranças sociais foram as mais afetadas. Essa limitação é um tanto mais grave considerando a importância dessas lideranças sociais na tomada de decisões que demandam concordância com as populações tradicionais.

## Resistindo com os mosaicos

Diante desse contexto, a Remap promoveu seu Encontro Nacional no dia 15 de março de 2021, por meio virtual, para comemorar os 10 anos da rede, atualizar a carta de princípios e, principalmente, entender o panorama geral da governança dos mosaicos considerando o atual contexto político e sanitário.

Como resultado, verificou-se que 16 mosaicos se mantiveram ativos, com reuniões periódicas de seus conselhos ou fóruns permanentes, impulsionados por atividades integradas nas áreas da pesquisa, formação de brigadas, combate às queimadas e incêndios florestais, monitoramento territorial comunitário, desmonte de garimpos ilegais, controle de espécies exóticas, implementação de rotas turísticas integradas e trilhas de longo curso e, principalmente, na definição de estratégias de enfrentamento da covid-19 e na elaboração de protocolos sanitários para as áreas protegidas, as comunidades tradicionais e os territórios indígenas.

Observou-se também que sete mosaicos se encontram em "hibernação", dos quais quatro se situam na Mata Atlântica, enquanto outros seis mosaicos são recentes, foram reconhecidos pouco antes da pandemia, não sendo possível ainda avaliar o nível das atividades integradas. O Quadro 1 a seguir, apresenta de forma mais detalhada a situação de implementação dos mosaicos, por ordem cronológica de reconhecimento.

**Quadro 1 – Situação de implementação dos mosaicos**

| MOSAICOS ATIVOS | | |
|---|---|---|
| | **Nome** | **Situação** |
| 1 | Mosaico Lago de Tucuruí (PA) | O conselho teve dificuldade para se reunir de forma virtual devido às limitações de acesso de alguns membros. As atividades de fiscalização e monitoramento da pesca mantiveram-se no período. O destaque maior foi a conclusão de um único plano de manejo integrado envolvendo as três UCs estaduais que compõem o mosaico. |
| 2 | Mosaico Mata Atlântica Central Fluminense (RJ) | Desde 2017 foram promovidos encontros anuais de pesquisa. Em tempos de distanciamento social e atividades remotas, o mosaico promoveu a troca de experiências por meio de seminários virtuais. Em 2020 o tema do encontro foi "Saúde Ambiental e Conservação da Biodiversidade ", visando debater o território, o mosaico e o cenário da pandemia. Já em 2021, o encontro "Restaurando ecossistemas, conectando vidas" procurou reunir saberes acerca da restauração ecológica, a produção de água e os serviços ambientais como conectores de vidas. A governança é realizada por meio de fórum permanente, que promove esses encontros. |
| 3 | Mosaico Serra da Mantiqueira (SP/RJ/MG) | É um mosaico de grande vigor, que já executou mais de 50 reuniões do conselho e, mesmo nas adversidades, continua suas reuniões ordinárias (três vezes ao ano) e tem promovido uma constante mobilização dos atores-chave (criaram contas nas redes sociais). O maior destaque nesse período foi o trabalho voluntário no combate aos incêndios florestais. Outros temas de mobilização foram o manejo do javali, Trilha TransMantiqueira, concessões de parques, entre outros. |
| 4 | Mosaico Jureia-Itatins (SP) | O conselho permaneceu funcionando (reuniões bimestrais) e as ações integradas seguiram os programas previstos nas unidades, como as atividades de proteção, pesquisa, educação ambiental, organizacional, fundiária e questões socioambientais. O mosaico está em plena atividade, envolvendo mais de 23 organizações e entidades. Os destaques para esse período são: a elaboração dos planos de desenvolvimento das reservas de desenvolvimento sustentável (RDS) e do plano emergencial de uso público; o curso de formação de monitores; e a formação continuada de educadores em escolas públicas. |
| 5 | Mosaico Jacupiranga (SP) | Todos os conselhos estão instituídos, inclusive do mosaico (já realizaram três reuniões ordinárias), com articulação com comunidades quilombolas, de forte expressão nesse território. Atualmente, estão trabalhando nos protocolos de biossegurança do uso público, no plano de uso das unidades de uso sustentável e no desenvolvimento da identidade visual do mosaico. |

| MOSAICOS ATIVOS | | |
|---|---|---|
| | **Nome** | **Situação** |
| 6 | Mosaico das Ilhas e Áreas Marinhas Protegidas do Litoral Paulista (SP) | Existem diversas ações integradas e atividades regionais, em especial as que integram as atividades de fiscalização da pesca irregular (Sistema Integrado de Monitoramento Marinho – Simar) e da pesca industrial (PREPS). Debates sobre conflitos socioambientais também movimentam o mosaico, como questões sobre a pesca comercial e o desenvolvimento da atividade petrolífera na região (processos de licenciamento). Contudo, o conselho do mosaico não está funcionando. |
| 7 | Mosaico Sertão Veredas Peruaçu (MG/BA) | É um mosaico de grande vigor. Desde sua origem possui um plano de Desenvolvimento Territorial de Base Conservacionista (DTBC) para orientar as ações no mosaico. Nesse período revisaram e atualizaram o plano para 2020-2030, prevendo ações voltadas ao turismo sustentável, extrativismo vegetal racional, agroecologia, agropecuária sustentável, proteção e, claro, gestão integrada. O conselho possui 50 membros, as reuniões são trimestrais e se manteve em funcionamento durante a pandemia, embora as festas culturais tenham sido suspensas. |
| 8 | Mosaico da Serra do Espinhaço, Jequitinhonha Cabral (MG) | O mosaico esteve bem ativo entre 2012-2019. Contudo, ao final de 2019, sua mobilização diminuiu após o fechamento da Estação Espinhaço, em Diamantina, ambiente de grande efervescência de ações socioambientais e local onde funcionava a sede do Instituto Biotrópicos, organização não governamental (ONG) responsável pela Secretaria-Executiva do mosaico. O fechamento se deu em virtude da não renovação de cessão de uso do imóvel de propriedade do Instituto do Patrimônio Histórico e Artístico Nacional (Iphan) e a ONG, por ocasião da troca da superintendência pelo atual governo federal. Além de perder seu principal local de encontro e de difusão de seus objetivos, as ações de recomposição do conselho para o biênio 2020-2021 foram interrompidas com a pandemia. Há expectativa de retomada das reuniões do conselho em 2022. Atualmente, as principais atividades de gestão integrada mantidas com a chancela do mosaico têm sido o fomento de criação de brigadas voluntárias no território e o apoio à implementação da trilha de longo curso da TransEspinhaço com a aquisição de equipamentos e materiais para a construção de placas e a mobilização de equipes para a sinalização do percurso. |
| 9 | Mosaico Mico-Leão-Dourado (RJ) | A fragmentação florestal é o principal desafio do mosaico, por isso os projetos de restauração ecológica são atividades prioritárias. O destaque para esse período foi a construção da passagem de fauna (viaduto vegetado) sobre a duplicação da BR-101, por meio de uma compensação ambiental. Além disso, foram instaladas diversas passagens subterrâneas e adequação das barreiras e pontes. Contudo, o conselho do mosaico não está funcionando. |

| MOSAICOS ATIVOS | | |
|---|---|---|
| | Nome | Situação |
| 10 | Mosaico Baixo Rio Negro (AM) | É um mosaico de grande vigor. As reuniões dos conselhos se mantiveram e, recentemente, foi possível executar os encontros de forma híbrida (presencial e virtual). Durante o período foram elaborados os protocolos de biossegurança e a entrega de cestas básicas para o enfrentamento da covid-19, o alinhamento no território dos instrumentos de gestão entre o mosaico, a reserva da biosfera e o Sítio Ramsar e, como maior destaque, a seleção da proposta "Rotas e Pegadas", projeto executado pela Fundação Vitória Amazônica (FVA) no âmbito do edital do Legado Integrado da Amazônia (Lira/Ipê), que tem como objetivos trabalhar o turismo de forma integrada, fortalecer o protagonismo jovem e a manutenção da governança do mosaico ao longo do projeto. |
| 11 | Mosaico da Foz do Rio Doce (ES) | De forma geral, o mosaico está atualmente desarticulado, embora tenha recebido importantes contribuições de atores-chave. Infelizmente, as ações realizadas não têm sido reconhecidas pelo ICMBio, que tem passado por uma reestruturação voltada para a constituição de um Núcleo de Gestão Integrada (NGI). As ações integradas estão ocorrendo de forma tímida, sem o conselho atuante. |
| 12 | Mosaico Extremo Sul da Bahia (BA | Devido à configuração do mosaico, existe grande área de interstício entre as UCs em que a pauta predominante é a conectividade das florestas por meio de projetos de restauração ecológica. No passado, possuía grandes financiamentos e projetos de cooperação técnica; contudo, o conselho entrou em "hibernação" em 2016. Em 2019, com a remobilização promovida pelo Projeto TerraMar, as ações integradas voltaram a ser implementadas, especialmente, as pautas de restauração florestal, mobilização das RPPNs, uso público e trilhas de longo curso. O território conta com o apoio do Fórum Florestal, que administra o Fundo Ambiental do Sul da Bahia (Fasb) e que tem movimentado os projetos de restauração. Contudo, apesar do esforço do TerraMar, o conselho do mosaico não está funcionando. |
| 13 | Mosaico Carioca (RJ) | É um mosaico de grande vigor, com muitas atividades integradas e participativas e, em especial, que são viabilizadas por emendas parlamentares desde 2015. As principais atividades estão voltadas à manutenção e à ampliação da Trilha TransCarioca e aos diálogos entre comunidades agrícolas e tradicionais com órgãos governamentais. Inovaram com o desenvolvimento do aplicativo InFogo para apoiar o combate aos incêndios e demonstraram sua força e resistência na luta pela preservação da Floresta do Camboatá (contra a construção de um autódromo). O conselho está atuante (quatro reuniões ao ano), em renovação, com suas câmaras técnicas em funcionamento. |

| MOSAICOS ATIVOS | | |
|---|---|---|
| | **Nome** | **Situação** |
| 14 | Mosaico de Paranapiacaba (SP) | Foi realizado estudo das oportunidades do uso público nas UCs do mosaico visando à concessão dos serviços de visitação turística. As atividades de fiscalização e de pesquisa são realizadas de forma integrada. Os conselhos das unidades estão em funcionamento, contudo, o conselho do mosaico ainda não está em funcionando devido à pandemia. |
| 15 | Mosaico da Amazônia Oriental (AP/PA) | Com o impacto do "revogaço", em 2019, as reuniões do conselho do mosaico foram realizadas de forma conjunta com as reuniões do conselho do Parque Nacional Montanhas do Tumucumaque e da Floresta Nacional do Amapá. As pautas acerca do protagonismo dos jovens e da contaminação de mercúrio continuaram como prioridades. O desafio do mosaico continua sendo o envolvimento dos órgãos estaduais do Amapá. Com a pandemia, os conselhos das UCs estaduais e federais deixaram de funcionar e tudo ficou parado. As organizações envolvidas com o mosaico focaram nas unidades de atendimento emergencial aos indígenas e na entrega de cestas básicas para o enfrentamento da covid-19. |
| 16 | Mosaico do Jalapão (TO/BA) | Mosaico recente, seu conselho foi formado em 2017 e realizou três reuniões. As temáticas de prevenção e combate ao fogo e acerca do uso público são os desafios. Já o contexto político federal e estadual, além da pandemia, dificultaram as ações integradas. O trabalho conjunto se manteve no Tocantins e está em fase de mobilização para recompor o conselho. |
| 17 | Proposta do Mosaico Gurupi (MA/PA) | O mosaico ainda não foi reconhecido pelo MMA, contudo possui vigor de "gente grande". A proposta é ousada, porque em sua composição há uma única UC e seis terras indígenas. Já possui o conselho e uma agenda integrada voltada para proteção dos territórios, restauração ecológica, políticas públicas e fortalecimento da educação e das culturas indígenas. Durante a pandemia foram realizadas reuniões virtuais e, recentemente, começaram as reuniões híbridas (presencial e virtual). Foram destaques na elaboração dos projetos: a) seleção dos projetos de fortalecimento de quatro brigadas indígenas para o Fundo Emergencial do WWF-Brasil; b) proposta para a chamada pública do Fundo Amazônia visando à recuperação da cobertura vegetal (contudo, o edital foi suspenso pela gestão federal); c) aprovação do projeto "Povos Indígenas e Paisagens Sustentáveis no Cerrado e Amazônia", apresentado à Iniciativa de Clima e Floresta da Agência Norueguesa de Cooperação para o Desenvolvimento (Norad). |
| 18 | Proposta do Mosaico Cantareira (SP) | A proposta envolve dez municípios próximos da capital São Paulo. As tratativas ainda têm ocorrido no nível da gestão, mas falta mobilizar a sociedade civil, os municípios e os proprietários de reservas particulares do patrimônio natural (RPPNs). |

| MOSAICOS EM "HIBERNAÇÃO" | | |
|---|---|---|
| | Nome | Situação |
| 1 | Mosaico e Corredor Ecológico Serras da Capivara e Confusões (PI) | Apesar da criação de uma estação ecológica estadual na região do corredor, o conselho nunca foi formalizado. O mosaico não avançou devido à falta de equipe gestora nas unidades federais e o contexto político. |
| 2 | Mosaico Lagamar (SP/PR) | Desde sua criação ocorreram sete reuniões do conselho, contudo em 2015 deixou de funcionar. Como último passo, conforme previsto na portaria de reconhecimento, uma proposta de atualização da composição do conselho foi enviada ao MMA, mas não houve retorno. O tema reapareceu com a retomada do debate em 2016, porém a gestão integrada e participativa do mosaico estava desmobilizada. |
| 3 | Mosaico Bocaina (SP/RJ) | Foi um dos mosaicos mais ativos até 2015. Contudo, com a renovação dos gestores das UCs federais e estaduais, houve um movimento voltado para a gestão individual das unidades, ocasionando dificuldades inerentes à gestão integrada entre as áreas protegidas e resultando na inatividade do mosaico, que "hiberna" até o momento. |
| 4 | Mosaico da Serra de São José (MG) | As UCs que compõem o mosaico possuem infraestrutura, equipe e conselho. Há áreas protegidas não alinhadas às categorias do SNUC. Entretanto, não há gestão integrada e participativa na escala do mosaico. |
| 5 | Mosaico Apuí (AM) | O conselho deixou de funcionar durante a pandemia, contudo, nesse período, o órgão gestor promoveu a revisão do plano de gestão e do plano de proteção por meio de consultorias. A expectativa é a retomada dos trabalhos em 2022. |
| 6 | Mosaico do Manguezal da Baía de Vitória (ES) | Foi instituído por decreto estadual, embora constituído somente por áreas protegidas municipais. O conselho funcionou até 2013. Em 2014 tentaram remobilizar o mosaico e sugeriram a atualização da portaria com a inclusão de novas unidades. As mudanças políticas dificultaram a continuidade da gestão integrada entre os quatro municípios, com o governo do Estado e uma região metropolitana. |
| 7 | Mosaico da Amazônia Meridional (AM/RO/MT) | O conselho não se reúne desde 2018. Há muita dificuldade de articular ações integradas entre os órgãos gestores do Amazonas, Mato Grosso, Rondônia e o nível federal (ICMBio). Após a retirada de apoio do WWF-Brasil devido às mudanças nas prioridades, o mosaico entrou em "hibernação". |

| MOSAICOS EM "HIBERNAÇÃO" | | |
|---|---|---|
| | Nome | Situação |
| 1 | Mosaico dos Arquipélagos Trindade e Martim Vaz (ES) | Como são recentes, não foi possível obter elementos de sua efetividade. |
| 2 | Mosaico dos Arquipélagos São Pedro e São Paulo (PE) | |
| 3 | Mosaico do Boqueirão da Onça (BA) | |
| 4 | Mosaico do Espinhaço Serra do Cipó (MG) | |
| 5 | Mosaico do Cerrado Paulista (SP) | |
| 6 | Mosaico do Espinhaço Quadrilátero Ferrífero (MG) | |

## O pulso ainda pulsa...

Com os encontros virtuais foi possível constatar que, apesar dos desafios, a "chama" dos mosaicos continua acesa e a rede colaborativa impulsiona a promoção do desenvolvimento regional e o fortalecimento da mobilização social associado à conservação da natureza. As organizações e os sujeitos envolvidos com a implementação dos mosaicos de áreas protegidas têm sido a força motriz para a permanência e o fortalecimento desse instrumento de gestão territorial, cuja importância se amplifica a cada dia no atual contexto das mudanças do clima, exigindo soluções baseadas nos ecossistemas, com a participação dos povos e comunidades sociobiodiversos.

A Remap espera que, no futuro, além da reversão dos retrocessos do atual governo, em especial a revogação do Decreto nº 9.759/2019, as políticas públicas possam avançar em questões críticas para a gestão de mosaicos de área protegidas, como o desenvolvimento de procedimentos administrativos que permitam às equipes gestoras de UCs federais, estaduais e municipais planejar e executar ações conjuntas, com compartilhamento de recursos humanos e financeiros. Também é importante que o Ministério do Meio Ambiente desenvolva instrumentos, como portarias interministeriais, que envolvam os demais ministérios responsáveis pela gestão de outras áreas protegidas, como o Ministério da Justiça, no caso das terras indígenas, e o Ministério do Turismo, no caso dos territórios quilombolas. Estes últimos ainda marginalizados nos mecanismos de gestão integrada, como os mosaicos.

Nos encontros realizados, também foi possível debater e identificar as novas pautas que irão promover a gestão participativa e integrada, um novo pulso da Remap: ser um espaço de articulação em variadas escalas de atuação, do local ao global, interligando a pauta de luta e resistência das comunidades e povos tradicionais desses mosaicos, com a manutenção da biodiversidade de seus territórios, a valorização dos serviços ecossistêmicos que tais povos presenteiam ao planeta e, não obstante, do diálogo próximo com as pautas da agenda global para o desenvolvimento, como a Década da Restauração de Ecossistemas e a Década da Ciência Oceânica da Organização das Nações Unidas, e a Convenção sobre Diversidade Biológica (CDB) e a Conferência das Partes (COP) da Cúpula Global para o Clima.

## Referências

COELHO, B. H. S. *Potencialidades e limites de conselhos de unidades de conservação*: considerações sobre a implantação do Comperj na região do Mosaico Central Fluminense. Tese (Doutorado em Psicossociologia de Comunidades e Ecologia Social) – Universidade Federal do Rio de Janeiro, Rio de Janeiro, 2017.

PINHEIRO, M. R. *et al. Recomendações para o reconhecimento e implementação de mosaicos de áreas protegidas*. Brasília, DF: GTZ, 2010.

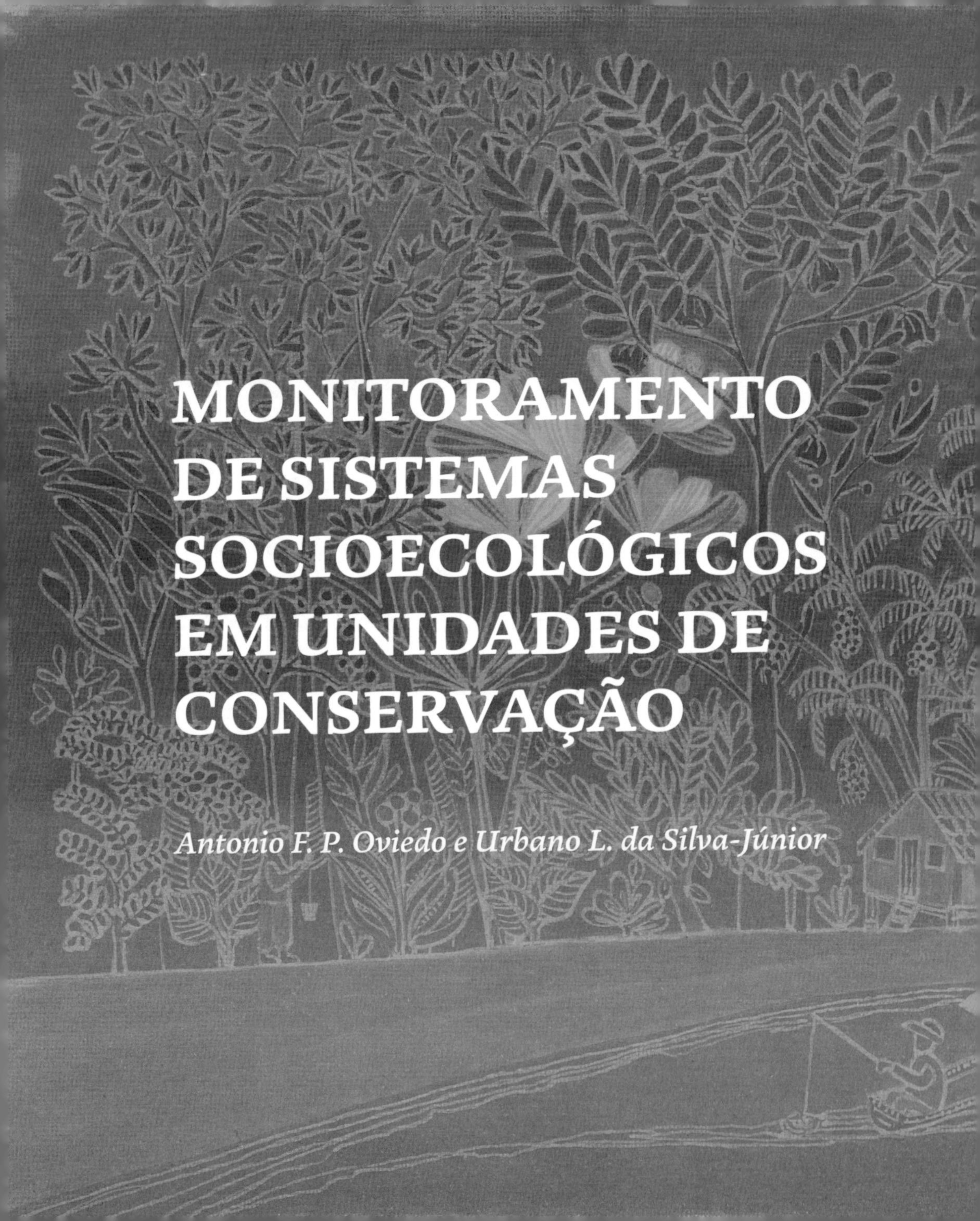

# MONITORAMENTO DE SISTEMAS SOCIOECOLÓGICOS EM UNIDADES DE CONSERVAÇÃO

*Antonio F. P. Oviedo e Urbano L. da Silva-Júnior*

Um dos principais desafios científicos para o uso sustentável dos recursos naturais de uso coletivo (recursos comuns) tem sido a integração adequada de disciplinas que lidam com as dimensões biofísica e humana (STERNLIEB *et al.*, 2013; KIRK-LAWLOR; ALLRED, 2017; BOILLAT *et al.*, 2017). A abordagem econômica tradicional para a gestão de recursos comuns propõe que, se todos os atores se comportarem de acordo com seus próprios interesses, isto levaria a seu uso excessivo e a um consequente colapso (HARDIN, 1968). Ainda, existe uma tendência conceitual de abordar as interações homem-ambiente de forma simplificada, sugerindo "soluções universais" para o manejo dos recursos naturais, onde os contextos ecológicos e sociais apresentam características muito distintas (PRITCHETT; WOOLCOCK, 2004; WILSON; HAYDEN; KERSULA, 2013).

No entanto, Ostrom (1990) demostrou que os indivíduos são capazes de se auto-organizar e governar com sucesso os recursos comuns. Tal abordagem promoveu o desenvolvimento conceitual dos sistemas socioecológicos (em inglês, *social-ecological systems* – SES) (OSTROM, 2009) com implicações para as políticas públicas de gestão de recursos naturais, ajudando a explicar a ineficácia de muitos regimes de governança (ANDERIES; JANSSEN, 2013).

As pesquisas de campo com SES indicaram que existem vários fatores que explicam o sucesso na gestão de recursos comuns (COX; ARNOLD; TOMÁS, 2010; FREY; RUSCH, 2013). Ostrom (1990, tradução nossa) definiu um conjunto de fatores de sucesso que ela chamou de princípios de *design*: "um elemento ou condição essencial que ajuda a explicar o sucesso das instituições na manutenção de recursos comuns". Posteriormente, tais fatores foram incorporados no conceito dos SES.

Vários estudos têm usado ou discutido esses fatores de sucesso e suas contribuições para a cooperação entre usuários de recursos comuns (AGRAWAL, 2001; AGRAWAL; CHHATRE, 2006; COX; ARNOLD; TOMÁS, 2010). Um estudo utilizou 25 iniciativas de manejo de recursos naturais e avaliou os princípios definidos por Ostrom (1990), em que os limites claros sobre o espaço geográfico dos recursos comuns e o número de usuários representaram os princípios mais relevantes (POMEROY; KATON; HARKES, 2001).

Adicionando a dimensão da política, Garretta, Macmullen e Symes (2012) examinaram o papel dos espaços de participação no incentivo à compreensão compartilhada entre os usuários. Tais indicadores favorecem sua utilização em espaços protegidos como as UCs. A percepção sobre o uso de recursos naturais oferece aos gestores de UCs subsídios para a formulação de políticas e maior eficiência do sistema de manejo (DELANEY; HADJIMICHAEL, 2017).

Uma etapa em direção à modelagem do SES é realizada por meio da organização das variáveis em uma estrutura multinível, em que os gestores e usuários de UCs criam um quadro de análise sobre como as variáveis do sistema ecológico, da unidade de recursos, dos usuários e do sistema de governança interagem uns com os outros e os resultados dessa interação (OSTROM, 2007). Tal estrutura permite a integração entre o conhecimento local e a ciência acadêmica, construindo diagnósticos que combinam os arranjos de governança com problemas específicos em um contexto socioecológico da UC (OSTROM, 2007).

Estudos multidisciplinares devem ser conduzidos para compor o conjunto de dados quantitativos e qualitativos necessários para avaliar a interação entre os gestores e os usuários locais (OSTROM; JANSSEN; ANDERIES, 2007; KHOLER; BRONDÍZIO, 2017). Dados qualitativos mostram que as atitudes e o comportamento dos atores sociais envolvidos são possíveis indicadores para avaliar o desempenho do sistema de gestão (ASAH, 2008; PETURSDOTTIR *et al.*, 2013). Gutiérrez, Hilborn e Defeo (2011) examinaram 130 sistemas de cogestão de recursos naturais em diversos países com diferentes condições sociais, econômicas e ecológicas. O estudo considerou variáveis de cogestão relacionadas às variáveis sugeridas por Ostrom (2009). A liderança foi identificada como uma variável-chave que contribui para a cogestão, bem como as quotas de pesca, coesão social e direito de propriedade. Os autores concluíram que os mecanismos de implementação, as políticas de gestão de longo prazo e as informações sobre recursos representaram variáveis menos importantes.

A abordagem SES para a gestão de recursos naturais em UCs apresenta uma enorme perspectiva para alcançar a sustentabilidade (GUTIÉRREZ; HILBORN; DEFEO, 2011; KITTINGER *et al.*, 2013). No entanto, a natureza complexa do contexto socioambiental em que as variáveis do SES interagem limita a identificação das condições e tendências do SES para os gestores e usuários (OLSSON; FOLKE; BERKES, 2004; ASAH, 2008). Com isso, há uma necessidade por indicadores simplificados, facilmente interpretáveis

(CARPENTER *et al.*, 2001) e que representem contextos locais (BEROYA-EITNER, 2016). A geração de conhecimento sobre SES integrada com práticas de gestão é uma abordagem cada vez mais proposta, evoluindo com o quadro institucional e o processo de gestão adaptativa (WALKER *et al.*, 2002; OLSSON; FOLKE; BERKES, 2004).

As variáveis do SES, como indicadores de desempenho do sistema, podem ajudar a criar consenso entre os gestores e usuários de UCs, facilitando o compartilhamento do conhecimento (BAULER, 2012). Essa abordagem pode adaptar continuamente o processo institucional de monitoramento e avaliação de sustentabilidade (CONNOR; DOVERS, 2004; OSTROM, 2007), uma vez que mantém as variáveis incorporadas nos espaços de tomada de decisão (*i.e.* planos de manejo, conselhos gestores).

Existe um amplo reconhecimento do valioso papel que o conhecimento ecológico local pode desempenhar na gestão dos recursos comuns (BUTLER *et al.*, 2012). Esse conhecimento consiste nas habilidades práticas adquiridas por meio de atividades de subsistência e no conhecimento coletivo adquirido pela comunidade através de gerações (BERKES; COLDING; FOLKE, 2000; INGOLD, 2011). O conhecimento local das espécies, suas histórias de vida, distribuições e características ambientais são aninhados dentro de sistemas, ferramentas e medidas de gerenciamento de recursos. Por sua vez, esse conhecimento está incorporado nas instituições, nos códigos, nas normas e nos procedimentos de tomada de decisão necessários para implementar sistemas de gestão (OTEROS-ROZAS *et al.*, 2013).

Em muitos casos, a combinação entre o conhecimento ecológico local e a ciência acadêmica levou à criação de sistemas de gestão eficientes (FOLKE *et al.*, 2005; BERKES, 2009; RAYMOND *et al.*, 2010; TERER *et al.*, 2012). Johannes (1998, 2002) e Johannes, Freeman e Hamilton (2000) sugerem que o esgotamento dos estoques pesqueiros, informações limitadas e o baixo grau de governança são fatores que alavancam a integração do conhecimento. De acordo com Garibaldi e Turner (2004) e Castello, Viana e Pinedo-Vasquez (2011), lidar com "espécies-chave culturais" pode facilitar esse tipo de integração. Um exemplo é o manejo do pirarucu realizado em UCs na Amazônia.

A proposta do presente trabalho, baseado na abordagem do SES, é de caráter diagnóstico em situações práticas no contexto do manejo de recursos naturais de pequena escala em

UCs. Dessa forma, este artigo tem como objetivo propor uma abordagem para designar valores para as variáveis-chave, tendo em vista a análise empírica da evolução do sistema de manejo dos recursos naturais em questão.

## Metodologia

Esta pesquisa avaliou até que ponto a abordagem das variáveis do SES pelos usuários locais pode melhorar o sistema de manejo dos recursos naturais. O quadro analítico do SES (OSTROM, 2009) foi utilizado para reunir o conhecimento multidisciplinar sobre o recurso natural, a fim de facilitar a avaliação e identificar combinações de variáveis que afetam as interações e os resultados do sistema específico de manejo. Essa decomposição do sistema pesqueiro é essencial para alcançar uma melhor compreensão do SES (OSTROM, 2007) e criar alternativas para a melhoria de sua performance.

A primeira etapa é a decomposição conceitual das variáveis em classes e subclasses. A segunda é a identificação de subsistemas relativamente independentes, mas que afetam o desempenho uns dos outros. Este quadro analítico (Figura 1) tem como base a relação entre quatro subsistemas do SES:

1. Sistema do recurso (*resource system* – RS): um determinado território (UC, por exemplo) contendo o recurso comum;
2. Unidade do recurso (*resource unit* – RU): unidade de recurso comum mais utilizado;
3. Usuários (*users* – U): conjunto de indivíduos que usam o território (RS) para diferentes propósitos;
4. Sistema de governança (*governance system* – GS): agências governamentais e outras organizações envolvidas na gestão do sistema (RS), suas normas e regras específicas, e como elas são construídas.

**Figura 1 – Quadro analítico do sistema socioecológico**

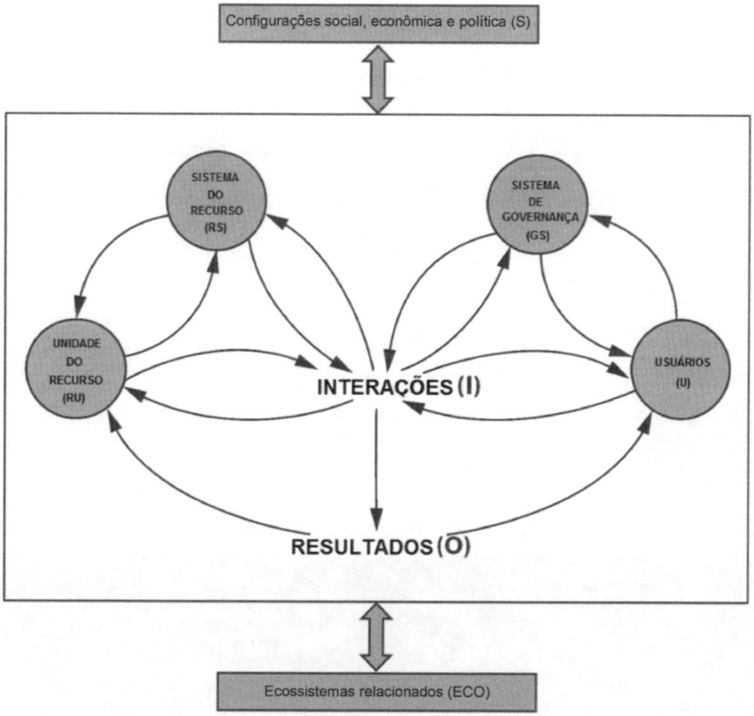


Fonte: Ostrom (2009), com adaptações.

Os subsistemas do SES são conectados por um conjunto de interações (*interactions* – I) produzindo um conjunto de resultados (*outcomes* – O), que, por sua vez, fornecem *feedback* aos subsistemas, ecossistemas associados (*ecosystems* – ECO) e configurações sociais, econômicas e políticas (*social, economic, and political settings* – S).

O quadro analítico do SES visa fornecer algum suporte para a avaliação da sustentabilidade dos mecanismos de gestão dos recursos comuns, abordando as seguintes questões relacionadas aos subsistemas do SES:

1. (RS) – Quais são as principais propriedades e a dinâmica do ecossistema em questão? Que papel desempenha o recurso comum em seus fluxos de energia? (ECO) – Como o ecossistema é afetado por eventuais externalidades?
2. (RU) – Como os diferentes cenários de manejo dos recursos comuns podem afetar a espécie manejada e as propriedades do ecossistema? (ECO) – Que tipo de externalidades cada cenário de manejo pode gerar?
3. (RS) e (RU) como condições de contorno são favoráveis, em termo de produção e previsibilidade, para contribuir para governança (GS) e desenvolvimento local sustentável (U)?

Cada um dos subsistemas mencionados acima é composto por variáveis de segundo nível, conforme descrito por Ostrom, Janssen e Anderies (2007) e Ostrom (2009). Algumas variáveis foram consideradas neste estudo como variáveis-chave relacionadas à criação de condições de cooperação entre os usuários (Quadro 1).

**Quadro 1 - Conjunto de variáveis-chave e respectivos efeitos**

| Subsistema | Variáveis-chave | Efeito | Aproximação matemática do efeito f P_Cooperação = f (variável-chave) |
|---|---|---|---|
| RS3 | Tamanho do sistema de recursos | O tamanho territorial moderado é mais propício à cooperação. | Parábola negativa |
| RS5 | Produtividade do sistema | Um recurso em situação extrema, esgotado ou muito abundante, não será atrativo para a gestão. Produção moderada demonstrando possível escassez irá promover maior interesse entre os usuários. | Parábola negativa |
| RS7 | Previsibilidade da dinâmica do sistema | O sistema deve ser previsível o suficiente para que os usuários possam estimar os efeitos de suas regras. | Linear positiva |
| RU1 | Mobilidade da unidade de recurso | Recursos com alta mobilidade exigem altos custos de monitoramento. | Linear negativa |

| Subsistema | Variáveis--chave | Efeito | Aproximação matemática do efeito f<br>P Cooperação = f (variável-chave) |
|---|---|---|---|
| GS6 | Regras de escolha coletiva | Se tiverem a legitimidade e a autonomia para criar e impor suas regras, os usuários estarão mais motivados para a auto-organização e proteção dos recursos contra usuários externos. | Linear positiva |
| U1 | Número de usuários | Depende de sua relação com RS3. Gerenciar muitos usuários em um território relativamente pequeno pode não ser rentável. Por outro lado, em um território extenso, um grande número de usuários pode ser útil nas atividades de monitoramento, por exemplo. | Parábola negativa em relação à razão (U1/RS3) |
| U5 | Liderança | Quando alguns usuários são respeitados como líderes e têm competências empresariais, a cooperação entre os usuários é mais provável. | Linear positiva |
| U6 | Normas/ capital social | A existência prévia de padrões éticos/morais que determinam as normas de reciprocidade entre os usuários irá diminuir os custos de transação em iniciativas de longo prazo. | Linear positiva |
| U7 | Conhecimento do SES | Quando os usuários compartilham conhecimento comum de atributos relevantes do SES, eles percebem uma redução nos custos de organização e operacionalização das ações. | Linear positiva |
| U8 | Importância do recurso para o usuário | Os custos na auto-organização e cooperação são assumidos somente se: *i)* o recurso desempenha um papel importante para a subsistência; ou *ii)* usuários têm algum valor social ou cultural reivindicado para sua sustentabilidade. | Linear positiva |

Fonte: Ostrom, Janssen e Anderies (2007) e Ostrom (2009). Elaboração própria.

A obtenção de informações para avaliação de cada uma das variáveis do SES é o primeiro passo para a compreensão das condições necessárias para os usuários de um determinado sistema de manejo se auto-organizarem. Tal análise deve reconhecer as interações entre variáveis. Além disso, essas interações ocorrem principalmente em um sistema não linear (JANSSEN, 2002; LEVIN, 1992). Anderies e Janssen (2013) desenvolveram uma abordagem didática para avaliar a estrutura do SES. No entanto, este artigo sugere um método sintético e de aplicação mais rápida para avaliar um determinado SES ao longo de um espectro multidimensional de sustentabilidade, baseado em uma abordagem empírica.

O modelo proposto adota como principal premissa que o usuário toma a decisão de participar de um esquema de cooperação com base em sua *percepção* de recompensa ao fazê-lo, pois, na maioria das vezes, ele não tem como fazer isso de forma objetiva. Colocando isso na linguagem da teoria dos jogos, significa que a probabilidade de um determinado jogador (usuário) cooperar com os outros depende de como, a partir de sua percepção, ele deprecia suas recompensas do passado (1 - α) e a recompensa potencial no futuro (1 - β) dentro de um determinado jogo de cooperação. Assim, a probabilidade de um usuário cooperar é baseada em sua percepção de uma recompensa geral (δ), que pode ser dada por:

$$\boldsymbol{\delta} = \frac{(\mathbf{1} - \boldsymbol{\alpha})}{(\mathbf{1} - \boldsymbol{\beta})} \quad \text{(Equação 1)}$$

Onde e são dependentes de diferentes formas de variáveis-chave propostas por Ostrom (2009):

$$\boldsymbol{\alpha} = \boldsymbol{f}\,(\boldsymbol{U1}, \boldsymbol{U5}, \boldsymbol{U6}, \boldsymbol{U7}, \boldsymbol{GS6}) \quad \text{(Equação 2)}$$

$$\boldsymbol{\beta} = \boldsymbol{f}\,(\boldsymbol{U1}, \boldsymbol{RS3}, \boldsymbol{RS5}, \boldsymbol{RS7}, \boldsymbol{RU1}, \boldsymbol{GS6}) \quad \text{(Equação 3)}$$

Para demonstrar a aplicação dessa metodologia, foram utilizados três cenários hipotéticos que ilustram situações de manejo de recursos comuns de pequena escala: 1) sustentabilidade socioecológica; 2) insustentabilidade social e cultural; e 3) insustentabilidade socioecológica.

Os valores de cada uma das variáveis-chave foram ponderados tendo o valor 1 como ponto de referência, ou ponto de melhor *performance*, conforme aproximação matemática contida no Quadro 1 (Figura 2).

**Figura 2 – Atribuição de notas das variáveis-chave com as aproximações matemáticas do Quadro 1**

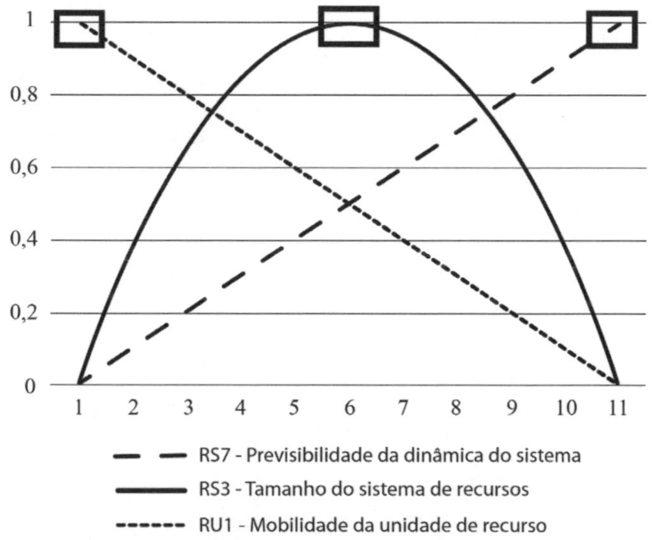


Fonte: Elaboração própria.

Observação: os retângulos representam o ponto de melhor *performance* (nota máxima) para três exemplos de varáveis-chave.

## Resultados

Os resultados apresentados na Tabela 1 e na Figura 3 demonstram como cada um dos três cenários se apresentaria no contexto de avaliação das variáveis do SES, sugerindo referências comparativas a serem utilizadas em casos práticos.

Os valores obtidos para cada uma das variáveis, para uma avaliação rápida, podem ser obtidos pelo conhecimento empírico que se possui para cada um dos sistemas, ou através da aplicação de entrevistas estruturadas ou semiestruturadas que aportem insumos para avaliação das variáveis-chave dos diferentes subsistemas.

Tabela 1 – Notas atribuídas ao conjunto de variáveis-chave para cada cenário proposto

| Subsistema | Variáveis-chave | Nota Cenário 1 | Nota Cenário 2 | Nota Cenário 3 |
|---|---|---|---|---|
| RS3 | Tamanho do sistema de recursos | 0,9 | 0,8 | 1,0 |
| RS5 | Produtividade do sistema | 0,9 | 0,5 | 0,7 |
| RS7 | Previsibilidade da dinâmica do sistema | 0,9 | 0,9 | 0,9 |
| RU1 | Mobilidade da unidade de recurso | 0,9 | 0,9 | 0,9 |
| U1 | Número de usuários | 0,9 | 1,0 | 0,8 |
| U5 | Liderança | 0,9 | 0,7 | 0,5 |
| U6 | Normas/capital social | 0,9 | 0,7 | 0,3 |
| U7 | Conhecimento do SES | 0,9 | 0,5 | 0,0 |
| U8 | Importância do recurso para o usuário | 0,9 | 0,8 | 0,5 |
| GS6 | Regras de escolha coletiva | 0,9 | 0,7 | 0,2 |
| Alfa | | 0,8 | 0,1 | 0,1 |
| Beta | | 0,6 | 0,3 | 0,2 |
| Sigma | | 0,3 | 0,7 | 0,1 |

Fonte: Elaboração própria.

**Figura 3 – Visualização multidimensional dos cenários* de acordo com as notas atribuídas pelos subsistemas**

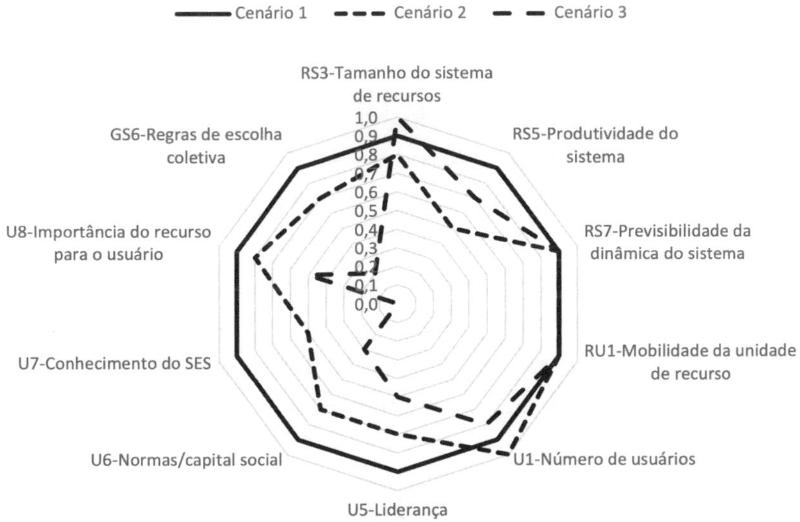


Fonte: Elaboração própria.

Nota: * Cenários: 1) sustentabilidade socioecológica; 2) insustentabilidade social e cultural; e 3) insustentabilidade socioecológica.

## Discussão dos resultados

Os cenários de sustentabilidade foram estimados com base em um conjunto particular de variáveis (Tabela 1). A geração do cenário de insustentabilidade socioecológica requer as seguintes suposições: *i)* o sistema de recursos envolve extensas áreas de manejo (RS1); *ii)* pouca ou nenhuma ação coletiva (GS6); *iii)* o recurso natural de pequena escala é previsível (RS7); *iv)* a elevada mobilidade do recurso natural prejudica a auto-organização (RU1); *v)* o número de usuários não é elevado e impacta de forma limitada o sistema de recurso (U1); *vi)* a falta de liderança e regras locais afetam negativamente o estabelecimento de sistemas de gestão (U5 e U6); *vii)* usuários não compartilham conhecimento comum sobre o sistema de recurso (U7) e tomam decisões que podem reduzir a produtividade do sistema (RS5); e *viii)* os usuários são pouco dependentes do sistema de recursos para sua subsistência (U8). Essas suposições levam a uma previsão empírica de sobrepesca e degradação do recurso natural.

Para o cenário de sustentabilidade socioecológica, maximizamos as premissas estabelecidas no cenário de insustentabilidade socioecológica visando um sistema auto-organizado: *i)* o sistema de recursos envolve áreas de manejo que permitem um zoneamento ou descentralização da gestão do recurso natural (RS1); *ii)* existem regras coletivas de gestão do recurso natural (GS6); *iii)* o recurso natural de pequena escala é previsível (RS7); *iv)* usuários contribuem de forma significativa para o sistema de gestão (U1); *vi)* a presença de liderança e regras locais impacta positivamente no estabelecimento de medidas de manejo (U5 e U6); *vii)* usuários compartilham conhecimento comum sobre o sistema de manejo (U7) e tomam decisões que melhoram a produtividade do sistema (RS5); e *viii)* os usuários são dependentes do sistema de recursos para sua subsistência (U8).

O cenário de insustentabilidade social e cultural é baseado na premissa de que o recurso natural em questão, mesmo que abundante e com alta produtividade, não faz parte do uso histórico das populações tradicionais e a organização social destas não possui as bases para o manejo daquele recurso especificamente. Um exemplo típico é o caso do pirarucu (*Arapaima gigas*), recurso pesqueiro tradicional nos estados do Amazonas e Pará e sobre-explorado no final dos anos 1990, porém com estoques pristinos na região do Alto Purus, estado do Acre. Todavia, as bases de organização social na região do Alto Purus apresentaram dificuldades de lidar com esse recurso, que não fazia parte de seu histórico de uso. As comunidades ribeirinhas na região estão mais relacionadas com as cadeias produtivas ligadas à agricultura e aos recursos florestais, o que se reflete nas políticas públicas e no apoio institucional existentes na região.

Os cenários nos permitem avaliar o desempenho de sistemas socioecológicos de manejo e podem orientar um roteiro para o desenvolvimento sustentável. Por exemplo, o estabelecimento de zoneamentos e planos de manejo nas unidades de conservação com regras de uso para os recursos naturais (GS6) favorece o capital social (U5) e o conjunto de conhecimentos sobre o sistema socioecológico (U6). Os moradores da unidade de conservação tomam decisões coletivas para maximizar a produção sustentável (RS5). Esse direito de gestão para o uso continuado de um recurso pode estimular os moradores locais (usuários) a buscar objetivos de longo prazo (SCHLAGER; OSTROM, 1992).

## Conclusões

Conforme proposto neste artigo, uma abordagem metodológica de aplicação rápida, semiquantitativa, para a identificação dos limiares para a cooperação sustentável, de acordo com as variáveis-chave elencadas por Ostrom (2009), pode ser útil na identificação das condições mínimas a serem observadas na dinâmica dos recursos naturais em uma unidade de conservação, da organização social, da economia e das instituições para que os mecanismos de cooperação de um determinado SES sejam sustentáveis.

Logo, do ponto de vista da gestão dos recursos naturais, ao promover a gestão participativa do recurso, é possível tomar as variáveis do SES como referência para verificar se existem as condições mínimas para que a cooperação seja possível. Ou, por outro lado, promover ações que criem essas condições.

Todavia, esta proposta metodológica deve ser aplicada apenas em um contexto em que estudos interdisciplinares que possam avaliar o referido SES de forma ampla ainda não tenham sido realizados. Nesse sentido, a avaliação de variáveis-chaves proposta neste artigo pode auxiliar na elaboração de hipóteses e perguntas para tais estudos.

## Referências

AGRAWAL, A. Common property institutions and sustainable governance of resources. *World Development*, v. 29, n. 10, p. 1649-1672, 2001.

AGRAWAL, A.; CHHATRE, A. Explaining success in the commons: community forest governance in the Indian Himalaya. *World Development*, v. 34, n. 1, p. 149-166, 2006.

ANDERIES, J. M.; JANSSEN, M. A. *Sustaining the commons*. Tempe, Arizona: Arizona State University, 2013.

ASAH, S. T. Empirical social-ecological system analysis: from theoretical framework to latent variable structural equation model. *Environmental Management*, v. 42, n. 6, p. 1077-1090, 2008.

BAULER, T. An analytical framework to discuss the usability of (environmental indicators for policy. *Ecological Indicators*, v. 17, p. 38-45, 2012.

BERKES, F. Evolution of co-management: role of knowledge generation, bridging organizations and social learning. *Journal of Environmental Management*, v. 90, n. 5, p. 1692-1702, 2009.

BERKES, F.; COLDING, J.; FOLKE, C. Rediscovery of traditional ecological knowledge as adaptive management. *Ecological Applications*, v. 10, n. 5, p. 1251-1262, 2000.

BEROYA-EITNER, M. A. Ecological vulnerability indicators. *Ecological Indicators*, v. 60, p. 329-334, 2016.

BOILLAT, S. *et al.* Land system science in Latin America: challenges and perspectives. *Current Opinions in Environmental Sustainability*, v. 26-27, p. 37-46, 2017.

BUTLER, J. R. A. *et al.* Integrating traditional ecological knowledge and fisheries management in the Torres Strait, Australia: the catalytic role of turtles and dugong as cultural keystone species. *Ecology and Society*, v. 17, n. 4, p. 34, 2012.

CARPENTER, S. R. *et al.* From metaphor to measurement: resilience of what to what? *Ecosystems*, v. 4, p. 765-781, 2001.

CASTELLO, L.; VIANA, J. P.; PINEDO-VASQUEZ, M. Participatory conservation and local knowledge in the Amazon varzea: the pirarucu management scheme in Mamirauá. *In*: PINEDO-VASQUEZ, M. *et al.* (Eds). *The Amazon Varzea:* the decade past and the decade ahead. New York: Springer-Verlag, 2011. p. 261-276.

CONNOR, R.; DOVERS, S. *Institucional change for sustainable development*. Cheltenham: Edward Elgar, 2004.

COX, M.; ARNOLD, G.; TOMÁS, S. V. A review of design principles for community-based natural resource management. *Ecology and Society*, v. 15, n. 4, p. 38, 2010.

DELANEY, A. E.; HADJIMICHAEL, M. Forming perceptions and the limits to public participation on ocean commons: evidence from a citizens jury workshop. *International Journal of the Commons*, v. 11, n. 1, p. 200-219, 2017.

FOLKE, C. *et al.* Adaptive governance of social-ecological systems. *Annual Review of Environment and Resources*, v. 30, p. 441-473, 2005.

FREY, U. J.; RUSCH, H. Using artificial neural networks for the analysis of social-ecological systems. *Ecology and Society*, v. 18, n. 2, p. 40, 2013.

GARIBALDI, A.; TURNER, N. Cultural keystone species: implications for ecological conservation and restoration. *Ecology and Society*, v. 9, n. 3, p. 1, 2004.

GARRETTA, A.; MACMULLEN, P.; SYMES, D. Fisheries as learning systems: Interactive learning as the basis for improved decision making. *Fisheries Research*, v. 127-128, p. 182-187, 2012.

GUTIÉRREZ, N. L.; HILBORN, R.; DEFEO, O. Leadership, social capital and incentives promote successful fisheries. *Nature*, v. 470, p. 386, 2011.

HARDIN, G. The tragedy of the commons. *Science*, v. 162, n. 3.859, p. 1243-1248, 1968.

INGOLD, T. *Being alive:* essays on movement, knowledge and description. London: Routledge, 2011.

JANSSEN, M. A. *Complexity and ecosystem management*: the theory and practice of multi-agent systems. Massachusetts: Edward Elgar, 2002.

JOHANNES, R. E. Government-supported, village-based management of marine resources in Vanuatu. *Ocean &Coastal Management*, v. 40, n. 2-3, p.165-186, 1998.

JOHANNES, R. E. The renaissance of community-based marine resource management in Oceania. *Annual Review of Ecology and Systematics*, v. 33, p. 317-340, 2002.

JOHANNES, R. E.; FREEMAN, M. M. R.; HAMILTON, R. J. Ignore fishers' knowledge and miss the boat. *Fish and Fisheries*, v. 1, n. 3, p. 257-271, 2000.

KHOLER, F.; BRONDÍZIO, E. S. Considering the needs of indigenous and local populations in conservation programs. *Conservation Biology*, v. 31, n. 2, p. 245-251, 2017.

KIRK-LAWLOR, N.; ALLRED, S. Group development and integration in a cross-disciplinary and intercultural research team. *Environmental Management*, v. 59, n. 4, p. 665-683, 2017.

KITTINGER, J. N. *et al.* Emerging frontiers in social-ecological systems research for sustainability of small-scale fisheries. *Current Opinion in Environmental Sustainability*, v. 5, n. 3-4, p. 1-6, 2013.

LEVIN, S. A. The problem of pattern and scale in ecology. *Ecology*, v. 73, n. 6, p. 1943-1967, 1992.

OLSSON, P.; FOLKE, C.; BERKES, F. Adaptive co-management for building resilience in social--ecological system. *Environmental Management*, v. 34, n. 1, p. 75-90, 2004.

OSTROM, E. A diagnostic approach for going beyond panaceas. *Proceedings of the National Academy of Sciences*, v. 104, n. 39, p. 15181-15187, 2007.

OSTROM, E. A general framework for analyzing sustainability of social-ecological systems. *Science*, v. 325, n. 5.939, p. 419-422, 2009.

OSTROM, E. *Governing the commons*: the evolution of institutions for collective action. Cambridge: Cambridge University Press, 1990.

OSTROM, E.; JANSSEN, M. A.; ANDERIES, J. M. Going beyond panaceas. *Proceedings of the National Academy of Sciences*, v. 104, n. 39, p. 15176-15178, 2007.

OTEROS-ROZAS, E. *et al.* Traditional ecological knowledge among transhumant pastoralists in Mediterranean Spain. *Ecology and Society*, v. 18, n. 3, p. 33, 2013.

PETURSDOTTIR, T. *et al.* A social-ecological system approach to analyze stakeholders interactions within a large-scale rangeland restoration Program. *Ecology and Society*, v. 18, n. 2, p. 29, 2013.

POMEROY, R. S.; KATON, B. M.; HARKES, I. Conditions affecting the success of fisheries co-management: lessons from Asia. *Marine Policy*, v. 25, p. 197-208, 2001.

PRITCHETT, L.; WOOLCOCK, M. Solutions when the solution is the problem: arraying the disarray in development. *World Development*, v. 32, n. 2, p. 191-212, 2004.

RAYMOND, C. M. *et al.* Integrating local and scientific knowledge for environmental management. *Journal of Environmental Management*, v. 91, n. 8, p. 1766-1777, 2010.

SCHLAGER, E.; OSTROM, E. Property rights regimes and natural resources: a conceptual analysis. *Land Economics*, v. 68, n. 3, p. 249-262, 1992.

STERNLIEB, F. *et al.* A question of fit: reflections on boundaries, organizations and social–ecological systems. *Journal of Environmental Management*, v. 130, p. 117-125, 2013.

TERER, T. *et al.* Integrating local ecological knowledge and management practices of an isolated semi-arid papyrus swamp (Loboi, Kenya) into a wider conservation framework. *Journal of Environmental Management*, v. 93, p. 71-84, 2012.

WALKER, B. *et al.* Resilience management in social-ecological systems: a working hypothesis for participatory approach. *Conservation Ecology*, v. 6, n. 1, p. 14, 2002.

WILSON, J.; HAYDEN, A.; KERSULA, M. The governance of diverse, multi-scale fisheries in which there is a lot to learn. *Fisheries Research*, v. 141, p. 24-30, 2013.

# QUEM TEM MEDO DAS UNIDADES DE CONSERVAÇÃO?

*Antonio F. P. Oviedo e Nurit Bensusan*

A implementação de unidades de conservação (UCs) tem sido o instrumento mais comum de proteção da biodiversidade desde a criação dos primeiros parques, nos Estados Unidos, na segunda metade do século XIX. Seu relativo sucesso como estratégia de conservação, porém, esconde um retumbante fracasso. Apesar de difundidas na maioria dos países do planeta, as UCs não foram capazes de reduzir a taxa de perda de biodiversidade no mundo. Isso se dá por diversos motivos, entre os quais a lógica da troca, em que a proteção de uma porção do território serve de aval para a destruição de parcelas territoriais muito maiores; o uso de instrumentos tecnocráticos, que não contemplam o conhecimento local e os modos de vida das populações que ali vivem; e a dificuldade de manter a integridade biológica desses espaços, seja por conta das gigantescas pressões exercidas pelo capital que deseja dar outra destinação para essas terras, seja pela própria dinâmica do entorno dessas áreas, que coloca em xeque os processos ecológicos e evolutivos.

Essas constatações não são feitas aqui em defesa do abandono do estabelecimento de áreas protegidas e sim como subsídios para uma transformação do modelo, garantindo assim uma maior proteção da natureza e maior respeito aos modos de vida das populações locais.

No Brasil, esse fracasso assume proporções calamitosas. Suas políticas ambientais foram duramente atacadas nos últimos três anos e as unidades de conservação foram bastante impactadas. É essencial que o país restaure suas políticas de fortalecimento das UCs, sem as quais esses espaços serão apenas cenários de atividades ilegais e de violência contra as comunidades locais. Destacamos três medidas urgentes: *i)* retomada, pelas autarquias do Ministério do Meio Ambiente, Instituto Brasileiro do Meio Ambiente e dos Recursos Naturais Renováveis (Ibama) e Instituto Chico Mendes de Conservação da Biodiversidade (ICMBio), das ações de fiscalização ambiental e combate ao desmatamento e incêndios criminosos nas UCs para o consequente atingimento das metas climáticas para a redução da emissão de gases causadores da emergência climática, assumidas internacionalmente pelo Brasil e expressamente previstas na legislação brasileira; *ii)* garantia de dotação orçamentária compatível e de recursos humanos para as ações finalísticas do ICMBio, em níveis tais que seja possível cumprir com suas atribuições legais voltadas ao combate efetivo do desmatamento e à implementação dos instrumentos de gestão das UCs; e *iii)* realizar tais medidas mediante os mais altos parâmetros de transparência, participação pública e controle social.

Apesar da porção do território nacional abarcada por UCs ser relativamente grande, há imensos desequilíbrios nessa proteção. Com isso, é importante a retomada dos trabalhos de identificação de áreas prioritárias, a elaboração de planos estratégicos para a manutenção da integridade da biodiversidade e o cumprimento das metas assumidas pelo país no âmbito da Convenção sobre Diversidade Biológica (CDB). A participação da comunidade científica, dos povos indígenas, das comunidades tradicionais e de toda a sociedade brasileira é o que dará legitimidade a esse processo.

De forma geral, as UCs do Brasil ainda não são geridas de forma sistêmica e são tratadas como unidades administrativas isoladas, sem integração com a paisagem ou com outras formas de áreas protegidas. A gestão integrada por meio de mosaicos de UCs é recomendada por especialistas e já existem lições aprendidas nos 29 mosaicos reconhecidos pelas esferas federal e estadual (*i.e.* Rede de Mosaico de Áreas Protegidas – Remap), as quais devem inspirar políticas públicas e instrumentos de gestão das UCs. Os mosaicos e as outras estratégias de gestão de uma paisagem mais ampla seguem a compreensão de que os processos geradores e mantenedores da biodiversidade se dão em dimensões espaciais que transcendem as unidades de conservação e que não serão garantidos dentro dos limites desses espaços protegidos. Ou seja, para que minimamente os objetivos das UCs sejam cumpridos, uma escala maior de gestão e de cuidado deve ser considerada.

Até o presente, as propostas de redução, recategorização e extinção de UCs já resultaram na redução de 11,6 milhões de hectares em UCs, o que equivale à perda de uma área maior que o estado de Pernambuco. Para evitar esse retrocesso e resistir à ofensiva contra as UCs, é preciso monitorar o movimento de parlamentares e o *lobby* dos setores econômicos. Ainda, mapear as pressões e ameaças de mudanças no uso do solo incentivadas por políticas públicas é um aspecto importante, pois a degradação ambiental nas UCs cria uma espécie de "política do fato consumado", que contribui para os ataques e retrocessos a que as UCs estão submetidas.

Os planos e os sistemas municipais de UCs são instrumentos de extrema relevância para a qualidade de vida, especialmente nas cidades, além de suas funções para a conservação da natureza e os serviços ecossistêmicos associados. O Sistema Nacional de Unidades de Conservação (SNUC) precisa incluir de forma mais efetiva as UCs municipais, além do estabelecimento de um mecanismo de registro para outras medidas efetivas de conservação baseadas em área (OMEC), conceito cunhado no âmbito da CDB que visa identificar, reconhecer e fortalecer a conservação implementada por diferentes atores, como comunidades locais, povos indígenas e comunidades tradicionais, setor privado e governos, complementarmente às áreas protegidas. Tais medidas podem aportar resultados importantes para o cumprimento das metas brasileiras no cenário global.

O papel relevante das comunidades tradicionais na proteção das UCs de uso sustentável e as condições de permanência dessas comunidades em UCs de proteção integral é um capítulo relevante, que demanda maior reconhecimento, fomento de políticas públicas que fortaleçam seus modos de vida e suas práticas de manejo da paisagem, criando condições para o acesso a mercados e à comercialização dos produtos da floresta. Para que as UCs tenham espaço no mundo futuro, é essencial o reconhecimento dos saberes dessas comunidades sobre a biodiversidade e seus usos como um corpo autônomo de conhecimento, que desempenha um papel fundamental na gestão dessas unidades e pode gerar um conjunto de produtos com potencial para alimentar uma economia da sociobiodiversidade.

O novo posicionamento do ICMBio, tomado a partir de recomendação da Advocacia-Geral da União (AGU) sobre a manutenção permanente das populações tradicionais em UCs de proteção integral, é uma medida que precisa avançar e produzir casos de sucesso. Paradoxalmente, a recente mudança de entendimento do ICMBio sobre a matéria ocorreu quando acreditávamos ser impossível avançar além da negociação de alguns casos de conflitos pontuais, promovendo tímidos e frágeis acordos de convivência e uso comunitário dos recursos naturais nessas UCs. O direito das comunidades tradicionais de permanecerem em seus territórios está previsto na Constituição Federal[1] e diversos estudos já comprovam que a proteção (e regeneração) da vegetação nativa nas UCs baseia-se no conhecimento de que as florestas precisam das pessoas, assim como as pessoas precisam das florestas.

As UCs oferecem benefícios socioambientais gerados pelos sistemas de uso e manejo territorial. Reconhecer e promover apropriadamente os benefícios socioambientais resultantes do manejo tradicional requer políticas específicas e sugerimos que incentivos para a conservação de reservas extrativistas e outras UCs com presença de comunidades tradicionais sejam direcionados para a promoção dessas formas tradicionais de uso e manejo do território. Essa garantia de direitos passa pela capacidade e disposição do Estado para coibir as atividades ilegais, mas não se encerra aí. Juntamente com a retomada e o fortalecimento das ações de proteção, é preciso fortalecer as formas tradicionais de manejo e de direitos de uso associados às comunidades locais. Uma possibilidade é construir políticas e programas de pagamentos por serviços ambientais adequados aos sistemas de manejo tradicionais e que gerem incentivos para a reprodução de tais sistemas.

Esse conjunto de possibilidades mostra que é possível viver de forma diversa daquela em geral creditada como a única maneira de viver. São tais alternativas, que consideram respirar o ar da floresta, sentir o balanço das marés, viver no ritmo das cheias e vazantes, aprender com os espinhos da mata branca e esquecer o mundo diante de um ipê amarelo florido, que fazem das unidades de conservação espaços perigosos. Uma vez superada sua herança

1 Para os povos indígenas, o art. 321 reconhece a organização social, os costumes, as línguas, as crenças e as tradições, bem como os direitos originários sobre as terras que tradicionalmente ocupam, competindo à União demarcá-las, proteger e fazer respeitar todos os seus bens. Para as comunidades quilombolas, o art. 68 do Ato das Disposições Constitucionais Transitórias reconhece a propriedade definitiva aos remanescentes das comunidades quilombolas que estejam ocupando suas terras, devendo o Estado emitir os respectivos títulos. O Supremo Tribunal Federal (STF) já decidiu que este artigo não é transitório, mas permanente. E quanto aos demais povos e comunidades tradicionais, os arts. 215 e 216 preveem que o Estado garantirá a todos o pleno exercício dos direitos culturais e o acesso às fontes da cultura nacional, apoiando e incentivando a valorização e a difusão das manifestações culturais, constituindo como patrimônio cultural brasileiro os bens de natureza material e imaterial, tomados individualmente ou em conjunto, portadores de referência à identidade, à ação, à memória dos diferentes grupos formadores da sociedade brasileira.

colonial, esses espaços podem se reinventar como cunhas nesse jeito de viver que se quer hegemônico e oferecer soluções e inspirações para um futuro.

Porém, a marca colonial persiste por um lado, e a destruição física das unidades se acentua por outro. O desmatamento ilegal nas UCs está fora de controle. Mesmo com sistemas de monitoramento reconhecidos internacionalmente, o Estado brasileiro parece não utilizar mais essas informações. Durante o último período oficial de medição do desmatamento na Amazônia, as UCs respondem por mais de duas mil ocorrências de desmatamento (60% das ocorrências detectadas no interior das áreas protegidas). A exploração ilegal de madeira totaliza 385 km$^2$ (61% das ocorrências detectadas no interior das áreas protegidas). Uma atividade ilegal que é facilitada pela abertura de mais de sete mil quilômetros de estradas não oficiais no entorno das UCs e mais de treze mil quilômetros no interior da UCs. Os sistemas de monitoramento do desmatamento e da degradação florestal apresentados neste livro apontam altos níveis de ameaça e pressão sobre as UCs, indicando que as leis ambientais não estão sendo devidamente cumpridas e que o processo de ocupação e de exploração ilegal dos recursos está ocorrendo de forma desordenada. Tais sistemas de monitoramento precisam ser resgatados para as operações de fiscalização, pois fornecem diagnósticos precisos sobre onde a ilegalidade está ocorrendo. Além disso, são dados essenciais que podem subsidiar a elaboração de políticas públicas para evitar a perda dos recursos naturais e garantir a segurança dos povos e comunidades tradicionais que vivem nas UCs.

Um número reduzido de 35 UCs no Brasil, nos biomas Amazônia, Cerrado e Pantanal, concentra 80% da área queimada nas UCs. Essa é uma informação que permite a coordenação de ações para evitar a degradação do nosso maior patrimônio nacional. Além desse controle específico nesse conjunto de UCs, é preciso monitorar o risco de queimadas e novos desmatamentos nas UCs. O monitoramento remoto dos biomas brasileiros realizado pelo Instituto Nacional de Pesquisas Espaciais (Inpe) é fundamental para dar apoio ao trabalho em campo de agentes do Ibama, do ICMBio, da Polícia Federal e das Forças Armadas. Embora o Programa Piloto do Manejo Integrado do Fogo (MIF) tenha se expandido consideravelmente nos últimos anos, seu alcance ainda se limita a algumas áreas protegidas. A maioria das UCs não são atendidas pelo programa, tampouco têm autorização para a implementação de queimas prescritas ou controladas que visem atender às necessidades locais.

A invasão das UCs por meio da grilagem e de registros irregulares no Cadastro Ambiental Rural (CAR) se intensificou e ameaça a integridade e os direitos das comunidades tradicionais. Apenas 6% das UCs federais não possuem nenhuma sobreposição com registros de terceiros do CAR. Um total de 691 UCs estão ameaçadas por mais de 42 mil cadastros de imóveis rurais privados. Entre 2018 a 2020, os registros irregulares do CAR dentro das UCs aumentaram 274% e 54% nas UCs de uso sustentável e de proteção integral, respectivamente. É urgente a suspensão e anulação de todos os registros do CAR de terceiros em sobreposição com as UCs, a restrição à inscrição de novos registros e a retirada desses invasores das UCs. Ainda, a solução passa por concluir os passivos de regularização fundiária das UCs, o que implica na desapropriação e indenização dos envolvidos.

O número elevado de 1.245 obras de infraestrutura planejadas ameaçando 909 UCs indica que tais obras necessitam de um cuidadoso estudo de impacto ambiental, garantindo principalmente a identificação dos impactos ambientais e a consulta prévia aos moradores do entorno e às populações tradicionais da região. Existem ainda 544 UCs ameaçadas por mais de uma obra de infraestrutura planejada, o que demanda uma avaliação estratégica integrada. Muitas obras de infraestrutura iniciam sem um estudo de viabilidade técnica, econômica e ambiental (EVTEA) e decisões são tomadas sem o detalhamento necessário dos custos do projeto, com superestimação de benefícios (sem avaliar os efeitos distributivos, em especial sobre impactos locais negativos) e sem mapeamentos dos principais riscos à implementação. Com isso, o governo acaba assumindo riscos que deveriam ficar com o parceiro privado, o que termina agravando os impactos sobre as UCs e as comunidades locais.

Mesmo que a legislação vigente não autorize a atividade mineral nas UCs de proteção integral e reservas extrativistas, o governo brasileiro segue permitindo a tramitação desses processos de mineração, contrariando os interesses das comunidades tradicionais que ocupam essas áreas. Atualmente, há mais de 25 mil processos minerários incidentes em 589 UCs federais e estaduais. Com a ameaça de propostas legislativas para impedir a criação e reduzir o tamanho e o *status* de UCs, a existência de pedidos de pesquisa e autorizações de lavra no interior desses territórios representa um risco potencial. Recomendamos o indeferimento dos requerimentos e das autorizações no âmbito das UCs, visando acabar com a corrida por minérios e a expansão da atividade ilegal nessas áreas. Outra medida relevante está relacionada à necessidade da Agência Nacional de Mineração (ANM) divulgar as baixas e indeferimentos em processos minerários dentro das UCs, bem como estabelecer maior integração entre a ANM e os órgãos ambientais, evitando o andamento de processos minerários conflitantes.

Os instrumentos de parceria entre a esfera pública e privada em UCs, como as concessões, têm sido permeados de tensões e violações de direitos das comunidades tradicionais. Impactos ambientais e controle social são aspectos pouco considerados durante a formulação desses instrumentos. Muitas vezes, essa política pública é vista como a salvação para as UCs, porém fiscalização ambiental, orçamento compatível, recursos humanos qualificados e organizações da sociedade civil participando ativamente do processo não entram nessa conta, fragilizando sua implementação. As medidas para o controle social, o acompanhamento e a colaboração efetiva dos diferentes sujeitos sociais na construção dos projetos de parcerias são necessárias para legitimar a política pública e valorizar a diversidade do território brasileiro.

As imposições constitucionais ao poder público sobre as UCs precisam ser restabelecidas: preservar e restaurar os processos ecológicos essenciais e prover o manejo ecológico das espécies e ecossistemas; preservar a diversidade e a integridade do patrimônio genético do país; definir, em todas as unidades da Federação, espaços territoriais e seus componentes a serem especialmente protegidos, sendo a alteração e a supressão permitidas somente através de lei, vedada qualquer utilização que comprometa a integridade dos atributos que justifiquem sua proteção; proteger a fauna e a flora, vedadas, na forma da lei, as práticas que coloquem em risco sua função ecológica, provoquem a extinção de espécies; e o dever de fiscalização e controle do desmatamento ilegal. O simples fato de parte relevante das UCs federais constituir bem da União já seria suficiente para vinculá-la ao cumprimento dessas imposições.

Diante desse cenário, as unidades de conservação permitem também acompanhar o descaso do governo com a Amazônia e com os outros biomas brasileiros. É sua integridade, monitorada a cada momento, que coloca em xeque os falsos discursos sobre preservação. É seu sucesso, ainda que temporário, que mostra que esses espaços poderiam fazer parte de uma estratégia maior de conservação, que poderia alavancar oportunidades para o país e criar novas bases para um futuro mais inclusivo e mais equitativo.

A manutenção da integridade dos processos ecológicos e evolutivos é de interesse de todos os habitantes – humanos e não humanos – do planeta. O cuidado deveria ser pilar fundamental para qualquer interação com a natureza, mas nem sempre, mesmo na conservação da biodiversidade, esse foi o caminho seguido. A implementação de unidades de conservação – mundo afora – deslocou comunidades e causou muita violência para as populações locais. A conservação da biodiversidade se arvorou como a solução para a manutenção da integridade dos ambientes naturais, sem considerar, porém, a relação umbilical entre os processos que geram e asseguram a persistência dessa diversidade e as formas de estar no mundo de povos indígenas e comunidades locais. O resultado é nem lá nem cá: a implementação de UCs não agrada aos poderosos, pois compete com outros usos da terra, porém tampouco encontra aliados entre os partidários do cuidado com a natureza, pois sucessivamente despreza seus modos de vida.

O melhor futuro que se pode desejar para as unidades de conservação é que elas causem cada vez mais pavor àqueles que querem destinar os espaços naturais a atividades deletérias, mas que contem, cada vez mais, com aliados entre aqueles – povos indígenas, quilombolas e comunidades tradicionais – cujos modos de vida podem contribuir, de fato, para a manutenção da biodiversidade.

*O Instituto Socioambiental (ISA) é uma organização da sociedade civil brasileira, sem fins lucrativos, fundada em 1994, para propor soluções de forma integrada a questões sociais e ambientais com foco central na defesa de bens e direitos sociais, coletivos e difusos relativos ao meio ambiente, ao patrimônio cultural, aos direitos humanos e dos povos.*



Organização
**Antonio F. P. Oviedo e Nurit Bensusan**

Ilustração Capa e Miolo
**Sylvia Bahri**

Revisão de Textos
**Laeticia Eble**

Capa e Projeto Gráfico
**Cristina Guimarães Fonseca**

Instituto Socioambiental

MIL FOLHAS

**Nossa Missão**

Construir soluções sustentáveis que garantam os direitos coletivos e difusos e valorizem a diversidade socioambiental.

Edifício Metropolitano - Praça Dom José Gaspar, 134 - 120. andar - São Paulo - SP - 01047-912

(11) 3515-8900

https://www.facebook.com/institutosocioambiental

https://twitter.com/socioambiental

https://instagram.com/socioambiental

https://www.youtube.com/InstitutoSocioambiental